碳捕集、利用与封存技术

陆诗建 编著

中国石化出版社

内 容 提 要

本书从温室效应对生态环境影响、碳减排公约发展历程出发，介绍了碳捕集、利用与封存技术的分类及现状，详细论述了二氧化碳捕集技术、二氧化碳运输技术、二氧化碳利用技术、二氧化碳封存技术、二氧化碳固定技术、二氧化碳监测技术，以及CCUS相关政策与法律法规体系、CCUS财税激励政策、CCUS投融资模式、国内外典型案例分析。

本书可供石油化工、电力、冶金、水泥等行业从事大气环境保护、碳减排、废气治理、油气开采等相关专业的技术人员、研究人员与管理人员参考，也可作为普通高等院校化学工程、环境工程、热能工程、石油工程等领域的研究生、本科生教材。

图书在版编目(CIP)数据

碳捕集、利用与封存技术 / 陆诗建编著. — 北京：中国石化出版社，2020.8（2023.7 重印）

ISBN 978-7-5114-5922-0

Ⅰ. ①碳… Ⅱ. ①陆… Ⅲ. ①二氧化碳 - 收集 - 研究 ②二氧化碳 - 利用 - 研究 ③二氧化碳 - 保藏 - 研究 Ⅳ. ①X701.7

中国版本图书馆 CIP 数据核字（2020）第 150787 号

中国石化出版社出版发行

地址：北京市东城区安定门外大街 58 号
邮编：100011 电话：（010）57512500
发行部电话：（010）57512575
http://www.sinopec-press.com
E-mail：press@sinopec.com
北京柏力行彩印有限公司印刷
全国各地新华书店经销

*

787×1092 毫米 16 开本 17.75 印张 377 千字
2020 年 12 月第 1 版 2023 年 7 月第 3 次印刷
定价：65.00 元

《碳捕集、利用与封存技术》编委会

前言
FOREWORD

全球气候变暖日益严峻，已经成为威胁人类可持续发展的主要因素之一，削减温室气体排放以减缓气候变化成为当今国际社会关注的热点。世界各国政府一直致力于相关的科学研究和技术开发，以提高应对气候变化的科技能力。在众多温室气体减排技术方案中，二氧化碳捕集、利用和封存（CCUS）是一项新兴的、可实现化石能源大规模低碳利用的技术。除了节能与提高能源利用效率、发展新能源与可再生能源、增加碳汇，CCUS 技术将是未来减缓 CO_2 排放的重要技术选择。根据 2015 年国际能源署（IEA）的模拟分析，目标是在 2050 年将全球气温升高限制在 2℃内，以及实现温室气体减排 50%，CCUS 技术将为此贡献 13% 的 CO_2 减排量。

作为一项具有战略意义的新兴温室气体控制技术，CCUS 技术总体上尚处于研发和工程示范阶段，目前仍存在许多制约其发展的突出问题，主要包括：能耗高、成本高、可持续发展效益不显著、指导性的政策和法规缺失等。大规模推广应用，还需要在技术、成本、政策和法规等方面做好准备。

有鉴于此，中石化节能环保工程科技有限公司联合中国石油大学（华东）、中国矿业大学（北京）等长期从事 CCUS 技术研究的科研团队编写本书。全书分为 10 章。第 1 章概述了温室效应对生态环境的影响与碳减排公约的发展历程；第 2 章介绍了碳捕集、利用与封存概念及技术现状、发展目标；第 3 章系统梳理了二氧化碳捕集分项技术；第 4 章重点阐述了二氧化碳运输技术；第 5 章详细介绍了二氧化碳利用技术；第 6 章详细讲述了二氧化碳封存与固定技术；第 7 章系统梳理了 CCUS 相关政策及法律法规体系；第 8 章研究分析了 CCUS 财税激励政策以及投融资模式；第 9 章介绍了国内外典型案例；第 10 章提出了 CCUS 未来发展建议。

本书由陆诗建博士主编，赵东亚教授、樊静丽教授、白冰研究员及张贤博士任副主编。其中，第 1、3、9、10 章由陆诗建博士主笔，并负责全书统稿；第 2、5 章由赵东亚教授撰写；第 4 章由朱全民教授撰写；第 6 章由伍海清、白冰及魏宁研究员编写；第 7 章由樊静丽教授编写；第 8 章由张贤博士撰写。编写过程中，张建教授级高工和李清方教授级高工对全书的撰写进行了规划和指导；刘海丽高工、张新军高工对全书进行了审核，新疆大学孙文坛同志参与全书的统稿与修改。

本书的编写还得到了中国石油大学（华东）田群宏、王家凤、白宏山、卢帆、杨新城、石永顺、刘邱、宋元凯、张烨等同志，中国矿业大学（北京）申硕、许毛、董扬洋、魏世杰等同志的大力帮助，提出了许多宝贵的建议，在此一并表示感谢。

囿于作者水平有限，不妥及疏漏之处在所难免，恳请广大读者批评指正。

目录

CONTENTS

第4章 二氧化碳运输技术 / 094

第5章 二氧化碳利用技术 / 118

第1章 绪 论

世界经济的高速发展以及全球化石燃料的大量使用，导致生态环境日益恶化，最为明显的表现就是温室效应。温室效应导致全球气候变暖，引起冰川融化，不仅对极地动物的生存环境造成了极大的威胁，而且会使海平面上升，甚至淹没部分沿海城市。[2]目前，世界各国已经意识到这一问题的严重性。发展以低能耗、低污染、低排放为基础的低碳经济，推进以提高能源使用效率为目标的国际间清洁能源互动合作，已经成为世界主要国家的战略选择，为此联合国组织召开了一系列全球气候变化会议，力图使世界各国广泛达成具有约束力的温室气体减排框架性协议。为发展低碳经济、履行碳减排承诺，世界各国纷纷大力开发新的低碳技术。

CO_2捕集、封存与利用（CCUS）技术是一项新兴的、具有大规模CO_2减排潜力的技术，有望实现化石能源的低碳利用，被广泛认为是应对全球气候变化、控制温室气体排放的重要技术之一。我国CCUS技术总体上仍处在研发和示范阶段。近年来，中国对CCUS技术的发展给予了积极的关注，在相关技术政策、研发示范、能力建设、国际合作等方面开展了一系列工作推动该技术的发展。[11]尽管起步较晚，中国CCUS技术发展在近些年来取得了长足进步，在政府的指导下，企业、科研单位和高等院校共同参与，已围绕CCUS相关理论、关键技术和配套政策的研究开展了很多工作，建立了一批专业研究队伍，取得了一些有自主知识产权的技术成果，成功开展了工业级技术示范。

发展CCUS技术是减少CO_2排放的重要技术选择，CCUS技术主要是将大型发电厂、钢铁厂、化工厂、水泥厂等排放源产生的CO_2进行捕集分离并收集储存起来，然后运输到特定地点进行埋存或加以合理利用，以减少CO_2排放到大气中。CCUS技术在减少CO_2排放的同时，实现了CO_2资源化利用，兼具环境效益、经济效益和社会效益，可操作性强。发展CCUS技术，有利于抢占未来低碳发展的竞争优势，可为我国推动能源生产和消费革命提供技术支撑。未来相当长一段时间，我国以煤为主的能源结构难以根本改变，CO_2排放量将长期处于高位，加快实施减排CO_2措施、发展CCUS技术是我国中长期减少CO_2排放的重要技术途径。[9]

1.1 温室效应对生态环境的影响与发展趋势

“温室效应”是地球大气层上的一种物理特性，是指太阳短波辐射能够透过大气层射入地面，地面吸收太阳辐射出现增暖现象后反射出长波辐射被大气中的 CO_2 所吸收，产生大气变暖的效应。其中导致大气变暖的重要因子 CO_2 就像是大气层和地球之间的玻璃，使得地球变成了一个暖房。

引起温室效应的气体，如 CO_2、甲烷、各种氟氯烃、臭氧和水蒸气等，统称为温室气体。[4] 大气中水蒸气的含量要高于 CO_2 等人为的温室气体，是导致自然温室效应的主要气体。目前普遍认为大气中的水蒸气不直接受到人类活动的影响，而以 CO_2 为主的人为排放温室气体，随着人类工农业活动的发展，排放量在逐年增加。

温室效应（图 1-1）对世界生态环境最为直观的影响就是全球气候变暖，进而导致海平面上升，气候变暖使南北极和永冻层冰盖以及高山冰川逐渐融化，气温升高使海水受热膨胀，两方面因素的影响会使海平面上升的速度越来越快。观测表明，100 余年来海平面上升了 14~15cm；而另一项研究表明，到 2040 年海平面将上升超过 20cm，海平面上升的形势越来越严峻。[1,3] 海平面上升会导致低地被淹、海岸侵蚀加重、排洪不畅、土地盐渍

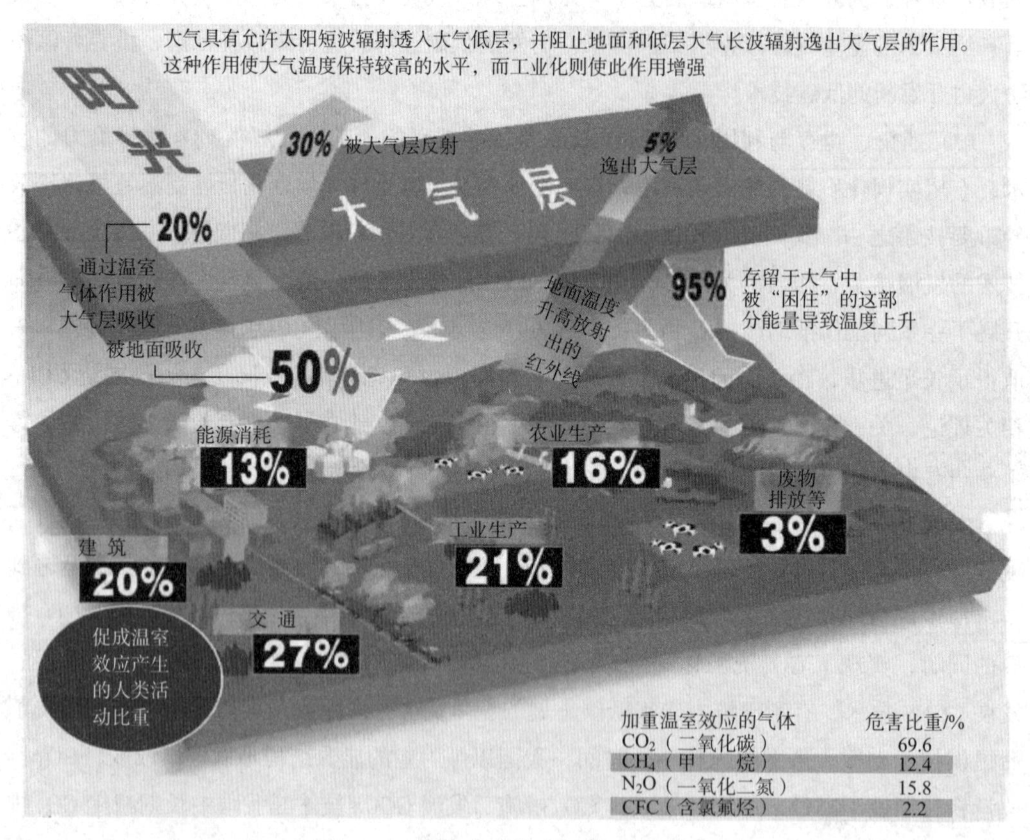

图 1-1 温室效应

化和海水倒灌等问题。如果不对温室效应采取相应措施，那么地球上约90%的沿海地区将遭到毁灭性的伤害，甚至著名的沿海城市如上海、东京、纽约和悉尼都将被淹没。

温室效应还会造成气候带北移，引发生态问题。据估计，若气温升高1℃，北半球的气候带将平均北移约100km；若气温升高3.5℃，则会向北移动5个纬度左右。气候带北移使得占陆地面积3%的苔原带将不复存在，冰岛的气候可能与苏格兰相似，而我国徐州、郑州冬季的气温也将与现在的武汉或杭州差不多。气候带的北移使得我国贵州地区冬季气候越来越明显，雨雪霜冻变少，雨季与旱季越来越分明。[1]

气候变暖很可能造成某些地区虫害与病菌传播范围扩大，昆虫群体密度增加。气温升高会使生物物种迁移甚至灭绝，会使生态系统遭到严重破坏，会使虫害和病菌蔓延，一个地区受到了外来物种的入侵，会造成生物链的断裂，一个物种或许再也没有了天敌或者没有了食物，那样带来的只会是生态系统的紊乱。与此同时，气温升高可能使虫害的分布地区扩大、生长周期加长，生存时间增加，危害时间延长，从而加重农林灾害。

气候变暖对林业和牧业的影响也是多方面的。CO_2浓度增加，促使自然植被的光合作用增强，加上温度升高，生长期延长，所以草木的产量将会提高；由于气温上升，使植被带北移，即冷型温带森林或温带草原将代替目前的北方森林，而亚热带森林将由热带森林所代替；随着气温和降水的变化，林木和牧草的品种将有可能发生变化，特别是牧草，如果一种劣质草类更能适应变化了的环境，迅速生长并占领草原，将有可能使草原的生产率大大下降；气温升高，如果降水没有相应增加，则空气湿度有可能下降，这样就增大了火灾发生的可能性；同时，暖冬可以减少害虫的越冬死亡率，从而加重虫害的威胁。

到目前为止，全球温室效应的形势仍然十分严峻。据分析，近一个世纪以来，全球大气中CO_2浓度增长率大约为每年0.4%。这是由于目前大多数国家的经济发展还是主要依靠化石能源的大量使用，而这必然伴随大量的CO_2排放。据挪威一项研究显示，如果不采取措施大力减排温室气体，北冰洋很可能在未来60年内变成一池“死水浑汤”。国内最新研究也表明，如果大气层中CO_2浓度不下降的话，中国2100年的地表年平均气温可能要上升2.2~4.2℃。近年来，由于联合国气候大会的召开，发展低碳经济越来越成为世界发展的共识。由此，全球气候变暖的压力得到稍稍减轻，但是发展低碳经济以及减缓温室效应仍有很长的路要走。

1.2 国际碳减排公约的发展历程与履约现状

气候变化日益成为威胁人类生存的全球问题，在这一问题日趋紧迫的同时，人类社会广泛采取了行动，加强国际谈判与合作，共同应对影响人类生存的环境问题。为此，联合国气候大会应运而生，到目前为止，历次大会的概况如表1-1所示。

表 1-1 历次联合国气候大会

年份	地点	会议内容
1992	里约热内卢	《联合国气候变化框架公约》具备法律效力，国际气候政策博弈的基础性协议
1995	柏林	《柏林授权书》规定最迟于 1997 年应当明确发达国家碳排放幅度或数量
1996	日内瓦	《日内瓦宣言》展开减排数量的讨论，但未取得一致性意见
1997	京都	《京都议定书》具备划时代意义，由此开始了各国的博弈与争执
1998	布宜诺斯艾利斯	中国签署了《京都议定书》
1999	波恩	通过了一系列缔约国家的信息通报编制指南、温室气体清单技术审查指南、全球气候观测系统报告编写指南
2000	海牙	欧盟伞形集团发展中国家利益集团形成，美国为首的伞形集团极力推行以市场为主"抵消排放"等方案，会议以失败告终
2001	马拉喀什	《马拉喀什协议》通过了《京都议定书》中关于清洁能源机制（CDM）的一揽子决定
2002	新德里	《新德里宣言》强调了应对全球性的气候变化，各国应当在可持续发展的框架内执行
2003	米兰	美国退出了《京都议定书》，俄罗斯也拒绝批准其议定书，致使该议定书无法生效
2004	布宜诺斯艾利斯	150 多个国家的代表围绕《公约》生效年以来取得的成果与今后面临的挑战等议题，进行了讨论
2005	蒙特利尔	《京都议定书》生效，此次会议达成了多项重要的决定
2006	内罗毕	在国际碳基金上取得了一致，以支持发展中国家提高应对气候变化的能力，参与国际的节能减排事业
2007	巴厘岛	"巴厘岛路线图"启动了加强《公约》和《京都议定书》全面实施的谈判进程，国际碳博弈进入了崭新的阶段
2008	波兹南	八国集团就温室气体长期减排目标达成一致，表示将和其他缔约国一起，共同实现将全球温室气体排放量减少至少一半的长期目标
2009	哥本哈根	《哥本哈根协议书》不具法律效力，美国等发达国家态度变得强硬
2010	坎昆	"坎昆协议"坚持了公约、议定书和"巴厘路线图"，坚持了"共同但有区别的责任"原则
2011	德班	"德班平台"通过"长期合作行动特设工作组"的决议，实施《京都议定书》第二承诺期并启动绿色气候基金
2012	多哈	通过《京都议定书》修正案，法律上确保了《议定书》第二承诺期在 2013 年实施，还通过了有关长期气候资金、《联合国气候变化框架公约》长期合作工作组成果、德班平台以及损失损害补偿机制等方面的多项决议
2013	华沙	在德班平台、资金、损失损害三个核心议题上都做出决定，取得了"大家都不满意，但是大家都能接受的结果"
2014	利马	大会通过的最终决议就 2015 年巴黎气候大会协议草案的要素基本达成一致；最终决议进一步细化了 2015 年协议的各项要素，为各方进一步起草并提出协议草案奠定了基础
2015	巴黎	196 个缔约方达成历史性协定，世界各国都减排承诺；各方将加强应对全球气候变化的威胁，较工业化前水平，将全球平均气温升高控制在 2℃以内
2016	马拉喀什	通过了两个决定：关于《巴黎协定》的决定和《联合国气候变化框架公约》继续实施的决定

续表

年份	地点	会议内容
2017	波恩	通过了名为“斐济实施动力”的一系列成果，就《巴黎协定》实施涉及的各方面问题形成了平衡的谈判案文，进一步明确了2018年促进性对话的组织方式，通过了加速2020年前气候行动的一系列安排
2018	卡托维兹	近200个缔约方一致同意通过一份一揽子协议，这标志着本届大会完成了对《巴黎气候协定》具体实施规则的制定，该协定曾设定将全球气温上升限制在1.5℃以内的共同目标
2019	马德里	推动《巴黎协定》第6条关于碳市场机制运作与发展在缔约国范围内的深入落实

1992年6月，为纪念斯德哥尔摩第一次人类环境大会召开20周年，在巴西里约热内卢召开了联合国环境与发展大会。大会通过了《联合国气候变化框架公约》，这成为了国际上首个全面控制CO_2等温室气体排放的国际公约。《联合国气候变化框架公约》最为重要的任务就是要控制及减少温室气体的排放，通过各种方式将全球温室气体的含量控制在一定范围内，从而避免全球的气候系统受到严重破坏。其中具体规定了一些国家的减少温室气体排放措施，同时鼓励其通过资金和技术方面的支持来帮助发展中国家减排，以达到实现自己未能完成的减排目标，由此顺利履行《联合国气候变化框架公约》规定的义务。《联合国气候变化框架公约》对气候问题的减缓与适应问题解决的基本框架如下：

（1）工业化国家。这些国家应承担减排义务，以1990年的排放量为基础进行削减。

（2）其他发达国家。这些国家不承担具体减排义务，但应向发展中国家进行资金、技术的援助。

（3）发展中国家。发展中国家应享有发展权，不承担具体减排责任，可以接受发达国家在碳减排方面的资金、技术援助，但不得出卖排放指标。

此后，按公约约定，每年召开缔约国大会，商讨共同应对气候问题的策略。

随后，1997年12月11日，《公约》第三次缔约方大会在日本东京举行，通过了《〈联合国气候变化框架公约〉京都议定书》。它明确了发达国家的温室气体排放量，并且明确了在2012年之前部分缔约国家的具体减排目标。即到2012年，所有发达国家温室气体排放总量要比1990年少5.2%。其中，到2012年，与1990年相比，欧盟要减排8%，美国要减排7%，日本减排6%，加拿大减排6%，东欧各国减排5%~8%。新西兰、俄罗斯和乌克兰可以将排放量保持在1990年水平上。同时允许爱尔兰、澳大利亚和挪威的排放量在1990年的基础上分别增加10%、8%、1%。

《议定书》于2005年2月16日正式生效。它延续了《公约》的基本原则，主张在节能减排时应当坚持“共同但有区别的责任”原则。为了平衡国际义务和各国发展的现状，在保证全球范围内碳排放总量不变或减少思路的指导下，《议定书》创造性地引入了三个灵活减排机制，即：联合履约、排放贸易和清洁发展机制，这成为了国际社会的指导性方针。《议定书》三项灵活的节能减排机制，促进了国际碳交易活动的产生，并且是碳市场中最重要的强制性规则之一。

2007年12月，第13次缔约方大会在印度尼西亚巴厘岛举行，会议着重讨论“后京都”问题，即《京都议定书》第一承诺期在2012年到期后如何进一步降低温室气体的排放。12月15日，联合国气候变化大会通过了“巴厘岛路线图”，启动了加强《公约》和《京都议定书》全面实施的谈判进程，致力于在2009年年底前在哥本哈根完成《京都议定书》第一承诺期2012年到期后全球应对气候变化新安排的谈判并签署有关协议。

根据“路线图”，各国代表将在两年时间内进行多次谈判，草拟和整理气候变化新协议的草案，并最终在2009年12月的丹麦哥本哈根气候变化大会上制定新的国际协议，接续于2012年到期的《京都议定书》。巴厘岛路线图要求发达国家需达成的深度减排中期目标即2020年在1990年排放水平上减排25%~40%。

联合国2009年第二次气候变化国际谈判在德国波恩举行，其目标是为2011年年底在丹麦首都哥本哈根举行的联合国气候变化大会达成应对气候变化的全球性新协议准备草案，来自全球174个国家和230个非政府组织的约3000名代表参加此次谈判。

但在此次会议上，发达国家的减排承诺与他们的历史责任、发展阶段、公约要求和减排能力相比极不相称。虽然大多数发达国家都宣布了它们减排的中期目标。但是，与科学界设定的目标——到2020年，各国要在1990年的基础上减少排放25%~40%相比，各国的保证远远达不到预期。不仅如此，他们还在千方百计减轻自己的减排责任，并向发展中国家转嫁减排义务。

2015年11月30日，《联合国气候变化框架公约》第21次缔约方会议，即巴黎气候变化大会开幕，在不间歇的两个星期谈判后，来自195个国家的代表和部长们达成了具有里程碑意义的协议——第一个普遍性、具有法律约束力的气候变化协议。协议制定的目标是相较前工业水平，全球变暖应“远低于”2℃，并“努力”使变暖的温度低于1.5℃。

虽然世界各国对于碳减排作出了承诺，但是减排的具体目标不具有法律约束力，也就是说，每个国家要减多少将由他们自己决定。这就意味着基本上不能达到预期的减排目标，履约情况不容乐观。此外，碳减排不仅仅是环境问题，更是复杂的政治问题。世界各国利益集团的相互博弈必然造成达成协议以及履约的困难。

排放权意味着污染权。在以化石能源为基石的现代经济发展中，经济发展必然伴随着碳排放，减少碳排放则短期内面临与经济发展速度的取舍问题。经济发展是每个国家的根本利益，而碳减排则是人类面临的生存危机的唯一出路。于是，各国依据自身情况及国际形势，不断更新自己参与国际气候政策博弈的战略，力图在国际气候政策博弈中争取更大的经济发展权。因此，碳减排公约的承诺并没有得到很好的执行。发达国家在推动碳减排过程中，疏于做出实质性的行动。一方面，发达国家由于开发和建设的需要，有长期利用发展中国家资源的需求，例如采矿行业、冶炼金属等。他们占用的是整个地球的减排资源，表面上并没逾越自己的减排计划。而发展中国家由于技术经济落后必须维持自身的发展需要，没有能力引进先进技术，加之发达国家也不会把先进的技术转让出来，有意无意地形成了技术壁垒，所以减排只能让路于建设。另一方面，因长期目标不只是这一代人的职责，要持续地不间断地实行，所以不必担心该长期限制温室气体排放的目标是否能够实现。加之，积极推动制定长期减排指标，确定未来能允许“全球平均温升的范围”，还是一个未知数，所以操作的困难性可想而知。相应的，全球的温室气体排放要在年排放总量基础上削减的长期目标是很难界定的，故此执行起来是相当困难的。这还要有发达国家带头自律，树立维护全球气候大国的形象；同时要有发展中国家积极地配合，消除差别待遇，否则在制定中期、近期具体减排指标时只能态度消极。

另外，由于“南北矛盾”由来已久，尤其是冷战结束后的世界格局的显著变化，使南北关系间的政治、经济问题日显突出。虽然《公约》和《议定书》中全面强调“共同但有区别的责任原则”，但还是基于自身利益的考虑，基于南北政治经济关系不平等的现实，发达国家拒绝推动资金筹措机制，以知识产权保护等为借口设置技术壁垒，致使碳减排的南北合作一直搁浅。发达国家即便是制定了减排总量目标，却怠于采取实质性减排行动，在南北合作减排框架下回避减排资金和技术转让问题，却制定统一的“行业减排”标准来压制发展中国家。

总体上，将世界各国对待环境问题的立场和态度分为三个集团：欧盟、伞形集团和发展中国家集团。所谓伞形集团，具体是指除欧盟以外的其他发达国家，包括美国、日本、加拿大、澳大利亚、新西兰。因为从地图上看，这些国家的分布很像一把“伞”，也取意地球环境“保护伞”，所以称为伞形集团。

欧盟自联合国气候谈判开始，一直是谈判的推动者、领跑者，并试图担当谈判的领导角色。事实上，在京都谈判以及后京都时代的谈判中，欧盟确实成为谈判的领导者。在减排方式上，欧盟主张应主要依靠国内的减排行动，对利用市场机制“海外减排”的比例加以限制，而美国则主张最大限度利用市场机制减排，以避免国内减排对国内经济发展与就业造成冲击。欧盟的27个成员国均已经批准了《京都议定书》，并做出到2020年在1990年排放的水平上减少温室气体排放20%的承诺。

伞形集团的特点是这些国家都是能源消费大国，建立在化石能源基础上的经济在面对碳减排问题时压力较大。以美国为首的伞形集团在联合国气候谈判中一直持较为消极的态度，反对立即采取减排措施，反对任何形式的限制条件，强调灵活履约，强调以市场为基础的环境政策与减排政策。同时，在减排责任方面，伞形集团要求发展中国家承担强制减排责任。美国更是以发展中国家没有承担硬性减排责任为由一度退出了《京都议定书》缔约方。《全球碳预算》报告指出，美国是世界上人均温室气体排放量最大的国家，2018年人均CO_2排放量达到16.6t，远高于全球人均4.4t的排放量。要实现对世界的环境承诺，美国要比欧洲付出更高的经济成本。这无疑会削弱美国的经济竞争力。因此，美国一直是气候变化谈判中一个重要的阻力。美国曾于1998年签署了《京都议定书》，但2001年3月，布什政府以《京都议定书》规定了5%减排额，而且没有对新兴的经济体做出减排要求，这将会“损害到（美国）经济”为借口，宣布拒绝批准《京都议定书》。

发展中国家集团是包含最多国家的利益集团，发展中国家在碳排放历史以及发展问题上有着共同的利益与诉求。由于面临经济社会发展问题，同时经济技术实力较弱，发展中国家在碳减排方面处于被动地位。发展中国家集团认为应以“共同但有区别的责任”为原则，发达国家率先承担减排责任，并通过技术与资金的援助帮助发展中国家进行减排。

改革开放以来，中国经济高速发展，创造了世界为之惊叹的中国奇迹。然而，随着经济发展带来的还有日益紧迫的能源安全问题和环境问题。从2001年开始，中国的CO_2排放量剧烈增长，2005年首次超过美国，成为全球CO_2排放最多的国家，2018年达到100亿吨。作为全世界最大的CO_2排放国，中国积极推动自身的CO_2减排进程。2009年，在哥本哈根气候大会上，中国政府主动承诺，到2020年，单位产值CO_2排放量要在2005年的基础上下降40%~45%。2015年，在巴黎气候大会上，中国政府进一步承诺，2030年争取使单位产值CO_2排放量在2005年的基础上下降60%~65%，并力争实现CO_2排放2030年左右达到峰值并争取尽早达峰。为落实国际减排承诺，早在“十二五”期间，中国就将单位生产总值CO_2排放降低作为约束性指标提出，并通过淘汰落后产能、强化重点行业节能减排改造等方式，系统推进减排工作。“十三五”期间，中国CO_2减排工作进一步加强，形成了以“强度控制为主、总量控制为辅”的双控思路，并从提高能源效率、优化能源结构、控制工业生产过程排放及增加森林碳汇等方面持续加大力度。特别是提高能源效率及优化能源结构，已成为当前中国CO_2减排的主要途径。十九大报告进一步指出“积极参与全球环境治理，落实减排承诺”。然而，由于中国的工业化尚未完成，城市化还在快速推进，发展的任务还非常繁重，未来的CO_2减排承受着巨大的压力。这与中国的能源消费结构有关，中国能源消费以煤炭为主。目前，中国已探明的能源储量中，煤炭占比高达94%，而石油仅占5.4%，天然气为6%。中国这种“富煤贫油少气”的资源结构，造成目前煤炭消费比重过高的现象，也决定了未来相当长的一段时期内煤炭消费难以大幅下降。由于煤炭的碳排放系数远高于其他种类能源，这就使中国在能源消耗中产生的温室气体远远高于以石油天然气为消费主体的国家，也造成中国在碳减排道路上的艰难性。

1.3 国内外主要碳减排技术

碳减排技术也称为低碳技术，是指涉及电力、交通、建筑、冶金、化工、石化等部门以及在可再生能源与新能源、煤的清洁高效利用、油气资源和煤层气的勘探开发、CO_2捕集与埋存等领域开发的有效控制温室气体排放的新技术。

低碳技术可分为3个类型：

第一类是减碳技术，是指高能耗、高排放领域的节能减排技术，煤的清洁高效利用、油气资源和煤层气的勘探开发技术等。

第二类是无碳技术，比如核能、太阳能、风能、生物质能等可再生能源技术。在过去10年里，世界太阳能电池产量年均增长38%，超过IT产业。

第三类就是去碳技术，典型的是CO_2捕获与埋存和CO_2捕集、利用与封存技术。

1.3.1 减碳技术

减碳技术指实现生产消费使用过程的低碳，达到高效能、低排放。集中体现在节能减排技术方面。排在CO_2排放量前5位的工业行业（电力、热力的生产和供应业，石油加工、炼焦及核燃料加工业，黑色金属冶炼及压延加工业，非金属矿物制品业，化学原料及化学制品制造业）占工业CO_2排放的比重已超过80%。因此，这5大行业应该作为发展和应用减排技术的重点领域。另外，在建筑行业，通过构建绿色建筑技术体系、推进可再生能源与资源建筑应用、集成创新建筑节能技术等可减少电能和燃料的使用。

在电力行业领域，目前我国每发1度电要排放CO_2 0.8~0.9kg，如果每度电的耗煤量降低1g，全国每年就可减排CO_2 750×10^4t。因此，应集中精力加快技术改造，推进火电减排，实施“绿色煤电”计划。这将主要依靠开发煤清洁转化高效利用技术和提高燃煤发电效率实现，其中提高燃煤发电效率能实现15%的减排。目前具有发展前途的高效、洁净的煤发电技术，主要涉及整体煤气化联合循环（IGCC）、循环流化床燃烧（CFBC）等技术。其中，典型的洁净煤技术，即从煤炭开发到利用的全过程中旨在减少污染排放与提高利用效率的加工、燃烧、转化及污染控制等新技术，主要包括：清洁的煤开采技术，包括煤的开采、脱硫脱硝、运输以及焦化、混合、成块、浆化等技术；清洁的煤燃烧技术，提高煤的燃烧效率，降低CO_2和其他有害气体的排放，例如煤的富氧燃烧；以及煤转化技术，例如将煤气化、液化，以提高煤的利用效率。由于我国是产煤大国，该领域技术的发展对于我国能源结构的改变有着较为重要的影响。在2005年之后，我国在煤技术领域的专利申请开始迅速增长。

在材料和制造领域，碳排放主要集中于两方面：一为金属材料制造。2019年我国粗钢产量达9.96亿吨，生铁产量为8.09亿吨。每生产1t钢，采用高炉工艺将排放2t CO_2，电炉工艺排放1t CO_2。钢铁工业必须将控制总量、淘汰落后产能和技术改造结合起来，推动节能减排。二为高分子材料，2018年我国塑料制品产量为6042.1万吨。以石油路线制备高分子材料为例，每生产1t塑料，需消耗2~5t原油，排放4~8t CO_2。因此，一方面要大力发展新型稳定化技术，提高材料服役寿命，节省化石资源，降低温室气体排放量。另一方面可通过应用生物基及生物降解塑料技术，以可再生资源替代石化资源，同时加快发展高效的回收利用新技术。如果从原料到回收处理形成产业链，以年产1000万吨生物基材料为例，单位产品就可减少CO_2排放40%以上。

在建筑领域，目前城市碳排放的60%来源于建筑维持功能，构建绿色建筑技术体系、发展低碳建筑极其重要。[13]关键是建筑规划设计、建造、使用、运行、维护、拆除和重新利用全过程的低碳控制优化。如使用真空绝热层保持室内温度技术；建筑物照明、通风、供热和制冷方面的节能技术；水泥、混凝土等建筑材料工业中的节能技术及建造环节，可利用屋顶光伏发电，实现自然光和灯光照明有效整合，通过建造无动力屋顶通风设备，调节风流风速带动风机发电；在使用环节，可通过种植屋顶花草建造“绿色屋顶”，不仅可达到降温效果节省空调电力，还能吸收大气污染物；在拆除环节，可有效回收利用建筑废弃物，防止二次污染。[13]

1.3.2 无碳技术

无碳技术即开发以无碳排放为特征的清洁能源技术，包括风力发电、太阳能发电、水力发电、地热供暖与发电、核能、海洋能、生物质能等，其最终理想是对化石能源的彻底取代。化石燃料燃烧是主要的碳排放源，经由此渠道每年的碳排放量约为80亿吨。

在对新能源的开发中，太阳能是储存量最高、分布最广的能源，如果加以利用与开发，将会具备更加广泛的潜力。通过长期的开发与利用，当前，光伏发电已经成为所有太阳能产业中最朝阳的一块领域，不但提升了电力环保水平，更在经济发展过程中，产生了有力的促进作用。[14]太阳能光伏发电技术的系统主要的部件是蓄电池、光伏电池组件、控制器、逆变器，这四个部分不可分割，成为太阳能光伏系统的重要部分。光伏发电原理见图1–2。

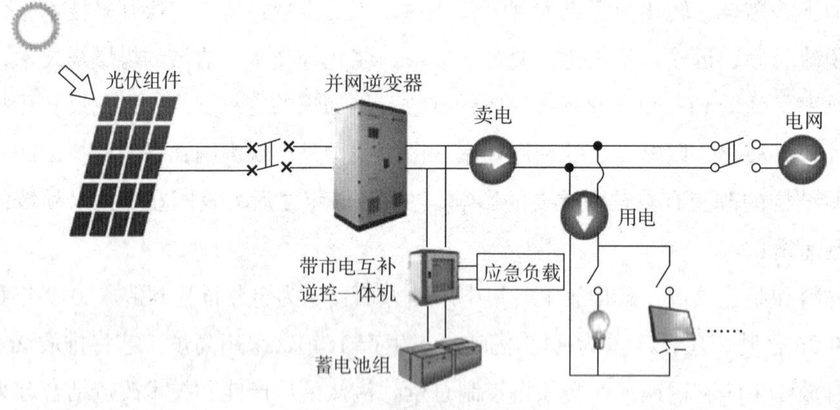

图1–2 光伏发电原理

1958年我国便开始进行太阳能技术的开发，1971年将光伏发电应用于卫星，到20世纪90年代，在西藏、青海等地已建有太阳能光伏发电站，开始进行民用开发。进入21世纪，我国在太阳能发电技术的研发、运用和生产等方面全速发展，释放出其巨大潜能。2000年，为了解决国际边防和偏远地区公、铁路运营无法用电等问题，我国制定了光明项目计划，在这个项目中大力提倡采用风电、光电技术，引领着我国的光伏发电的研发和生产。至2007年，我国已成为世界上第二大光伏发电生产制造基地，同时光伏电池产量达到1000MW，但是我国自己的使用量只有20MW，累计使用装机量才100MW，累计使用量仅占全球的0.8%。2011年后，因欧美国家的贸易保护，光伏由出口转内销，随着国家一系列光伏补贴扶持政策的引导，国内光伏市场得到迅速发展，光伏使用量急剧增加。截至2016年，我国新增装机容量为34.2GW，光伏总装机达到了78.12GW，占世界的19.4%，已跃居为全球第一，成为全球光伏发电装机容量最大的国家。因常规能源的日渐枯竭，预计到2030年，太阳能光伏发电在世界总电力供应中将占10%以上，到2040年，这一比重将上升到20%以上。目前，光伏发电技术已经广泛应用于军事工业、交通照明、农业大棚等领域。

在环保意识不断增强、低碳经济逐渐成为热点的今天，以火力发电为主的发电方式已经逐渐不适应这方面的需求。而在各种新能源中，风力发电作为可持续、绿色环保的发电方式，正逐步成为传统能源发电的替代之一。在国外，尤其是西方发达国家，风力发电技术已经较为成熟。随着替代能源事业的发展，西方发达国家在风力发电技术研发上投入了大量的资金和科研力量，并把各种新材料、新工艺、电子计算机、通信技术、电气化技术及自动控制技术方面的新成果应用于风力发电系统，使风力发电技术得到了极大的进步。当前，一些发达国家已经在风力机设计模型、新型发电机、机组自动控制等方面，实现了长足的进步，走在了世界前列。尤其是在大规模利用风能方面，海上风力发电、内陆大规模风力场建设等，都已形成了规模，成为了传统能源发电的有效补充。我国风力发电技术起步于20世纪50年代，发展时间短，主要是小型风力发电场，并经历了一个停滞期。关键制造工艺和制造材料还无法全部实现自主生产，而在风力发电机组制造、电力并网等关键技术方面，还有赖于进口。这就导致我国大型风力发电场建设的成本较高，核心技术受制于人，影响了风力发电事业的快速发展。直到20世纪90年代，才进入一个新的发展时期，进入逐步推广阶段，随即进入扩大建设规模阶段，风电场规模和电机容量不断增大。风力发电技术不断创新，研发成果频出，海上发展风电场的规模实现了新突破，且技术水平稳定发展，呈现出赶超部分发达国家水平的趋势。如甘肃电网风电实时监测与超短期风电功率预测系统、甘肃电网接入大规模风电后的系统稳定及运行控制技术研究、广东明阳的阿罗丁技术（主控系统PLC技术）等均属自主研发，达到国际先进水平，部分成果达到国际领先水平。我国风电技术在不断进步，在多项研究上也出现了更多新成果，尤其是在提高风电出力和加强电力电子装置控制方面。在“十三五”期间，我国提出以风电技术来支撑当前中国风机向着大型化、精细化方向发展的趋势。未来将增大风电机组的单机容量，提高叶轮的捕风能力，提高风能转换效率，使风机叶轮转换效率从0.42接近0.5，提高风电机组及部件质量，风电机组大型化受到道路如隧道高度的限制，需要重型拖车和安全驾驶，并增强机组环境适应性。风电在改善环境、优化能源结构方面具有巨大的优势，表1–2为全球风电累计装机容量和发电量发展趋势。

表 1-2　全球风电累计装机容量和发电量

项目		2020	2030	2050
参考情景	累计装机容量 /GW	417	574	881
	发电量 /（TW·h）	1022	1408	2315
稳健情景	累计装机容量 /GW	840	1735	3203
	发电量 /（TW·h）	4258	6530	8417
超前情景	累计装机容量 /GW	1113	2451	4062
	发电量 /（TW·h）	2730	5684	10497

在各种可再生能源中，生物质能是地球上唯一能够固定碳的清洁可再生能源。由生物质转化为生物质燃料所采用的技术为生物质热化学转换技术，包括直接燃烧、气化、热裂解和液化，除了能够直接提供热能，还能以连续工艺和工厂化生产方式，将低品位生物质转化为高品位的易储存、易运输、能量密度高且有商业价值的固态、液态及气态燃料，以及热能、电能等能源产品。因此，生物质热化学转换技术和产品具有极大的潜在市场。生物质能的高效开发利用，对解决能源、生态问题将起到十分积极的作用，是我国发展多元清洁能源战略的重要组成部分。自 20 世纪 70 年代以来，世界各国尤其是经济发达国家都对此高度重视，积极开展生物质能应用技术的研究，并取得许多研究成果，达到工业化应用规模。

（1）固体生物质燃料应用技术

固体生物质燃料的制备主要采用固化成型技术，可将低品位生物质转化为便于储存、运输和利用的高品位生物质燃料。生物质制品的主要原料为农林类废弃物，如秸秆、木屑和玉米芯等。固体生物质燃料生产技术按生产条件的不同，可分为常温湿压成型、热压成型、冷压成型和炭化成型技术。常温湿压成型技术指将纤维素原料置于常温下浸泡水解处理，使纤维软化、皱裂、湿润、水解后压缩成型。该技术设备简单，操作简便，但部件磨损较快，烘干成本高昂，燃烧特性较差，不利于推广使用。热压成型技术根据加热部位分为非预热成型技术与预热成型技术。非预热成型技术只对成型部位进行加热，而预热成型技术不仅对成型部位加热，而且在原料进入成型机之前也需加热。预热成型技术通过减低成型压力，使成型部件寿命大幅提高。冷压成型技术指在常温下将生物质颗粒高压挤压成型。炭化成型技术根据炭化阶段的先后可分为先炭化后成型与先成型后炭化。

该技术将生物质原料炭化成粉末状木炭后，添加一定量粘结剂，用压缩成型机压成一定规格与形状的成品木炭。该技术可有效减低成型部件磨损及挤压过程中的能量消耗，但不利于贮存运输。

（2）燃烧技术

①生物质燃料直接燃烧技术。即利用燃烧设备（锅炉和炉灶）直接燃烧生物质燃料。

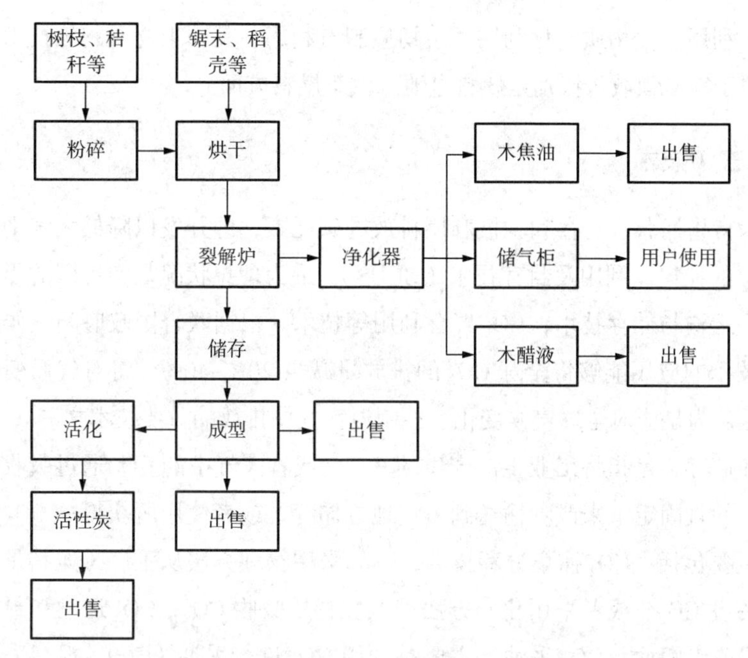

图 1-3 生物炭化气化工艺流程图

炉灶燃烧的优点是操作简单，投资小，但燃烧效率低（10%~25%）、规模小，对生物质资源利用产生极大浪费。锅炉燃烧可以通过使用先进的锅炉技术和燃烧技术，实现生物质的大规模高效燃烧，但投资大和操作复杂。锅炉燃烧主要包括层燃技术和流化床燃烧。

②成型生物质燃料燃烧技术。成型生物质燃料因具有体积小、密度大、储运方便、燃料致密、无碎屑飞扬、燃烧持续稳定、燃烧效率高、燃烧后的灰渣和烟气中污染物含量小等优势，受到越来越多的研究和应用。

③成型生物质燃料与煤混烧技术。由于成型生物质燃料热值低、水分多、易受季节及区域影响，较难满足连续稳定燃烧与供应要求，而煤是一种非再生的、不清洁的能源。将煤与生物质混合燃烧不仅可以克服各自的缺陷，而且对原有的燃烧设备改变不大。国外，生物质与煤混合燃烧技术已进入商业示范阶段，美国和欧盟等发达国家已建成一定数量生物质与煤混合燃烧发电示范工程，电站装机容量通常在 50~700MW，少数系统在 5~50MW，燃料包括农作物秸秆、废木材、城市同体废物以及淤泥等。

（3）液体生物质燃料应用技术

液体生物质燃料因具有资源丰富、价格低廉、可再生、零排放等优势而作为石油替代燃料最为理想，受到越来越多人的青睐。液体生物质燃料主要包括燃料乙醇和生物柴油，其中燃料乙醇是被看好的石油替代燃料。

（4）气体生物质燃料应用技术

将生物质制成气体燃料是实现生物质高效清洁利用的另外一种形式，主要包括生物质发酵（沼气）利用、生物质气化利用、生物质制氢利用。其中生物质制氢技术是目前研究的热点，可用于很多领域，特别是燃料电池、汽车燃料方面。

1.3.3 去碳技术

去碳技术特指捕获、封存和积极利用排放的碳元素，即开发以降低大气中碳含量为根本特征的 CO_2 的捕集、利用及封存技术（CCUS），最为理想状况是实现碳的零排放。主要包括碳回收、运输与储存技术，CO_2 聚合利用等技术。根据联合国政府间气候变化委员会的调查，该技术的应用能够将全球 CO_2 的排放量减少 20%~40%，将对气候变化产生积极影响，被广泛认为是应对全球气候变化、控制温室气体排放的重要技术之一。

碳捕集和储存，是指将工业生产产生的 CO_2，或者大气中的 CO_2 通过吸收、捕捉等方式分离出来，并且固定下来或者输送到一定地方储存，或者使用所获得的 CO_2 作为原材料进行生产。主要包括：CO_2 捕集分离技术，例如采用物理方法从工厂（尤其是发电厂）尾气中收集高浓度 CO_2，或者采用化学方法用碱性物质吸收 CO_2；CO_2 运输和封存，包括将 CO_2 注入地层或者海底；CO_2 采油，主要是利用 CO_2 进行采油（气），提高采油率；以及 CO_2 应用，主要是指使用 CO_2 作为原材料制备其他有用的物质。

当前 CCUS 技术被认为是减少温室气体最有效的方式，具有减排的灵活性等特点，其环境效益与经济效益备受各国关注。全球油气田使用 CO_2 驱油可增加 350 多亿吨石油开采量，并提供 700 亿 ~1000 亿吨 CO_2 的封存潜力。我国约有 100 亿吨石油地质储存量适宜于 CO_2 驱油，预期可增采 7 亿 ~14 亿吨，全国的枯竭油气田、无商业价值的煤层和深部咸水层的 CO_2 封存潜力超过 2300 亿吨，其中咸水层封存潜力最大。[6] 我国 CCUS 技术起步较晚，但发展较快，目前已建设中石化胜利油田 4 万吨 / 年 CO_2 捕集与驱油封存工程、江苏油田 CO_2 驱油工程、中原油田 CO_2 驱油工程、吉林油田 CO_2 驱油工程、华能上海石洞口 10 万吨 / 年 CO_2 捕集工程、华电句容电厂 1 万吨 / 年 CO_2 捕集工程、华润海丰电厂碳捕集测试平台等全流程或单环节 CCUS 工程，正在建设的工程有中美元首气候变化项目延长石油集团 36 万吨 / 年 CCUS 示范工程、国内最大的烟气碳捕集工程——国家能源集团国华锦界电厂 15 万吨 / 年烟气 CO_2 捕集与封存利用工程等，目前已取得良好进展。

参考文献

[1] 凌定元 . 温室效应危害及治理措施 [J]. 纳税 , 2018(13): 252.

[2] 向正怡 . 温室效应与全球气候变暖 [J]. 中国高新区 , 2018(03): 117.

[3] 王兆夺 , 祝超伟 , 于东生 . 全球气候变化背景下对"温室效应"的思考 [J]. 辽宁师范大学学报 (自然科学版), 2017, 40(03): 407–414.

[4] 朱益飞 . 温室效应的危害及治理对策措施 [J]. 变频器世界 , 2016(03): 106–109.

[5] 张潞 . 温室效应及其对生态环境的影响 [J]. 城市环境与城市生态 , 1998(S1): 15-17.

[6] 陈兵 , 肖红亮 , 李景明 , 等 . 二氧化碳捕集、利用与封存研究进展 [J]. 应用化工 , 2018, 47(03): 589-592.

[7] 王萍 , 王炳才 . 我国碳捕集与封存技术发展概况 [J]. 天津商业大学学报 , 2016, 36(04): 57-63.

[8] 王贺 , 吴秋颖 . 二氧化碳的回收与利用 [J]. 中国新技术新产品 , 2016(08): 140.

[9] 程一步 , 孟宪玲 . 二氧化碳捕集、利用和封存技术应用现状及发展方向 [J]. 石油石化节能与减排 , 2014, 4(05): 30-35.

[10] 郭敏晓 , 蔡闻佳 . 全球碳捕捉、利用和封存技术的发展现状及相关政策 [J]. 中国能源 , 2013, 35(03): 39-42.

[11] 韩桂芬 , 张敏 , 包立 . CCUS 技术路线及发展前景探讨 [J]. 电力科技与环保 , 2012, 28(04): 8-10.

[12] 张军 , 李桂菊 . 二氧化碳封存技术及研究现状 [J]. 能源与环境 , 2007(02): 33-35.

[13] 秦艳丽 . 光伏发电在智能绿色建筑中的应用研究 [J]. 电气时代 , 2018(01): 70-72.

[14] 梁云 , 杨小天 , 郭亮 . 我国光伏发电技术的发展现状与前景 [J]. 吉林建筑大学学报 , 2015, 32(02): 73-75.

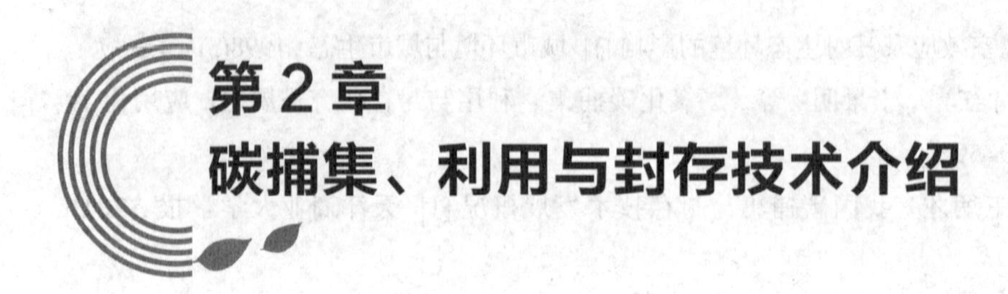

第2章 碳捕集、利用与封存技术介绍

我国已成为全球最大的能源消费国和碳排放国，CCUS是实现长期低碳发展的重要选择。党的十九大也对应对气候变化和可持续发展提出新目标。CCUS分为捕集、运输、利用和封存4个技术环节，可以快速有效降低碳排放量，是实现《巴黎气候协定》全球气候治理目标的关键技术之一。

2.1 碳捕集、利用与封存概念

碳捕集、利用与封存技术（CCUS）是众多碳减排方法中最具现实意义和可能性的途径。CCUS技术是指将工业排放的CO_2捕集分离后，通过管道技术输送至油气田或封存点，用于提高油气采收率和永久封存在地下。

2.1.1 碳捕集技术

根据CO_2捕集系统的技术基础和适用性，CO_2捕集技术（图2-1）通常分为燃烧前捕集技术、燃烧后捕集技术、富氧燃烧技术以及其他新兴碳捕集技术等。

（1）燃烧前捕集

燃烧前捕集主要运用于IGCC（整体煤气化联合循环）系统中，将煤高压富氧气化变成煤气，再经过水煤气变换后将产生CO_2和H_2，气体压力和CO_2浓度都很高，将很容易对CO_2进行捕集。[9]剩下的H_2可以被当作燃料使用。该技术的捕集系统能耗低，在效率以及对污染物的控制方面有很大的潜力，因此受到广泛关注。然而，IGCC发电技术仍面临着投资成本高、可靠性有待提高的问题。

（2）燃烧后捕集

燃烧后捕集即在排放烟气中捕集CO_2，目前常用的CO_2分离技术有化学吸收法（利用酸碱性吸收）、物理吸收法、物理化学吸收和吸附法（变温或变压吸附）。[7,15]此外，膜分离法技术正处于发展阶段，却是公认的在能耗和设备紧凑性方面具有极大潜力的技术。理

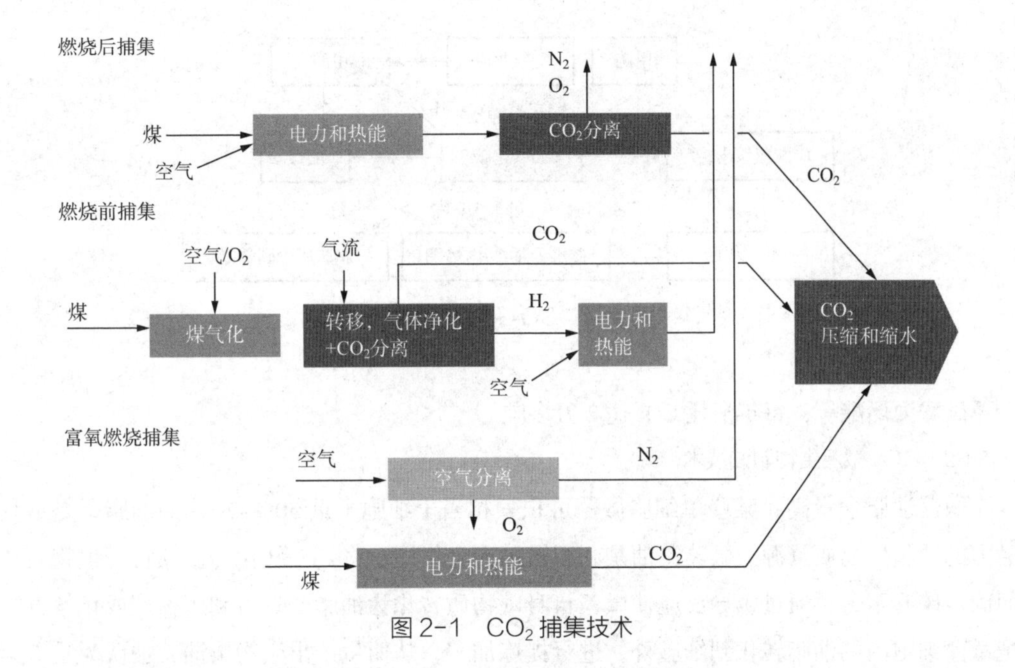

图 2-1　CO_2 捕集技术

论上，燃烧后捕集技术适用于任何一种火力发电厂。目前，国内外烟气 CO_2 捕集工程主要为燃烧后捕集。然而，普通烟气的压力小、体积大，CO_2 浓度低，而且含有大量的 N_2，因此捕集系统庞大，耗费大量的能源。

（3）**富氧燃烧**

富氧燃烧采用传统燃煤电站的技术流程，但通过制氧技术，将空气中大比例的氮气（N_2）脱除，直接用高浓度的氧气（O_2）与抽回的部分烟气（烟道气）的混合气体来替代空气，这样得到的烟气中有高浓度的 CO_2 气体，可以直接处理和封存。目前欧洲已有在小型电厂进行改造的富氧燃烧项目。[6] 该技术路线面临的最大难题是制氧技术的投资和能耗太高，现在还没找到一种廉价低耗的能动技术。

2.1.2　碳利用技术

将捕获的 CO_2 进行合理利用不仅能减缓温室效应的压力，而且能回收捕集 CO_2 的成本，创造一定的经济价值。目前处于商业应用和工业试验的 CO_2 利用技术有化工领域利用技术、CO_2 微藻炼油技术、CO_2 驱油技术、CO_2 驱气技术和 CO_2 驱替苦咸水技术等。

（1）**CO_2 化工利用**

CO_2 分子很稳定，难以活化，但在特定催化剂和反应条件下，仍能与许多物质反应，生产化工原料产品，创造经济价值。CO_2 的化工利用途径如图 2-2 所示。

利用 CO_2 作为化工原料已初具规模。每年全球近 1.1 亿吨 CO_2 用于化工生产。尿素是利用 CO_2 的最大宗产品，每年消耗 CO_2 达 7000 万吨；其次是无机碳酸盐，每年消耗 CO_2 达 3000 万吨；每年用于加氢还原合成 CO 的 CO_2 达 600 万吨；将 CO_2 合成药物中间体水杨

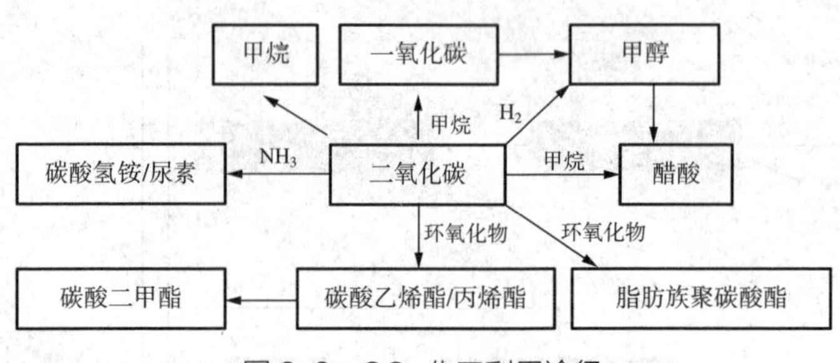

图 2-2　CO_2 化工利用途径

酸及碳酸丙烯酯等，每年消耗 CO_2 达 2 万多吨。

（2）CO_2 微藻生物制油技术

微藻油脂含量高，某些单细胞微藻可积累相当于细胞干重 50%~70% 的油脂，是最具潜力的油脂生物质资源。微藻制油是利用微藻光合作用，将 CO_2 转化为微藻自身生物质从而固定碳元素，再通过诱导反应使微藻自身碳物质转化为油脂，然后利用物理或化学方法把微藻细胞内的油脂转化到细胞外，进行提炼加工，从而生产出生物柴油，被认为是“第三代生物柴油技术”。微藻生长过程中会吸收大量 CO_2，具有 CO_2 减排效应，理论上每生产 1t 微藻可吸收的 CO_2 达 1.83t。

（3）CO_2 驱油技术

CO_2 驱油是一种把 CO_2 注入油层中以提高油田采收率的技术（图 2-3）。CO_2 驱油技术主要有混相驱替和非混相驱替。[23] 混相驱替是原油中的轻烃被 CO_2 萃取或气化出来，形成混合相，使表面张力降低，进而提高原油采收率。非混相驱替也是降低了表面张力，提高了采收率，是由于 CO_2 溶于原油中，从而降低了原油黏度造成的。实际工程中，非混相驱替技术的应用较少，因为理想的技术是采用混相驱替。

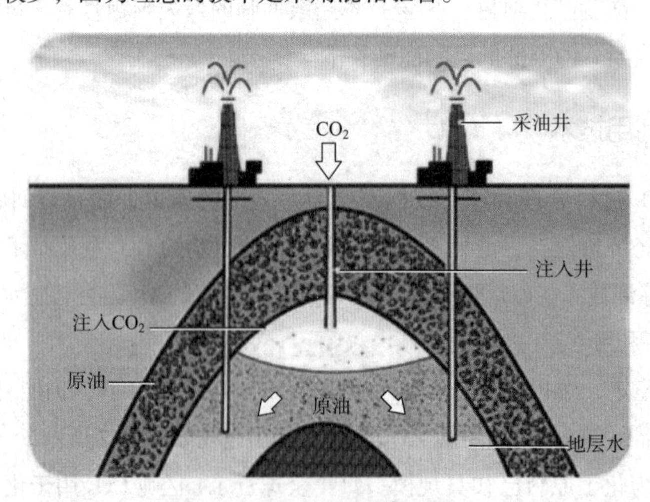

图 2-3　CO_2 驱油原理

综上所述，CO_2 的用途广泛（图 2-4），合理的利用不仅可以有效缓解全球温室效应，

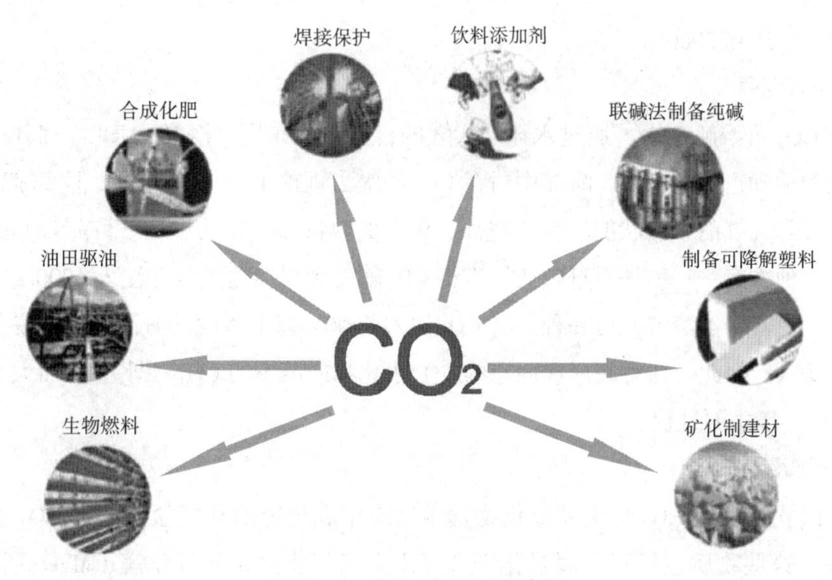

图 2-4　CO_2 主要利用途径

而且能够创造巨大的经济价值。除上述利用外，CO_2 还能应用于瓜果蔬菜的保鲜、碳酸饮料行业以及作为气肥促进大棚作物的生长；医学领域的低温手术也有 CO_2 的利用。

2.1.3　碳封存技术

CO_2 封存（图 2-5）是指将大型排放源产生的 CO_2 捕集、压缩后运输到选定地点长期封存，而不是释放到大气中。现已发展出多种封存方式，包括注入到一定深度的地质构造（如咸水层、枯竭油气藏）、注入深海，或者通过工业流程将其凝固在无机碳酸盐之中。

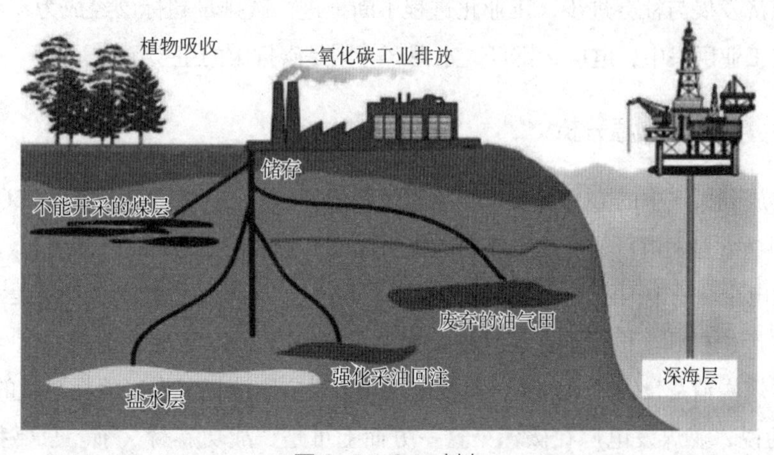

图 2-5　CO_2 封存

（1）地质封存

这种方法是直接将 CO_2 注入地下的地质构造当中，如油田、天然气储层、含盐地层和不可采煤层等都适合 CO_2 的储存。[11] 地质封存是最有发展潜力的一种方案，据估算全球贮量至少可以达到 2000Gt。

（2）海洋封存

由于 CO_2 可溶解于水，通过水体与大气的自然交换作用，海洋一直以来都在“默默”吸纳着人类活动产生的 CO_2。海洋中封存 CO_2 的潜力理论上说是无限的。但实际封存量仍取决于海洋与大气的平衡状况。注入越深，保留的数量和时间就越长。目前 CO_2 的海洋封存主要有 2 种方案：一种是通过船或管道将 CO_2 输送到封存地点，并注入 1000m 以上深度的海水中，使其自然溶解；另一种是将 CO_2 注入 3000m 以上深度的海洋，由于液态 CO_2 的密度大于海水，因此会在海底形成固态的 CO_2 水化物或液态的 CO_2 “湖”，从而大大延缓了 CO_2 分解到环境中的过程。

（3）矿石碳化

矿石碳化是利用 CO_2 与金属氧化物发生反应生成稳定的碳酸盐从而将 CO_2 永久性地固化起来。这些物质包括碱金属氧化物和碱土金属氧化物，如氧化镁（MgO）和氧化钙（CaO）等，一般存在于天然形成的硅酸盐岩中，例如蛇纹岩和橄榄石。这些物质与 CO_2 化学反应后产生碳酸镁（$MgCO_3$）和碳酸钙（$CaCO_3$，石灰石）。由于自然反应过程比较缓慢，因此需要对矿物作增强性预处理，但这是非常耗能的，据推测采用这种方式封存 CO_2 的发电厂要多消耗 60%~180% 的能源。并且由于受到技术上可开采的硅酸盐储量的限制，矿石碳化封存 CO_2 的潜力可能并不乐观。

2.2 主要排放源分析

随着经济发展与社会进步，工业化进程不断推进，碳排量超标已经成为不容忽视的严重问题。在工业巨头中，电厂、钢厂、水泥厂等则是碳排放的主要源头。

2.2.1 电厂排放源分析

目前排放到大气中的 CO_2 主要来自化石燃料燃烧，约占人类活动引起的 CO_2 排放总量的 70%。图 2-6 是发电厂通过化石燃料燃烧引起 CO_2 排放的示意图。

火力发电企业是中国温室气体排放的主要来源之一，因而矿物燃料的燃烧是我国 CO_2 排放的最重要产生根源。根据国家统计局数据显示，中国 2017 年能源消费总量 44.9 亿吨标准煤，其中煤炭消费量占比 60.4%，而发电及热力供应则消耗了煤炭消耗总量的 49%。[3,5]毫不夸张的说，燃煤发电厂在碳污染这一方面上可是“战功赫赫”了。只要我们仍面临着人口持续增长、经济飞速发展这一不可阻挡的趋势，我们对电能的更大需求将会不断加重这一情况。那么，在全球气候变暖的背景下，电力行业势必将成为 CO_2 减排的重点。

通过气候变化注册组织（The Climate Registry，TCR）发布的《电力部门自愿报告项目

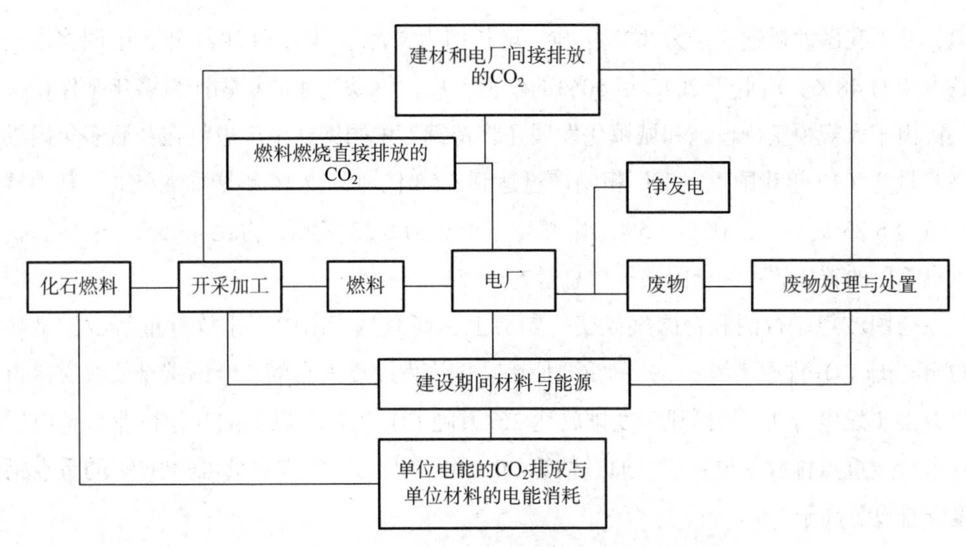

图 2-6　化石燃料燃烧引起 CO_2 排放示意图

协议》与我国燃煤电厂情况相结合，得到国内燃煤电厂的排放源类型及所排放的温室气体种类，如表 2-1 所示。

表 2-1　国内电厂温室气体种类及排放源总览

环节	来源类型	温室气体种类
火力发电过程	锅炉：燃煤锅炉（如煤粉、流化床、抛煤机等）、天然气锅炉、生物质锅炉等 涡轮：联合循环气体涡轮、热电联产涡轮、煤气化联合循环涡轮等	CO_2、CH_4、N_2O
其他发电形式	燃料电池 地热 垃圾衍生燃料	CO_2、CH_4、N_2O
	水力发电的水库 生物质燃烧	CH_4、N_2O CH_4
辅助生产系统	湿法脱硫	CO_2
	内燃机 备用发电机 消防水泵	CO_2、CH_4、N_2O
运输过程	交通工具等移动设备	CO_2、CH_4、N_2O

2.2.2　钢厂排放源分析

钢铁工业作为我国工业的重要支柱之一，是资源、能源密集型产业，同时也是 CO_2 排放大户。据世界钢铁协会最新发布数据，2017 年全球粗钢产量同比增长 5.3%，达到 16.91

亿吨，其中我国的粗钢产量为 8.32 亿吨，增长率为 5.7%。预计到 2021 年，中国将占全球钢铁产量的 48%，略低于 2013 年 50%的峰值。中国钢铁工业的粗钢产量多年来保持世界第一。由于大规模基础设施和城镇化发展还将持续，中国钢铁生产也将在今后多年内维持较高产量。2017 年我国重点钢厂粗钢产量达到 6.58 亿吨，较 16 年增加 4.68%，其中转炉钢产量为 6.23 亿吨，占比 94.65%，电弧炉钢产量为 0.33 亿吨，占比 4.95%。经估算，我国重点钢厂的碳排放占到全国碳排放总量的 13.5%。

在德国波恩举行的联合国气候变化年会上，研究员指出中国排放量重新增长是导致 2017 年全球 CO_2 排放量增长 2% 的重要原因。国家发改委发布的《全国碳排放权交易市场建设方案（发电行业）》提到年度排放达 2.6 万吨 CO_2 当量及以上的其他行业自备电厂视同发电行业重点排放单位管理，通过估算 2017 年重点钢厂碳排放量可知 97% 的重点钢厂年度碳排放量高于 2.6 万吨。

总体而言，我国碳排放量很高，钢铁行业碳排放量占全国碳排放量比重大，而且在持续增加，因此钢铁行业节能减排刻不容缓。而电炉炼钢碳排放远低于转炉炼钢，发展电炉炼钢有利于节能减排，应是未来钢铁工业发展重点方向之一。[4]

2.2.3 水泥厂排放源分析

水泥工业是典型的资源型、能源型产业，水泥熟料生产过程需要消耗大量的石灰石、煤炭资源和电力资源。水泥工业已成为工业部门中的第二大排放源，所占碳排放总量的比重也是连年攀升。水泥工业是全球工业 CO_2 排放的大户之一，约占总量的 5%。[10] 因此，在水泥行业制定科学的 CO_2 排放量计算方法，实行严格的 CO_2 排放管理，对于明确排放总量，建立减排规划，实现减排目标具有重要意义。

水泥生产包括原料开采及运输、生料和燃料制备、熟料煅烧、水泥制备及发送、余热发电、辅助生产工艺过程、生产管理等多个工艺环节，涉及运输、破碎、粉磨、煅烧等工艺设备，所有工艺环节和设备都需要消耗一定的电能或热能，形成 CO_2 排放单元。水泥生产工艺特点表明其 CO_2 排放源主要有：碳酸盐分解排放、各种燃料的燃烧排放和各工艺设备的电力消耗产生的排放。其中碳酸盐加热分解引起的碳排放在水泥生产中的比重超过 56%。

2.3 碳捕集、利用与封存技术现状分析

碳捕集、利用与封存技术，即 CCUS（Carbon Capture，Utilization and Storage）技术目前被认为是能有效改善 CO_2 减排现状的最重要举措，也被认为是最主要的低碳发电技术之一，主要包括 CO_2 捕集分离技术、CO_2 运输技术、CO_2 驱油与封存技术、CO_2 化工产品技术、CO_2 微藻生物制油技术、CO_2 矿化技术和其他利用技术等。

2.3.1　CO_2 捕集分离技术现状

随着世界经济的不断发展，世界能源消费量不断增加，以化石能源为主的能源结构使全球 CO_2 排放量越来越多，大气中的 CO_2 浓度越来越高。

为了减少 CO_2 排放，保护环境，实现 CO_2 资源化利用或进行封存，首先需要将化石燃料电厂、钢铁厂、水泥厂、炼油厂、合成氨厂产生的 CO_2 进行捕集分离。CO_2 捕集分离是碳捕集、利用与封存技术的第一步，所消耗的能源约占 CO_2 减排成本的 70% 以上。[2,12]

燃烧后捕集、燃烧前捕集、富氧燃烧捕集 3 种技术的适用范围、优势、劣势、捕集成本、技术成熟度比较情况见表 2-2。[6,7,14]

表 2-2　CO_2 捕集技术比较

捕集技术	适用电厂	优势	劣势	成本 /（$/t）	技术成熟度	
					国际	国内
燃烧后	PC 电厂	与现有电厂匹配性较好，无需对发电系统本身做过多改造，适用于老式电厂的改造	捕集能耗较大，发电效率损失较大，改造投资费用较高	29~51	特定条件可行	研究 / 中小规模示范
燃烧前	IGCC 电厂	捕集能耗相对于燃烧后捕集低，若同 IGCC 电厂匹配，改造费用较低	只能同 IGCC 电厂匹配，目前 IGCC 电厂投资高昂，在我国的装机容量很低，只适用于新建电厂的捕集	13~37	特定条件可行	研究
富氧燃烧	PC 电厂	产生的 CO_2 浓度较高，容易进行分离和压缩，几乎没有分离的能耗	对应纯氧燃烧技术的锅炉耐热性要求较高，氧气提纯的能耗较大，成本较高	21~50	示范	研究 / 小规模示范

为了进一步降低碳捕集能耗和成本，近年来国内外发现或开发了一些新的 CO_2 捕集分离技术。

①化学链燃烧技术

化学链燃烧技术是指采用金属氧化物作为载氧体与含碳燃料进行反应，金属氧化物在氧化反应器和还原反应器中循环；还原反应器中的反应相当于空气分离过程，空气中的 O_2 与金属反应生成氧化物，实现 O_2 从空气中分离；燃料与 O_2 之间的反应被燃料与金属氧化物之间的反应替代，相当于从金属氧化物中释放的 O_2 与燃料进行燃烧，产生高纯度的 CO_2。该技术优点是金属氧化物易得、成本低，能耗较低；主要缺点是金属氧化物需要在氧化反应器和还原反应器间反复循环，技术不够成熟，尚处于实验室研究阶段。

②直接碳燃料电池技术

直接碳燃料电池技术（DCFC）是一种以碳为燃料，并与氧气分别在阳极和阴极端发生电化学反应直接产生电能的燃料电池，具有无污染、高效率、适应广、低噪音、能连续工作和模块化的特点，被认为是21世纪最有发展前景的高效清洁发电技术。DCFC不受卡诺循环限制，理论效率可达100%，实际效率高达80%，而天然气燃料电池和氢燃料电池实际效率分别只有60%和47%。同时，由于直接采用煤炭作为燃料，与H_2、甲烷等气体相比，成本大大降低，也不需要对合成气进行重整，设备更加简单，电池反应生成气体仅是CO_2，便于捕集。

原理：首先是固体碳在电池内部进行重整，如式（2-1）所示。

$$C + H_2O = CO + H_2 \quad (2\text{-}1)$$

重整后生成的CO和H_2在阳极发生电极反应，其电极反应原理如式（2-2）~式（2-4）所示：

$$\text{阴极：} O_2 + 4e^- \rightarrow 2O^{2-} \quad (2\text{-}2)$$

$$\text{阳极：} CO + O^{2-} \rightarrow CO_2 + 2e^- \quad (2\text{-}3)$$

$$\text{总反应：} C + O_2 \rightarrow CO_2 \quad (2\text{-}4)$$

但是，DCFC要达到一个高的能量利用效率，需要较高的操作温度，其两种高温操作方法：一是熔融电解质燃料电池，其运行温度为400~750℃；二是固体氧化物燃料电池（SOFC），其运行温度为700~1000℃。[17]现阶段，DCFC离工业化还有一段距离，主要是解决廉价而活性、导电性能良好的阳极碳材料制备、电池材料防腐、灰分祛除以及电池结构优化和放大等问题。

③盐渍土吸收CO_2技术

盐渍土是盐土、碱土以及各种盐化、碱化土壤的总称。中科院新疆生态与地理研究所科研人员和国外科学家通过多年对新疆盐渍土的研究，首次证实：荒漠盐碱土能够大量吸收CO_2，并“最终归宿”于地下咸水层。[18]这为困惑科学家20多年的“消失的碳排放”（碳黑洞：指全球每年都有近20%的CO_2排放去向不明）谜题给出了答案。经过国家973项目“干旱区盐碱土碳过程与全球变化”的研究，中德比3国58名科学家组成的团队以亚欧内陆干旱区为对象，历时5年，全面探讨了碳循环过程，基于中亚干旱区盐碱土无机吸收碳结果，估算出全球干旱区每年以无机方式吸收$CO_2$12.6亿吨，占IPCC估算失汇19亿吨的70%。盐渍土主要分布在内陆干旱、半干旱地区。目前全世界盐渍土面积约897万平方公里，约占世界陆地总面积的6.5%，占干旱区总面积的39%。我国盐渍土面积约有20多万平方公里，约占国土总面积的2.1%。开发盐渍土吸收CO_2，具有较大潜力。[19]

燃烧后捕集技术相对较为成熟，广泛应用的是化学吸收法，国外许多天然气处理厂、化石燃料电厂和化工生产厂等都应用此技术。燃烧前捕集技术降低能耗方面具有较大潜力，国外许多IGCC厂已开始应用此技术。富氧燃烧捕集技术发电领域的30MW小规模试验正在研发，250MW高炉应用已获验证。据Global CCS Institute统计，2011年全球CCS大规模一体化项目共有74个，其中大部分还处于评估和确认阶段。在这些项目中，以电厂为排放源的项目 42 个，占项目总量的 57%；以工业过程为排放源的项目 32 个，占项目总量的 43%。电厂 CO_2 捕集项目中，采用燃烧后捕集技术或燃烧前捕集技术的占 80% 以上，采用富氧燃烧技术的仅占 12%。

近年来，国内 CO_2 捕集技术及捕集项目发展迅速，已建设了多套燃煤电厂烟气 CO_2 捕集示范工程，一些企业在碳捕集方面取得了长足进步，如中国石化、中国石油、国家能源集团、华能集团等。碳捕集过程中，主要能耗是用于吸收剂再生时所需的蒸汽消耗。[20] 目前，国外先进水平捕集 1t CO_2 再生能耗为 2.5~3.0GJ，而我国为 2.5~4.0GJ，水平相当。国内已建的全流程和单环节 CCUS 示范工程如表 2-3 所示。

表 2-3　国内 CCUS 全流程 / 单环节示范工程

序号	项目名称	地点	规模	CO_2 捕集气源	封存 / 利用	现状
1	中石油吉林油田 CO_2-EOR	吉林油田	封存量：约 10 万吨 / 年	天然气分离	CCS-EOR	2007 年投运
2	中科金龙 CO_2 化工利用	江苏泰兴	利用量：约 1 万吨 / 年	酒精厂 CO_2	化工利用	2007 年投运
3	华能集团北京热电厂捕集	北京高碑店	捕集量：3000 吨 / 年	燃烧后	食品利用	2008 年投运
4	中海油 CO_2 制可降解塑料	海南东方市	利用量：2100 吨 / 年	天然气分离	化工利用	2009 年投运
5	华能上海石洞口捕集项目	上海石洞口	捕集量：12 万吨 / 年	燃烧后	食品 / 工业利用	2009 年投运
6	中电投重庆双槐电厂碳捕集	重庆合川	捕集量：1 万吨 / 年	燃烧后	食品 / 工业利用	2010 年投运
7	中石化胜利油田 CO_2 捕集和驱油项目	胜利油田	捕集和利用量：4 万吨 / 年	燃烧后	CCS-EOR	2010 年投运
8	连云港清洁煤能源动力系统研究设施	江苏连云港	捕集量：3 万吨 / 年	燃烧前	食品 / 工业利用	2011 年投运
9	国家能源集团煤制油 CO_2 捕集和封存示范	内蒙古鄂尔多斯	捕集量：10 万吨 / 年 封存量：10 万吨 / 年	煤液化厂	咸水层封存	2011 年投运
10	新奥微藻固碳生物能源项目	内蒙古达拉特旗	利用量：约 2 万吨 / 年	煤化工尾气	生物利用	一期投产
11	华能绿色煤电 IGCC 电厂捕集利用和封存示范	天津滨海新区	捕集量：6~10 万吨 / 年	燃烧前	CCS-EOR	2014 年投运
12	华中科技大学 35MWt 富氧燃烧技术研究与示范	湖北应城	捕集量：5 万吨 / 年	富氧燃烧	食品 / 工业利用	2015 年投运
13	白马山水泥厂 5 万吨 / 年 CO_2 捕集示范	安徽芜湖	捕集量：5 万吨 / 年	燃烧后	工业利用	2018 年投运

续表

序号	项目名称	地点	规模	CO_2 捕集气源	封存 / 利用	现状
14	延长石油 36 万吨 / 年 CCUS 示范工程	陕西榆林	捕集量：36 万吨 / 年 封存量：36 万吨 / 年	煤化工尾气	CCS-EOR	2021 年投运
15	国华锦界电厂 15 万吨 / 年 CO_2 捕集纯化工程	陕西神木	捕集量：15 万吨 / 年	燃烧后	咸水层封存	2021 年投运
16	华电句容电厂 1 万吨 / 年 CO_2 捕集纯化工程	江苏镇江	捕集量：1 万吨 / 年	燃烧后	工业利用	2019 年投运
17	华润海丰电厂 2 万吨 / 年 CO_2 捕集纯化工程	广东海丰	捕集量：2 万吨 / 年	燃烧后	海洋封存	2019 年投运

2.3.2 CO_2 利用现状

（1）CO_2 驱油技术现状

捕集的 CO_2 通过管道等方式运到利用或封存地点，就可以进一步用于驱油、驱气或地下封存。不过在不同的油藏条件下，CO_2 的驱油机理并不相同，现场实施注 CO_2 项目主要分为混相驱和非混相驱。

①国外 CO_2 驱油发展状况

国外研究注 CO_2 提高原油采收率方法已有几十年的历史，而 CO_2 的现场应用始于 1958 年，当时美国 Permain 盆地首先开展了注 CO_2 混相驱项目，结果表明注 CO_2 是一种提高原油采收率的有效方法。

据美国《油气杂志》报道，2014 年美国 CO_2 驱总项目数为 137 个，其中混相驱项目数 128 个，非混相驱项目数仅 9 个；CO_2 驱总 EOR 产量为 1371×10^4t/ 年，其中混相驱产量 1264×10^4t/ 年，非混相驱产量仅 107×10^4t/ 年。在 128 个 CO_2 混相驱项目中，获得成功的项目为 104 个，成功率达 81.25%。政策法规支持和油价持续走高，使得 CO_2-EOR 技术显现出较大的利润空间，美国诸多石油公司纷纷投入到 CO_2-EOR 技术的研发与作业中。2014 年在美国进行 CO_2 混相驱作业的公司有 22 个（表 2-4），CO_2 混相驱项目年 EOR 产量共 1264×10^4t，其中 Occidental、Kinder Moran、Chevron、Hess 等公司 CO_2 混相驱项目年 EOR 产量均超过 100×10^4t，产量主要是由为数不多的大项目贡献的，油藏面积超过 20km^2 的 24 个混相驱项目的 EOR 总产量达 798×10^4t/ 年，占 63%。

对美国注 CO_2 驱项目的实施效果统计结果表明，CO_2 驱项目开始前油藏具有较高的含油饱和度，项目实施后饱和度降低幅度一般低于 20%，部分油藏高于 25%；从提高采收率幅度角度统计，水驱后实施 CO_2 驱提高采收率幅度一般介于 10%~25%；从增油量角

表 2-4　2014 年美国 CO_2 混相驱作业公司及项目、年产量

作业公司	项目数 / 个	年 EOR 产量 /10^4t	比例 /%
Occidental	33	459.63	36.37
Kinder Moran	3	138.34	10.94
Chevron	7	126.30	9.99
Hess	4	106.89	8.46
Denbury Resources	18	86.82	6.87
Merit Energy	7	71.12	5.63
Anadarko	6	55.79	4.41
ExxonMobil	1	45.36	3.59
Breitburn Energy	5	36.87	2.92
ConocoPhillips	2	28.42	2.225
Whiting Petroleum	1	24.51	1.94
Apache	5	23.88	1.89
XTO Energy Inc.	4	13.43	1.06
Chaparral Energy	8	9.18	0.73
Fasken	5	4.30	0.34
Core Energy	9	1.90	0.15
Devon 等	12	31.19	2.47

度统计，美国成功实施 CO_2 驱的区块平均单井日增油量较高，大部分项目单井日增油量超过 5t/ 天；从 CO_2 混相驱开发效果统计，无论是对于先导试验还是对于矿场应用，CO_2 混相驱的见效时间一般是 0.5~1.5 年，在注入 0.4~0.6HCPV（烃类孔隙体积）时可以提高采收率 13%，CO_2 的平均换油率介于 4~12Mcf/ 桶；从注 CO_2 驱油成本来看，由于美国 CO_2 采用管道运输，且采用较纯的天然 CO_2 气源，驱油成本仅为 18~28$/ 桶（约 883~1374 元 /$m^3$ 油）。

从 CO_2 驱油油藏上看，目前国外现行注 CO_2 驱油的适应范围较为广泛，不仅适合于白云岩和砂岩油藏，也适合于硅藻岩、石灰岩以及混合岩性类型油藏。大部分进行 CO_2 驱的原油以低黏、低密度为主，油藏以中低渗、低温、碳酸盐岩为主，渗透率介于 0.1~50mD 之间、深度小于 2000m、原油 API 在 30.0~45.0 之间、原油黏度小于 2mPa·s 的油藏最多，也被认为是注 CO_2 驱油的最佳区域。从 CO_2 驱油技术特点上看，储量规模要求单井控制储量大于 6 万吨、动用储量大于 100 万吨；注气时机选择在应用于水驱后，再注入 CO_2 进一步提高采收率；井网类型主要是反九点、五点和线性类型三种；注入方式主要采取水气交

替注入和 CO_2 吞吐两种方式。

②国内注 CO_2 驱油技术发展情况

我国 CO_2 驱油研究起步较晚，CO_2 驱油在 20 世纪 60 年代初受到重视并开始室内实验和先导性试验。1963 年首先在大庆油田作为主要提高采收率的方法进行实验研究。而在 20 世纪 70 年代，就近实施了小规模的 CO_2 驱替工艺国内 CO_2 驱油技术研究，大庆油田针对高含水油藏在萨南开展了 CO_2 非混相驱矿场试验，CO_2 由烟道气提纯而来，提高原油采收率约 7%，但因气源问题且比聚合物驱效果差，没有进一步发展。1988 年大庆油田在萨南东部过渡带开辟了注 CO_2 试验区，试验采用前期进行水驱、后期进行水气交替注入的方式。中国石油天然气总公司先导试验项目“江苏富民油田 CO_2 吞吐技术”，于 1996 年 2 月在富 48 号井进行了现场试验，按设计注入 CO_2 量为 $1.5887 \times 105m^3$，日产 5t 原油，经济效益明显，为江苏油田 CO_2 混相驱油奠定了基础。CO_2 驱油在我国胜利、江苏、中原、新疆、大庆、吉林等油田积累了一定资料和实践经验，但矿场试验较少，基本停留在试验室阶段。限制国内广泛开展注 CO_2 工艺提高原油采收率的关键因素还是缺少丰富的 CO_2 气源，因此只是实施了一些单井的 CO_2 吞吐工艺，作为一种油田开发中后期的增产措施。如果今后能发现丰富廉价的 CO_2 气源，可以将 CO_2 驱油替用为一种油田开发方式。[21,22]

2003 年以来，国内中国石化、中国石油先后针对中高渗透高含水开发后期及低渗透油藏开展了多个 CO_2 驱先导试验。其中，中国石化胜利油田在纯梁采收厂高 89–1 区块、高 899 区块、F142–7–X4 井组等开展了 CO_2 驱先导示范。从实施效果看，储层吸气能力强，注入压力较水驱明显降低，不管混相、非混相都有一定的效果，但混相、近混相驱替效果明显好于非混相驱替，裂缝发育的油藏驱替效果略差，各先导试验单元均有腐蚀、气窜现象，需要加大攻关力度。

③ CO_2 驱油技术与国外的主要差距

目前，国外 CO_2 驱提高原油采收率技术已较为成熟，而国内 CO_2 驱还处于先导试验阶段，与国外差距较大。一是 CO_2 驱基础研究方面，国外从 CO_2 驱的基础理论、室内实验到矿产实践已系统配套，矿场先导试验效果明显，在部分领域已经具备工业化应用的条件；而国内虽然进行了大量研究工作，但是系统性差，还需要进一步做工作。二是 CO_2 腐蚀控制技术方面，国外对 CO_2 腐蚀的主要影响因素及其破坏机理和腐蚀防护措施等进行了广泛的研究，已可以在工程上提供有明显防腐效果的缓蚀剂、防护涂料、涂层和耐蚀材料等；而国内有关 CO_2 的腐蚀研究起步较晚，除在缓蚀剂的研究和应用方面做过一定的工作外，其他方面和国外差距较大，含 CO_2 气田的开发和 CO_2 驱过程中的腐蚀问题突出，安全、低成本实施没有保障。三是气源供应方面，美国大多数 CO_2 驱项目都是用储层中产出的高纯度 CO_2 和工业来源的 CO_2；而国内 CO_2 供应不及时、供应量不足且价格高昂，制约项目实施。四是 CO_2 工业化处理和运输方面，国外 CO_2 分离处理技术已形成了膜法、胺法和组合法等多种技术手段，CO_2 输送形成了管输、车载和船运等多种输送方式；而国内只在小管径短距离高压输送方面进行过尝试，CO_2 超临界输送方法还没有形成，限制了高含 CO_2 天然气田的开发和 CO_2 驱试验规模的进一步扩大。五是采出气循环再利用技术方面，国外上规模的 CO_2 驱项目产出的 CO_2 气均实现了循环注入，提高了 CO_2 的利用率；而国内已实施的 CO_2 驱项目产出的 CO_2 气基本被放空（目前国内积极开展相关研究，其中胜利油田已经建设投运了采出气 CO_2 回收回注工程）。

（2）CO_2 化工利用技术现状

CO_2 分子相当稳定，很难被活化，但在特定的催化剂和反应条件下，仍可与许多物质发生反应，生产重要的化工原料产品。

①用 CO_2 生产尿素

生产尿素是 CO_2 在化学工业应用中最大规模的利用。目前，阿联酋鲁韦斯化肥工业公司采用日本三菱重工公司（MHI）的技术，从天然气重整装置的烟道气中捕集 CO_2 400t/ 天，减少 CO_2 排放达 10 万吨 / 年。中国泸州天然气化工厂采用 Fluor 公司先进的 Econamine FG 碳捕集工艺，处理来自 NH_3 重整单元的废气，捕集 CO_2 160t/ 天，作为尿素生产的补充原料。

②用 CO_2 生产碳酸氢铵

碳酸氢铵（简称碳铵）是除尿素外使用最广泛的一种氮肥产品。碳铵是 CO_2 最简单、最直接的加工产品，其生产过程为：CO_2 通入碳化塔与浓氨水进行碳化反应，生成碳酸氢铵悬浮液，然后经离心分离、热风干燥后得到成品。[26]

③用 CO_2 生产碳酸二甲酯

碳酸二甲酯（DMC）是一种公认的环境友好、绿色无毒的有机合成原料及中间体，因含有羰基、甲基和甲氧基等活性基团而广泛应用于有机合成，可替代光气、硫酸二甲酯和甲基氯等剧毒或致癌物进行羰基化、甲基化、甲氧基化和羧甲基化等反应。

以 CO_2 为原料合成 DMC 主要有三条工艺路线：CO_2 与环氧化物加成法，CO_2 与醇直接加成法，以及尿素醇解法。CO_2 与甲醇直接合成法对环境友好，在经济、技术和环保等方面均具有一定的优势，日本和德国已实现工业化；尿素醇解法反应过程无水生成，省去了后续产品分离过程，是替代 CO_2 与环氧化物加成法的一个很好的选择，已实现工业化；CO_2 与环氧化物加成法制 DMC 已实现工业化，沙特和我国台湾省分别建设了 26 万吨 / 年和 15 万吨 / 年生产厂，我国华东理工大学也开发了环氧乙烷、环氧丙烷与 CO_2 反应生成 DMC 工艺并建成了 6 万吨 / 年工业化装置。[27]

④用 CO_2 生产聚碳酸酯

聚碳酸酯（PC）是分子链中含有碳酸酯基的高分子聚合物具有光学透明性好、抗冲击强度高以及优良的热稳定性、耐蠕变性、抗寒性、电绝缘性和阻燃性等特点，广泛应用在透明建筑板材、电子电器、光盘媒介、汽车工业等领域，已成为增速最快的通用工程塑料，通常主要由双酚 A 生产，俗称双酚 A 型聚碳酸酯。[28]

近年来，美国、韩国、日本、德国、俄罗斯和中国等在 CO_2 基聚碳酸酯领域进行了大量的研发工作，开发出了以 CO_2 为原料生产 CO_2 基双酚 A 聚碳酸酯（CO_2 的质量含量 17.3%）、聚碳酸亚乙酯（CO_2 的质量含量 43.1%）、聚碳酸亚丙酯（CO_2 的质量含量 50.0%）和聚环己烯碳酸酯（CO_2 的质量含量 31.0%）等产品的工艺技术，将 CO_2 进行资源化利用。

⑤用 CO_2 生产甲烷

在一定温度和压力下，CO_2 在催化剂（或微生物）作用下与 H_2 反应，可以生成甲烷。目前，国内外许多学者和研究院所都在开展用 CO_2 生产甲烷的研究，取得了一些进展。

加拿大女皇大学迈克尔已在实验室开发出了温和条件下 CO_2 甲烷化技术，即在 282~315℃条件下，在镍催化剂作用下，CO_2 和 H_2 发生还原反应生成 CH_4，CO_2 转化率可达 60%~70%。

近年来，随着电极－生物菌群电子传递多样性途径的发现，阴极甲烷的合成得到了学者们的广泛重视。美国的 Bruce logan 团队、Harold Dmay 团队、意大利的 Mauro Majone 团队以及我国中科院成都生物所都相继发表了有关阴极生物合成甲烷的研究成果。中国科学院成都生物研究所开发了两种嵌入式生物电解合成甲烷系统，实现了废水的资源化与能源化利用，同时有效处理了 CO_2 和 H_2S，变废为宝生产甲烷，是具有较好应用前景的 CO_2 和 H_2S 联合脱除方法。第 1 种为嵌入式生物电解硫化氢生产甲烷系统，通过硫氧化菌将硫化氢直接氧化为硫酸盐，产生的电子用于还原 CO_2 合成甲烷。在此过程中消耗的碱以硫酸钠等副产物予以回收。第 2 种为嵌入式生物电解有机废水合成甲烷系统。该生物电化学系统可与传统废弃物、高浓度有机废水生物发酵产沼气工艺及设施结合应用，通过电能的输入，有效提高传统发酵沼气的纯度，降低 CO_2 的含量。

另外，近年来，国外还研究开发了封存 CO_2 生物转化 CH_4 技术。该技术是利用油气藏中内源微生物，以封存的 CO_2 为底物，通过 CO_2 生物还原途径合成 CH_4 的生物技术。生物合成原料来源于捕集封存的 CO_2，合成地点在枯竭油气藏，合成媒介为油气藏内源微生物，产物是 CH_4。该技术因兼备 CO_2 减排的环保意义、生物合成 CH_4 的再生能源意义、延长油气藏寿命和潜在经济收益等优势，具有广泛应用前景。CO_2 的捕集、封存和油气藏生物多样性为此技术的实施提供了可行性。目前，该技术处于研究的实验室探索阶段，需要突破的瓶颈是寻找合适的油气藏、激活内源微生物实现 CH_4 的再生，达到有经济意义的 CH_4 转化速率和转化率。

⑥甲烷与 CO_2 重整制合成气

甲烷和 CO_2 是自然界中廉价且资源丰富的 C_1 资源，将其同时转化为具有较高价值的化工原料，对于高效利用 C_1 资源、解决日益严重的环境问题、实现可持续发展等有着重要的意义。

目前，BP、康菲、Topsoe、Shell、中国石化、中国石油等公司均开展了甲烷与 CO_2 重整制合成气（$CO+H_2$）研究，取得一些重要进展，但目前大部分技术仍停留在中试阶段，关键是解决催化剂积炭问题以延长催化剂使用寿命，提高技术经济性，进而加快工业化进程。[29]

除甲烷 CO_2 重整制合成气技术以外，一些学者还提出了 CO_2 转化为 CO 的方法，有两种：一种是在光源的作用下，把 CO_2 直接分解为 CO 和 O_2，优点是实现了 CO_2 的完全循环利用，缺点是技术上比较困难；另一种是将 CO_2 吹到炙热的炭上，转化为 CO，优点是技术上简单可行，但需要补充热量和碳源。另外，最近以 CO_2 为介质的生物质半焦化气化逐步引起人们的关注，生物质经热解，得到半焦炭微晶，再与 CO_2 反应生成 CO。

⑦ CO_2 催化还原生产甲醇

近年来，甲醇生产技术不断改进，以 CO_2 为原料合成甲醇的新工艺开发快速发展。CO_2 制甲醇的研究主要分为三类：一类是传统 CO_2 催化加氢合成甲醇技术；二是 CO_2 和水光催化制甲醇技术；三是 CO_2 和水电解直接生成甲醇技术。CO_2 转化为甲醇的关键技术是氢源制备（可用太阳能、风能等新能源电解水）及高性能还原催化剂技术的开发。

一种是传统 CO_2 催化加氢制甲醇反应方程式，如式（2–5）所示：

$$CO_2 + 3H_2 \rightarrow CH_3OH + H_2O \qquad \Delta H = -49\text{kJ/mol} \tag{2–5}$$

该反应是分子数减少的放热反应，较高的体系压力和较低的反应温度有利于甲醇的生成，反应关键之一是催化剂，可分为铜基催化剂、以贵金属为主要活性组分的负载型催化剂以及其他催化剂三种。2009 年，日本三井化学利用太阳能光解水产生的氢气作为氢源，建成了全球首套 100t/ 年 CO_2 制甲醇中试装置，以燃烧废气为原料，采用 $CuO–ZnO–Al_2O_3$ 系催化剂，可将 82% 的 CO_2 转化为烃类，甲醇选择性为 96%（中试）。2011 年底，冰岛 CRI 公司建设的第一套采用地热发电水解制氢、CO_2 加氢制甲醇的工业化装置（4000t/ 年）投产。目前，中国石化已完成 CO_2 加氢制甲醇 Cu 系催化剂的小试，近期正在开展中试技术研究。

还常用 CO_2 和水光催化还原制甲醇，该技术是以太阳能作为直接驱动力的光催化转化 CO_2 技术，具有条件温和、环境友好和利用太阳能的优点，仍处于实验室研究阶段。1979 年，Inoue 等首次采用 Xe–Hg 灯照射光催化还原 CO_2 水溶液，得到甲醇和少量甲烷，光催化剂包括 Cu/TiO_2 催化剂、Cu/n–p 复合型半导体催化剂等，其中 Cu/n–p 复合型半导体催化剂在紫外光辐照下用 CO_2 合成甲醇取得了一定的成果，现已成为热门的研究方向。

另一种方法是通过 CO_2 和水电解直接生成甲醇，该技术的关键是高催化活性、高选择性及高稳定性催化电极的制备。在热力学上，需满足相对标准甘汞电极的要求。钼、铬和钨电解质能够成功地在稀硫酸和硫酸钠溶液中还原 CO_2 得到甲醇。将光电技术进行结合也是 CO_2 制甲醇工艺路线未来发展的方向之一，美国普林斯顿大学、德克萨斯大学和日本日立公司均在此方面有所研究。

⑧用 CO_2 生产聚氨酯

聚氨酯（PU）是主链上含有重复氨基甲酸酯基团的大分子化合物，是重要的合成材料，通常由异氰酸酯和多元醇聚合而成。基于 CO_2 的非光气生产方法有两种：一种是碳酸二甲酯替代光气合成氨基甲酸酯，进而合成异氰酸酯；二是以 CO_2 为原料制备非异氰酸酯聚氨酯（NIPU），避开光气和异氰酸酯这两个剧毒的原料环节。国外 Eurotech 公司已在以色列建成了 50 万吨 / 年工业化装置。国内研究刚开始起步。

综上所述，目前 CO_2 作为化学品原料加以利用已初具规模，2011 年全球每年有近 1.1 亿吨 CO_2 被化工利用，其中尿素是利用 CO_2 的最大宗产品，每年消耗 CO_2 超过 7000 万 t；其次是无机碳酸盐，每年消耗 CO_2 达 3000 万吨；将 CO_2 加氢还原合成 CO 每年消耗 CO_2 达 600 万吨；CO_2 用于合成药物中间体水杨酸及碳酸丙烯酯等，每年消耗 2 万多吨。

（3）CO_2 微藻生物制油技术现状

微藻制油优点很多：一是光合作用效率高，生长周期短，倍增时间约 3~5 天，有的藻种甚至一天可以收获两季，单位面积年产量是粮食的几十倍乃至上百倍，不与人争粮，不与粮争地，可充分利用滩涂、盐碱地、沙漠、山地丘陵进行大规模培养，也可利用海水、苦咸水、废水等非农用水进行培养；二是微藻生长过程中吸收大量 CO_2，具有 CO_2 减排效应，理论上每生产 1t 微藻可吸收 1.83tCO_2；三是利用微藻生产生物柴油的同时，副产大量藻渣生物质，可进一步生产蛋白质、多糖、色素、碳水化合物等的原料，广泛用作高值化学品、保健品、食品、饲料、水产饵料等，提高经济效益。微藻制油的缺点：一是大规模微藻生物质资源获得比较困难；二是微藻制油生产成本较高；三是大规模培养占地面积较大、基础建设投资较高、加工过程能耗物耗较大。

美国从 1976 年起就启动了微藻能源研究，后因研究经费精减、藻类制油成本过高而于 1996 年中止。进入 21 世纪以来，随着减排 CO_2 呼声高涨微藻能源技术受到高度关注，许多国家政府、研究机构、高校与大公司等都纷纷投入巨资，以期占领战略制高点和实现技术垄断。2008 年美国能源部在马里兰州开会重新勾画了微藻生物燃料路线图，欲采用从酯化路线扩展到加氢改质和水热全部热解路线等多种技术路线，全面利用微藻中各组分，以提高微藻生物燃料的产率。据悉，美国蓝宝石公司经过持续努力已开发成套微藻能源技术，微藻示范养殖规模达到 300 英亩，所生产的微藻生物原油成本达到 86$/ 桶，具备了进一步推进产业化的基础。

鉴于其重要的能源价值和世界各国研究的不断深入，我国及时启动微藻制油技术研究，并已在微藻大规模养殖方面走在世界前列，清华大学、中国海洋大学、上海交通大学、中科院青岛能源所、北京化工大学、新奥集团生物质能研究所和中国石化等开展的微藻制油研究均取得了较大进展。2010 年，新奥集团已在内蒙古建设 5000t 微藻生物柴油示范工程，对煤电厂和煤化工厂等排放的 CO_2 进行资源化利用，生产生物能源；同时也已在光生物反应器、生物柴油制备等藻类生物质能源技术领域，取得 70 余项自主知识产权技术。2011 年底，利用中科院与中国石化合作开发的微藻生物柴油技术，中国石化在石家庄炼化厂建设我国首个以炼厂 CO_2 废气为碳源的“微藻养殖示范装置”投入运行，可为炼厂

减排 CO_2 20%以上，吸收 CO_2 能力相当于森林的10~50倍，同时养殖的微藻为生物柴油的开发奠定原料基础，从而实现循环利用。2013年，中国石化在利用采油污水培养微藻固碳方面取得了新的进展，在实现污水净化、烟气 CO_2 吸收的同时，还可以提供生物质能原料用于生产生物柴油，形成了油田污水处理、烟气吸收与产油三者良性循环。

目前，微藻制油的瓶颈主要是大规模获得微藻生物质和大幅度降低生产成本。由于生物燃料需求量巨大（亿吨级），需要数百公顷或更多土地，而我国平坦土地非常稀缺，藻类养殖布局困难较多，迫切需要开发滩涂和荒漠养藻技术。中科院青岛能源所经过多年研究，目前已筛选了产油微藻藻株10余株，其中2株具有良好的产业化前景；开发了高效、低成本、可规模化的微藻高密度培养工艺，微藻产率和培养密度较传统培养工艺系统分别提高了1.5倍和2.5倍；开发了微藻细胞经济高效连续气浮采收技术和直接从湿藻泥中提取油脂技术，大大降低了能耗和成本。

（4）CO_2 其他利用技术现状

① CO_2 用于增强型地热系统（EGS）

干热岩开发的具体工程技术称为增强型地热系统（Enhanced Geothermal Systems，简称EGS），具体指通过利用类似于水力激发致裂这种人工方法，在致密的深层岩石中建造一个可以使流体从中间通过从而提取岩石内热量的热储层，之后将用来采热的冷流体输送到该系统中去，以此开采出地下3~10km范围内岩石中蕴藏的巨大热量。从资源品质来讲，干热岩资源用于发电或者地区性的供暖，能满足国家能源的根本需求；从环境保护来讲，增强型地热系统用 CO_2 作为携热介质，可以将 CO_2 进行地质埋存，更好地解决环境问题。

国外学者Spycher等指出在 CO_2-EGS具有代表性的压力和温度条件下，水相和超临界 CO_2 两相之间的相分配行为会有显著的差异，因此建立起了大范围温度和压力条件下的 CO_2 和水溶液混合状态的相分配模型进行模拟。结果显示，在刚注入 CO_2 的阶段，生产井产生的是单相水溶液。而且生产井中的产出速率随着 CO_2 的不断注入开始增大，而水溶液的产出速率则随之减小，这表明，超临界 CO_2 的相对渗透率随着 CO_2 的持续注入而增大。

清华大学姜培学课题组研究了岩层渗透率对以 CO_2 为工质EGS系统参数（温度、压降、产能等）的影响规律，并与以水为工质的EGS系统进行了对比分析。研究发现：在同样的生产周期下，CO_2 的较佳注入速率大约为水注入速率的2倍，在这种情况下两者产能接近。水在5kg/s注入速率的压降大约是 CO_2 在10kg/s注入速率的两倍，而热抽取率仅比 CO_2 大10.9%。

② CO_2 制液体燃料

美国加州大学洛杉矶分校利用太阳能电池板和细菌模拟了光合作用的过程，并把 CO_2 转化为可以直接作为液态燃料的有机化合物。转基因富氧罗尔斯通氏菌以太阳能电池板所产生的电能为能源，不断地吞食 CO_2，并将之转化为异丁醇和异戊醇的混合液。这种液体的燃烧值很高，性能也比较稳定，可直接加入汽车当作运输燃料使用。

③ CO_2 制喷气燃料

美国海军研究实验室（NRL）的研究人员正在开展 CO_2 和 H_2 合成喷气燃料的两步工艺研究。在将 CO_2 加氢制烯烃过程中，通过在 Al_2O_3 催化剂上用硅酸四乙酯（TEOS）浸渍 K/Mn/Fe 引入稳定剂进行改性，以尽量减少水引起的催化剂失活。在将生成的不饱和烃通过齐聚合成喷气燃料过程中，采用负载在颗粒状无定形二氧化硅 - 氧化铝（ASA）上的 Ni 催化剂，以获得较高的转化率和选择性。

2.3.3 CO_2 封存技术现状

CO_2 封存主要把捕集的 CO_2 压缩后运输到枯竭油气田等地下封存场所，然后进行注入，地下的温度和压力使 CO_2 保持液态，CO_2 缓慢穿过多孔岩并填满孔隙的微小空间，实现对 CO_2 封存。合适的 CO_2 封存地点包括废弃的油田、废弃的气田、不能开采的煤田、含水岩层、含盐层等。[7] CO_2 封存方法，除了前面介绍的利用 CO_2 驱油可以封存 CO_2 外，还有利用 CO_2 强化煤层气开采封存 CO_2、利用深部含盐水层封存 CO_2、CO_2 矿化技术等方法。

（1）CO_2 强化煤层气开采封存 CO_2 技术（ECBM）

在利用 CO_2 强化煤层气开采（ECBM）方面，其基本原理是利用 CO_2 在煤体表面的被吸附能力是 CH_4 的 2 倍的特点来驱替煤层气，实现提高煤层气采收率和封存 CO_2。[11] 影响 ECBM 的因素较多，主要包括煤层厚度、煤变质程度（过高或过低均不可）、对盖层的封闭条件要求比油藏更严格、需要有一定的地质构造条件、煤层的封存深度受到气体组分和地层压力的影响。目前，该技术正在进行试验。美国伯灵顿公司在圣胡安盆地北部设立了 4 口注入井，自 1996 年开始注入 CO_2，目前正在进行储层模拟和经济评价；加拿大阿尔伯塔研究院于 2002 年完成了由 5 口井组成的 CO_2–ECBM 先导性试验，并将其向国际推广；我国中联煤层气公司通过与阿尔伯塔研究院等国际机构合作，于 2005 年在山西沁水盆地完成了微型先导性试验，取得了较为满意的结果。据估算，我国 300~1500m 埋深内煤层的 CO_2 储存潜力在 120.78 亿吨，约为我国 2012 年 CO_2 排放量的 1.33 倍，主要分布在新疆北部、陕北 - 鄂尔多斯、山西北部和中部、黑龙江东部、安徽北部、贵州西北部等地的矿区。

（2）深部含盐水层封存 CO_2 技术

在利用深部含盐水层封存 CO_2 方面，其基本原理是通过钻孔把 CO_2 注入封闭构造内的含盐水层中，理想的 CO_2 封存地层深度在 1200~1500m 之间，并与饮用水源隔离。目前，国外有多个项目正在实施。挪威 Statoil 公司于 1996 年在北海的 Sleipner 天然气田建成世界上第一个 CO_2 含盐水层封存的试验平台；Exxon Mobil 公司联合印尼国家石油公司在南海、DOE 在 West Virginia 和 Texas 建立了类似封存项目的计划。我国有关该方面研究现处于起步阶段。据估算，我国深部含盐水层的封存潜力较大，1000~3000m 深部含盐水层的 CO_2 储存潜力在 1435 亿吨，约为我国 2012 年 CO_2 排放量的 15.9 倍。其中，柴达木盆地、塔里木盆地的 CO_2 封存潜力最大，均在 100 亿吨以上；鄂尔多斯盆地的 CO_2 封存潜力在 60~80 亿吨左右，可作为未来实施碳捕获和封存项目的重点考察区域。

（3）CO_2 矿化技术

在利用 CO_2 矿化技术方面，主要利用地球上广泛存在的橄榄石、蛇纹石等碱土金属氧化物与 CO_2 反应，将其转化为稳定的碳酸盐类化合物，从而实现 CO_2 减排。该技术的优点：一是可规避 CO_2 地质封存的各种风险和不确定性，从而保证了 CO_2 末端减排技术的经济性、安全性、稳定性和持续性；二是 CO_2 矿化量大，若将地壳中 1% 的钙、镁离子进行 CO_2 矿化利用，按 50% 转化率计，可矿化约 2.56×10^7 亿吨 CO_2，可满足人类约 8.5 万年的 CO_2 减排需求；若再利用钾长石（总量约为 95.6 万亿吨），理论上可再处理超过 3.82 万亿吨 CO_2。因此，CO_2 矿化是实际可行的大规模减排并开发利用 CO_2 的有效办法。该技术的缺点是常温常压下，矿物与 CO_2 反应速率相当缓慢。因此，提高碳酸化反应速率成为了矿物储存技术的关键。

国外一些研究人员开发了基于氯化物的 CO_2 矿物碳酸化反应技术、湿法矿物碳酸法技术、干法碳酸法技术以及生物碳酸法技术等，实验结果均不是很理想。国内中国石化与四川大学合作开发了 CO_2 矿化磷石膏（$CaSO_4 \cdot 2H_2O$）技术，采用石膏氨水悬浮液直接吸收 CO_2 尾气制硫铵，已建设 $100Nm^3/h$ 尾气 CO_2 直接矿化磷石膏联产硫基复合肥中试装置，尾气 CO_2 直接矿化为碳酸钙使磷石膏固相 $CaSO_4 \cdot 2H_2O$ 转化率超过 92%，72h 连续试验中尾气 CO_2 捕获率达到 70% 以上。

利用回收燃烧尾气余热、减排 CO_2 并与循环水封闭冷却相耦合的方法，由完全互溶的二元溶液在 130~350℃的燃烧尾气高温热源与 15~55℃循环水低温热源之间进行解析－吸收相变循环，冷却燃烧尾气并通过固碳和矿化使 CO_2 转化为化学产品，同时回收燃烧尾气余热驱动而原混合介质蒸汽透瓶发电，并在封闭条件下完成循环水降温 3~10℃。

磷石膏是生产湿法磷酸过程中形成的废渣，每生产一吨湿法磷酸约产生 5~6 吨磷石膏废渣，我国每年产生磷石膏废渣 5000 万吨左右，每年需新增堆放场地 $2800km^2$。由于磷石膏中含有少量磷、氟等杂质，这些杂质会通过雨水流到地下水或附近流域，因此磷石膏长期堆放，不仅占用大量土地，而且会因堆放场地处理不规范对周边环境产生污染，更严重会产生溃坝事件。另一方面，我国缺乏硫资源，每年需要进口大量硫黄维持磷复肥生产。开发利用磷石膏制取硫酸铵和碳酸钙技术，不仅可以解决磷石膏废渣综合利用问题，制取的硫酸铵作为肥料，副产的碳酸钙可以作为生产水泥的原料。

CO_2 矿化磷石膏制硫铵技术的创新点是，以废治废、提高 CO_2 和磷石膏资源化利用的经济性，从而实现工业固废矿化 CO_2 联产化工产品。此技术改变了传统“捕集＋封存”的低碳路径，通过对含 CO_2 气体的直接化学利用，消除了 CO_2 捕集和封存的耗费和风险，将低碳的经济性和可靠性得以最大化。同时，此技术通过将废弃的磷石膏转化为有用的硫胺和碳酸钙，有助于消除磷石膏堆放对土地的占用和对环境的污染。

2.4 碳捕集、利用与封存技术前沿分析

全球视野，重视利用，面向我国低碳发展需求与国际科技前沿，既要借鉴国外的技术和经验，又要立足国情，发展革命性的技术和措施，统筹基础研究、技术开发、装备研制、集成示范和产业培育，全面提升我国 CCS/CCUS 技术水平和核心竞争力，控制温室气体排放、提高能源资源利用效率，推动能源生产和消费革命。

2.4.1 碳捕集、利用与封存技术的发展目标

（1）总体目标

2025 年目标：通过跨部门、跨行业合作，突破一批 CCS/CCUS 关键基础理论和技术，能耗和成本显著降低，建成一批百万吨级 CCS/CCUS 全流程示范项目，CO_2–EOR 等部分技术开始推广应用，总体技术水平达到世界一流；通过 CCS/CCUS 技术，减少 CO_2 排放量 2.5 亿吨以上。

2030 年目标：通过工业示范和推广应用，大部分 CCS/CCUS 技术基本成熟，能耗和成本大幅降低，总体技术水平达到世界先进；通过 CCS/CCUS 技术，减少 CO_2 排放量 6 亿吨以上。

2050 年目标：CCS/CCUS 技术成熟，全面推广应用，总体技术水平达到世界领先；通过 CCS/CCUS 技术，减少 CO_2 排放量 16 亿吨以上。

（2）各项技术发展目标

① CO_2–EOR 技术及封存 CO_2 目标

2025 年目标：依据我国陆相沉积油藏特征，深化研究 CO_2 驱油和封存机理，形成 CO_2 捕集 – 驱油 – 封存一体化技术，重点完善陆相沉积油藏 CO_2 驱油基础理论，形成 CO_2 管网输送、流程安全及环境监测技术、全过程腐蚀监测及防腐、气窜控制及治理技术等，并制定相应的标准体系。主要在胜利、中原、东北、华东、大庆、吉林等油田，以高含水后期和低渗、特低渗透油藏为主要目标，建立 CO_2–EOR 示范基地。

2030 年目标：配套成熟 CO_2–EOR 技术，形成 CO_2–EOR 源汇匹配、工程优化、动态管理、安全监测、过程控制、效益评价等全过程、跨行业的技术体系和管理模式，实现 CO_2–EOR 工业化推广，形成 CO_2–EOR 封存与驱油全生命周期的技术和管理网络。重点在胜利、中原、华东、东北、塔河、大庆、吉林、大港等油田部署实施 CO_2–EOR。

2050 年目标：加大 CO_2–EOR 工业化推广力度，重点在大庆、辽河、冀东、长庆、塔里木、胜利、中原、江苏、江汉、华北等油田进行规模化推广应用。

国内外已建 CCUS 技术工程示范情况比较见表 2–5。

表 2–5　国内外已建 CCUS 技术工程示范情况比较

技术环节		工程数量		最大工程规模		最长运行经验	
		国外	国内	国外	国内	国外	国内
捕集	燃烧后捕集技术	＞5	4	140 万吨 / 年	12 万吨 / 年	4 年	2 年
	燃烧前捕集技术	2	1	100 万吨 / 年	30 万吨 / 年	＜6 个月	2 年
	富氧燃烧富集 CO_2 技术	＞3	1	10 万吨 / 年	5~10 万吨 / 年	4 年	2 年
运输	CO_2 管道输送技术	15	2	808km，年输送 20Mt 的 CO_2	短距离低压 CO_2 输送管线	40 年	10 年
	CO_2 大规模储存技术	–	4	单罐 3000m^3	单罐 1000m^3	40 年	2 年
利用	CO_2 驱油技术	＞100 个	10 个	120 万吨 / 年	10 万吨 / 年	近 40 年	6 年
	CO_2 驱煤层气技术	＞5	1	＞20 万吨 / 年	≈ 200 吨 / 年	7 年	4 年
	CO_2 化工利用技术	＞10 个	＞5 个	5 万吨 / 年	1~2 万吨 / 年	＞5 年	＞3 年
	CO_2 生物转化应用技术	5	3	14.7 万吨 / 年生物柴油	0.5 万吨 / 年生物柴油	4 年	在建
封存[1]	陆上咸水层封存	＞2	1	100 万吨 / 年	10 万吨 / 年	7 年	0.5 年
	海底咸水层封存	2	–	100 万吨 / 年	–	15 年	–
	酸气回注	＞60	–	48 万吨 / 年	–	21 年	–
	枯竭油气田封存	1	–	约 1 万吨 / 年	–	7 年	–

注：1. 咸水层封存仅考虑 10 万吨 / 年以上规模工程项目。

根据我国温室气体减排要求和 CO_2–EOR 技术发展情况，结合 CO_2 捕集技术发展和推广应用情况，遵循先易后难、积累经验、逐步推进、和谐发展的原则，对 2025 年、2030 年、2050 年我国 CO_2 驱油封存 CO_2 目标，分高、中、低三种情景进行预安排，见表 2–6。

表 2–6　2025–2050 年我国 CO_2 驱油封存 CO_2 目标

时间 / 年		投入原油地质储量 / 万吨	提高采收率幅度 /%	预计增加原油可采储量 / 万吨	预计封存 CO_2 量 / 万吨
2025	低	8000	15	900	3160
	中	12000		1200	4750
	高	15000		1500	5930
2030	低	20000	12	720	7940
	中	25000		960	9920
	高	30000		1200	11900

续表

时间 / 年		投入原油地质储量 / 万吨	提高采收率幅度 /%	预计增加原油可采储量 / 万吨	预计封存 CO_2 量 / 万吨
2050	低	50000	10	3000	19900
	中	70000		4000	27800
	高	100000		5000	39800

② CO_2 驱煤层气封存 CO_2 目标

根据 CO_2/CH_4 置换比例、煤层气开采的产量，对 2025 年、2030 年和 2050 年 CO_2 驱煤层气封存 CO_2 量分高、中、低三种情景进行了预测，结果见表 2–7。

表 2–7　CO_2 在煤层中封存量目标预测

预测情景	2025 年预测封存量 /10^4t	2030 年预测封存量 / 万吨	2050 年预测封存量 / 万吨
高	40	2000	10000
中	30	1500	8000
低	20	1000	5000

CO_2 驱煤层气封存技术：2020 年先导实验，2030 年工业实验，2050 年工业推广。

③盐水层 CO_2 封存量目标

我国柴达木盆地、准葛尔盆地、东海盆地等 25 个主要沉积盆地深部盐水层 CO_2 封存容量为 1190 亿吨，具有极大的封存潜力。这些盆地盐水层 CO_2 封存目标：2025 年封存 10 万吨，2030 年 50 万吨，2050 年 5000 万吨。

④微藻制油吸收 CO_2 目标

微藻固碳能力较强，每日每平米固定 CO_2 量为 10g 左右，为一般大田作物 7 倍。理论上 1g 微藻生物质固定 1.83g 的 CO_2。按目前养殖技术，微藻生长速率为 10g/（$m^2 \cdot d$），存在较大提升潜力。

对 2025 年、2030 年和 2050 年微藻制油吸收 CO_2 量，分高、中、低三种情景进行了预测，结果见表 2–8。

⑤ CO_2 化工利用减排 CO_2 目标

为了有效预测 2025 年、2030 年和 2050 年 CO_2 化工利用减排 CO_2 量，主要考虑了 CO_2 制尿素、CO_2 制碳酸二甲酯（DMC）、CO_2 制聚碳酸酯、CO_2 制合成气、CO_2 制甲醇和 CO_2 制聚氨酯等具有一定发展前景的 CO_2 化工利用技术，根据我国对 6 种产品的市场需求预测，按高、中、低三种情景进行了预测，见表 2–9。高情景指技术有突破，大规模商业化应用；中情景指技术改进，部分工业应用；低情景指以传统技术为主，新技术示范。6 种化工产品利用的 CO_2 数量目标预测见表 2–10。

表 2-8　微藻制油吸收 CO_2 目标预测

	情景	年产微藻生物质 / 万吨	生产柴油量 / 万吨	减排 CO_2 / 万吨
2025 年	高	50	5	50
	中	10	1	10
	低	5	0.5	5
2030 年	高	500	50	500
	中	100	10	100
	低	50	5	50
2050 年	高	5000	500	5000
	中	1000	100	1000
	低	500	50	500

表 2-9　CO_2 化工利用目标预测

	情景	CO_2 利用量 / 万吨
2025 年	高	8000
	中	7400
	低	6800
2030 年	高	12000
	中	10500
	低	9000
2050 年	高	19000
	中	16000
	低	13000

表 2-10　六种化工产品利用的 CO_2 数量目标预测　万吨

化工产品	尿素	DMC	聚碳酸酯	合成气	甲醇	聚氨酯	总计
2025 年	5630	0.19	760	490	160	360	7400
2030 年	7390	0.30	1140	800	260	910	10500
2050 年	10230	0.49	1690	1310	420	2350	16000

2.4.2 CCS 技术的展望

研究表明 CO_2 的资源化利用不容忽视，当 CO_2 成为了一种资源性产品，那么 CO_2 的减排成本将会降低，实现 CO_2 减排的问题将会迎刃而解。美国、加拿大、英国、澳大利亚、挪威等国高度重视 CCUS 的发展，利用补贴、碳税等形式支持 CCUS 示范项目建设。同时，欧美等发达国家积极推动其国内政策和管理框架的建立和完善，并在加强公众宣传、提高公众接受度方面开展了大量工作。

现阶段欧洲各国已经付诸行动，并且在加速赛跑，要在 CCUS 项目上争当第一。目前在欧盟各国，如法国、德国、意大利、西班牙、瑞典、挪威、荷兰等都能看到 CCUS 项目的身影，这些国家都是 CCUS 技术的最早探索者和技术拥有者。德国莱茵集团（RWE），法国道达尔集团、雪佛龙集团、意大利国家电力公司（Enel）、英国石油公司（BP）、英荷壳牌石油公司等著名跨国企业都已宣布了 CCUS 研发计划，这些公司都期待在不久的将来把 CCUS 技术投入商业化运作。

在这样的国际背景下，碳捕集、利用与封存也将成为我国工业转型的重要发展机遇。十九大报告指出，我国引导应对气候变化国际合作，已成为全球生态文明建设的重要参与者、贡献者、引领者。2017 年 12 月，我国全国碳市场已经正式启动，碳排放配额、国家核证减排量（CCER）将可以在市场上进行交易，对 CCUS 的发展有极大推动作用。同时，我国已经或将要出台一系列加强高碳行业（如煤化工、火电）碳排放的强制约束政策，如在特定范围内设置禁煤区域、煤化工建设项目环评批复明确规定减少碳排放、设立火电行业碳排放标准、设立煤化工项目的准入规模和能效标准等，也将为 CCUS 提供良好发展环境。种种迹象表明，各国政府越来越重视 CCUS 技术的研发和利用。

参考文献

[1] 马忠海 . 中国几种主要能源温室气体排放系数的比较评价研究 [D]. 中国原子能科学研究院 , 2002.

[2] 丁洁 , 李舒宏 , 程德园 , 等 . 一种新型 CO_2 低温捕集液化与 N_2,O_2 分离复合系统的初步研究 [C]// 全国制冷空调新技术研讨会，2012.

[3] 刘睿 , 翟相彬 . 中国燃煤电厂碳排放量计算及分析 [J]. 生态环境学报 , 2014(7): 1164–1169.

[4] 张春霞 , 上官方钦 , 张寿荣 , 等 . 关于钢铁工业温室气体减排的探讨 [J]. 工程研究 – 跨学科视野中的工程 , 2012, 4(3): 221–230.

[5] 吴晓蔚 , 朱法华 , 杨金田 , 等 . 火力发电行业温室气体排放因子测算 [J]. 环境科学研究 , 2010, 23(2): 170–176.

[6] 丁继伟 . 富氧气氛下水蒸气对煤焦燃烧的影响 [D]. 华中科技大学 , 2016.

[7] 张中申 . 纳米孔炭材料的设计、合成及其 CO_2 吸附性能研究 [D]. 山东理工大学 , 2013.

[8] 夏德建 , 任玉珑 , 史乐峰 . 中国煤电能源链的生命周期碳排放系数计量 [J]. 统计研究 , 2010, 27(8): 82–89.

[9] 龙芸 . 燃煤电厂 CO_2 排放计算模型与方法研究 [D]. 重庆大学 , 2016.

[10] 汪澜 . 中国水泥工业 CO_2 排放标准研究 [C]// 中国国际水泥峰会，2015.

[11] 许世森 , 郜时旺 . 燃煤电厂二氧化碳捕集、利用与封存技术 [J]. 上海节能 , 2009(9): 8–13.

[12] 张新军 . 烟气 CO_2 捕集新技术及传质特性研究 [D]. 青岛科技大学 , 2014.

[13] 秦利光 . MDEA–PZ–CO_2 体系溶解度和黏度的理论研究 [D]. 华北电力大学 , 2014.

[14] 李刚 . 直供氧式 O_2/CO_2 旋流煤粉燃烧器的设计与试验研究 [D]. 华中科技大学 , 2011.

[15] 翟代龙 . 燃煤电厂化学吸收 CO_2 捕获过程的优化集成研究 [D]. 华北电力大学 , 2014.

[16] 郭厚焜 , 仲兆平 , 张居兵 . 关于直接碳燃料电池燃料碳的探讨 [J]. 能源研究与利用 , 2009(4): 13–16.

[17] 马文会 . 固体氧化物燃料电池复合掺杂阴极材料的研究 [D]. 昆明理工大学 , 2001.

[18] 解怀亮 . 灌溉过程中灰漠土的碳淋溶研究 [D]. 中国科学院大学 , 2014.

[19] 何之龙 , 曾凡锁 , 詹亚光 . 大庆盐碱地绿化树种的引进及适应性分析 [J]. 安徽农业科学 , 2013(23): 9642–9645.

[20] 李国志 . 基于技术进步的中国低碳经济研究 [D]. 南京航空航天大学 , 2011.

[21] 李涤淑 , 宋先保 , 刘秀珍 , 等 . CO_2 单井吞吐矿场试验 [J]. 石油石化节能 , 2004, 20(3):40–41.

[22] 刘秋豹 , 宋国建 , 刘国财 , 等 . 浅析采油技术的现状及发展趋势 [J]. 中国石油和化工标准与质量 , 2013(20) :66–66.

[23] 宁鹤飞 , 张彬昌 , 陈志明 . CO_2 驱油开采技术 [J]. 科技信息 , 2012(14) :134–134.

[24] 谭光天 . 注烃混相驱提高石油采收率机理及其在葡北油田应用研究 [D]. 西南石油学院 , 2005.

[25] 何波 . 七里村油田长 6 油层组压裂新技术研究 [D]. 西安石油大学 , 2015.

[26] 原野 . 我国碳铵市场的现状及发展 [J]. 氮肥技术 , 2003, 24(4): 82–86.

[27] 张丽平 . 二氧化碳合成碳酸二甲酯的研究进展 [C]// 长三角能源论坛，2013.

[28] 范存良 . 聚碳酸酯的生产与应用 [J]. 化学工业 , 2003, 21(10): 11–14.

[29] 王芳 . 甲烷二氧化碳重整钴基催化剂制备及活性评价研究 [D]. 太原理工大学 , 2010.

第 3 章 二氧化碳捕集技术

CO_2 捕集系统是 CCUS 系统的第一个环节，即将化石燃料电厂、钢铁厂、水泥厂、炼油厂、合成氨厂等生产过程中产生的 CO_2 进行捕集分离，以减少 CO_2 排放，保护环境，实现 CO_2 资源化利用或进行埋存。本章将对在实际工业生产和实验研究中涉及的碳捕集技术进行介绍。

3.1 溶剂吸收技术

溶剂吸收技术是当前国际上采用的 CO_2 分离捕集的主要方法之一。由于该方法设备投入成本较低、分离效果好、运行稳定，并且技术相对成熟，已在化工、食品等行业得到了广泛应用。

CO_2 溶剂吸收法是建立在 CO_2 在溶液中的溶解度与混合气中其他组分的溶解度不同的基础上的。按照吸收过程的物理化学原理（吸收过程中 CO_2 与吸收溶剂是否发生化学反应），可以将其划分为物理吸收法、化学吸收法和物理化学吸收法。此外，本节还介绍了一种新型吸收剂——离子液体吸收法。

3.1.1 化学吸收技术

所谓化学吸收法，指的是采用液相溶液，通过化学反应选择性地自气相中脱除易溶于吸收液成分的方法。化学吸收法脱除 CO_2 实质是利用碱性吸收剂溶液与烟气中的 CO_2 接触并发生化学反应，形成不稳定的盐类，而盐类在一定的条件下会逆向分解释放出 CO_2 而再生，从而达到 CO_2 从烟气中分离脱除。

（1）化学吸收技术工艺流程

按照工艺配置的原理，不循环过程工艺和循环过程工艺的区别在于吸收剂的封闭循环。一般来讲，不循环过程设备工艺配置简单，净化能量消耗小，但会造成吸收剂消耗费用增加和废液吸收及处理困难的问题；循环过程工艺的优点是大大降低了吸收剂的损耗和可分离出纯净形态的易溶解气体，但其能量消耗大，过程设备工艺配置复杂。基于 CO_2 分离要求高和 CO_2 吸收溶剂价格高的特点，一般 CO_2 化学吸收分离采用循环过程工艺。

典型的 CO_2 化学吸收分离工艺流程如图 3-1 所示，整个系统大致可以分为 5 个部分：吸收装置、解吸装置（再生装置）、能量交换装置（如贫富液换热器、贫液冷却器、冷凝器和冷凝回流器）、系统动力装置（如贫液泵、富液泵、回流泵、增压泵和风机等）以及系统辅助装置（如烟气预处理装置、补液装置和过滤装置）。可能采用的吸收和解吸装置有填料塔、中空纤维膜接触器和超重力旋转床等，其中，填料塔是十分成熟的吸收装置，已经商业化运用多年，广泛应用于吸收分离领域。烟气 CO_2 化学吸收分离工作原理如下：经过除尘、脱硫等处理后的烟气，经初步冷却和增压后，从吸收塔下部进入，在塔内与由塔顶喷射的吸收剂溶液逆相接触。烟气中的 CO_2 与吸收剂发生化学反应而形成弱联结化合物，脱除了 CO_2 的烟气从吸收塔上部被排出吸收塔。而吸收了 CO_2 的吸收剂（富 CO_2 吸收液简称富液）经富液泵抽离吸收塔，在贫富液热交换器中与贫液 CO_2 吸收液（简称贫液）进行热交换后，被送入再生塔中解吸再生。富液中结合的 CO_2 经加热被释放，释放的 CO_2 气流经过冷凝和干燥后进行压缩，以便于输送和储存。再生塔底的贫液在贫液泵作用下，经过贫富液换热器换热、贫液冷却器冷却到所需的温度，从吸收塔顶喷入，进行下一次的吸收。显然，对于燃煤烟气而言，由于其 CO_2 的分压低、烟气流量大，相对而言，基于化学反应的烟气 CO_2 分离回收工艺将是一种比较好的选择。

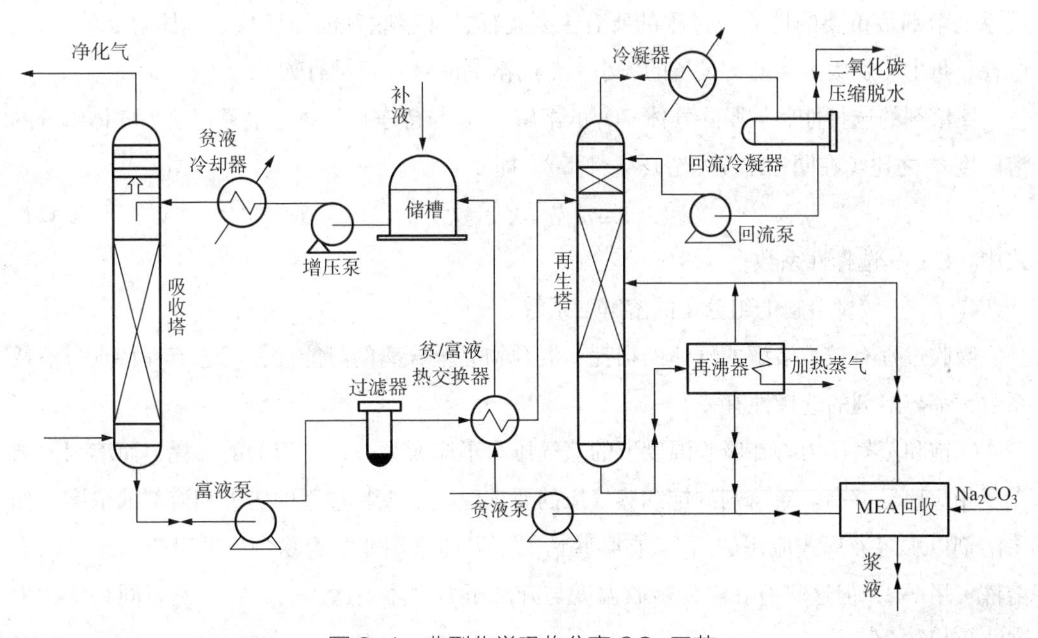

图 3-1 典型化学吸收分离 CO_2 工艺

（2）烟气 CO_2 化学吸收法分离脱除技术特点

化学吸收法是目前工业中应用最多的脱除 CO_2 的方法，在合成氨、尿素生产等化工生产中得到广泛应用，但其在电厂烟气 CO_2 分离脱除方面仅有少数工业示范，主要原因是其经济性。因为电厂烟气 CO_2 化学吸收法分离脱除系统后，电厂的初投资和发电成本要大幅上升，且电厂发电效率将会降低，同时 CO_2 脱除成本比较高。造成上述现象的主要原因在于以下应用难题有待解决：吸收剂再生时能量消耗巨大；吸收剂在循环过程中对 CO_2 吸收效率不高；吸收剂运行中的蒸发损失；吸收剂的氧化降解损失高；吸收剂的腐蚀问题。所有这些问题将会造成投资和运作成本的偏高。

因此，如要使化学吸收法在电厂烟气 CO_2 脱除中得到广泛使用，就必须要解决上述几个关键问题，可以通过开发新吸收剂、开发新处理装置和改进现有脱除工艺来解决。

（3）吸收剂优化选择技术

吸收剂是影响 CO_2 化学吸收分离过程的重要因素。选择什么样的吸收剂，如何进行吸收剂的合理配比，是 CO_2 化学吸收分离技术的主要特征。吸收速率高，吸收容量大的吸收剂能有效地降低吸收设备的尺寸和循环过程吸收剂的耗量，再生能耗低的吸收剂则可以从根本上降低整个工艺的能耗，使得分离技术具备更大的竞争力。此外，吸收剂的成本、物性（如溶解度、黏性）以及反应降解等，也是影响吸收剂选择的重要因素。

吸收剂物理化学性质选择原则对用于气体净化的吸收剂的物理化学性质有一系列的要求。主要包括：

①溶剂的吸收容量。主要的被脱除组分 CO_2 在溶剂中的溶解度以及它与温度及压力的关系是溶剂最重要的性质。过程的所有主要指标，如吸收剂的循环量，气体解吸的热耗、电耗，再生（解吸）条件，设备的大小，都与溶剂的吸收容量有关。

②溶剂的选择性。被脱除气体 CO_2 的溶解度 α_2 与待净化气体中最靠近这一气体组分的溶解度 α_1 之比（在同一温度与分压条件下），即

$$C=\alpha_2/\alpha_1=K_{物,1}/K_{物,2} \tag{3-1}$$

式中　C——选择性系数；

$K_{物,1}$——较少溶解的组分 1 的溶解度系数。

吸收过程有较少溶解的气体的损耗、混合物完全分离的可能性，工艺流程特点、消耗系数，都与溶剂的选择性有关。

③饱和蒸气压力。在吸收温度下的蒸气压力不应太大，以免溶剂的损耗，而溶剂的沸点要相应地足够高。对溶剂的饱和蒸气压的要求取决于吸收过程的压力和溶剂的浓度（如果溶剂以水溶液形式应用的话）。在某些情况下可能采用非常容易挥发的吸收剂（氨的水溶液、甲醇），但这只有在降低吸收温度与升高压力时才是适当的，特别是要同具体的生产流程相结合。

④沸点。在很大程度上确定了对溶剂饱和蒸气压的要求，因此吸收剂的最适宜沸点应高于 150℃，在很多情况下特别在化学吸收时不希望吸收剂的沸点很高，即希望饱和蒸气压很低。在操作溶液中积累了杂质（副反应产物、随着待净化气体带入的杂质）时将吸收

剂蒸馏（精馏）是合理的。而溶剂沸点过高则必须将蒸馏温度提得很高，或者是在高度真空下进行蒸馏。实际上得到广泛应用的溶剂的沸点是 170~200℃，在 30℃时的饱和蒸气压力达 13.33Pa。

⑤凝固点。在选择吸收温度与吸收剂的储存条件时必须考虑。溶剂混合物（包括水溶液）有较低的凝固点。

⑥密度。一般很少影响到吸收剂的应用，但是在其他条件相同时，希望应用密度较低的吸收剂。

⑦黏度。影响到热与质量传递的速度及相应的设备大小，以及在输送溶液时的电能消耗。

⑧热化学稳定性。在循环吸收过程中吸收剂在系统中的停留时间是很长的。要 6~18 个月才能进行溶剂的完全更换（依损耗来决定）。因此对吸收剂的热化学稳定性的要求很高，所以在选择吸收剂时也必须考虑甚至进行得很慢的副反应（与原料气的组分相互作用、水解等）。对吸收剂的其他要求还有腐蚀性低、价格不高、对环境影响小，毒性低等。

目前工业应用上，针对 CO_2 化学吸收分离工艺的吸收剂常用的有醇胺溶液、强碱液、热苛性钾溶液等。

（4）常见的化学吸收法

①碳酸钾法

适合用于从合成氨工艺气、天然气和粗氢气中回收 CO_2，方法的化学反应方程式如下：

$$CO_2 + K_2CO_3 + 2H_2O \rightleftharpoons 2KHCO_3 \tag{3-2}$$

将吸收了 CO_2 的 K_2CO_3 水溶液加热到 $KHCO_3$ 的分解温度即可发生逆反应，放出 CO_2 并将反应生成的 K_2CO_3 循环使用。

20 世纪 50 年代初，这一方法发展为活化热碳酸钾法，即将吸收 CO_2 的温度提高到 105~120℃，压力升高到 2.3MPa，并在同一温度下利用降低压力的方法来进行溶剂再生，其结果是提高了反应速率，增加了生产能力。但吸收速率仍然很慢，而且由于温度的升高会造成严重的腐蚀，故采用加入活性剂的方法来加快吸收和解吸速率并减轻腐蚀，因此叫作活化热碳酸钾法。常用的活性剂有无机活性剂（砷酸盐、硼酸盐和磷酸盐）和有机活性剂（有机胺和醛、酮类有机化合物）。

在我国则广泛采用活化碳酸钠法从工业废气（如石灰窑气）中回收 CO_2，加入 2%~2.5% 有机胺作为活性剂。

②醇胺法

醇胺法用于 CO_2 回收特别是从化石燃料电厂烟道气中回收 CO_2。各种醇胺在结构上的共同特点是分子中至少含有一个羟基和一个胺基，通常认为分子中含有羟基可使化合物的蒸气压降低并增加其水溶性，而胺基的存在则使其在水溶液中呈碱性，因而可与酸性气体 CO_2 发生反应。

a. 醇胺法脱除 CO_2 的技术原理

化学吸收法分离脱除烟气中的 CO_2 时，采用的吸收剂常有醇胺溶液、强碱溶液、热苛性钾溶液等。在此，以目前应用广泛的胺溶液吸收剂来对化学吸收法脱除 CO_2 技术进行简要分析。

i. 一、二级醇胺吸收剂溶液吸收机理

使用一级和二级醇胺作为吸收剂时，醇胺与 CO_2 反应形成两性离子，然后此两性离子和另一醇胺反应生成氨基甲酸根，反应式如下（R、R' 为氢或链烷醇基）

$$RR'NH + CO_2 \leftrightarrow RR'NH^-COO^- \tag{3-3}$$

$$RR'NH^-COO^- + RR'NH \leftrightarrow RR'NCOO^- + RR'NH_2^+ \tag{3-4}$$

其总反应式为：

$$2RR'NH + CO_2 \leftrightarrow RR'NCOO^- + RR'NH_2^+ \tag{3-5}$$

反应为放热反应，在高温情况下，反应将会逆向进行，从而对醇胺溶液进行再生。

由总反应式可看出，一级和二级醇胺吸收 CO_2 时将会受到热力学的限制，即 1mol 醇胺最大的吸收能力为 0.5mol CO_2。但由于有些氨基甲酸根可能会水解生成自由醇胺：

$$RR'NCOO^- + H_2O \leftrightarrow RR'NH + HCO_3^- \tag{3-6}$$

故其吸收能力有时可能会小幅超过上述限制。因此，一级和二级醇胺吸收剂溶液的特点是吸收速率快，但吸收容量最大只能达到 0.5mol CO_2/mol 吸收剂。

ii. 三级醇胺吸收剂溶液吸收机理

三级胺因没有多余的 H 原子，因此不会形成氨基甲酸根，其在吸收过程中扮演 CO_2 水解时的催化剂，形成碳酸氢根离子，总反应式如下（R、R R' 为链烷醇基）

$$RR'R''N + H_2O + CO_2 \leftrightarrow RR'R''NH^+ + HCO_3^- \tag{3-7}$$

反应为放热反应，在热作用下，将会发生逆向分解。

从总反应式可看出，三级醇胺吸收剂的特点是其不受热力学的限制，对 CO_2 的最大吸收能力为 1mol/mol，但其吸收速率较低。

iii. 空间位阻胺吸收剂吸收机理

对于空间位阻胺而言，由于其 N 原子上接有一个巨大的官能基，会阻碍醇胺与 CO_2 的键结，因而降低氨基甲酸根的稳定性，而使得氨基甲酸根极易水解还原成醇胺及碳酸氢根离子，因此其最大吸收能力与三级醇胺相同，且吸收速率与一、二级醇胺相当。

b. 不同有机醇胺吸收 CO_2 的差异

目前应用于工业减排 CO_2 的有机醇胺包括：MEA、DEA、MDEA、AMP 等。由于其物理化学性质不同，在吸收 CO_2 时的表现也有所不同。

①乙醇胺 MEA

目前，国内外大部分发电厂吸收烟道气中的 CO_2 都是以 MEA 作为吸收剂，MEA 与 CO_2 反应生成碳酸盐，对 CO_2 来说是很有效的吸收剂，该生成物可通过适当的加热分解，使 MEA 溶液得以再生使用。MEA 的主要优点是碱性强，与 CO_2 反应快，气体净化度高，MEA 相对分子质量小，因此在质量浓度相同的情况下，MEA 比其他胺类有更大的吸收能力。但是，MEA 的吸收反应热高，再生能耗大：溶液对设备的腐蚀性大，当混合气体中含有氧气时，MEA 会发生降解，生成草酸、蚁酸等物质，这些酸性物质会加大溶液的腐蚀性，还会生成不溶性的铁盐。设备被腐蚀以后的副产物又会与 MEA 相互作用，形成氨基化合物，造成 MEA 的附加损失。在这种情况下，溶液中的副产物会造成 MEA 降解的恶性循环，加速 MEA 的降解过程。

②二乙醇胺 DEA

DEA 吸收速率快，溶液成本较低，容易回收，适用于吸收低浓度的 CO_2。缺点是容易降解、腐蚀性强、再生能耗较大。DEA 一般不作为吸收剂主体吸收 CO_2，而是常用作活化剂添加到热钾碱溶液中。

③ *N*– 甲基二乙醇胺 MDEA

MDEA 溶液吸收 CO_2 的过程中既有物理吸收又有化学吸收，MDEA 溶液理论上吸收 CO_2 的负荷比较大，是 MEA 溶液的两倍，与 CO_2 反应生成物要比 MEA 生成的碳酸盐弱得多，再生能耗小，可以在低温下操作，溶液不容易挥发、也不易降解。但是与 CO_2 反应速率慢，要提高反应速率就要提高操作压力或者加入活性剂，即活化 MDEA 法。

④位阻胺 AMP

AMP 溶液具有吸收效率较高，所需溶液的循环量小，再生能耗低，操作费用少等诸多优点，但是其价格过于昂贵，同时挥发损耗较大。

3.1.2 物理吸收技术

物理吸收技术是 CO_2 与液体溶剂不发生明显的化学反应，过程一般采用水、有机溶剂（不与溶解的气体反应的非电解质）以及有机溶剂的水溶液作为吸收溶剂。例如，在氮肥工业中常采用的是用水脱除 CO_2 和低温甲醇洗脱除 CO_2。

物理吸收所形成的溶液中，若所含溶质浓度为某一数值，在一定温度、总压的条件下，平衡蒸气中溶质的蒸气压也是一定值。吸收的推动力是气相中溶质的实际分压与溶液中溶质的平衡蒸气压之差。一般按照溶液理论，不能按纯组分的性质预测其溶解度。溶解度主要取决于吸收过程中的稀溶液的热力学性质。

物理吸收法适用于具有较高的 CO_2 分压、净化度要求不太高的情况，再生吸收液时通常不需加热，仅用降压或气提便可实现。总体上，该方法工艺简单，操作压力高，但是 CO_2 回收率较低；另外，吸收前一般需要对气体进行预处理，比如化石燃料烟气中的硫氧化物和氮氧化物气体，均会对 CO_2 物理吸收过程有较大影响，必须先行脱除。

目前在工业上常用的吸收剂有低温甲醇、*N*- 甲基吡咯烷酮、聚二乙醇二甲醚和水等，一般应用于处理气体中含量高的工艺过程，如合成氨生产过程。

（1）碳酸丙烯酯法

碳丙法脱碳流程如图 3-2 所示，原料气与高压闪蒸气混合后进入吸收塔底部，气体由下而上与从塔顶喷淋而下的碳丙溶液逆流接触，原料气中的大部分 CO_2 被溶剂吸收。脱除掉 CO_2 的净化气经净化气分离器分离夹带的液滴后，再经净化洗涤塔洗涤，回收气相夹带的碳丙液后，经洗涤分离器分离夹带的液滴后进入下游装置。吸收了 CO_2 的富液从吸收塔底部引出，经过涡轮机回收静压能后送往高压闪蒸槽，在高压闪蒸槽内，部分溶解的 CO_2 和大部分甲烷解吸出来，闪蒸气经闪蒸洗涤塔洗涤回收气相夹带的碳丙液后，这部分高压闪蒸气返回至吸收塔进口。闪蒸塔底部出来的富液引至再生塔顶部常解段，解吸后的常解液进入再生塔真空段，常解、真解出 CO_2 后进入洗涤塔，经洗涤回收碳丙液后直接放空。溶液经过真空塔解吸 CO_2 后成为贫液，经过贫液泵升压后送至吸收塔顶部去循环使用。洗涤水依次经闪蒸气洗涤塔、真空洗涤段后进入稀液槽。

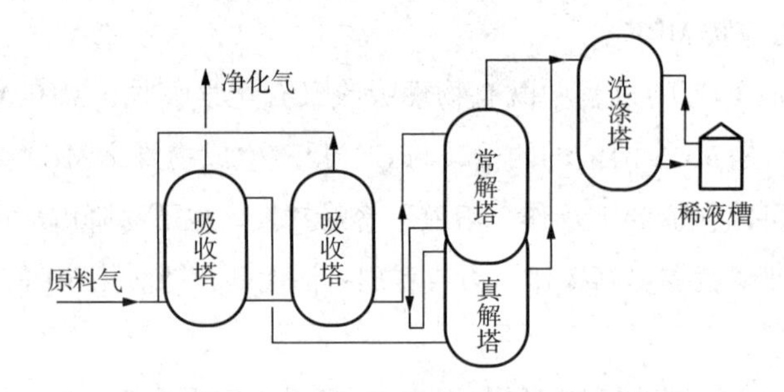

图 3-2　碳酸丙烯酯脱碳流程图

该工艺的特点是：对 CO_2、H_2S 和一些有机硫具有较强的溶解能力，而 H_2、N_2、CO、CH_4 和 O_2 的溶解度却小很多，因此该工艺适合于吸收天然气、合成氨工艺气和粗氢气中的 CO_2 和 H_2S；溶剂稳定性好；吸收 CO_2 和 H_2S 后溶剂的腐蚀性不强，可使用普通碳钢设备；溶剂生产容易，价格便宜，对人体安全。

（2）聚乙二醇二甲醚法（Selexol 法）

聚乙二醇二甲醚溶剂拥有良好的化学和热稳定性，吸收及解吸热低，不氧化、不降解、不起泡，溶液无毒无味，不污染环境，对碳钢无腐蚀，同时溶液蒸气压极低，基本不存在挥发损失问题。溶剂具有良好的脱硫脱碳性能，是一种优良的物理吸收溶剂，对 H_2S、CO_2、COS 等气体有很强的吸收能力，更适合用于脱除 H_2S 特别是选择脱除 H_2S 的工况。溶剂价格稍高，吸收温度略低。该方法具有工艺流程简单、操作弹性大、一次性净化度高和总能耗低等优点。

其工艺过程为：原料气与高压闪蒸气混合后进入吸收塔底部，气体由下而上与从塔顶喷淋而下的 Selexol 溶液逆流接触，原料气中的大部分 CO_2 被溶剂吸收。脱除掉 CO_2 的净化气经净化气分离器分离夹带的液滴后进入下游装置。吸收了 CO_2 的富液从吸收塔底部引出，经过涡轮机回收静压能后送往高压闪蒸槽，在高压闪蒸槽内，部分溶解的 CO_2 和大部分甲烷解吸出来后，这部分高压闪蒸气返回至吸收塔进口。闪蒸塔底部出来的富液引至汽提塔再生后，贫液经过贫液泵升压后送至吸收塔顶部去循环使用。

（3）低温甲醇洗

低温甲醇洗脱除 CO_2 属于净化原料气的一种方式，在国内已经获得了广泛的认可与应用。低温甲醇洗是一种物理吸收法，成为当下极具发展前景的气体净化方法。CO_2、H_2S 的水溶液都显酸性反应，原料气里的 CO_2、H_2S 能经低温甲醇洗工艺脱除掉，从而获得净化的原料气。[2]

①原理

低温甲醇洗工艺原创于德国的一家企业。低温状况有利于甲醇对酸性气体的吸收。运用甲醇在 -60℃ 时对酸性气体能产生较强溶解性的特点，净化工业里存在的 CO_2、H_2S 等酸性杂质气体，通过高压低温脱除煤炭等产品中的酸性气体。气、液间的平衡关系在物理吸收过程起始阶段符合亨利定律，参照亨利定律，在温度恒定的条件下，气体在溶液里的溶解度与其平衡压力是正比关系。H_2S 的溶解度在 40~60℃ 的温度下，大约是 CO_2 溶解度的 6 倍。从而实现先将硫化氢从原料气中脱除，继续保留可用气体。低温甲醇洗工艺中运用亨利定律公式：

$$c_x = K_x \cdot P_x \tag{3-8}$$

式中：c_x 代表气体 x 在溶剂里饱和状态下的溶液浓度；K_x 代表溶解常数，P_x 代表气体分压。

②工艺流程分析

低温甲醇洗的工艺流程有温度控制以及压缩制冷等重要系统组成部分，温度的高低、气压的控制对于甲醇洗工艺十分重要。原料气净化流程复杂，主要采用 CO_2 进行低温甲醇洗脱工艺，流程图如图 3-3 所示。要把原料气的压力控制在 2.5MPa 上下，存入预冷器里，

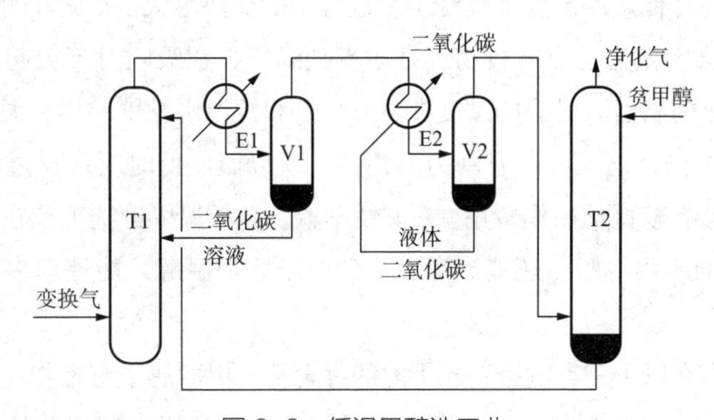

图 3-3　低温甲醇洗工业

把净化气、CO_2冷却到 -20℃。甲醇对CO_2，H_2S等硫化物有较强的溶解度。相对于H_2等溶解度却非常小。我们可利用这一特征运送到吸收塔的塔底，-75℃的甲醇溶液经过预冷的气体在吸收塔里进行逆流式的接触。这时候大量CO_2被充分吸收。如果温度为 -30℃、981kPa 分压状况下，甲醇吸收力为常温水的 50 倍，比化学吸收法也要多出 5~6 倍。

CO_2溶解能放出热量，塔底排出的甲醇溶液温度可升到 -20℃。把其吸收液通过塔底引出，转运至闪蒸器，CO 和H_2会被解吸出来，再通过压缩机运到原料气的总管。甲醇液经过闪蒸器运到再生塔。第一级在常压下再生，首先解吸出CO_2，CO_2通过预冷器和原料气换热回收、利用。第二级在真空度 20kPa 的压力下再生。把已吸收的CO_2的绝大部分解吸，可以获得半贫液。CO_2解吸开始吸热，贫液温度下降至 -75℃，通过泵加压运至吸收塔的中间位置，进行反复使用。上塔底出来的甲醇液以及蒸馏后的贫液换热后运至蒸馏塔，经过蒸汽加热蒸馏再生。再生的甲醇液经过蒸馏塔底部流出，温度可达 65℃。通过换热器、冷却器可以冷却至 -60℃，然后运至吸收塔顶部反复使用。利用温度为 20~25℃时，甲醇的比热容大于普通溶剂这一特征，可以帮助控制系统温度，确保吸收时产生的温升较小，让其处在较低的吸收温度范围。

低温甲醇法的特征为可一起脱除原料气中的H_2S及CO_2等杂质提供了条件，并能分别回收高浓度的H_2S、CO_2，吸收能力强，气体净化度高；因为H_2S和CO_2在甲醇里有较高的溶解度，溶液循环量小、能量消耗少，吸收过程无副反应，使工业的经济效益得到很大提升。

③优缺点

从工艺流程内容可以看出，运用低温甲醇洗工艺的主要优势如下。a. 能一起脱除合成原料气里的多种物质。在 -70~-30℃温度下，甲醇能一起脱除原料气里的硫化物、水分等，还能回收可用物质。b.H_2S等硫化物在压力高、温度低的情况下，在甲醇里有超强的吸收力和极大的溶解度。c. 具有优秀的选择性。利用这一特征，能把H_2S和CO_2进行分段吸收、解吸，确保CO_2再生后的纯度，达到干冰、尿素等产品对CO_2的标准要求。d. 甲醇的沸点较低，对于再生十分有帮助。除了较低的能量消耗，热再生温度也低，能让系统的冷量消耗降低。e. 低温甲醇洗工艺过程中的比热容大。f. 良好的热稳定性、化学稳定性。甲醇不会因氰化物或有机物等杂质得到降解，在吸收时不会起泡，不会腐蚀机器、设施。g. 较小的黏度。甲醇的黏度在 -30℃时和常温水黏度一样，温度 -55℃时黏度也只是常温水的 2 倍，这就会节省动力的消耗。所以温度低时对传递过程有帮助。h. 甲醇廉价、易得，具有较低的操作费用。i. 方便萃取。g. 低温甲醇洗工艺在处理、净化煤气污染时，有广泛的应用空间。还能参考客户的要求联产甲醇，能处理多种指标的净化气产品。

该工艺注意存在以下三点危害：a. 甲醇的毒害性。甲醇属于有毒物质，是易燃易爆物品，必须按相关规定妥善保管。b. 较低的系统温度。低温甲醇洗工艺的换热网络相对复杂，加以大量耐低温的换热器、管线管道，以及其他保冷措施，才能让其把冷量运用好，无形之中提高了初期投资成本。c. 不必要的能量消耗。低温甲醇洗工艺属于物理方法吸收酸性气体，无用的气体富积，通常存在于整个系统的每个阶段，给整个系统的负荷带来一定程度的影响，能量消耗升高。

3.1.3　物理化学吸收技术

物理化学吸收法主要是物理溶剂和化学溶剂的混合使用，使其兼有两种方法的优点：物理溶剂对原料气中的有机硫进行大量吸收，同时也可以脱除部分 H_2S 和 CO_2；化学溶剂进行精脱，将剩余酸气进行化学吸收，保证净化气酸气含量较低。

物理化学混合吸收法的代表方案是 Sulfinol 系列，主要组成溶剂是醇胺－环丁砜－水，环丁砜是物理溶剂，醇胺（二乙醇胺 DEA 或二异丙醇胺 DIPA）是化学溶剂，可以较好的溶解合成气中的硫醇、COS 等有机硫，也可以溶解部分 H_2S 和 CO_2。溶剂中环丁砜是物理吸收溶剂，可以溶解合成气中的 CO_2，适用于 CO_2 含量较高的合成气的净化；二异丙醇胺是化学吸收溶剂，可以与 CO_2 发生可逆化学反应。该溶剂在低温高压下吸收 CO_2，在低压高温下可通过解吸而得以再生。此溶剂优点是应用范围广、净化气 CO_2 含量低、腐蚀性小；缺点是环丁砜的凝固点低，不利于溶剂的配制，也会吸收部分重烃而影响 CO_2 净化；在吸收过程中环丁砜和 DEA（或 DIPA）都会因发生降解而损失；溶剂价格较高，这是由于制造环丁砜的原料为丁二烯所致。

3.1.4　离子液体吸收技术

离子液体是一种环境友好的“绿色溶剂”、催化剂和吸收剂，不易挥发、蒸气压低且热稳定性好。离子液体是一种新型的熔融盐，在室温及邻近温度下是纯态的液体物质。完全由带正、负电荷的离子组成，其构成的离子为有机阳离子和无机或有机阴离子。据估计，离子液体的数量可达 10^{18} 种，但常见的离子液体也就 100 多种。常见的阳离子有咪唑盐型（Imidazolium）、吡唑盐型（Pyridinium）、铵盐型（Ammonium）、磷盐型（Phosphonium）以及磺酸盐型（Sulfonium）等；其中阴离子有 Cl^-、Br^-、NO_3^-、TFO^-、DCA^-、BF_4^-、PF_6^-、Tf_2N^-等。离子液体的分子结构具有可设计性，向离子液体的阴离子或者阳离子连接特定功能的官能团，就可以得到不同应用目的的功能化离子液体，例如氨基功能化离子液体可以作为溶剂和吸收剂来吸收并固定 CO_2。因此通过对其结构和性质的精细调控，引入特定结构的功能化基团，可实现对特定气体的选择性溶解。[1,3]

离子液体在室温下或接近室温下呈液体状态，在 300~400℃较高温度域内仍具有良好的热稳定性。[5] 离子液体与无机溶液的本质区别在于，其由有机或无机阴离子和有机阳离子组成，是当下一种热门的新型溶剂，在很多制药领域、气体吸收领域等都得到广泛的应用，被称为 21 世纪绿色溶剂。

离子液体在常压下稳定存在，操作压力选择性广，有效地降低了操作成本，使操作过程更安全、便捷。各研究者都在探索离子液体吸收 CO_2 的微观机理，从而设计出低能耗、高收益的吸收工艺。常规离子液体吸收 CO_2 的能力较功能性离子液体差，是因为其主要是通过与 CO_2 之间的物理作用来实现吸收的。由于离子液体具有低腐蚀、易于产物分离、循环使用性高等特点，因而其在 CO_2 回收利用方面受到了国内外研究者的重视。但目前离子液体固有的缺点，包括高黏度、在有水的情况下会分解并产生毒性和高成本等阻碍离子液体进一步应用。

3.2 固体吸附技术

固体吸附技术是基于气体或液体与固体吸附剂面上活性点之间的分子间引力来实现的。吸附过程中，流动的气体或液体中的一个或多个组分被吸附剂固体表面吸附，从而实现组分的分离。

（1）吸附分离的机理

当气体与固体表面接触时，在固体表面上气体的浓度高于气相浓度，此现象称为吸附。当固体表面上的浓度由于吸附作用而由小变大时，这一过程称为吸附过程；反之，由大变小则称为脱附过程。当吸附与脱附过程进行的速度相同时，固体表面上的气体浓度不变，这种状态称为吸附平衡。吸附平衡是一个动态平衡，它取决于温度和压力，在等温下进行吸附称为等温吸附，在等压下进行的吸附称为等压吸附。能吸附气体的物质称为吸附剂，被吸附的物质称为吸附质。

根据分子在固体表面上的吸附性质，可将吸附分为物理吸附和化学吸附。物理吸附在低温出现，它是靠分子之间的永久偶极、诱导偶极和四极矩引力而聚集的，又称为范德华吸附。由于这种作用力较弱，对分子结构影响不大，所以也把物理吸附看成为凝聚现象。化学吸附是在气－固分子之间的作用，并改变了吸附分子的键合状态，吸附中心和吸附质之间发生电子的重新调整和再分配，化学吸附是靠化学键力，由于此种力作用强，所以对吸附分子的结构影响较大，使化学吸附类似化学反应。

吸附分离是靠下述三种机理之一实现的：位阻效应、动力学效应和平衡效应。位阻效应是由沸石分子筛性质产生得来的。在这种情况下，只有小的并具有适当形状的分子才能扩散进入吸附剂，而其他分子都被阻挡在外。动力学效应是借助于不同分子的扩散速率之差来实现的。大多数过程都是通过混合气的平衡吸附来完成的，称为平衡吸附分离过程。

（2）吸附热力学

一般来说，吸附热力学主要研究吸附过程所能达到的程度问题，吸附动力学主要研究吸附进行的速度问题。吸附热力学主要通过对吸附剂上吸附质在各种条件下吸附量的研究，得到各种热力学数据。吸附剂与流体相平衡时，它的吸附量可表示为 $q=f(t \cdot p)$，其中

t 表示温度，p 表示压力。当固定温度或压力时，平衡吸附量就是压力或温度的单值函数。若 t 保持不变，即称为吸附等温线。物理吸附的等温线如按 Brunauer 等人的分类方法，可以分为五种基本类型，如图 3-4 所示。

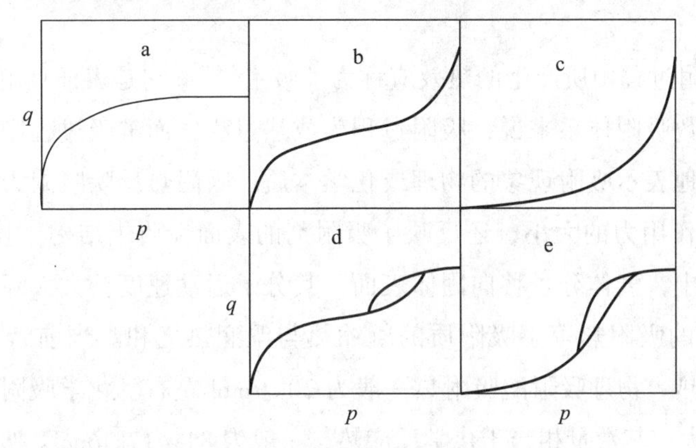

图 3-4 常见五种物理吸收等温线

a 类是平缓地接近饱和值的 Langmuir 型等温吸附曲线，这种吸附相当于在吸附剂表面上只形成单分子层；b 类是最普通的物理吸附，能形成多分子层；c 类是比较少见的，它的特点是吸附热与被吸附组分的液化热大致相等；d 类和 e 类可以认为是产生毛细管凝结现象所至。测出吸附等温线，即可以了解吸附剂的静态吸附机理，是设计吸附过程的重要条件。

（3）传质动力学

①吸附的传质过程

吸附剂都是内部拥有许多孔的多孔物质。吸附质在吸附剂上的吸附过程十分复杂。以气相吸附质在吸附剂上的吸附过程为例，吸附质从气体主流到吸附剂颗粒内部的传递过程分为两个阶段：第一阶段是从气体主流通过吸附剂颗粒周围的气膜到颗粒的表面，称为外部传递过程或外扩散；第二阶段是从吸附剂颗粒表面传向颗粒孔隙内部，称为孔内部传递过程或内扩散。这两个阶段是按先后顺序进行的，在吸附时气体先通过气膜到达颗粒表面，然后才能向颗粒内扩散，脱附时则逆向进行。

气体分子到达颗粒外表面时，一部分会被外表面所吸附。而被吸附的分子有可能沿着颗粒内的孔壁向深入扩散，称为表面扩散。一部分气体分子还可能在颗粒内的孔中向深入扩散，称为孔扩散。在孔扩散的途中气体分子又可能与孔壁表面碰撞而被吸附。所以内扩散是既有平行又有顺序的吸附过程。可见，吸附传递过程由三部分组成，即表面吸附，外扩散和内扩散。吸附过程的总速率取决于最慢阶段的速率。

②传热

传热（又称热传、热传递）是热能从高温向低温部分转移的过程，传热有三种方式。热传导：固体和固体之间的热流动，是固体的一个分子向另一个分子传递震动能的结果。热对流：液体或气体通过循环流动，使温度趋于均匀的过程，是因为不同的温度引起系统的密度差，造成对流。对流传导因为牵扯到动力过程，所以比直接传导迅速。热辐射：直接通过电磁波辐射向外发散热量，传热速度取决于热源的绝对温度，温度越高，辐射越强。

③吸附热

吸附剂在吸附过程中所产生的热效应称为“吸附热”，它是表征吸附现象的特征参数之一，对绝大多数吸附体系来说，吸附过程为放热过程，而解吸过程则是吸热过程。吸附热可以较准确地表示吸附现象的物理或化学本质。吸附热反映吸附力的大小，即吸附质与吸附剂之间作用力的大小，还反映了吸附剂的表面性质（结构、均匀性）、吸附机理。在吸附过程中，气体分子移向固体表面，其分子运动速度会大大降低，因此释放出热量。物理吸附的吸附热等于吸附质的凝缩热与湿润热之和。当前者相对于后者很大时，可忽略湿润热。物理吸附的吸附热一般为 20kJ/mol 左右。化学吸附过程的吸附热比物理吸附过程的大，其数量相当于化学反应热，一般为 84~417kJ/mol。吸附温度也会影响吸附热的大小。在实际操作中，吸附热会导致吸附层温度升高，进而使吸附剂平均活性下降。

3.2.1 固定床吸附技术

固定床吸附器是最古老的一种吸附装置，但目前仍然应用最广。在固定床吸附器内，吸附剂固定在承载板上。根据吸附剂床层的布置形式，固定床吸附器可分为立式、卧式、方形、圆环形和圆锥形等。

工业吸附过程中，吸附设备通常是采用小颗粒的固定床形式，流体穿过床层，流体中需分离的组分被固体颗粒吸附截留。当床层吸附饱和后通过加热或者其他方法进行再生，以使被吸附组分（吸附质）脱附而回收，再生后的固体吸附剂准备进入下一个吸附循环。[6]

在进行多相过程的设备中，若有固相参与，且处于静止状态时，则设备内的固体颗程物料层称为固定床。固定床又称填充床反应器，装填有固体催化剂或固体反应物用以实现多相反应过程的一种反应器，固体物通常呈颗粒状，粒径 2~15mm 左右、堆积成一定高度（或厚度）的床层，床层静止不动，流体通过床层进行反应。它与流化床反应器及移动床反应器的区别在于固体颗粒处于静止状态，固定床离子交换柱中的离子交换树脂层、固定床催化反应器中的催化剂颗粒层，固定床吸器中的吸附剂粒层等，均属于固定床。

固定床吸附器的优点在于结构简单、制作容易、价格低廉，适合于小型、分散、间歇性污染源的治理，也普遍应用于连续性的治理中。固定床吸附器的缺点是间歇操作，吸附和再生两过程必须周期性更换，这样不但需要备用设备，而且要较多的进、出口阀门，操作十分麻烦，为大型化、自动化带来困难。即使实现操作自动化，控制的程序也是比较复杂的。其次，在吸附器内为了保证产品的质量，床层要有一定的富余，需要放置多于实际需要的吸附剂，使吸附剂耗用量增加。此外，再生时需加热升温，吸附时放出吸附热，不但热量不能利用，而且由于静止的吸附床层导热性差，对床层的热量输入和导出均不容易，因此容易出现床层局部过热现象而影响吸附。加热再生后还需冷却也延长了再生时间。

（1）流程图

图 3-5 是典型的两个吸附器轮流操作的流程图。它是一个原料气的干燥过程，当干燥器 A 在操作时，原料气由下方通入（通干燥器 B 的阀关闭），经干燥后的原料气从顶部出口排出。与此同时，干燥器 B 处于再生阶段再生用气体经加热器加热至要求的温度。从顶部进入干燥器 B（通干燥器 A 的阀关闭），再生气携带从吸附剂上脱附的水分从干燥器底部排出，经冷却器使再生气降温，水气结成水分离出去，再生气可循环使用。

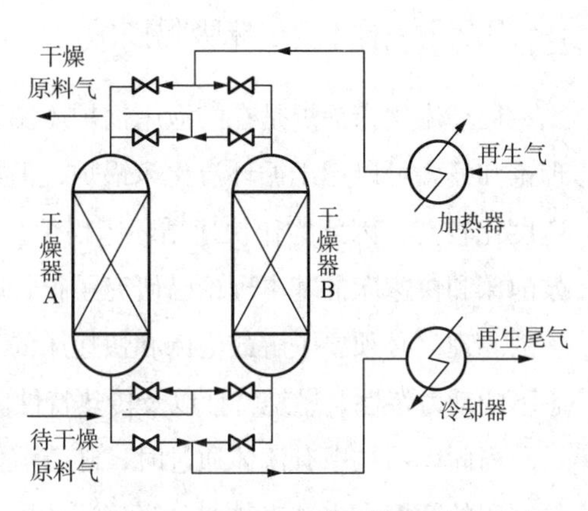

图 3-5　固定床吸附器流程示意图

（2）穿透曲线

所谓穿透曲线就是连续向吸附柱内送入含待吸收组分的物流，等出口有待吸附组分流出时，继续通入至从柱口出来的待吸附组份的浓度和进入吸附柱的待吸附组分的浓度相同时的全过程。吸附负荷曲线与穿透曲线成镜面相似，即从穿透曲线的形状可以推知吸附负荷曲线。如图 3-6 为例说明动态吸附的全过程。

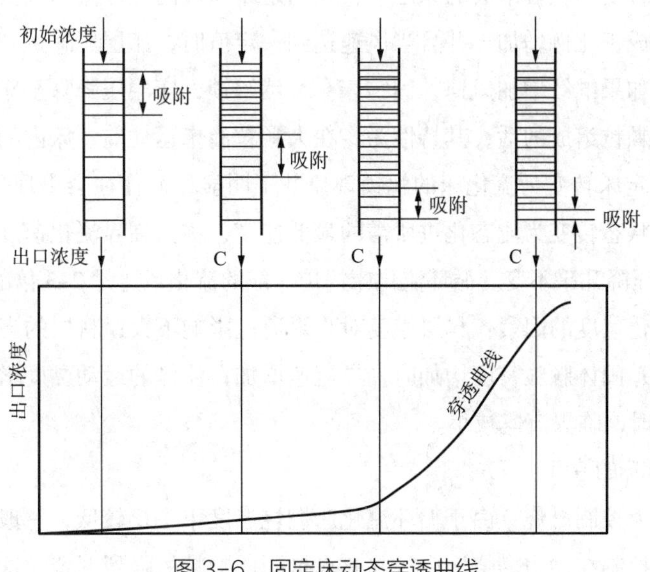

图 3-6　固定床动态穿透曲线

当向固定床内送入含被吸附组分的流体后，固定床开始对吸附组分进行吸附，床内浓度变化如图 3-6 所示，图中正在进行吸附的区域称为吸附带或传质区。吸附带越短，说明床层的利用率越高。在吸附过程中，吸附带逐渐向柱出口移动，当吸附带刚刚在柱出口出现时的吸附量称为穿透吸附量。通过穿透曲线，可以更好地考察其动态吸附性能。

3.2.2 循环流化床吸附技术

循环流化床锅炉是在鼓泡床锅炉（沸腾炉）的基础上发展起来的，因此鼓泡床的一些理论和概念可以用于循环流化床锅炉，但是又有很大的差别。早期的循环流化床锅炉流化速度比较高，因此称作快速循环床锅炉。快速床的基本理论也可以用于循环流化床锅炉。鼓泡床和快速床的基本理论已研究了很长时间，形成了一定的理论。要了解循环流化床锅炉的原理，必须要了解鼓泡床和快速床的理论以及物料从鼓泡床、湍流床、快速床各种状态下的动力特性、燃烧特性以及传热特性。

当固体颗粒中有流体通过时，随着流体速度逐渐增大，固体颗粒开始运动，且固体颗粒之间的摩擦力也越来越大，当流速达到一定值时，固体颗粒之间的摩擦力与它们的重力相等，每个颗粒可以自由运动，所有固体颗粒表现出类似流体状态的现象，这种现象称为流态化。对于液固流态化的固体颗粒来说，颗粒均匀地分布于床层中，称为“散式”流态化。而对于气固流态化的固体颗粒来说，气体并不均匀地流过床层，固体颗粒分成群体作紊流运动，床层中的空隙率随位置和时间的不同而变化，这种流态化称为“聚式”流态化。循环流化床锅炉属于“聚式”流态化。固体颗粒（床料）、流体（流化风）以及完成流态化过程的设备称为流化床。

（1）临界流化速度

对于由均匀粒度的颗粒组成的床层中，在固定床通过的气体流速很低时，随着风速的增加，床层压降成正比例增加，并且当风速达到一定值时，床层压降达到最大值，该值略大于床层静压，如果继续增加风速，固定床会突然解锁，床层压降降至床层的静压。如果床层是由宽筛分颗粒组成的话，其特性为：在大颗粒尚未运动前，床内的小颗粒已经部分流化，床层从固定床转变为流化床的解锁现象并不明显，而往往会出现分层流化的现象。颗粒床层从静止状态转变为流态化进所需的最低速度，称为临界流化速度。随着风速的进一步增大，床层压降几乎不变。循环流化床锅炉一般的流化风速是 2~3 倍的临界流化速度。

影响临界流化速度的因素：料层厚度对临界流速影响不大；料层的当量平均料径增大则临界流速增加；固体颗粒密度增加时临界流速增加；流体的运动黏度增大时临界流速减小：如床温增高时，临界流速减小。

（2）循环流化床的特点

①低温的动力控制燃烧：由于循环流化床燃烧温度水平比较低，一般在 850~900℃之间，其燃烧反应控制在动力燃烧区内，并有大量固体颗粒的强烈混合，这种情况下的燃烧

速度主要取决于化学反应速度，也就是决定于温度水平，而物理因素不再是控制燃烧速度的主导因素。循环流化床的燃烧效率往往可达到 98%~99% 以上。

②高速度、高浓度、高通量的固体物料流态化循环过程：循环流化床锅炉内的物料参与了炉膛内部的内循环和由炉膛、分离器和返料装置所组成的外循环两种循环，整个燃烧过程以及脱硫过程都是在这两种循环运动过程中逐步完成的。

③高强度的热量、质量和动量传递过程：在循环流化床锅炉中可以人为改变炉内物料循环量，以适应不同的燃烧工况。

物料分离系统是循环流化床锅炉的结构特征，大量物料参与循环实现整个炉膛内的控制燃烧过程，是循环流床锅炉区别于鼓泡流化床锅炉的根本特点，因为鼓泡流化床锅炉的燃烧主要发生在床内。所以循环流床锅炉燃烧必须具备的三个条件：要保证一定的流体速度，而且还要保证物料粒度处于适当的、使床层在快速流区域的粒度；要有足够的物料分离；要有物料回送，要有充分的措施以维持物料的平衡。

3.3　膜分离技术

膜分离技术脱除 CO_2 具有能耗低、设备尺寸小、操作和维护简单、兼容性强等优势。膜分离技术主要是利用混合气体中气体与膜材料之间的物理或者化学反应来进行选择性吸收与分离的技术。其原理主要是使得气体能快速溶解于吸收液并通过分离膜或吸收膜快速传递，从而达到吸收气体在膜的一侧浓度降低，而在另一侧富集的目的。根据膜对气体分离机理的不同，通常可将其分为吸收膜和分离膜两类（图 3-7）。[19] 其中吸收膜主要是利用化学吸收液对气体进行选择吸收；而分离膜起到了将与化学吸收液分隔开的作用，使得在吸收膜的两侧形成浓度差，为吸收膜吸收做出了准备。因此，在膜分离技术的实施过程中通常需要吸收膜和分离膜两者共同来完成。

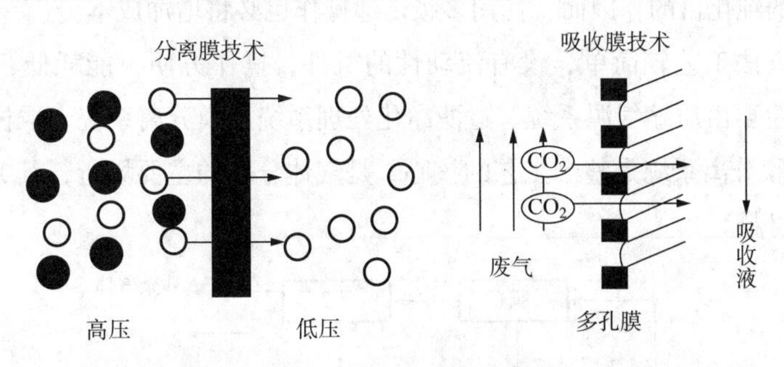

图 3-7　两种分离膜分离原理示意图

对于非多孔膜材料，气体通过膜的传递过程一般用溶解 - 扩散机理来解释，气体透过膜的过程可分为三步：气体在膜的上游侧表面吸附溶解——膜上游侧表面的气体在浓度差的推动下扩散透过膜——膜下游侧表面的气体解吸。其中气体在膜内的渗透扩散过程比较慢，是气体透过膜的速率控制步骤。

多孔膜材料中气体传递机理包括努森扩散、表面扩散、毛细管冷凝和分子筛分扩散等（图 3-8）。由于多孔膜材料的孔径大小和孔表面性质的差异使得气体分子与膜的相互作用程度会有所不同，所以实际过程中气体在膜中的传递机理往往是上述几种机理的组合。

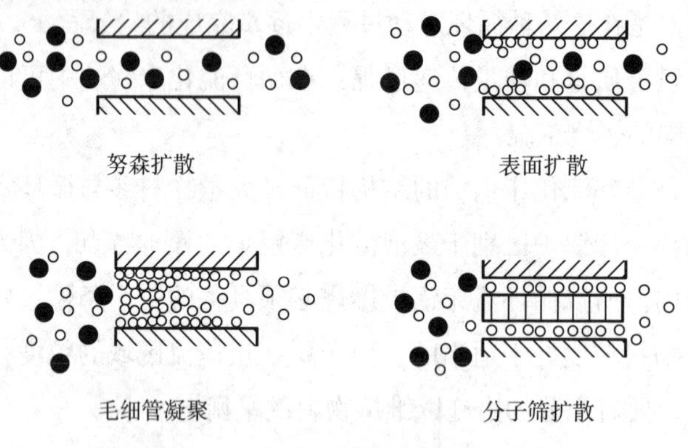

图 3-8　CO_2 在多孔膜的传递机理示意图

3.3.1　膜分离技术

膜分离法依靠待分离混合气体与薄膜材料之间的化学或物理反应，使一种组分快速溶解并穿过该薄膜，通过薄膜后混合气体分成穿透气流和剩余气流两部分，其推动力是膜两边的压差。[11] 薄膜的分离能力取决于薄膜材料的选择性和两个过程参数穿透气流对总气流的流量比和压力比。膜分离适用于含有几种污染性气体中，具有一定浓度水平的 CO_2 的分离，同时分离膜对 CO_2 具有较高的选择性。然而，鉴于很多气源压力较低、CO_2 浓度较低、同时存在多种干扰组分（如 NO_x、SO_x、H_2O 等）的实际情况，生产具有较高选择性的分离膜具有很大困难，因而上述因素也就降低了膜的选择性。事实上，通过一次传递很难完全达到预期的纯化目的，因而，使用多级传递操作也必将增加成本。

CO_2 膜分离法工艺较简单，没有流动性的机件，操作方便，能耗低，其工艺流程如图 3-9 所示，主要由压缩气源系统、过滤净化处理系统、膜分离系统、取样计量系统四个组成部分。[9] 膜分离系统是整个工艺的核心，是气体分离的主要场所，其关键是选用合适的膜组件及膜材料。

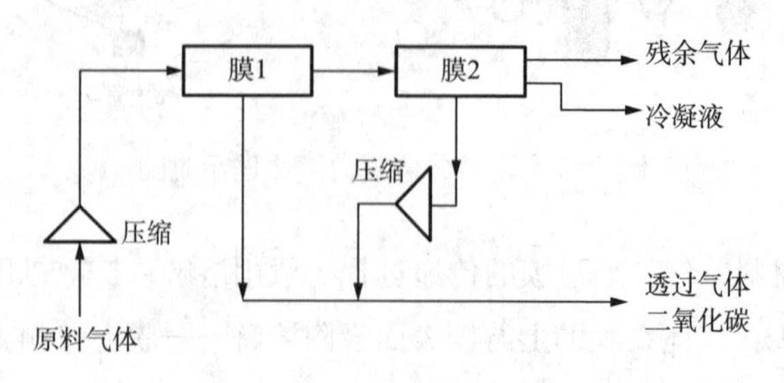

图 3-9　CO_2 膜分离法工艺流程

膜材料是膜分离技术的核心。膜的好坏直接影响其应用前景，材料的渗透系数与选择性受控于 Robeson 上限，即渗透系数增加会导致选择性的下降，反之亦然。因而优质的膜材料应具有较大的气体渗透系数和较高的选择性，即有较高的分离性能，还要有良好的化学稳定性、物理稳定性、耐微生物侵蚀和耐氧化等性能。这些性能都取决于膜材料的化学性质、组成和结构。根据制备膜的材料的不同，分离膜主要分为三大类：无机膜、有机聚合物膜和混合基质膜，有机聚合物膜根据传递机制又可以分为普通高分子膜（气体渗透膜）、促进传递膜以及气 – 液膜接触器。

（1）无机膜

无机膜材料可以在高温高压条件下工作，具有许多优良的物理和化学特性，如机械强度大、热稳定性好、化学性质稳定、容易再生、使用寿命长且能耐各种酸碱性介质的腐蚀等。但由于膜的可塑性差，易破损，价格昂贵等缺点，其发展受到一定限制。根据材料是否含有孔结构，无机膜又分多孔膜和无孔膜两种。多孔膜含有纳米孔道结构，非常适合 CO_2 气体的分离。如碳膜，是由高聚物在 500~1000℃的高温下发生热裂解制备而成，具有小于 1nm 微孔结构，大部分碳膜的传递机理为分子筛扩散。还有氧化硅膜，一般以陶瓷膜为支撑层，上面复合一层多孔性金属分离层，该分离层可以是氧化镁、氧化锆、氧化铝等。这种膜的优点是耐高温，但选择性差。据报道，以氧化镁为复合层的膜对 CO_2/N_2 选择性达到 120。比较常用的是沸石膜，通常由硅铝酸盐的多晶薄膜负载在多孔载体上制备而成。如 T– 沸石膜，其厚度约 20mm，对 CO_2/N_2 和 CO_2/CH_4 的选择性分别为 107 和 400。[8]

CO_2 的分离效果取决于其在膜上的吸附能力，一般情况下随着温度升高吸附能力下降，如八面沸石和 MFI 型沸石。气体在膜中的传递机理为分子筛扩散，孔道的直径要与 CO_2 分子的动力学直径（0.38nm）匹配，分离效果才好，孔径为 0.55nm 的 ZSM–5 分子筛室温对 CO_2 气体的选择性仅为 5，而 SAPO–34（孔径 0.38nm）和 DDR（0.36nm）型沸石膜材料为优质材料，尤其是 Carreon 等制备的 SAPO–34 型膜材料在 CO_2/CH_4 分离试验中渗透系数为 2000~4000MPa，CO_2 的选择性 86~171。Himeno 等合成的疏水 DDR 型沸石膜渗透系数 220MPa，CO_2 的选择性在室温升到 400。在温度超过 400℃时，常用无孔膜分离 CO_2 气体。无孔膜是双相膜，通常含有混合导电氧化物陶瓷膜（MCOC）和熔融碳酸盐两个相，CO_2 分子在高温下与膜材料发生反应生成碳酸根离子进行传递。

（2）有机聚合物膜

有机聚合体膜不能在较高的温度（>150℃）和腐蚀环境中工作，由于单位体积的膜具有较大的过滤面积，容易装配，过滤设备体积小，投资较低，它仍然是目前较有使用价值的 CO_2 分离膜。聚合物膜又分为玻璃质膜和橡胶质膜，前者具有更好的气体选择性和机械性能，在工业上应用较为广泛。

用于分离 CO_2 的聚合物有很多，如聚硅氧院、聚砜、聚乙炔、纤维素、聚酰胺、聚酰亚胺、聚醚等如聚乙炔、聚阴离子、聚芳基酯、多芳基化合物、聚碳酸酯、聚醚酰亚胺、聚环氧丙烷、聚吡咯酮和聚砜树脂，其中聚酰亚胺（PI）膜和醋酸纤维素（CA）是目前使用较广的商品膜。日本宇部兴产公司和美国杜邦公司开发了不同结构的 PI 分离膜。CA 膜最初由美国 UOP 公司作为反渗透工艺膜材料研究的，现在被广泛使用的是 CO_2 分离膜。

①聚砜

聚砜（PolySulfone，PS）膜是一种机械性能优良、耐热性好、耐微生物降解、价廉易得的膜材料。[13] 由聚砜制成的膜具有膜薄、内层孔隙率高且微孔规则等特点，因而常用来作为气体分离膜的基本材料。如美国 Monsanto 公司开发的 Prism 分离器，采用聚砜非对称中空纤维膜，并采用硅橡胶涂敷，以消除聚砜中空纤维皮层的微孔，将其用于从合成氨厂弛放气、炼厂气中回收氢气，H_2 和 N_2 的分离系数可达到 30~60。但是，目前尚未有聚砜膜用于烟道气 CO_2 分离的报道。一些研究者通过调整聚砜制膜液配方，降低了制膜液的湿度敏感性，用相转化法制备聚砜支撑膜，并消除针孔和其他缺陷，显著地提高聚砜支撑膜的性能稳定性和完整性。研究表明，在聚砜的分子结构上引入其他基团，可以制成性能更好、应用范围更广的膜材料，聚砜在今后一段时间内还将是重要的气体分离膜材料。

②聚酰亚胺

聚酰亚胺（PI）具有良好的强度和化学稳定性，耐高温。由于 PI 玻璃态聚合物的僵硬主链对不同分子的筛分作用，PI 膜对 CO_2/CH_4、CO_2/N_2、CO_2/O_2 具有很高的分离性能。[10,13] 但 PI 作为膜材料的最大缺陷是 CO_2 的透过性差，所以人们通过合成新的 PI 和化学改性来改善 PI 的链结构，阻止 PI 内部链段的紧密堆砌，减弱或消除链之间相互吸引力增加 CO_2 溶解性，以期提高 CO_2 透过性和分离性。研究表明在 PI 膜上引入 $-C(CF_3)2-$ 基团可以提高膜的分离性能。PI 膜的气体渗透性与退火条件也密切相关，研究表明，随着退火温度升高 CO_2 的渗透速率下降，CO_2/CH_4 的选择性增加。

③有机硅膜

有机硅膜材料的研究和开发也一直是一个热点，聚二甲基硅氧烷从结构上看属半无机、半有机结构的高分子，具有许多独特性能，是目前发现的气体渗透性能好的高分子膜材料之一。美国、日本已经成功地用它及其改性材料制成富氧膜，可用于 CO_2 分离。[13]

④含氟聚乙胺

玻璃状高分子由于具有刚直的主链结构，与橡胶状的高分子相比，气体渗透性较差，在扩散过程中，因为表现出大的选择性，气体分离能力提高。[13] 其中，以聚乙胺为代表的芳香族复环状高分子膜，对气体分子的扩散选择性极大，特别是由于聚乙胺高分子的主链结构兼有电子的提供和接收部分，根据高分子链间的电子移动的相互作用，形成了独特的柱管结构。其结果，气体沿着分子活动直径在分子筛的结构中被分离，特别对于分子直径不同的 CO_2/N_2、CO_2/CH_4 的分离是有效的。

（3）混合基质膜

通常情况下，混合基质膜是由聚合物作为基体材料，无机颗粒作为填料制备的一种分离膜。通过与无机材料结合，高分子基体有望提高选择能力并维持高渗透性。混合基质膜结合了无机膜和有机聚合物膜的优点，具有无机膜所没有的易加工、低成本以及有机膜所不具备的高机械性能、热稳定性等优点，是一种具有高选择渗透性的气体分离膜，具有较好的发展前景，气体在膜内的传递过程也是无机膜和有机聚合物膜两种机制的结合。

无机填充材料种类繁多，为了得到具有较高的渗透量和较高的选择性的混合基质膜，研究者们对不同的无机填料做了许多的探索，其中包括二氧化硅、活性炭、金属有机骨架材料（MOFs）、分子筛和碳纳米管等常见的无机填料，将这些无机填料加入到聚合物基质中可以得到性能优异的混合基质膜。

①二氧化硅

二氧化硅纳米颗粒一般分为有序介孔的二氧化硅和无孔的二氧化硅这两种。其中，无孔的二氧化硅自身不具备渗透性能，但可通过嵌入到高分子聚合物链中的形式制备得到混合基质膜，以此来提高其渗透性和选择性。而有序介孔二氧化硅因其具有比表面积高且热稳定性能好等特性，被广泛用于制备混合基质膜。[15]

②活性多孔炭

多孔炭具有比表面积大、较大的孔径以及良好的热稳定性和化学稳定性等优点。此外，多孔碳的制备原料十分的方便，关键原料也很便宜，这对实现工业化很重要。

③沸石

由于沸石的分子具有大的比表面积以及均匀的孔径结构使其成为制备混合基质膜良好的材料。但沸石的气体吸附能力随着温度的升高而降低。此外，沸石的最大缺点是吸水性强，不适宜在含水环境高效吸附 CO_2 气体。

④碳纳米管

1991 年，Iijima（日本筑波 NEC 实验室）首次发现了碳纳米管，是第 4 种碳的同素异形体（其他 3 种分别是金刚石、石墨和富勒烯）。碳纳米管是一类孔径约为 10nm 的中空管状，由石墨片层卷成的纳米材料，远大于大部分气体分子的动力学直径，能够使气体分子快速通过管道，且还具有优越的热稳定性能、机械性能等特性。根据其片层的数量，碳纳米管可分为单壁碳纳米管（SWNTs）与多壁碳纳米管（MWNTs）。

⑤金属有机骨架材料

金属有机骨架材料（MOFs）由金属阳离子和有机分子连接形成结晶网络的金属基团组成，其在除去客体物质后可形成具有永久孔隙度的多孔框架结构。金属有机骨架材料是一种新型的多孔晶体材料，通过改变其中的金属原子种类、配体的种类以及二者相互连接方式进而适用于不同的环境。有机和无机物的组合提供了几乎无数的变化，以及在孔径，形状和结构的巨大灵活性。作为膜填料的 MOFs 已经成为一种吸引人的结晶线性微孔材料，其具有非常理想的特性，例如较高的孔隙率、超高的比表面积、可调控的孔径、化学稳定性和对某些气体具有亲和力等优势，使其成为 CO_2 气体分离的理想选择。因 MOFs 中的有机配体的存在，使得它们与沸石、二氧化硅等填料相比，能提高 MOFs 粒子与聚合物基质粒子之间的亲和力，从而提高二者的相容性。

气体分离膜在具体应用时，必须将其装配成各种膜组件。气体分离膜组件常见的有平板式、卷式和中空纤维式 3 种。平板式组件的主要优点是制造方便，且平板型膜的渗透选择性皮层可以制得比非对称中空纤维膜的皮层薄 2~3 倍，但它的主要缺点是膜的装填密度太低。卷式组件的膜装填密度介于平板和中空纤维组件之间。而中空纤维膜组件的主要优点是膜的装填密度很高，直径纤细，在单位体积的组件内能提供更多的膜面积。其应用时无需支撑体，具有自支撑能力，组件组装较为容易，缺点是气体通过中空纤维膜时造成的压力很大。同时在相同的膜组件体积内可容纳的膜面积，中空纤维膜最大、卷式膜次之、平板膜最小。进行气体分离时通常采用中空纤维式膜组件。

3.3.2 膜吸收技术

膜吸收法工艺是建立在疏水性微孔膜基础上的气液接触过程。气体吸收膜技术与气体膜分离技术相比，在薄膜的另一侧有化学吸收液存在，气体和吸收液不直接接触，分别在膜两侧流动，微孔膜本身没有选择性，只是起到隔离气体与吸收液的作用，气体优先填充疏水性内的孔道，微孔膜上的微孔足够大，理论上可以允许膜一侧被分离的气体分子不需要很高的压力就可以穿过微孔膜到另一侧，该过程主要依靠膜另一侧吸收液的选择性吸收达到分离混合气体中某一组分的目的。[14] 膜吸收工艺中的液相压力必须稍大于气相压力，以阻止气泡向液相的扩散；同时剩余压差若低于微孔膜穿透压的话，溶液将不会穿透微孔，从而保证气 / 液接触介面的稳定性。在膜吸收法中研究和使用最多的是中空纤维膜接触器，膜吸收法对 CO_2 的体积分数＞ 80% 的原料气的处理在经济上最有利。目前化工行业对膜吸收法的研究处于基础研究阶段，研究重点在高效低成本的膜材料的开发上。

膜吸收法的另一个重点是吸收剂的选择，吸收剂的选择决定了气体分离的选择性，并且提高膜接触器和溶剂之间的兼容性和阻止膜的润湿对它的长期运行是非常重要的。[7] 吸收剂的选择有以下几点要求：①不润湿膜或尽量减少膜的润湿；②对混合气体中某组分有溶解作用——物理溶剂，与气体易发生快速反应——化学溶剂；③无毒性；④热稳定性；⑤易回收，可重复利用；⑥低蒸气压，以把溶剂的损失降低至最小；⑦成本低；⑧黏性小，以避免在整个吸收过程中产生高压降；⑨吸收剂的长期使用不会对膜造成物理或化学上的破坏。

国外学者 Mavroudi 等研究了中空纤维膜接触器从 CO_2/N_2 混合气中分离 CO_2，使用了纯水与二乙醇胺两种吸收剂，结果表明：使用纯水和二乙醇胺作吸收剂，CO_2 的除去效率分别可以达到 75% 和 99%。国内学者叶向群等在膜吸收法脱除空气中 CO_2 的研究中，比较了水、碳酸盐和醇胺三种吸收剂，醇胺吸收剂具有较高的吸收率、较低的反应热、反应速度快及容易再生等优点。

膜基气体吸收目前仅仅处于基础研究阶段，几乎没有大规模工业应用，从 20 世纪 90 年代中期开始荷兰、日、韩、美国和德国等国家对膜吸收法研究开始活跃起来，很多研究者选用聚丙烯或聚四氟乙烯等疏水性膜，也有少数人研究用致密膜，吸收液主要是水、NaOH、碳酸钾和链烷醇胺（MEA、DEA、MDEA、AMP）以及 TNO 获得专利的专用吸收液（主要成分是氨基酸钾），所用膜接触器一般是顺流式和交叉流两种形式。

综上所述，膜分离技术是一项高效、节能、环保的新兴技术，能有效地分离回收工业气体中的 CO_2。此外，膜分离系统的应变能力强，可通过调节膜面积和工艺参数来适应处理量变化的要求。目前，膜分离技术所存在的主要问题有：膜材料的开发仍然难以摆脱价格的限制，仍然很少出现能够商业化的膜材料及其组件；目前 CO_2 膜分离技术大多数停留在实验室规模，缺乏在长期的实际工业应用的条件下膜的一些性能参数与信息；一些常见的其他气体成分对膜材料及分离过程的影响缺乏研究，这也是限制 CO_2 膜分离技术实际应用的重要方面。所以，今后的发展方向主要集中在：①开发新型分离膜材料来满足价格低廉、稳定性高等特点；②重点研究膜材料及分离过程在实际应用条件下的性能，获得更多可靠的基础数据；③研究其他常见的气体组分对膜材料及其分离过程的影响，为后续改进提供理论支持；④将气体膜分离技术与其他分离过程相结合，发展新一代集成分离技术。

3.4 深冷分离技术

现代生活中，CO_2 已经成为我们不可或缺的、非常重要的资源，它被广泛的应用于我们生活中的多个领域。在现代生产工业中，CO_2 来源非常广泛，比如：工业氢气或合成氨生产过程的副产气中，CO_2 含量一般为 15%~30%；在建筑材料、炼钢和纯碱等工业石灰生产中，在石灰窑内煅烧石灰石，即可得到石灰和 CO_2 气体，石灰窑气含二氧化碳 30%~40%；其他由乙烯和氧气生产环氧乙烷的副产气中，CO_2 含量高达 90% 以上；在合成醋酸乙烯反应的副产气中，也含有较高浓度的 CO_2，从高浓度 CO_2 气源中回收 CO_2，具有较高经济效益。利用深冷分离（即低温精馏）回收 CO_2 技术，将排放的 CO_2 进行回收，生产食品级 CO_2 产品，进一步消除 CO_2 的绝大部分不良影响，减缓温室效应的进程。

深冷分离工艺（即低温精馏工艺）是一种低温分离工艺，利用原料中各组分相对挥发度的差异，通过气体透平膨胀制冷，在低温下将气体中各组分按工艺要求冷凝下来，然后用精馏法将其中的各类物质依其蒸发温度的不同逐一加以分离。[12]

（1）CO_2 含量对深冷装置处理产生的影响

根据油田实际生产经验，当伴生气中 CO_2 含量超过 1.5%（mol）时，深冷装置脱甲烷塔顶部、节流阀出口易发生冻堵，通常为了防止冻堵造成机组憋压停机，只能提升脱甲烷塔温度，从而导致负温不足，达不到设计工况，不仅会降低轻烃收率，还会影响深冷装置的平稳运行。从理论上来说，从 CH_4–CO_2 体系 V–L–S 平衡线图中可以查阅到 CH_4–CO_2 体系气固平衡点温度约为 -91℃（3%CO_2、1.3MPa 工况下），这说明如果伴生气中 CO_2 含量超过 3%，那么为了杜绝 CO_2 凝华而发生冻堵的现象，脱甲烷塔塔顶负温必须保持在 -91℃以上。在此基础上，根据实验室模拟该工况下深冷处理工艺计算结果显示，在压力恒定的情况，原料气中 CO_2 含量超过 3%，实际塔顶负温必须控制在 -93℃，才能最大限度地确保装置不发生冻堵。可见，无论是理论查询还是模拟工况，都表明随着 CO_2 含量的升高，塔顶负温也必须随之升高才能有效降低装置冻堵的风险，而目前大多数深冷装置塔顶实际设计操作温度为 -98℃左右，因而随着负温的提升，从理论上讲必然会导致轻烃收率的下降。

从生产实际来看，通过对大庆油田某深冷处理装置 2013 年上半年运行数据的分析，可以发现当操作人员为了避免冻堵而将塔顶负温控制在 -92℃左右的两个月中，当伴生气中 CO_2 含量由 1.5% 上升至 2% 时，轻烃收率平均值由 79.89% 下降至 72.64%，由此可见，为了保证 CO_2 含量升高时深冷装置的平稳运行，提升脱甲烷塔塔顶负温势必会对轻烃收率带来负面影响。

（2）低温精馏回收 CO_2 的工艺流程

从低温甲醇洗脱碳系统来的压力为 0.28MPa，温度为 4~10℃的原料气，与补充的空气一起进入两台预脱硫塔中，在预脱硫塔内利用常温脱硫剂 Fe_2O_3 反应脱除大部分 H_2S。原料气出预脱硫塔后进入吸附塔（一开一备），利用装填在吸附塔内的活性炭吸附除去甲醇等杂质，之后再进入 CO_2 压缩机进行压缩。CO_2 压缩机采用二段压缩，终端压力 2.8MPa 左右。原料气经压缩机二段压缩后，进入水解塔利用 Al_2O_3 水解剂将 COS 转化为 H_2S 和 CO_2，从水解塔出来的气体经过脱硫水冷器冷却降至常温后进入精脱硫塔，在精脱硫塔中经活性炭精脱硫剂将 H_2S 及微量 COS 脱除，使进入净化塔的原料气总硫含量 $\leqslant 0.1\times10^{-3}$mg/L。

脱硫后的原料气在净化预热器被 ≤ 200℃的高温净化气预热后，从净化塔上部主线进入，在塔内换热器与催化剂床层来的净化气进行换热至约 380℃，进入催化剂层进行催化氧化反应（若温度不足，则开电炉补充热量），使所有的烃、氢气、醇类及可燃物质氧化分解为 CO_2 和 H_2O。反应后总烃 $< 50\times10^{-3}$mg/L，苯 $< 20\times10^{-6}$mg/L 的净化气在塔内换热器与入塔气体换热至 ≤ 200℃出净化塔。出净化塔的净化气进入净化预热器和原料气换热后，通过水冷器冷却至常温进入干燥塔，经分子筛吸附剂进一步干燥，至水分含量 $\leqslant 20\times10^{-3}$mg/L；干燥塔一开一备，当水分接近 20mg/L 时，则启用备用塔，运行塔退出再生。（再生时引入经罗茨风机加压、电加热器加热至约 250~300℃的空气进行再生，当再生气出口温度 ≥ 120℃时，再生结束。再用提纯塔放空气体冷却到常温后备用）。干燥后的 CO_2 气体大部分进入预冷器，利用气氨初步冷却原料气以回收部分冷量；另一部分原料气进入提纯塔塔釜盘管加热塔釜液体 CO_2；两部分气汇总后一起进入 CO_2 冷凝器管程被液氨蒸发吸热降温，冷凝成液态，再进入提纯塔精馏提纯。进入提纯塔的液体 CO_2 与提馏段来的热气体进行传热传质，部分汽化，将低沸点杂质蒸发，进一步提纯；塔顶通过冷凝段用

液氨蒸发吸热，将塔下部与杂质气体一起蒸发的 CO_2 重新冷凝、回流，以降低消耗，提高产率。从提纯塔底部出来的食品级液体 CO_2 经调节阀减压后进入低温贮槽。提纯塔顶不凝气经气冷器回收冷量后放空及部分作为分子筛、吸附塔再生降温冷却气源后放空。

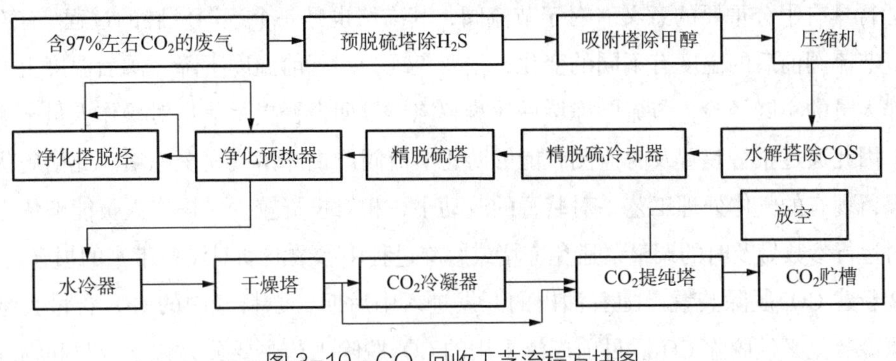

图 3-10　CO_2 回收工艺流程方块图

（3）CO_2 析出条件及原因分析

图 3-11 为 CO_2 含量与温度的关系，图中绘出了 1.3MPa 压力下不同 CO_2 含量的贫气析出固体 CO_2 的温度数据。

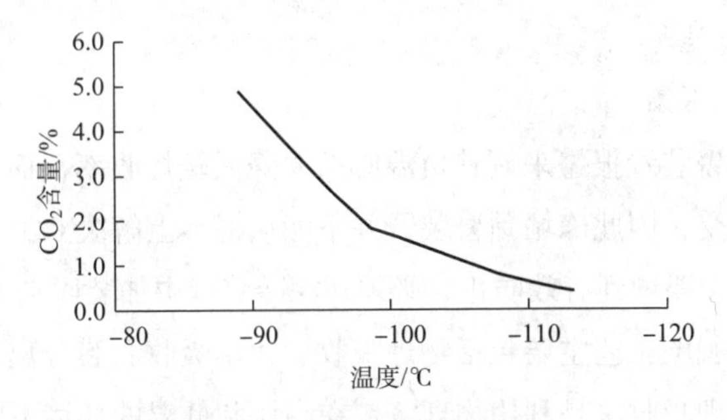

图 3-11　CO_2 含量与温度关系

深冷装置设计原料气中 CO_2 的含量（物质的量分数，下同）为 1.43%~1.54%，但实际上红压入口气 CO_2 年平均含量在 3% 以上，远高于设计值。当 CO_2 含量较高时，从理论上说制冷温度 −57℃时就会有固体 CO_2 析出。由图 3-11 可知，在脱甲烷塔的设计压力和温度条件下，原料气中 CO_2 含量超过 1.8% 便会出现冻堵。根据操作人员的实际操作经验，原料气中 CO_2 含量超过 1.8% 时，如果甲烷塔塔顶操作温度低于 −97℃（含量超过 2.4% 时低于 −95℃）便会出现冻堵，而实际运行中的冻堵温度情况和图 3-11 曲线中的数据非常接近。目前提高装置制冷负温的运行工况可以避免 CO_2 冻堵，但大大降低了轻烃的回收率，年减产轻烃 2×10^4t 左右。

（4）CO_2 防堵冻

①增设冻堵预报警装置。增设冻堵预报警装置，给操作人员提供报警提示。由于冻堵可能产生于脱甲烷塔顶部和节流阀出口，且两处冻堵时现象并不相同，所以必须分开考虑

如何预警。

脱甲烷塔顶部冻堵时塔顶压差的非正常变化可通过报警装置实现自动监测，给操作人员提示出现冻堵迹象的报警信息，这对于防止冻堵现象的继续发展恶化和保障装置的连续平稳运行具有十分重要的意义。对于节流阀，其冻堵也是一个逐渐发展的过程，有冻堵迹象时，节流阀前后的温度有不同的变化，主要表现为：阀前温度下降，阀后温度上升。根据操作人员的实践经验，节流阀冻堵后较难解冻，早期报警提示信息对操作人员来说至关重要。因此通过报警装置及时监测，能够防止节流阀严重冻堵或完全冻堵。此措施优点是能够保留现有的气体处理工艺，对装置的改动小，相对投资较少，操作人员能够依据报警信息对运行参数做及时的调整，避免冻堵或解冻过程中参数波动对设备带来的损害。

②新建 CO_2 脱除装置。随着油田的开发进入中后期，原料气中的 CO_2 含量会越来越多，深冷装置必须脱除 CO_2。目前广泛采用的 CO_2 脱除工艺主要分为化学吸收和物理吸收两类。两类方法都有比较成熟的工艺，而且发展比较快。

③设立解冻管线。红压深冷处理装置的冻堵通常发生在温度最低处，通过一条解冻管线将温度较高的原料气（25℃）引至低温冻堵位置（-100℃），实践证明该解冻措施十分有效。使用原料气作为解冻气，既避免了在系统中混入其他组分，也省去了装置停机后再间接加热解冻的繁琐步骤。

（5）加装 CO_2 脱除装置

由于通过冻堵预警装置报警来调整负温必然要降低轻烃收率，而可牺牲轻烃收率也是在合理范围内才可接受，因此冻堵预警装置并不能从根本上解决 CO_2 含量过高给深冷装置平稳运行带来的隐患，要做到有效防止，必须在深冷装置中加装脱碳工艺装置。

目前普遍采用的脱碳工艺主要包括物理吸收、化学吸收和膜分离三类，各适用于不同的深冷处理工况：物理吸收法是利用物理溶剂在高压和低温的环境下将 CO_2 从伴生气中解脱出来而不发生性质上的变化，进而降低原料气 CO_2 含量的一种工艺方法，然而由于环丁砜、聚乙二醇二甲醚、甲醇等典型的物理溶剂对天然气中的重烃有较大的溶解度，因而该方法通常用于重烃含量不高的原料气脱碳处理，具有一定的局限性；化学吸收法与物理吸收法相比净化度更高，而且有效避免了物理溶剂再生程度有限的问题，通常采用乙醇胺为主化学溶剂在吸收塔内吸收原料气中的 CO_2 成为富液，然后进入解析塔加热分离出 CO_2，尽管该方法工艺成熟且分离程度高，但是当原料气中 CO_2 含量超过 20% 时，该方法能耗太高，无形中增加了产品的成本。此时，应当选择常温下进行、适应性强且能耗低的膜分离技术，例如在深冷装置中加装分子筛来分离水和 CO_2。

随着油田的开发进入中后期，原料气中的 CO_2 含量将会逐年递增，而且伴随着温室效应的加剧，尽早解决 CO_2 问题已迫在眉睫。

3.5　低温冷冻氨技术

目前，工程上应用较多的燃烧后 CO_2 捕集技术是乙醇胺（MEA）法，但其存在吸收剂易降解、能耗高、腐蚀严重等缺点。冷冻氨工艺（CAP）吸收剂稳定便宜，能耗较低，具有较好的工程应用前景。CAP 工艺是以阿尔斯通公司为主开发的一种 CO_2 捕集技术，利用碳酸铵和碳酸氢铵混合浆液作为循环利用的 CO_2 吸收剂，实现 90% 脱碳率，并高效脱除烟气中残留的 SO_2、SO_3、HCl、HF、PM 等污染物。[16,18]

Gal E 于 2006 年提出了采用氨水作吸收剂的冷冻氨吸收技术专利，并在专利中对该项技术进行了详细描述。该技术的目的是为了低温下吸收 CO_2，专利提及的吸收温度范围为 0~20℃，最佳工作温度范围为 0~10℃。因此，首先需要将包含 CO_2 的烟气通入直接接触冷却塔（DDC），将烟气温度冷却到 0~10℃。烟气离开 DDC 后，其中包含的挥发性物质、酸性气体和颗粒物大部分被吸收。另外，由于在低温条件下，水蒸气的饱和压力降低，烟气中包含的水蒸气大部分冷却凝结成水，离开 DDC 后，烟气量大量减少。随后，烟气进入 CO_2 吸收和再生系统。冷烟气从吸收塔底部进入，由下而上流动，而贫液从吸收塔顶部进入，由上而下流动。贫流主要组成为水、氨和二氧化碳。在该项技术中，氨在溶剂中的质量分数高达 28%。吸收塔的工作压力接近大气压，而温度应在 0~20℃范围，最佳温度范围为 0~10℃。低温条件降低了氨的挥发。根据专利要求，贫液负载（吸收液中 CO_2 的摩尔数 / 氨的摩尔数）范围为 0.25~0.67，最佳范围为 0.33~0.67。贫液负载越低，气体组分中氨的分压越高，氨越容易挥发；贫液负载越高，吸收液的吸收能力越低，降低了吸收效率。在上述工作条件下，能够实现 90% 以上 CO_2 捕集率，再生能耗仅为 1.0GJ/tCO_2，并能对酸性气体、PM2.5 等协同脱除。

冷冻氨吸收 CO_2 的过程是弱碱（NH_3）与弱酸（CO_2）通过可逆反应生成可溶性盐并释放出热量的过程。在高温条件下，可溶性盐吸收热量又可以通过逆反应分解形成 NH_3 和 CO_2。在 NH_3–CO_2–H_2O 体系中，CO_2 以碳酸盐、碳酸氢盐等形式溶解于溶液中。与 CO_2 吸收有关的总的化学反应见式（3–9）~ 式（3–12）。

$$CO_2(g) \leftrightarrow CO_2(aq) \tag{3–9}$$

$$(NH_4)_2CO_3(aq) + CO_2(aq) + H_2O(1) \leftrightarrow 2(NH_4)HCO_3(aq) \tag{3–10}$$

$$(NH_4)HCO_3(aq) \leftrightarrow (NH_4)HCO_3(s) \tag{3–11}$$

$$(NH_4)_2CO_3(aq) \leftrightarrow (NH_4)NH_2CO_2(aq) + H_2O(1) \tag{3–12}$$

式（3–9）~ 式（3–12）均为可逆反应，反应方向主要决定于温度、压力和浓度。从左向右的反应是放热反应，为了维持合适的 CO_2 吸收温度，需要将反应产生的热量带走。从右向左的反应是吸热反应，需要补充热量再生 CO_2。CAP 法正是利用反应的可逆性，维持吸收塔和再生塔在不同的温度、压力和浓度下，实现 CO_2 的吸收和再生，以及吸收剂的循环利用。

由于电厂烟气流量大，因此吸收塔设计为常压运行。烟气中 CO_2 的浓度基本不变，烟气中的其他污染物通过烟气冷却随水蒸气冷凝一起去除，对吸收塔内反应的影响可以忽略。对反应影响较大的因素是温度和浆液浓度，而浆液浓度通常用碳化度表示。

（1）温度

从图 3-12 可以看出，只有在较低的温度下，才能维持吸收塔内碳酸铵向碳酸氢铵转化，促进碳酸氢铵结晶析出，提高富液（CO_2 含量高的浆液）碳化度。吸收塔内的温度根据冷却烟气和吸收剂所需热量、CO_2 脱除率和氨逃逸率确定。温度越低，冷却烟气和吸收剂所需的热量就越大，但氨逃逸率越低。适宜的温度范围为 0~20℃，最佳范围为 0~10℃。

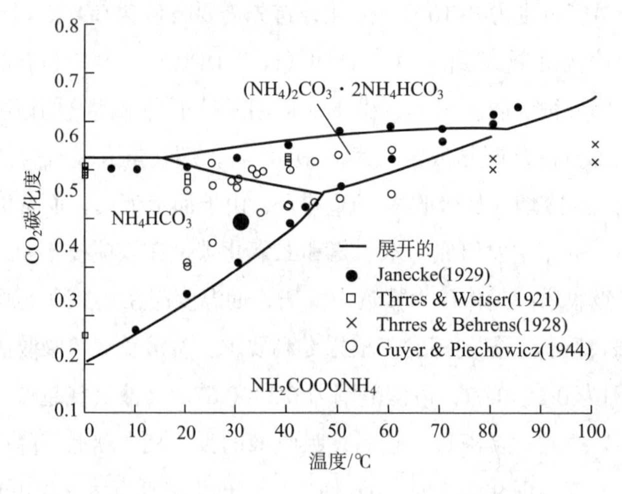

图 3-12 CO_2-NH_3-H_2O 液固相平衡图

（2）浆液浓度

碳化度是指浆液中 CO_2 与氨的摩尔比。从图 3-12 可以看出，只有吸收塔内富液碳化度超过 0.5，才能保证最终反应产物为碳酸氢铵并结晶析出。适宜的富液碳化度为 0.5~1.0，最佳范围为 0.67~1.0。反之，如果进入吸收塔的贫液（CO_2 含量低的浆液）碳化度过高，其吸收能力就会下降，影响 CO_2 脱除率。贫液碳化度过低，则会导致吸收塔出口氨逃逸率增加。适宜的贫液碳化度为 0.25~0.67，最佳范围为 0.33~0.67。

CAP 工艺过程主要分为烟气冷却和清洁、CO_2 吸收、CO_2 再生 3 部分，工艺流程见图 3-13。

（1）烟气冷却和清洁系统

从脱硫吸收塔排出的含有残余 SO_2、SO_3、NO_x、HCl、HF 和 PM 的湿饱和烟气（50~60℃），从底部进入直接接触式冷却塔 1（DCC1），向上流动与塔顶喷淋的冷却水逆流接触而被冷却，其中的水蒸气也携带残余污染物冷凝析出。从 DCC1 顶部排出的烟气经增压风机增压后进入机械式冷却器，进一步冷却至 2℃后进入吸收塔。

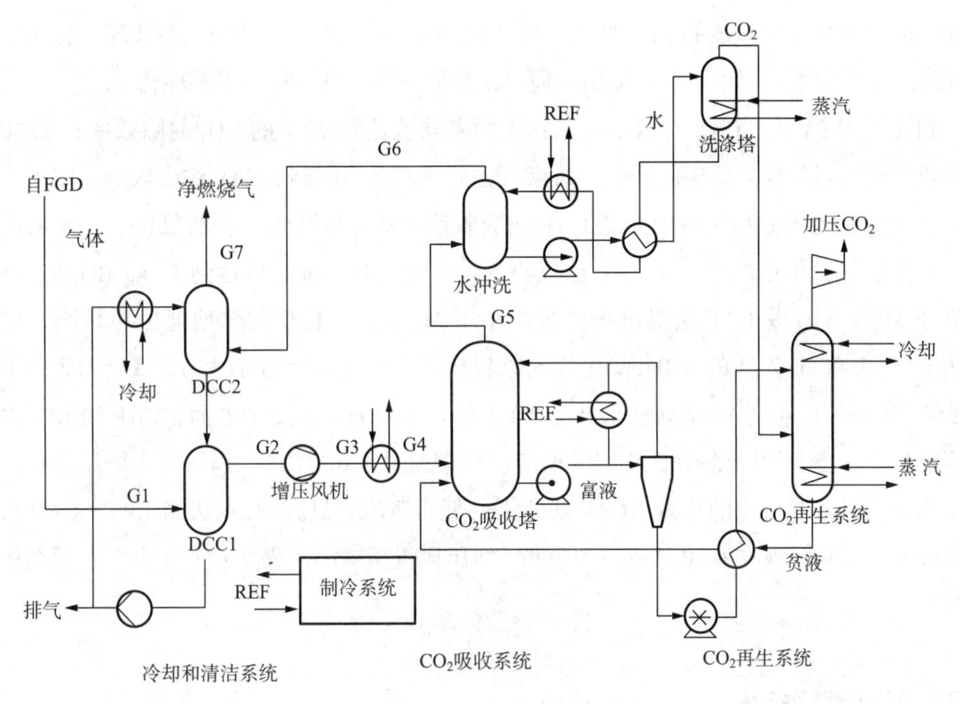

图 3-13 冷冻氨工艺流程图

DCC1 中的凝结水与冷却水混合后呈弱酸性，一部分通过冷却塔冷却后，进入 DCC2 吸收烟气中的残余氨而循环利用，一部分排往电厂废水处理系统或用于制造氨肥。机械式冷却器中的凝结水被收集起来重新进入工艺系统或作为补充水送至脱硫吸收塔。

（2）CO_2 回收系统

烟气从底部进入吸收塔，向上流动与塔顶喷淋的富液逆流接触，90% 的 CO_2 被吸收后进入冲洗塔，通过水洗将携带的氨吸收，然后进入 DCC2，进一步吸收残余氨后通过烟囱排放。

吸收塔底部排出的富液分为 2 部分：一部分通过旋流器分离，底流进入 CO_2 再生系统，溢流从上部返回吸收塔；另一部分通过机械式冷却器冷却后返回吸收塔，将吸收反应产生的热量排出，以维持吸收塔内的设定温度。为了弥补氨逃逸的损失，将少量新鲜的碳酸铵溶液补入吸收塔。

水洗塔排出的含氨的水排至 CO_2/NH_3 分离塔，在蒸汽加热器的作用下，氨被分离出来作为吸收剂重新利用。干净水经过 2 级换热器冷却后进入冲洗塔循环利用。

（3）CO_2 再生系统

旋流器浓缩的富液通过高压泵加压至 2MPa，进入换热器与贫液换热。富液在换热器中加热至 80℃，结晶的碳酸氢铵完全溶解后进入再生塔。溶液在再生塔内向下流动，通过蒸汽加热器加热至 120~150℃，CO_2 被分离出来并向上流动，在再生塔顶部被冷却、去湿和除氨后离开再生塔。成品 CO_2 的纯度超过 99.5%，可直接工业利用或经压缩、输送后储存在岩层中。贫液从再生塔底部流出，通过换热器冷却后进入吸收塔循环利用。

相比于 MEA 法，CAP 有以下优点：①两者均能达到 90% 的 CO_2 脱除效率；② MEA 法吸收剂易与氧气发生反应而降解，对烟气含氧量有严格限制；CAP 法吸收剂不降解，对烟气中氧和其他污染物不敏感。③ CAP 法吸收剂可选择碳酸铵、碳酸氢铵、氨水或液氨等，灵活性好且价格便宜。④ CAP 法吸收剂吸收能力强，最高可达到 1.2kg CO_2/kg NH_3，远高于 MEA 法。⑤ CAP 法对电价的影响小于 MEA 法。根据阿尔斯通公司预测，对于采用 CAP 法和 MEA 法的 650MW 燃煤超临界机组，供电成本分别为 61.3$/（MW·h）和 67.9$/（MW·h）。⑥ CAP 法能耗远低于 MEA 法。主要表现在 2 个方面：CAP 法 CO_2 再生所需热量少。主要原因是 CAP 法解吸反应吸热量远少于 MEA 法，以及再生塔压力高，抑制了水分蒸发及其带走的热量，CAP 法所需的低压蒸汽量只有 MEA 法的 15%；CAP 法厂用电较低，主要反映在 CAP 法烟气温度低，增压风机功率小，成品 CO_2 压力高，后续压缩功耗少。

3.6 富氧燃烧技术

富氧燃烧是指在发电过程中使用化石燃料燃烧时，采用纯氧或者是含高浓度氧气的气体作为吸收剂而不是目前的空气。由于采用纯氧或是高浓度的含氧气体作为氧化剂，燃烧过程中产生的烟气中二氧化碳浓度较高，成分简单容易实现二氧化碳的分离捕集和纯化。具有相对成本低、易规模化、可改造存量机组等诸多优势，被认为是最可能大规模推广和商业化的 CCUS 技术之一，其系统流程如图 3-14 所示：由空气分离装置（ASU）制取的高纯度氧气（O_2 纯度 95% 以上），按一定的比例与循环回来的部分锅炉尾部烟气混合，完成与常规空气燃烧方式类似的燃烧过程，锅炉尾部排出的具有高浓度 CO_2 的烟气产物，经烟气净化系统（FGCD）净化处理后，再进入压缩纯化装置（CPU），最终得到高纯度的液态 CO_2，以备运输、利用和埋存。[26]

富氧燃烧技术最早是由 Abraham 于 1982 年提出，目的是为了产生 CO_2 用来提高石油采收率（EOR）。随着全球变暖的加剧以及气候的变化，作为温室气体主要因素的 CO_2 排放问题逐渐引起了全球的关注。因此，富氧燃烧技术作为最具潜力的有效减排 CO_2 的新型燃烧技术之一，成为全球研究者关注的热点。

富氧燃烧方式的主要特点是采用烟气再循环，以烟气中的 CO_2 替代助燃空气中的 N_2，与 O_2 一起参与燃烧。这样可大幅度提高烟气中的 CO_2 浓度，便于 CO_2 分离和处理，有效降低 CO_2 向大气的排放，烟气量大为减少（仅为原来的 20%~30%），从而大大减少排烟热损失，锅炉的运行效率可提高 2%~3%。该燃烧方式还具有降低 SO_x、NO_x 生成的效能，可形成一种污染物综合排放低的“无烟囱”的环境友好发电方式。[17,20,21,23] 富氧燃烧与常规

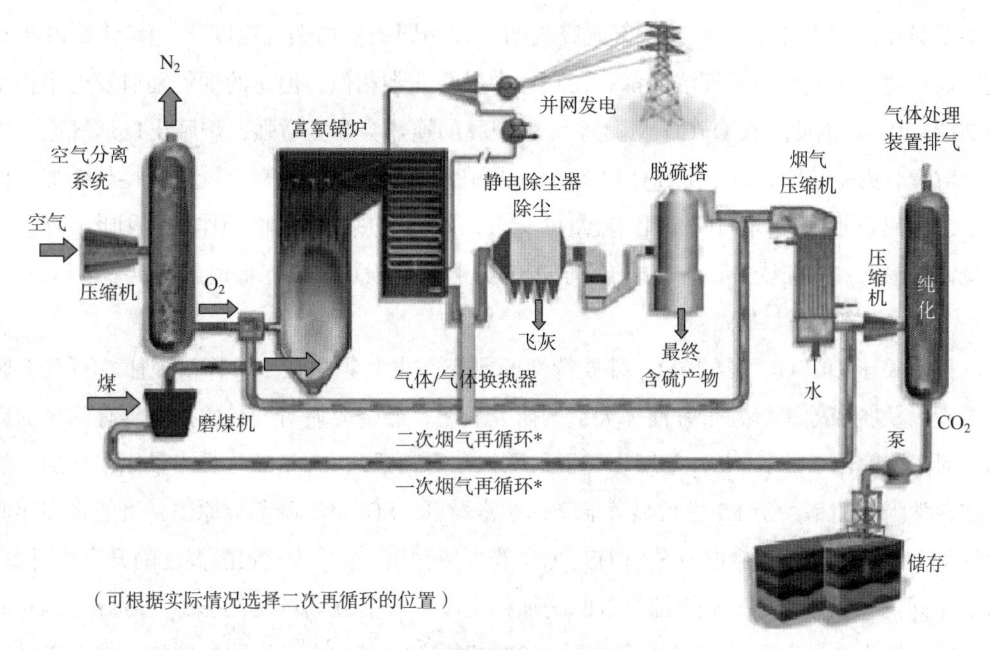

图 3-14 富氧燃烧技术系统示意图

燃烧两种方式有许多差异，以下分别在燃烧特性、传热特性和污染物排放特性等方面加以介绍分析。

（1）燃烧特性

燃烧特性通常指颗粒燃烧进展的快慢受可燃物的活性、燃烧热的释放及环境气氛热容等方面的影响。由于 CO_2 气体本身的特性致使 O_2/CO_2 气氛的密度、比热、辐射特性及物质的传输较 O_2/N_2 气氛下有显著的差别。在 O_2/CO_2 气氛下，燃烧呈现以下几个特点：①煤的着火点模糊和不稳定，挥发分析出及产物的扩散速率较 O_2/N_2 气氛下燃烧时有所降低，造成未燃尽炭含量增加，同时燃烧时间延长。②煤燃烧的火焰传播速度比相同 O_2 含量的 O_2/N_2 气氛有明显的下降，且随气氛中 O_2 含量的增大而提高，这主要是由于 CO_2 的高比热性所致。③ O_2/CO_2 气氛比相同 O_2 含量的 O_2/N_2 气氛下的火焰温度低。总体来看，O_2/CO_2 气氛较相同 O_2 含量的 O_2/N_2 气氛的燃烧特性略差，通过减少循环烟气量、提高反应气氛中的 O_2 含量，采用合理的燃烧配风技术等措施，可以改善燃烧特性。其中，提高 O_2 浓度可以大幅度改善煤的燃烧过程，降低燃尽温度、缩短燃尽时间和提高炭的燃尽率，但过高的 O_2 浓度，将使得 O_2/CO_2 气氛燃煤电站的运行成本大大增加。

（2）传热特性

与常规空气煤粉燃烧相比，O_2/CO_2 燃煤系统产生的烟气成分（主要成分是 CO_2、O_2、H_2O）不同，导致其热量传递发生很大变化，主要影响表现在两个方面：①辐射换热特性和气体热容量。炉内热传递主要来自于辐射传热，主要是三原子气体辐射。②火焰中灰粒、焦炭粒子的辐射。③炭黑粒子的辐射。富氧燃烧的主要产物是 CO_2 和 H_2O，其辐射发射率明显要高于双原子气体 N_2。有研究表明，在相同的平均烟气温度下，O_2 含量占 27% 时富氧燃烧火焰温度及烟气浓度都和在空气中燃烧非常相似，但总的烟气辐射发射率将增加 20%~30%。因此，在 O_2/CO_2 燃烧系统中炉膛的换热会明显增强，炉膛出口烟气温度下降。对于对流受热面，CO_2 和 H_2O 比 N_2 具有更高的热容量，导致对流受热面换热增加，但由于炉膛出口烟气温度下降和烟气流量的减少，对其换热又有消极的作用。因此，O_2/CO_2 燃烧锅炉辐射和对流受热面，应根据传热特性进行优化设计，以保证锅炉高效率运行。

（3）污染物排放特性

目前关于 O_2/CO_2 气氛下 SO_2 排放特性的研究，主要集中在 SO_2 释放规律、石灰石脱硫机理以及脱硫效率等几个方面。大量的研究表明，燃烧介质对 SO_2 的排放没有明显的影响。对于所有的 N_2 基和 CO_2 基燃烧气氛来说：在贫燃区，SO_2 量随化学当量比率增加，然后在化学当量比率大于 1.2 之后显著下降；在富燃区，SO_2 量下降部分原因，可能是在还原性气氛中 SO_2 被还原，生成 H_2S、COS、CS_2 等含硫物质。SO_2 排放量随温度的升高而升高，对于不同的气氛来说，SO_2 的排放量的增加幅度不一样。在高浓度的 CO_2 气氛下，SO_2 的增加幅度较小，且温度从 1200℃变化到 1300℃时，SO_2 基本上没有明显增加。但在空气气氛下，温度从 800℃逐渐增加到 1300℃，都可以观察到 SO_2 量有较为明显的增加。随 O_2 含量增加，燃烧温度增大，SO_2 转换为 SO_3 的量增大。值得一提的是，O_2/CO_2 气氛有利于飞灰固硫，对于富含 CaO 的煤种，固硫作用更明显。这是 O_2/CO_2 气氛下 SO_2 排放量，较空气气氛有所减小的重要原因之一。关于炉内喷钙脱硫机理研究，O_2/CO_2 气氛下脱硫效率比空气气氛下高。主要原因：①烟气再循环使 SO_2 的实际停留时间被延长。②由于 SO_2 浓度高抑制了 $CaSO_4$ 分解。③高浓度 CO_2 条件下，石灰石发生直接硫化作用。就脱硫效率的贡献而言，在温度为 1177℃以下时，第一条原因的贡献在 2/3 以上；然而，超过 1227℃时，第二条原因的贡献在 2/3 以上。在较大的温度和停留时间范围内，O_2/CO_2 煤粉燃烧系统保持较高的直接脱硫效率。

与常规空气燃烧相比，煤在 O_2/CO_2 气氛中燃烧时 NO_x 的排放量要小，是常规空气燃烧的 25%。主要原因是：燃烧过程中没有 N_2 参与，无法生成热力性 NO_x。O_2/CO_2 气氛下高浓度的 CO_2，会与煤或煤焦发生还原反应生成大量的 CO，在煤焦表面发生 NO/CO/Char 的反应，促进了 NO 的降解。NO_x 排放浓度随着 O_2 浓度、温度的升高而增大，这一点与常规燃烧方式中 NO_x 排放规律是一致的。有研究发现，在炉内喷钙脱硫的情况下，CO_2 气氛不仅有利于提高脱硫效率，还能有效降低 NO_x 排放，这种 SO_2、NO_x 的协同去除机制有待深入研究。

（4）锅炉设计

锅炉设计由于 O_2/CO_2 燃烧技术炉内火焰特征、燃烧产物以及换热情况与常规煤粉炉有较大差别，锅炉结构和尺寸也将发生较大的变化。例如，对于一台常规燃煤锅炉，由于空气中 O_2/N_2 比例是一定的，当空气过剩系数一定时，烟气量是确定的。对于 O_2/CO_2 燃烧技术，O_2/CO_2 比例是可以调节的，即使空气过剩系数一定，烟气量也是可以调节的。因此，需要以安全经济运行为目标，对 O_2/CO_2 燃烧锅炉进行优化设计。这可能导致 O_2/CO_2 燃煤锅炉与传统煤粉锅炉有变革性差异。受热面：O_2/CO_2 燃煤锅炉炉膛由于辐射换热系数增加，炉膛受热面积要减少（计算预测要减少 8.5%），炉膛断面积要缩小。虽然过热器和再热器换热系数，随着 CO_2 和 H_2O 的热容量增加而增加，但入口烟温降低，部分抵消了传热系数的增加，过热器和再热器变化不大。变化最为明显的是省煤器，换热面积要比常规锅炉少 10% 左右。煤粉燃烧器：在 O_2/CO_2 混合气燃烧情况下使用的专用燃烧器。O_2/CO_2 燃烧条件下，高浓度的 CO_2 和水蒸气导致煤粉气流的燃烧将被推迟，需要改进或重新设计燃烧器。再循环烟气比例的选取，应保证燃烧正常进行。对于不同的煤种、燃烧工况、锅炉负荷，应有再循环烟气比例和 O_2 浓度的基础数据储备，以便于优化运行。传统煤粉炉为微负压运行，尾部受热面有一定程度的漏风，这对于现有的燃烧方式问题不大，但富氧燃烧锅炉如有空气漏入，空气中 N_2 将严重影响烟气中 CO_2 的纯度。因此，对现有锅炉进行改造，防止空气泄漏进入炉内将是重要的技术难点之一。有研究机构正在研究采用微正压运行方式解决此问题。其他如 O_2/CO_2 燃烧技术的应用带来的安全经济运行问题也需认真考虑。例如再循环烟气中的高 SO_3 和 H_2O 浓度加剧了对金属材料的腐蚀。

目前来看，制约富氧燃烧技术发展的最大瓶颈在于制氧成本太高，主要是空气分离过程中深冷压缩能耗太高，大约 15% 的电厂发电量被消耗在这上面。近期出现的一些新的制氧技术，如变压吸附、膜分离等技术，可望大幅度地降低制氧成本，但这些新技术尚未成熟，没有进行大规模的商业应用。

O_2/CO_2 燃烧技术首先是由 Horne 和 Steinburg 于 1981 年提出的，经美国阿贡国家实验室（ANL）的研究证明只需将常规锅炉进行适当改造就可以采用此技术。1982 年，Abraham 提出了采用 O_2/CO_2 燃烧方式，生成纯度较高的 CO_2 用于提高石油开采率（EOR）。1988 年，Wang C.S. 首次将 O_2/CO_2 燃烧的概念应用于 600mm × 2134mm 非旋流燃烧室进行 O_2/CO_2 煤粉燃烧实验研究。[24]

关于富氧燃烧技术未来的发展方向主要从以下几个方面进行考虑：

（1）富氧燃烧锅炉本体及燃烧器技术

富氧燃烧锅炉 O_2/CO_2 环境下，由于 CO_2 比热、扩散系数与 N_2 的差异，煤粉的燃烧特性、污染物的生成特性等，都和空气燃烧时产生了明显的变异。由于 CO_2 的强辐射吸收性，炉膛内的辐射传热特性也和空气条件下不同。其炉膛的热负荷特性及运行参数的优化必须通过试验重新获得，而不能简单地照搬传统锅炉的设计经验。由于用纯 O_2 或者 O_2、CO_2 的混合气替代空气，燃烧器一、二、三次风的动量比发生了显著的变化，燃烧器的稳燃和燃尽特性需要专门研究。

（2）空分系统的合理配置和动态调节特性

富氧燃烧技术中空分系统可采用深冷空分，其技术目前已经发展到第 6 代，法液空供南非 SASOL 公司的空分设备容量达 $103660Nm^3/h$，国内杭氧股份有限公司（简称杭氧）供上海宝钢的达 $60000Nm^3/h$，四川空分设备有限责任公司（简称川空）投产的最大容量空分达 $45000Nm^3/h$。富氧燃烧技术中空分的配套不存在问题，但其能耗高，响应速度也非常慢，很难达到电网对电厂升降负荷速率的要求。如何开发低成本、高效率的富氧燃烧用新型空分装置，如何保证空分设备对锅炉负荷调节的适应，是未来研究的主要方向。

（3）烟气净化技术

富氧燃烧最大的特点是以烟气循环代替空气助燃时的 N_2。在烟气循环过程中，烟气中的 CO_2 浓度升高的同时，SO_x、NO_x、粉尘等的含量也都将会有所提高。其中 SO_x 的浓度可提高到原来的 3 倍，因此对烟气管路的腐蚀是需要预防的问题。[22] 现有电除尘器在高 CO_2 浓度的烟气环境中的除尘效果，现有烟气脱硫装置是否适用富氧燃烧系统，都是富氧燃烧在电厂应用过程中尚不掌握的问题，需要建立试验系统来加以检验和验证。

（4）烟气冷凝技术

富氧燃烧形成的富 CO_2 烟气，经过脱硫、除尘以后，温度通常可降低到 50~150℃。若不进行干燥脱水，其水分含量可高达 30% 以上。当燃用高硫煤及烟气温度降低到露点以下时，烟气中的 SO_3、CO_2、H_2O 和碱土元素，将形成极强腐蚀性的酸雾。高水分的烟气作为一次风输送煤粉时，容易引起风管堵塞和粉仓结块，影响系统的安全稳定运行。对循环烟气全部或部分进行干燥处理，是富氧燃烧技术实现的基本要求，也是其不同于传统燃煤电厂的重要装置之一。其烟气冷凝器设计的主要困难在于烟气流量大、温度低。而且比焓高、装置的体积庞大、制造加工困难，此外对冷却介质的选择也是难点。开发紧凑、高效、低能耗的烟气冷凝器，是富氧燃烧技术的实现的关键问题。

综上所述，富氧燃烧（也称为 O_2/CO_2 燃烧）利用空气分离获得的纯氧和部分锅炉排气构成的混合气代替空气做矿物燃料燃烧时的氧化剂，可以使锅炉燃烧产生的烟气中 CO_2 的浓度高达 90% 以上，可以有效减少温室气体的排放，且同时可以减少 NO_x 和 SO_2 等污染物的排放，因此，富氧燃烧技术是一项非常有效的降低 CO_2 排放的技术路径。[25] 富氧的制取主要有液化空气（深冷法）、变压吸附（PSA 法）、膜分离等技术，这些技术具有不同的特点。富氧燃烧技术不仅能有效地提高烟气中 CO_2 浓度，还可以有效地改善锅炉受热面的传热，减少 NO_x、SO_2、SO_3 的排放。电厂捕集的 CO_2 一部分可以应用于碳酸饮料生产和合成尿素生产碳铵等领域，而大部分则可以通过海洋封存和地质封存来处理。在未来洁净煤发电技术的发展中，燃煤发电系统与 CO_2 捕集与封存相整合的技术将成为未来洁净煤发电技术发展的趋势。

3.7 IGCC 技术

煤的开发和应用已经引起了严重的环境和生态问题。据统计，我国大气污染中 90% 的 SO_2，71% 的 CO，82.5% 的 CO_2 和 NO_x 是由燃煤造成的。2007 年 2 月，联合国政府间气候变化专门委员会（IPCC）公布了第四份气候变化评估报告第一部分内容《气候变化 2007 物理科学基础》，指出从现在到 2100 年，全球平均气温升高幅度是 1.8~4℃，海平面升高幅度是 18~59cm，造成这一趋势的原因有 90% 可能是人类活动排放 CO_2、甲烷以及氮氧化物所致；CO_2 的增加主要是人类使用化石燃料所致，甲烷和氮氧化物的增加主要是人类的农业生产活动所致。

能源和环境的严峻现实使我们不得不认真地考虑煤电的可持续发展问题，这是关系到我国建设资源节约型和环境友好型社会的一个重要问题。我国将长期依赖煤这种能源发电，所以煤的清洁应用是可持续发展的能源系统是非常重要的组成部分。要缓解电力与资源、环境的矛盾，除现有火电机组降低污染物排放和提高循环效率、新增发电机组采用大容量和高参数洁净煤技术之外，另一方面就是积极研究开发更加高效、更洁净的煤制氢和氢能发电技术及 CO_2 埋存技术，以达到更高的发电效率，并且实现包括 CO_2 在内的各种污染物的近零排放。

IGCC（Integrated Gasification Combined Cycle）是目前最有前途的发电和燃料制备技术，不仅满足电力发展需求，还满足环境和气候的要求。IGCC 将中国的主要动力资源——燃煤与高效环保的燃机技术通过煤的气化和清洁工艺有机结合在一起，在发电效率和环保等方面具有无可争议的优势。IGCC 电站还可以通过水气变换反应实现制氢和 CO_2。IGCC 不可避免的成为实现燃煤发电和其他用途洁净煤技术最佳选择。另外，目前制氢技术越来越引起人们的重视，而关键技术就是煤气化为基础的 IGCC 技术。所以，我国更应该大力发展 IGCC 发电技术。

IGCC 的中文名是整体煤气化联合循环发电系统，此系统将煤气化技术和联合循环相结合，先将煤气化并净化为煤气，然后进行燃气 – 蒸汽联合循环发电，结合二者的优势以实现发电的高效率与污染物的低排放。联合循环是把两个使用不同工质的独立的动力循环，通过能量交换联合在一起的循环。燃气 – 蒸汽联合循环就是利用燃气轮机做功后的高温排气在余热锅炉中产生蒸汽，再送到汽轮机中做功，把燃气循环和蒸汽循环联合在一起的循环，其热效率比组成它的任何一个循环的热效率都要高得多。即它由两大部分组成——第一部分煤气化与净化部分，第二部分燃气 – 蒸汽联合循环发电部分。

第一部分煤气化与净化部分（图 3–15）的主要设备有气化炉、空分装置、煤气净化设备（包括硫的回收装置）；第二部分燃气 – 蒸汽联合循环发电部分的主要设备有燃气轮机发电系统、余热锅炉、蒸汽轮机发电系统。

从图 3–16 中可以看出 IGCC 的工艺过程如下：煤在氮气的带动下进入气化炉，与空分系统送出的纯氧在气化炉内燃烧反应，生成合成气（有效成分主要为 CO、H_2），经除尘、水洗、脱硫等净化处理后，到燃气轮机做功发电，燃气轮机的高温排气进入余热锅炉加热给水，产生过热蒸汽驱动汽轮机发电。且 IGCC 整个系统大致可分为：煤的制备、煤的气化、热量的回收、煤气的净化和燃气轮机及蒸汽轮机发电几个部分。

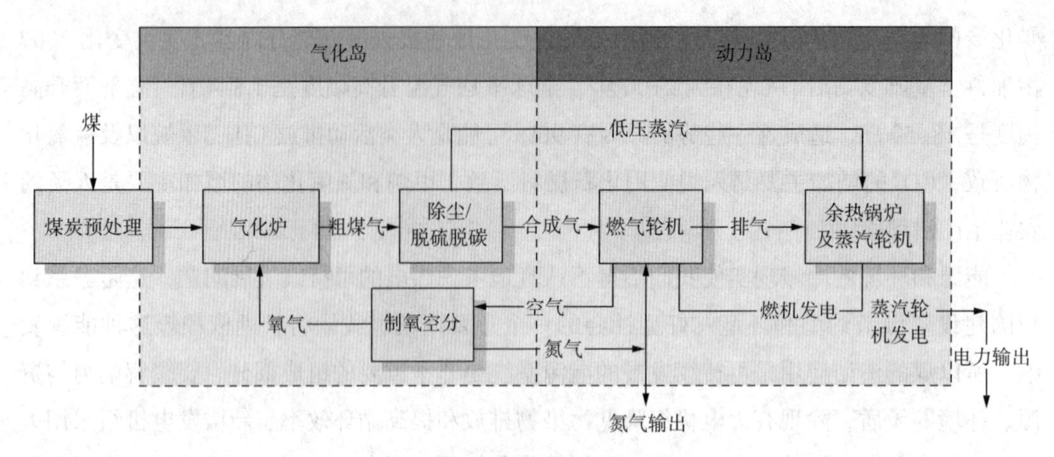

图 3-15 煤气化与净化部分

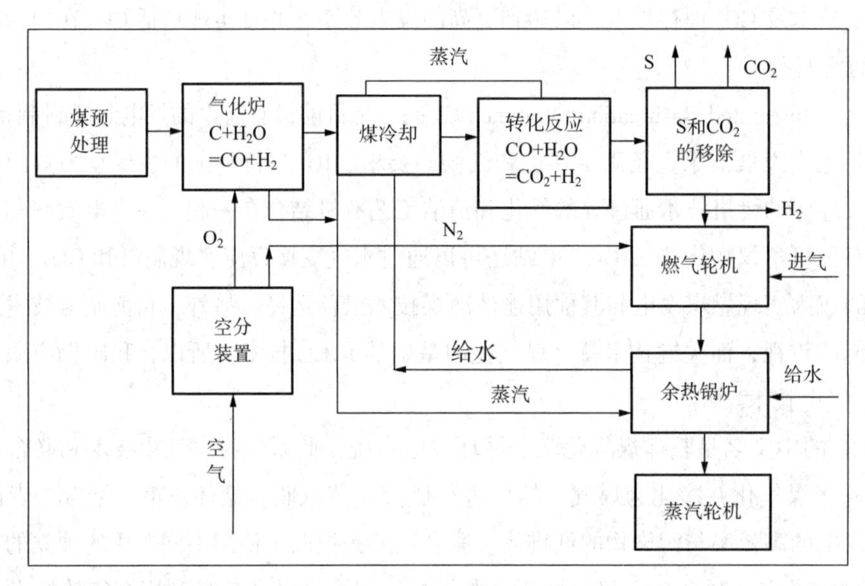

图 3-16 IGCC 系统工艺流程图

与传统煤电技术相比，IGCC 将煤气化和燃气－蒸汽联合循环发电技术集成具有发电效率高、污染物排放低，CO_2 捕集成本低等优势，是目前国际上被验证的、能够工业化的、最具发展前景的清洁高效煤电技术。

其具有以下优点：

（1）高效率，且具有提高效率的最大潜力。IGCC 的高效率主要来自联合循环，燃气轮机技术的不断发展又使它具有提高效率的最大潜力。现在，燃用天然气或油的联合循环发电系统净效率已达到 58%，21 世纪可望超过 60%。随着燃气初温的进一步提高，IGCC 的净效率可达到 50% 或更高。

（2）煤洁净转化与非直接燃煤技术使它具有极好的环保性能。先将煤转化为煤气，净化后燃烧，克服了由于煤的直接燃烧造成的环境污染问题，其 NO_x 和 SO_2 的排放远低于环保排放标准，脱硫率≥ 98%，除氮率可达 90%。废物处理量少，副产品还可销售利用，能更好地适应新世纪火电发展的需要。

（3）耗水量少，比常规汽轮机电站少 30%~50%，这使它更有利于在水资源紧缺的地区发挥优势，也适于矿区建设坑口电站。

（4）易大型化，单机功率可达到 600MW 以上。

（5）能够利用多种先进技术，使之不断完善。IGCC 是一个由多种技术集成的系统，煤的气化、净化技术、燃气轮机技术以及汽轮机技术等的发展为它的发展提供了强有力的支撑。

（6）能充分综合利用煤炭资源，适用煤种广，可和煤化工结合成多联产系统，能同时生产电、热、燃料气和化工产品。

气化是煤和燃料油这类传统燃料与燃气轮机间的“桥梁”。将这类燃料气化产生一种燃料气，洁净后可在燃气轮机发电厂使用。因此，气化能发挥燃气轮机的长处，使其可利用任何燃料，无论是固体还是液体燃料。由于所产生的燃料气在燃气轮机中燃烧之前能进行洁净，去掉颗粒物、硫和氮化合物，因此以气化为基础的发电厂（GPP）的排放物要比传统电厂少得多。IGCC 是唯一能接近燃用天然气系统的环境性能的以煤为基础的技术。

气化是指含碳固体或液体物质向主要成分为氢气和一氧化碳的气体的转换。所产生的气体可用作燃料或作为生产诸如氨气或甲醇类产品的化学原料。气化的限定化学特性是使给料部分氧化；在燃烧中，给料完全氧化，而在热解中，给料在缺少氧气的情况下经过热降解。气化的氧化剂是氧气或空气和，一般为蒸汽。蒸汽有助于作为一种温度调节剂作用；因为蒸汽与给料中的碳的反应是吸热反应（即吸收热）。空气或纯氧的选择依几个因素而定，如给料的反应性、所产生的气体用途和气化炉的类型。

可能采用的煤的气化炉有气流床（entrained flow bed）、固定床（fixed bed）和流化床（fluidized bed）三种方案。在整个 IGCC 的设备和系统中，燃气轮机、蒸汽轮机和余热锅炉的设备和系统均是已经商业化多年且十分成熟的产品，因此 IGCC 发电系统能够最终商业化的关键是煤的气化炉及煤气的净化系统。

目前国内采用最多的是气流床气化炉，其煤气主要成分是 CO、H_2、CO_2 和水蒸气。美国 Texaco，E-Gas、荷兰 Shell 和德国 Prenflo 是在 IGCC 电厂获得实践考验的气流床。Texaco 是 20 世纪 50 年代开发成功的单喷嘴水煤浆进料、炉底液态排渣没有飞灰再循环系统的装置，由于结构与控制系统简单而应用广泛，但该炉存在冷煤气效率偏低、氧耗与煤耗偏高、烧嘴运行周期短、耐火砖成本高寿命短以及由于水煤浆射流受限而导致有效气化空间减少与拱顶部分容易结渣等问题。我国华东理工大学开发的多喷嘴对置式水煤浆气化炉，采用 4 个对称喷嘴以在气化炉内形成射流撞击来优化气化效果，但其可用率和可靠性还待实践验证。适应多种类型给料的 E-Gas 是 Texaco 气化炉的改进型，采用二段式反应炉使多余的水煤浆转化利用还不用额外加入氧化剂，20 世纪 70 年代已进入工业化阶段。

Shell 气化炉采用干法供料、对置燃料喷嘴、氧吹、液态排渣工艺，此炉煤种适应性强（包括褐煤、烟煤、无烟煤以及石油焦炭等）、气化炉适应寿命长，综合性能比较适合 IGCC 系统，应用较多，但其造价较高结构也复杂。我国西安热工所的两段式干煤粉加压气化炉上炉膛布置两个对称的二次煤粉和水蒸气进口，下炉膛布置 4~6 只煤粉烧嘴，此设计冷煤气效率、热效率以及排渣性能都较好，已成功用于多个项目。Prenflo 气化炉原理与 Shell 类同，但其性能比 Shell 差。

鲁奇加压气化固定床炉最早被开发出来，煤粒直径 5~50mm，反应温度 1400℃，碳的转化率接近 100%，用于 IGCC 系统的有加压气化 Lurgi 炉（鲁奇加压气化炉）和 BGL 炉（液态排渣气化炉 British Gas Lurgi）。Lurgi 第一代自 20 世纪 40 年代开发出来，现已发展到第四代，采用碎煤进料与气化剂逆流自然式反应、固态排渣。针对单炉生产能力小且结构复杂、煤气中还含有焦油和酚等成分使煤气净化更复杂的这些问题发展的 BGL 炉，采用碎煤熔渣和焦油等回炉气化技术，气化强度明显提高。

此外，清华大学非熔渣 – 熔渣氧气分级煤气化、日本三菱公司干法供料两段气化空气鼓风气流床气化炉（MHI）以及美国非混合型的燃料处理器也都很有发展潜力。总的来讲，为提高效率与减少成本，IGCC 的发展仍需继续研究大容量、高性能气化炉。

流化床气化炉进料煤粉粒度小于 6~8mm，煤层温度 1038℃左右，气化流速较高，燃烧和气化时加入脱硫剂（石灰石或白云石），可脱除大部分 SO_2 和 H_2S。

流化床有温克靳炉（Winkler）、高温温克勒炉（High Temperature Winkler，HTW）和 U-Gas 炉等，前两者已用于 IGCC 项目。其中，美国开发的 U-Gas 和 KRW 气化炉未能较好解决排渣问题，在 KRW 气化炉的基础上改进成的 KBR 输运床气化炉有望在美国密西西比州冠军县项目中成功运用，HTW 和 KB&R 气化炉也都尚待发展。U-Gas 在技术上突破地采用了灰融聚技术，在炉底中心进入的氧气或空气形成局部高温区让灰渣中未反应的碳再次利用，煤灰形成灰球随气流排出。

德国莱茵褐煤公司的 HTW 气化采用的是温克勒炉的改善气化工艺，可适合高灰劣质煤，碳的转化率 96%。美国 U-Gas 气化炉，采用灰融聚技术，低温低压气化使炉子相对耐用，但存在结渣和回火等问题，由于结渣会引起回火现象，所以可以从煤质和炉内的温度控制方面改善结渣问题。U-Gas 基础上改进的 SES（褐煤工艺气化技术）气化系统，炉底采用两个灰渣冷却器排走较大颗粒灰渣，增两套旋风分离器回收利用较细灰粉以提高碳的转化率，投产初期存在粉尘污染、管线堵塞和运行周期短等问题，运行周期短主要是由前两者等原因造成，所以公司投产以后从煤仓的排放、煤的输送和气化炉结构 3 个方面改进以降低污染，改变排灰系统管子的结构来疏通排灰，改进后的炉子运行效果好多了。先进加压循环流化床技术一传输集成式气化（TRIG）是 KBR 公司根据其流化催化裂化（FCC）技术开发的，采用双混合器、双旋风分离器加速固体循环和气体流速，较高的热质传递速率以提高生产能力与碳的转化率，该炉正进行商业化推广。

中国科学院山西煤炭化学研究所以中心射流原理和灰融聚技术为基础，自主研发了灰熔聚流化床粉煤气化技术。该技术以碎煤为原料，所以煤种适应性较强，采用旋风分离器捕获再气化随煤气流走的细粉使碳的转化率达90%。

再者就是粗煤气净化系统：与常规火电厂相比，IGCC技术是将来自气化炉的煤气通过除尘、脱硫等净化后再送往燃气轮机以发电，降低了污染物的排放。常规电厂采用湿法脱硫装置（FGD），效率95%；IGCC电厂采用先进的煤气净化系统，目前脱硫效率98%~99%。煤气净化系统有两个工艺：除尘与脱硫，现有两种净化系统：常温湿法和高温干法。一般情况下，前者初次除尘采用旋风分离器回收部分飞灰再利用，用文丘里管除尘器再次除尘以脱去较细颗粒和飞尘，MDEA（N-甲基二乙醇胺）法脱硫，技术已成熟。后者的净化温度在500~600℃，是前者两倍多。采用高温除尘技术和高温干法脱硫技术还处于研发中。目前IGCC电站均采用常温湿法净化系统。

IGCC技术还有一个特点就是能实现CO_2捕获与封存（CCS），该技术是将进入燃气轮机前煤气中的CO在转化反应器中与水蒸气反应以生产富H_2再通往燃气轮机以达到洁净燃烧的目的，然后利用吸附、低温以及膜系统等技术捕获CO_2，再用地质封存、CO_2-EOR和CO_2-ECBM等技术将CO_2永久封存或再利用。

技术经济性评估是发展先进电站前期重要的研究内容，在国外经济性评价方法有美国电力研究所（EPRI）的TAG模型，美国能源部（DOES）的IGCCMODEL模型等。国内也有修正模型用于评估IGCC的技术经济性。

在DOE2007年洁净煤计划中评估了IGCC、亚临界煤粉燃烧（PC Sub）、超临界煤粉燃烧（PC Su-per）和天然气联合循环发电（NGCC）等技术，结果显示IGCC投资成本和发电成本的增加率最低。在其最后的报告结果显示，GE、E-Gas和Shell3种气化在有碳捕获时电功率总体成本平均为2496美元/kW，比无碳捕获平均增加了26.3%。与上面三种发电方式对比，IGCC技术CO_2减排成本最低，比最高的NGCC节约了53.8%的资金；有碳捕获时，IGCC电厂标准污染物排放最低，工厂总成本和电力成本都比较适中，分别为2496美元/kW和10.63美元/kW。

IGCC系统的设备投资和电价均较高但效率较好、成本追加少且有最佳的环保性能。所以加快CCS技术的研究、设备与材料国产化和低成本原料开发，仍是目前提高整体经济性的主要方向。

在气化技术、高温净化系统和燃气蒸汽联合发电技术等不断提高的同时，还应进一步完善整个系统的集成度，形成统一、高效的IGCC系统。并且，为满足化工生产多元化以及能量梯级利用的要求，提高系统的综合利用效率，形成热、电、气等多联产以及废料再利用将是IGCC技术今后的重要方向。

IGCC系统是集热力发电、节能环保和煤化工技术于一体的热能动力系统，所以要不断改进各关键设备并深入研究其匹配性能，提高IGCC电厂运行的整体可靠性。

为进一步提高效率、降低成本，气化设备应继续向大容量、高性能、低投资和燃料范围广等方面研发；随着工业技术和环境要求的提高，煤气净化应继续推进热效率高、投资低的高温干法煤气净化系统，争取尽快商业化。

3.8 化学链燃烧技术

化学链燃烧（Chemical Looping Combusting，简称 CLC）基本原理是将传统的燃料与空气直接接触反应的燃烧借助于载氧剂（OC）的作用分解为 2 个气固反应，燃料与空气无需接触，由载氧剂将空气中的氧传递到燃料中。

如图 3-17 所示，CLC 系统由氧化反应器、还原反应器和载氧剂组成。其中载氧剂由金属氧化物与载体组成，金属氧化物是真正参与反应传递氧的物质，而载体是用来承载金属氧化物并提高化学反应特性的物质。

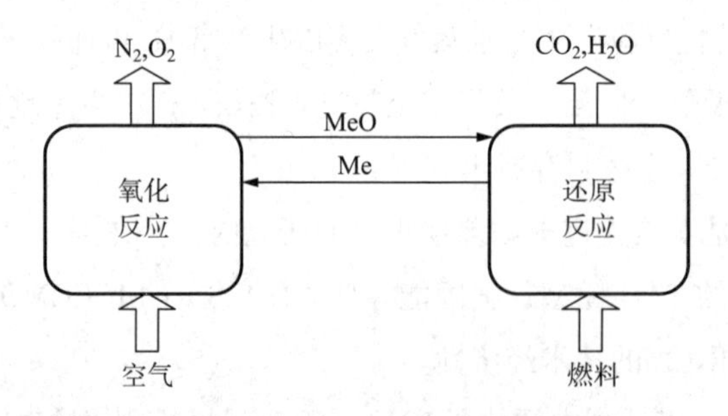

图 3-17　化学链燃烧示意图

金属氧化物（MeO）首先在还原反应器内进行还原反应，燃料（还原性气体，如 CH_4、H_2 等）与 MeO 中的氧反应生成 CO_2 和 H_2O，MeO 还原成 Me，见式（3-13）；然后，Me 送至氧化反应器，被空气中的氧气氧化，见式（3-14）。这两个反应的总反应与传统燃烧方式相同，见式（3-15）。

$$C_xH_y+\left(2x+\frac{y}{2}\right)MeO=xCO_2+\frac{y}{2}H_2O+\left(2x+\frac{y}{2}\right)Me-H_{red} \quad (3\text{-}16)$$

$$\left(2x+\frac{y}{2}\right)Me+\left(x+\frac{y}{4}\right)O_2=\left(2x+\frac{y}{2}\right)MeO+H_{ox} \quad (3\text{-}17)$$

$$C_xH_y+\left(x+\frac{y}{4}\right)O_2=xCO_2+\frac{y}{2}H_2O+H_c \quad (3\text{-}18)$$

还原反应和氧化反应的反应热总和等于总反应放出的燃烧热 H_c，也即传统燃烧中放出的热量。

但这种新的能量释放方法是新一代能源环境动力系统，它开拓了根除燃料型 NO_x 生成、控制热力型 NO_x 产生与回收 CO_2 的新途径。金属氧化物（MeO）与金属（Me）在两个反应之间循环使用，一方面分离空气中的氧，另一方面传递氧，这样，燃料从 MeO 获取氧，无需与空气接触，避免了被 N_2 稀释。燃料侧的气体生成物为高浓度的 CO_2 和水蒸气，用简单的物理方法，将排气冷却，使水蒸气冷凝为液态水，即可分离和回收 CO_2，燃烧分离一体化，不需要常规的 CO_2 分离装置，节省了大量能源。由于化学链燃烧中燃料与空气不直接接触，空气侧反应不产生燃料型 NO_x。另外，由于无火焰的气固反应温度远远低于常规的燃烧温度，因而可控制热力型 NO_x 的生成。由于燃烧中所利用的高品位能源为化学循环反应，因此，无需在燃烧、分离两个过程中大量耗能，分离和回收 CO_2 都不需要额外的能耗，即不降低系统效率，比采用尾气分离 CO_2 的燃气蒸汽联合循环电站效率高。

化学链燃烧作为一种新型的能源利用形式具有燃料高效转化、CO_2 内分离和产物低 NO_x 的特点，其研究主要分为 3 个发展阶段：最初的载氧剂的选择、测试与开发；第二阶段是化学链燃烧的小型固定床或流化床试验；第三个阶段，即目前的化学链燃烧反应器系统中试验证及系统分析。

（1）载氧剂

载氧剂在两个反应器之间循环使用，既传递了氧（从空气传递到还原性燃料中），又将氧化反应中生成的热量传递到还原反应器。因此它是制约整个化学链燃烧系统的关键因素。从反应过程看，化学链燃烧系统中起主导作用的是还原过程。同时，载氧剂一般都是循环使用的，其循环反应特性、抗积炭能力以及机械强度在化学链燃烧的应用中都是至关重要的。因此，制备或合成具有较高的反应能力、稳定的循环特性、抗积炭能力好和机械强度高的金属载氧剂一直是近年来化学链研究的重点。其研究重点主要集中在：

①提高载氧体的操作温度，选取环境性良好、无毒、廉价的载氧体以及对现有的载氧体制备方法的改进和创新，也成为今后化学链燃烧技术发展的重点与难点。

②寻找适合固体燃料煤的高性能载氧体。目前研究较多的为气体燃料（如天然气），然而从我国的能源结构来看，煤炭占主导地位，应大力发展煤的化学链燃烧技术，找到适合固体燃料的载氧体。

③寻求反应性能优良、价格低廉并且无二次污染的非金属载氧剂。

下面简要介绍两种常用的载氧剂。

a. 基于 $CaSO_4$ 煤化学链燃烧技术

整个装置（图 3-18）由循环流化床（空气反应器）、旋风分离器以及鼓泡流化床（燃料反应器）串联组成，循环流化床的床料为 CaS 颗粒，流化气体介质为空气，鼓泡流化床的床料为 $CaSO_4$ 催化剂颗粒，采用蒸汽流化。在循环流化床内 CaS 颗粒和空气进行氧化反应，生成 $CaSO_4$，即载氧反应：

$$CaS + 2O_2 \rightarrow CaSO_4 - 927.8MJ/kmol \qquad (3\text{-}19)$$

同时释放出大量的热量，高温 $CaSO_4$ 颗粒被气流携带进入旋风分离器，经旋风分离器分离进入鼓泡流化床内，既为鼓泡流化床内气化 - 还原反应提供热源，又为煤的氧化反应提供氧。

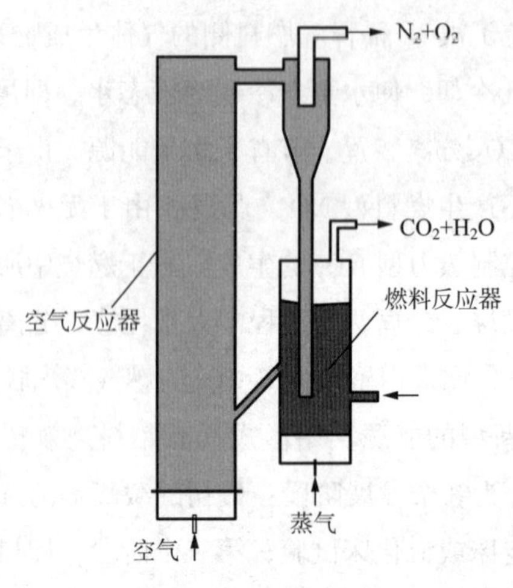

图 3-18　基于 $CaSO_4$ 串行流化床煤化学链燃烧示意图

煤和少量石灰石（$CaCO_3$）从鼓泡流化床下部进入床内，和经循环流化床生成高温的 CaS 颗粒剧烈混合，发生强烈的热量和质量交换，使得刚进入床内的煤粒瞬间加热到床内温度（900~950℃），发生热解、挥发分析出，进行高温水煤气反应。在常压条件下，鼓泡流化床内水煤气反应主要为：

$$C + H_2O \rightarrow CO + H_2 + 131.5MJ/kmol \tag{3-20}$$

$$CO + H_2O \rightarrow CO_2 + H_2 - 41.0MJ/kmol \tag{3-21}$$

在鼓泡流化床气化反应器内，床料为大量的 $CaSO_4$ 颗粒，水煤气产物（CO、H_2）同时与 $CaSO_4$ 进行还原反应：

$$CO_2 + 1/4CaSO_4 \rightarrow CO_2 + 1/4CaS - 48.1MJ/kmol \tag{3-22}$$

$$H_2 + 1/4CaSO_4 \rightarrow H_2O + 1/4CaS - 14.3MJ/kmol \tag{3-23}$$

气相反应产物为 CO_2 和 H_2O（气），凝结出水，得到高纯 CO_2，而 $CaSO_4$ 被还原成 CaS，返回循环流化床；在循环流化床内 CaS 和空气接触进行氧化反应，完成 $CaSO_4$ 的再生过程。

在还原态下，鼓泡流化床内煤中硫大部分以无机硫（H_2S）和有机硫（COS 和 CS_2）的形式转入煤气中，有机硫化物在高温条件下又几乎可以全部转化成 H_2S，因此水煤气中绝大部分的硫以 H_2S 形式存在。

钙基脱硫剂（$CaCO_3$）与煤粒一起进入鼓泡流化床反应器内，钙基脱硫剂与 H_2S 可能发生如下反应：

$$CaCO_3 \rightarrow CaO + CO_2 \tag{3-24}$$

$$CaO + H_2S \rightarrow CaS + H_2O \tag{3-25}$$

$$CaCO_3 + H_2S \rightarrow CaS + H_2O + CO_2 \tag{3-26}$$

如果鼓泡流化床燃料反应器内 CO_2 的分压低于 $CaCO_3$ 锻烧的平衡分压，进行反应（3–21）与反应（3–22）；反之，$CaCO_3$ 不会分解，钙基还原脱硫反应见式（3–23）。因此，煤中硫绝大部分与 $CaCO_3$ 反应，生产 CaS，然后进入循环流化床，进行氧化反应生成硫酸钙，转变为载氧剂。

从反应热效应上看，鼓泡流化床内煤气化反应是强吸热过程，载氧体（$CaSO_4$）还原反应是弱放热过程：调节循环流化床 $CaSO_4$ 颗粒循环倍率可改变从空气反应器带入燃料反应器热量大小，从而达到控制两个反应器内化学反应和系统温度。另外，$CaSO_4$ 在 1175℃以上的高温条件下会发生分解反应；因此循环流化床的温度控制在 1100℃左右较为适宜。煤灰既可从循环流化床排出，又可从鼓泡流化床排出。

b. 基于 Fe 基载氧体煤气化学链燃烧技术

由于 Fe 基载氧体具有反应速率高，耐高温以及其廉价性等特点，因此国内外许多学者对基于 Fe 基载氧体化学链燃烧进行了试验研究。文献[32]比较了 800~950℃下 Fe 基载氧体与天然气和煤气化合成气（50%CO+50%H_2）的化学链燃烧反应特性，认为 Fe 基载氧体具有优良的反应活性，合成气的转化率在 99% 以上，天然气中有少量 CH_4 未被转化。文献[32]研究了 Fe_2O_3 载氧体在 950℃下，以 CH_4 为燃料的化学链燃烧系统中的性能，表明该载氧体的还原速率很快，CH_4 转化率为 99%。Leion 和 Mattisson 等在小型流化床上对几种固体燃料化学链燃烧进行了研究，研究了 Fe 载氧体（$Fe_2O_3/MgAl_2O_4$、铁钛矿（$FeTiO_3$））的反应性能研究，反应参数对结果的影响，同时分析了载氧体对燃料气化的影响。目前，国内外对基于 Fe 基载氧体的化学链燃烧的研究主要集中在采用试验的方法测试载氧体的反应特性和燃料的转化率方面。由于 Fe 基载氧体载还原反应过程中，反应过程由许多步骤组成，在不同的反应条件下，还原反应的步骤并不相同，同时还原的产物也并不相同，因此，研究在不同的反应条件下，载氧体所经历的反应步骤以及还原产物的成分对研究 Fe 基载氧体化学链燃烧至关重要。

基于 Gibbs 自由能最小化原理，对 Fe_2O_3 载氧体化学链燃烧过程进行了热力学平衡分析，研究了载氧体与燃料的摩尔比，温度等因素对 Fe_2O_3 还原过程中各气固平衡组分的影响，总结了基于 Fe_2O_3 载氧体化学链燃烧的最佳反应条件，基于 Fe_2O_3 载氧体模拟煤气化学链燃烧，发生如下反应：

$$Fe_2O_3 + 1/3CO \rightarrow 2/3Fe_3O_4 + 1/3CO_2 - 40.425kJ/mol \tag{3–27}$$

$$Fe_2O_4 + 5/6CO \rightarrow 3.17Fe_{0.947}O + 5/6CO_2 + 23.058kJ/mol \tag{3–28}$$

$$Fe_{0.947}O + 0.0556CO \rightarrow 0.974FeO + 0.0556CO_2 - 14.058kJ/mol \tag{3–29}$$

$$FeO + CO \rightarrow Fe + CO_2 - 10.632kJ/mol \tag{3–30}$$

$$Fe_2O_3 + 1/3H_2 \rightarrow 2/3Fe_3O_4 + 1/3H_2O - 7.626kJ/mol \tag{3–31}$$

$$Fe_3O_4 + 5/6H_2 \rightarrow 3.17Fe_{0.947}O + 5/6H_2O + 55.857kJ/mol \tag{3–32}$$

$$Fe_{0.947}O + 0.0556H_2 \rightarrow 0.947FeO + 0.0556H_2O - 10.410kJ/mol \quad (3-33)$$

$$FeO + H_2 \rightarrow Fe + H_2O + 22.167kJ/mol \quad (3-34)$$

由于化学链燃烧过程是在温度较高，化学反应和传质都较快的体系下进行，其化学反应的过程主要是由平衡过程来控制的，反应过程为复杂的化学反应平衡过程，达到化学反应热力学平衡时的判断标准是体系的 Gibbs 自由能达到最小值。在实际计算的时候，利用 Gibbs 自由能函数最小化方法可以摆脱复杂化学反应的详细机理，从热力学中平衡的基本概念出发，运用数学中最优化算法对系统进行处理。运用此方法的依据是：对于给定压力和温度的由一定量元素构成的化学反应体系，在原子守恒和组分非负的约束条件下，当体系的自由能函数最小时，体系处于平衡状态。

（2）化学链燃烧反应器

化学链燃烧的连续运行数据首先由 Ishida 等于 2002 年发表，但其只进行了短期试验（< 300min），考察载氧体长期反应特性。瑞典 Lyngfelt 等近年来在化学链燃烧反应器系统上取得了较大的进展，提出将串行流化床用作化学链燃烧系统的反应器。Lyngfelt 等对串行流化床的流动特性进行了冷态试验结果表明，燃料反应器与空气反应器之间的气体泄漏特性是系统运行中比较严重的一个问题。气体泄漏问题的解决是串行流化床化学链燃烧系统的重点。Lyngfelt 等指出通过喷入水蒸气可以较好的解决该问题，两个反应器间的固体物料循环可以较好控制，并在世界上首次对化学链燃烧概念采用串行流化床反应器进行了中试验证。试验的成功证明化学链燃烧在具有较高效率，同时也验证了实现 CO_2 的内分离是完全可行的，这标志着化学链燃烧研究的重要进展。

目前，用到的反应器主要有如下几种：

①热功率为 10kW 的化学链燃烧装置（图 3-19）。此装置的优点主要是可以精确改变固体颗粒的循环流率，通过颗粒储存器和阀门实现了对流入燃料反应器中的颗粒流率的控制。

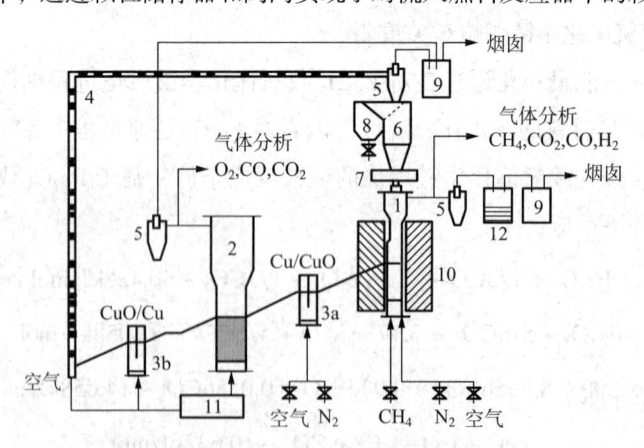

图 3-19 热功率为 10kW 的化学链燃烧装置

1—燃料反应器；2—空气反应器；3—密封回路；4—提升管；
5—旋风分离器；6—颗粒储存器；7—颗粒阀门；8—转向颗粒阀门；
9—过滤器；10—加热炉；11—空气预热器；12—冷凝器

②热功率 5~10kW 的化学链燃烧系统（图 3-20）。此系统采用了一个帽子形颗粒分离装置来分离从空气反应器出来的气流，该分离装置降低固体流的出口效应，从而可使回落到提升管的颗粒减少，固体流量增加，并且对于给定的固体流量可以减少压降损失。由于速度的降低，颗粒与壁面间的摩擦也会减小。另外，由于分离器的压降损失减小，鼓风机的功率也相应减小。这种设计的缺点就是颗粒的分离效果相对较差。

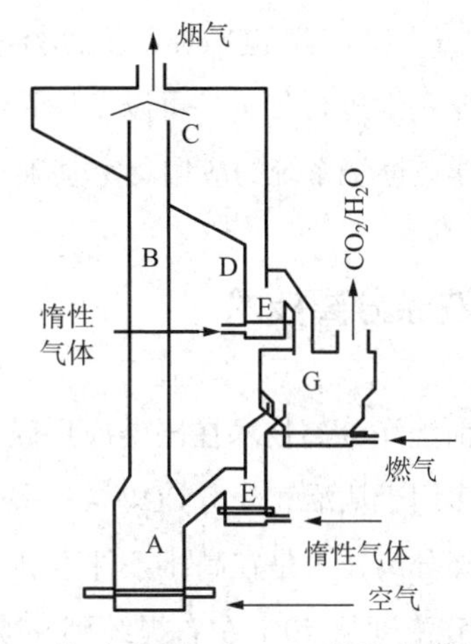

图 3-20 热功率为 5~10kW 的化学链燃烧系统

③化学链燃烧的循环流化床反应器（图 3-21）。在此反应器中，对载氧体 NiO 和 Fe_2O_3 进行了测试，其中还原区域和氧化区域都是鼓泡流化床区域，可以为载氧体提供充足的氧化和还原时间。

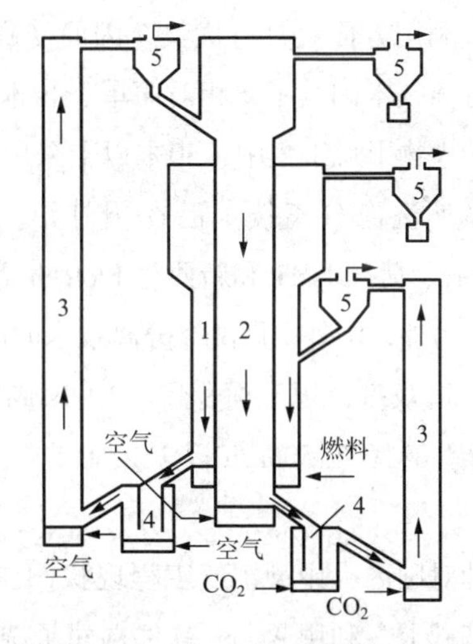

图 3-21 用于化学链燃烧的循环流化床反应器

1—还原区域；2—氧化区域；3—提升管；4—密封装置；5—旋风分离器

目前 10kW 的化学链燃烧装置能够成功满足该技术的连续运行，这说明化学链燃烧技术实现工业化应用的可行性，而接下来需要解决的问题就是反应装置的最优化设计、系统的长时间连续运行以及具体的工程设计和成本问题，载氧体在连续运行反应器中的长时间运行的化学性能和机械稳定性也须进一步确定。

（3）**化学链燃烧系统**

目前，国内外已经有许多学者开展了化学链燃烧系统设计与分析方面的研究，其中关于系统分析方面的研究主要有 3 个方向：①研究与不同的能源系统耦合的可行性，拓展化学链燃烧的应用范围。如，中国科学院金红光等利用化学链燃烧技术开拓出了第三代能源环境动力系统，该系统在高温段应用化学链燃烧技术，在中、低温段采用高效的空气湿化方法，把工程热力学和环境学有机结合起来，提出高效、低污染、新颖的化学链燃烧与空气湿化燃气轮机联合循环（CLSA），使热力系统的研究从热力循环的复合化走向学科领域的复合化。国外的 GE-EER 公司将化学链燃烧与传统的天然气、柴油、煤或生物质水蒸气重整制氢结合起来，从而有效地解决重整过程热量来源问题。②研究化学链燃烧本身的能量转换效率以及提高整体系统效率的途径。③对化学链燃烧系统进行能量分析。如采用

Grassmann 图对化学链燃烧系统进行分析，采用 Aspen Plus 对其进行仿真等。通过对系统的热力学特性进行分析，可以了解系统整体效率的提高及一些参数对系统效率的影响，为以后化学链燃烧系统的应用奠定基础。

3.9 洗涤分离技术

目前洗涤分离技术在国外应用较多，其主要原理是利用高压水和 CO_2 反应变成碳酸。该技术多用于从沼气分离 CO_2。

洗涤分离技术是在高压条件下利用 CO_2 和 H_2S 溶解于水、CH_4 不溶于水的特点，将沼气中 CH_4 浓度从 50% 左右提纯到 97%，成为生物甲烷，可用作管道燃气、车用燃料以及化工原料等。与沼气不提纯直接发电工艺相比，生物甲烷在碳减排、减少环境污染以及能量高效利用方面更具有优势，因而受到世界各国的重视。在目前发展的各种提纯工艺中，洗涤分离技术因其工艺相对简单、技术可靠，被认为是最成功的沼气提纯工艺。在欧洲所建立的生物甲烷工程中，30% 以上采用洗涤分离技术。

虽然洗涤分离技术已在国外沼气工程中广泛应用，但洗涤分离技术掌握在瑞典 Mamberg、荷兰 DMT 和新西兰 Flotech 等少数公司手中，关于洗涤分离技术研究的文献并不多见。另外，国外采用洗涤分离技术的沼气工程规模都较大，产气速率在 250~2000m^3/h。而我国人口众多，国土面积广，中小城市众多，适宜发展的沼气工程规模在 300~1000m^3，沼气产生速率在 50m^3/h 以下，如果要采用提纯技术获得生物甲烷，缺乏合适的洗涤分离技术。

针对国内大中型沼气工程现状，在选择可准确描述 CH_4–CO_2–H_2S–H_2O 性质的热力学模型基础上，利用 Aspen 软件构建了洗涤分离技术全工艺流程，对影响洗涤分离技术的各关键因素进行了初步探索。

沼气的主要成分为 CH_4 和 CO_2，同时含有微量的腐蚀性气体 H_2S 和惰性气体 N_2 等。为简化起见，以 CH_4–CO_2–H_2S 作为沼气成分。洗涤分离技术是利用沼气中各组分在水中溶解度的差异来进行分离的一种物理提纯技术。在常压下，沼气中各气体在水中的溶解度存在差异，但是溶解度都比较小。随着压力的增加，CO_2 和 H_2S 的溶解度显著提高，而 CH_4 的溶解度变化不大，从而实现沼气的提纯。因此，选取合适的热力学模型，准确描述高压下的热力学性质，是洗涤分离技术可靠与否的关键。[27,31] 对于 CH_4–CO_2–H_2S–H_2O 体系的气液相平衡，可以采取 $\phi-\phi$ 或 $\gamma-\phi$ 方法。在低压下，气相可以用理想气体状态方程进行描述，高压条件下则需要考虑用 RK 方程或者 PR 方程等进行校正。对于液相，CH_4 在水中的溶解以分子形式存在，CO_2 和 H_2S 则需要考虑其在水中的电离，因此发生如下平衡反应。

$$CO_2(g) \leftrightarrow CO_2(aq) \tag{3-35}$$

$$H_2O + CO_2(aq) \leftrightarrow HCO_3^- + H^+ \tag{3-36}$$

$$HCO_3^- \leftrightarrow CO_3^{2-} + H^+ \tag{3-37}$$

$$H_2S(g) \leftrightarrow H_2S(aq) \tag{3-38}$$

$$H_2S(aq) \leftrightarrow HS^- + H^+ \tag{3-39}$$

$$HS^- \leftrightarrow S^{2-} + H^+ \tag{3-40}$$

$$H_2O \leftrightarrow H^+ + OH^- \tag{3-41}$$

根据用水情况，洗涤分离技术分单程洗涤和水解吸再生两种工艺，单程水洗需要大量水，仅适用于水资源充沛的少数地方。水解吸再生工艺包括水吸收和再生过程。吸收塔中在高压下溶解了 CO_2 和 H_2S 的水先经过一个闪蒸塔减压，放出的气体与原料气混合重新进入水洗塔，以回收高压下溶解在水中的 CH_4，闪蒸塔底出来的水则进入解吸塔，在常压下解吸释放 CO_2 和 H_2S，为加快解吸速率，往往还需要通入空气进行气提。通过洗涤之后的沼气需要经过干燥去除含有的水蒸气，最终甲烷的纯度可以达到 97%。选用 RadFrac 单元操作模块来模拟吸收塔和解吸塔，在 Aspen plus 中构建的水洗工艺流程如图 3-22 所示。

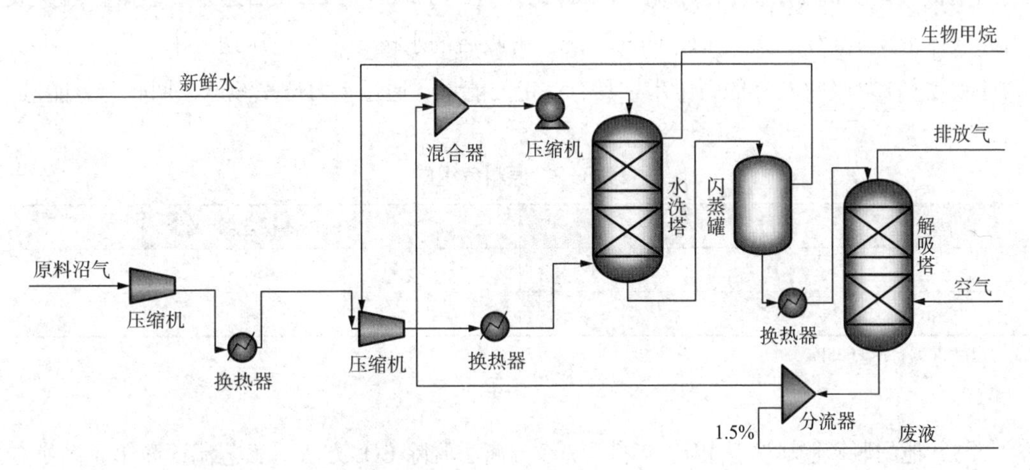

图 3-22　高压洗涤分离示意图

基本工艺参数：进料沼气体积组成为 CH_4 0.500、CO_2 0.499、H_2S 0.001；吸收压力为 0.8MPa，闪蒸压力为 0.3MPa，解吸压力为 0.1 MPa；补充水占总水量为 1.5%；空气通入量为 $134.4m^3/h$。

基于对 $50m^3/h$ 洗涤分离工艺的分析，我们进一步对工艺中的关键设备 - 吸收塔和解吸塔的设计参数进行了计算，结果见表 3-1，为下一步开展洗涤分离工艺试验奠定了理论基础。

表 3-1　沼气洗涤分离工艺吸收塔和解吸塔参数

沼气处理量 m^3/h	吸收塔（采用鲍尔环）		解吸塔（采用鲍尔环）	
	塔径 /m	填料高度 /m	塔径 /m	填料高度 /m
50	0.28	3.08	0.47	0.94

以某酒厂利用酒糟发酵制造的沼气脱碳为背景，具体介绍洗涤分离技术实例。某酒厂由于产量较高，每年产生大量副产品酒糟被掩埋，不仅造成资源浪费，而且对环境造成污染。为保护环境，提高效益，该酒厂利用酒糟发酵制造沼气，利用沼气制造 CNG。该酒厂公司购买沼气脱碳工程工艺包，委托中原设计院，采用洗涤分离技术脱除 CO_2，在国内属于首例，该项目获得了联合国绿色环保补贴。

该工艺流程为：原料气（表 3-2）先进入沼气储罐缓冲，然后进入沼气压缩机将气体压缩至 2.0MPa，进入吸水洗塔下部，与上部喷淋下来的冷却水逆流接触进行热质交换，吸收 CO_2 气体，直至满足工艺要求，达到符合要求的气体浓度，水洗塔塔顶出来的湿脱碳沼气，先进入天然气储罐，然后去后续的脱水系统。[29,32,33] 水洗塔塔底出来的吸收 CO_2 的水进行两级减压，一次减压到 0.6MPa 后进入一级解析塔，塔顶气中 CH_4 浓度较高，返回沼气储罐；一级解析塔塔底出来的溶有 CO_2 的水进一步减压到 2kPa 后进入二级解析塔，放出的气体主要是 CO_2，进入 CO_2 回收系统。解吸后的水再经水泵增压送入水洗塔进行再次循环吸收 CO_2。吸收 CO_2 的高压水，具有一定的能量，通过水力透平减压，回收部分能量。

表 3-2　原料气组成

组成	气体体积含量 /%
CH_4	62
CO_2	38

注：温度 30℃；压力 3kPa。

与其他的脱硫脱碳方法相比，采用洗涤分离法脱除 CO_2 方法，工艺流程简单，操作方便，且水价廉易得、无毒、易于再生，同时水对沼气中的各种组分均无化学反应，对设备腐蚀较小。

3.10　其他技术

3.10.1　盐碱土吸附技术

科学家们揭示了干旱区地下无机碳汇形成机制，发现盐碱土吸收 CO_2 的最终储藏地是地下咸水层，初步估计全球干旱区地下咸水中存在一个巨大的活动无机碳库，约 10000 亿吨，是陆地上除土壤、植物之外的第三个活动碳库。就其属性特征和形成特点看，这个无机碳汇库更接近海洋而非陆地上土壤、植物碳汇库。实测数据显示，沙漠下咸水的可溶性无机碳含量大于海水 2 倍。

基于这一科学发现而申报并获立项的“干旱区盐碱土碳过程与全球变化”项目，旨在进一步研究亚欧内陆干旱区盐碱土吸收与固定 CO_2 的机理，建立荒漠－绿洲复合体完整碳循环全新理论框架，重新认识干旱区碳循环在全球碳循环中的地位与作用，提出找寻全球迷失碳的新途径。目前，该项目已成为首批国家 973 计划“重要科学前沿领域”的欧盟合作项目，由中国科学家领衔，团队成员包括中国、德国、比利时的 58 名科学家。该团队目前已经证实了盐碱土对 CO_2 的真实吸收，在世界上第一次论证了盐碱土无机碳吸收的复杂性。盐碱土无机碳吸收既包括化学过程，也有物理过程和生物过程，并提出了定量计算公式。揭示了无机碳汇形成的载体和通道。碳通过绿洲区农田灌溉淋洗和荒漠区洪水以及地下水波动，被带入地下咸水，地下咸水层就是干旱区物质的最终归宿地。无机碳的载体是灌溉水，水接触盐碱土变为咸水，咸水溶解、携带大量 CO_2 渗入地下咸水层，从而形成碳汇。干旱区盐碱土的开发必然需要洗盐，而洗盐过程形成碳汇。从这个角度看，干旱区人类活动的加剧意味碳汇的加强，是对自然和环境的良性反馈。

从目前研究结果看，下一阶段研究内容如下。

（1）盐碱土无机碳吸收的过程与机理及其和水盐运移的关系。作为只发生在盐碱土上，而不发生在其他类型土壤上的独特无机吸收现象，其发生过程与机理必然和盐碱土的基本属性（含盐、碱性等）密切相关。而盐碱土的形成、演化是干旱区独特的自然条件下水盐运移的结果。因此目前首要的基础工作，是研究盐碱土的类型与分布规模、水盐运移与盐碱土的形成演化的关系、积盐区的形成与调控；以野外调查取样、控制实验、同位素示踪等手段，研究环境物理因素对盐碱土 CO_2 吸收的作用机制、盐碱土碳吸收的化学过程与机理、盐碱土类型和理化属性与碳吸收的关系，为估算全球盐碱土的无机吸收总量提供依据。

（2）干旱区有机碳循环过程、驱动机制及其与无机碳吸收的关系。任何陆地有机碳循环的第一个环节都是绿色植物的碳同化，干旱区也不例外。然而，干旱区恶劣的生存环境决定了这里的绿色植物独特的、使其自身碳同化效率最大化的生理生态机制。由此，需要首先研究各类植物及其所构成的植被高校碳同化的实现途径，包括其对各类胁迫因子的响应与适应机制，以及由于这种响应与适应造成的个体与群落尺度上地上 / 地下生物量（有机碳储存）配比的变化；在此基础上，研究地下有机碳的形成、各组分间转化、存储与消耗过程，包括地下有机碳的形成过程与时空动态特征、地下有机碳各组分的动态及其转化机制、地下有机碳的消耗及其与盐碱土无机碳的吸收的关系。

（3）亚欧内陆干旱区碳循环过程及其在全球碳循环中的作用。上述两项内容是从过程与机制上破解干旱区碳循环的全过程，但局限于有代表性地点的局地尺度。为确认亚欧内陆干旱区在全球碳循环中的地位和作用，需要对上述研究结果进行尺度扩展。为此，需要建立盐碱土有机与无机碳循环过程的多尺度遥感转换方法，进行区域尺度盐碱土碳循环过程的多尺度模拟，研究区域尺度有机与无机碳循环过程的多尺度模拟、相互作用与耦合；利用构建的区域尺度干旱区生态系统过程和碳循环过程DLEM模型，分析亚欧内陆干旱区碳循环过程及其对气候变化和人类活动的响应，评价碳的源汇效应；结合未来气候变化情景，模拟和评估亚欧内陆干旱地区有机和无机碳变化的趋势；确定过去、现在和将来亚欧内陆干旱区碳循环在全球碳循环中的地位和作用。

通过与欧盟科学家在欧亚内陆干旱区碳循环合作研究，相信可使我国尽快进入国际碳循环研究前沿。

3.10.2 超音速分离技术

超音速分离器由荷兰Groningen气田总工程师Willink将其应用到气体分离领域以来，由于具有结构简单紧凑、无转动部件、可靠性高、无化学添加剂、投资和维护费用低等优点，得到了国内外学者的广泛关注。CO_2超音速分离技术是综合了流体力学、热力学、空气动力学等多种学科领域内技术来对CO_2进行分离的一种新兴技术。

超音速分离器的主要结构有超音速喷管、旋流器、分离器和扩压管等。根据旋流器相对于超音速喷管的位置，超音速旋流分离器可分为前置式和后置式两种结构。两种结构的分离器工作原理基本相同。以后置式超音速分离器为例，对其工作原理作简要介绍。在超音速分离器中，待处理的CO_2进入超音速喷管后发生绝热膨胀，使得气体由亚音速状态加速到超音速状态，此阶段内，CO_2的压力和温度迅速下降，在低压和低温的环境中，CO_2中的水蒸气和天然气等产生液滴成核现象，液滴以液核为中心开始生长，形成气体和凝析液的混合流体。气液两相流在通过旋流器后，流体获得切向加速度，流体速度的方向发生改变。由于气液之间的质量差，产生的巨大离心力将冷凝出来的小液滴甩到管内壁上并形成一层水膜，再通过管壁内与同轴的扩压器形成的圆环槽排出。凝析液和部分气体由圆环槽进入分离器，完成了气液分离的过程。CO_2进入扩压器后速度逐渐降低，压力逐渐升至进口压力的70%~80%。[30,34,35]

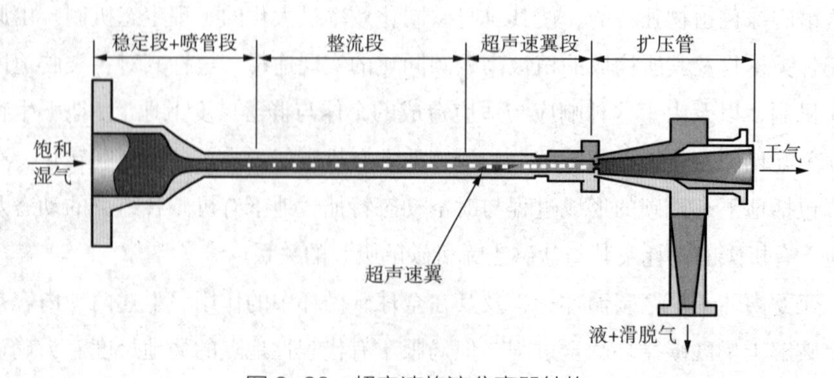

图3-23　超音速旋流分离器结构

CO_2 超音速分离技术的工业应用前景十分广阔，分离技术的实现更多要依赖于设备的制造精度，分离过程因为全部是物理变化，没有添加任何化工原料，所以对环境不会产生污染。原始气体携带的能量可以满足分离装置的能耗，因此在节能方面也有积极意义。但是，由于其过程的复杂性，理论研究还不成熟，限制了该技术实现大规模的工业化应用。[28] 目前考量超音速分离器的分离性能需要大量的数值模拟或实验测试，很难便捷地确定超音速分离器的最佳设计方案。为了加快推动其工业化的应用进程，亟待完善和深入研究的相关工作主要包括：① CO_2 超音速分离器结构简单紧凑，但是各个部件的结构优劣对其冷凝和分离性能影响较大。解决超音速喷管的收缩段曲线和扩张段曲线的匹配、旋流器的结构优化设计与安装位置等问题，有助于气体凝结和提高气液分离效率。② CO_2 超音速分离处理时，CO_2 的压力一般为几兆帕到几十兆帕。目前国内研究主要集中在低压实验，尽管能对高压 CO_2 的分离机理研究起到验证作用，但是用于解释高压 CO_2 的超音速凝结分离的机理会有一定的误差。开展符合 CO_2 实际操作工况的高压实验，有助于探究 CO_2 分离的凝结和分离机理。

3.10.3　空气分离技术

空气分离技术也被称作低温精馏技术，其本质上属于一种气体液化技术，利用混合气体中各组分沸点的不同，通过连续多次的部分蒸发和部分冷凝来分离混合气体中各组分。

空气分离法的应用流程可简单概括为："气体压缩→冷却→气体液化→精馏塔板气、液接触→质、热交换→ CO_2 组分从混合气体中冷凝成液体→其他组分转入蒸汽→ CO_2 分离"。具体的工艺流程如下。

（1）混合气体的过滤和压缩

采用自洁式混合气体吸入过滤器进行混合气体的过滤，混合气体中的灰尘与其他颗粒物将由此被过滤掉，过滤后的混合气体将进入空压机进行多级压缩，并最终被送入空冷塔。

（2）混合气体的预冷和纯化

在经过空冷塔的冷却后，混合气体将被送入分子筛吸附器，这一环节用于去除混合气体中的碳氢化合物、水分，由此即可获得用于后续生产的纯化 CO_2。

（3）CO_2 精馏

在经过分子筛吸附器的处理后，纯化 CO_2 将被分为两部分，其中一部分将经过污氮换热器冷却并直接送入下塔，另一部分则需要进行进一步压缩后通过后冷却器进行冷却，随后方可被送入下塔，同时增压机的末级 CO_2 需依次经过主换热器、液体膨胀机处理方可被送入下塔。进入下塔的纯化 CO_2 会与回流液体发生接触，下塔顶部冷凝蒸发器将负责碳氢化合物的冷凝，液态 CO_2 则会在这一环节逐渐蒸发。其中下塔的回流液主要由液态碳氢化合物组成，其余的液态碳氢化合物则会通过过冷器作为产品送出，经过主换热器重新复热的碳氢化合物则能够作为产品送出。上塔底部将产生液态 CO_2，由此抽出液态 CO_2 并使用

液态 CO_2 泵压缩、主换热器热交换，即可得到压力较高的 CO_2，同时部分液态 CO_2 也将直接送出冷箱外作为产品。

空气分离技术具备制 CO_2 纯度高、生产规模大的优势。但空气分离技术也存在设备复杂、维修性差、不适合中小规模制备、占地面积大、投资大且成本高、安全操作技术要求严格等缺点，这些同样不容忽视。

参考文献

[1] 方梦祥 . 烟气中 CO_2 化学吸收法脱除技术分析与进展 [A]// 中华环保联合会能源环境专业委员会 . 二氧化碳减排控制技术与资源化利用研讨会论文集 [C]. 中华环保联合会能源环境专业委员会 : 北京晟勋炎国际会议服务中心 ,2009:9.

[2] 谷海强 . 低温甲醇洗脱除 CO_2 工艺流程研究 [J]. 山西化工 ,2018,38(04):96–97, 103.

[3] 朱艳艳 , 郭雷 , 孙晓英 , 等 . 不同脱碳工艺的选择 [J]. 现代化工 ,2015,35(02):125–128.

[4] 焦庆玲 . 天然气净化脱酸技术探索 [J]. 产业与科技论坛 ,2017,16(09):96–98.

[5] 张文林 , 陈瑶 , 高展艳 , 等 . 功能化碱性离子液体在吸收 CO_2 领域的研究进展 [J]. 现代化工 ,2017,37(02):41–45, 47.

[6] 闻霞 . 固定床吸附器中 CO_2 脱除的研究 [J]. 山西煤化所科技产出 ,2009.

[7] 张从阳 , 李万斌 , 苏鹏程 , 等 . CO_2 膜分离技术研究进展 [J]. 广东化工 , 2015, 42(12): 73–74.

[8] 曹映玉 , 杨恩翠 , 王文举 . 二氧化碳膜分离技术 [J]. 精细石油化工 , 2015, 32(1): 53–60.

[9] 王东亮 , 王学松 . 二氧化碳膜分离技术及其进展 [J]. 现代化工 , 1988, 8(6): 17–22.

[10] 王学松 . 二氧化碳膜分离技术及其开发现状 [J]. 化学世界 , 1992, 33(1): 1–7.

[11] 张云飞 , 田蒙奎 , 许奎 . 我国膜分离技术的发展现状 [J]. 现代化工 , 2017, 37(4): 6–10.

[12] 侯进鹏 , 张秋艳 , 徐壮 , 等 . 用于 CO_2 分离的混合基质膜中填充剂的研究进展 [J]. 化学通报 , 2018, 81(5): 402–408.

[13] 高洁 , 郭斌 , 周建斌 . 膜法分离二氧化碳研究现状及发展趋势 [J]. 河北化工 , 2006, 29(10): 8–10.

[14] 杨明芬 . 膜吸收法和化学吸收法脱除电厂烟气中二氧化碳的试验研究 [D]. 杭州 : 浙江大学 , 2005.

[15] 吴志坚 , 吴宏 . 气体分离陶瓷膜研究进展 [J]. 材料导报 , 1999, 13(5): 34–35.

[16] 韩中合 , 肖坤玉 , 赵豫晋 , 等 . MEA 法与冷冻氨法脱碳工艺对比分析 [J]. 华北电力大学学报 : 自然科学版 , 2016, 43(4): 87–93.

[17] 王川 . 氨法电厂烟气二氧化碳吸收工艺的模拟与实验研究 [D]. 北京 : 北京化工大学 , 2012.

[18] 任德刚 . 冷冻氨法捕集 CO_2 技术及工程应用 [J]. 电力建设 , 2009 (11): 56–59.

[19] 鹿雯 . 二氧化碳捕集技术进展研究 [J]. 环境科学与管理 , 2017 (4): 84–88.

[20] 吴黎明 , 潘卫国 , 郭瑞堂 , 等 . 富氧燃烧技术的研究进展与分析 [J]. 锅炉技术 , 2011, 42(1): 36–38.

[21] 马莉娜 , 邓志友 , 龙建锋 . 富氧燃烧技术研究现状及发展 [J]. 时代农机 , 2015 (12): 35–36.

[22] 黄强 , 张立麒 , 周栋 , 等 . 富氧燃烧烟气压缩净化的研究进展 [J]. 化工进展 , 2018, 37(3): 1152–1160.

[23] 李延兵 , 廖海燕 , 张金升 , 等 . 基于富氧燃烧的燃煤碳减排技术发展探讨 [J]. 神华科技 , 2012, 10(2): 87–91.

[24] 王俊 , 李延兵 , 廖海燕 , 等 . 浅谈国外煤粉富氧燃烧技术发展 [J]. 华北电力技术 , 2014 (8): 56–61.

[25] 韩涛 , 赵瑞 , 张帅 , 等 . 燃煤电厂二氧化碳捕集技术研究及应用 [J]. 煤炭工程 , 2017, 49(05): 24–28.

[26] 郑楚光 , 赵永椿 , 郭欣 . 中国富氧燃烧技术研发进展 [J]. 中国电机工程学报 , 2014, 34(23): 3856–3864.

[27] 马士魁 , 胡万鹏 . 沼气同时脱硫脱碳过程模拟 [J]. 安徽农业科学 , 2012, 40(25): 12594.

[28]Okimoto F, Brouwer JM. Supersonic gas conditioning[J]. World Oil, 2002, 223(8): 89–91.

[29] 徐文渊 , 蒋长安 . 天然气利用手册 [M]. 北京 : 中国石化出版社 , 2006.

[30]Karimi A, Abdi MA. Selective dehydration of high–pressure natural gas using supersonic nozzles[J]. Chemical Engineering & Processing Process Intensification, 2009, 48(1): 560–568.

[31] 周孟津 , 张榕林 . 沼气实用技术 [M]. 北京 : 化学工业出版社 , 2009.

[32]Abad A,Mattisson T,Lyngfelt A,etal.The use of iron NiO as an oxygen carrier in chemical–looping combustion[J].Fuel,2006,85(5–6):736–747.

[33] 周一宁 . 沼气脱碳脱水方法研究 [D]. 中国石油大学 (北京), 2011.

[34]Liu Hengwei, Liu Zhongliang, Feng Yongxun, Gu Keyu, Yan Tingmin. Characteristic of a supersonic swirling dehydration system of natural gas[J]. Chinese Journal of Chemical Engineering, 2005, 13(1): 9–12.

[35]Cao Xuewen, Yang Wen. Numerical simulation of binary–gas condensation characteristics in supersonic nozzles[J]. Journal of Natural Gas Science & Engineering, 2015, 25: 197–206.

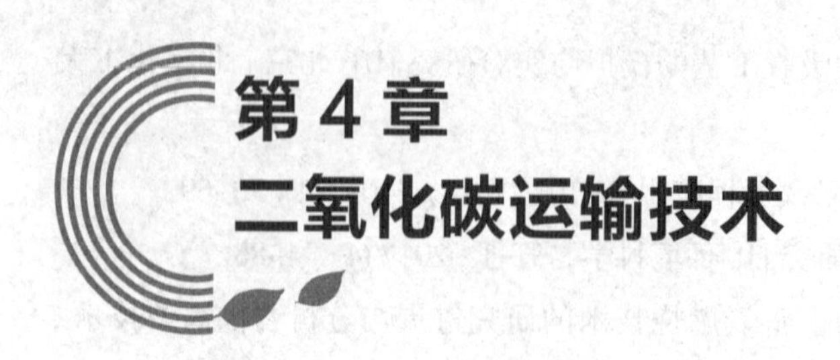

第4章 二氧化碳运输技术

CO_2的运输是实现CCUS技术的重要一环。该环节将捕获到的CO_2运输到封存地点。因此CO_2的运输对于整个CCUS安全、成功运行至关重要。CO_2陆路车载运输和内陆船舶运输技术已成熟，主要应用于规模10万吨/年以下的CO_2输送，成本分别约为1.10元/(t·km)。CO_2海底管道输送技术在国内尚处于概念研究阶段。CO_2陆地管输技术是最应用潜力和经济性的技术，目前输送成本低于1.0元/(t·km)。我国已完成100万吨/年输送能力的管道项目初步设计，具备大规模管道设计能力，正在制定相关设计规范。

由于CO_2的输运与天然气的输运有相似之处，因此可以借鉴天然气的输运方式。目前CO_2输运的主要方式有管道运输、罐车运输和船舶运输。其中罐车运输又可分为公路罐车运输和铁路罐车运输。[17]

4.1 管道运输技术

自从20世纪70年代早期，提高原油采收率工业中就已经开始使用管道输送纯CO_2。1972年，CanyonReefCarriers(CRC)公司建成第一条CO_2管道并投产，以便将天然CO_2输送到美国德克萨斯州SACROC油田。现存最长的CO_2管道为808km的Cortez管道(API5LX-65碳钢，NPS30(外径762mm)，从科罗拉多州Cortez输送天然CO_2到德克萨斯州丹佛市，输送能力为2000万吨/年。

通过管道运输CO_2是一个系统工程，牵扯到诸如地质条件、地理位置、公共安全等问题。由于管道运输具有连续、稳定、经济、环保等多方面的优点，而且技术成熟，对于类似CCS这样需要长距离运输大量CO_2的系统来说，管道运输被认为是最经济的陆地运输方式。目前，国际上现有的CCS系统也都把管道运输作为首选。

管道可以输送任意相态的CO_2，还可根据管道所处地理位置、输送距离和公众安全等问题选择最合适的输送状态[4]。相比其他输送方式，管道运输的优点：①可靠性高，可以持续不断的输送CO_2；②运输量大，花费低；③受自然环境约束最小，还可采取将运输管道埋于地下，因此不影响地上资源的利用。CO_2 管道的输送分为气相、密相，液相以及超临界相态输送，由于输送介质的相态不同，其输送工艺也有一定的差别。

4.1.1　管道输送现状

①国外输送现状

目前，管道进行长距离、大规模的二氧化碳运输在国外已经获得应用，且国外正在积极进行 CCS 技术的研发及相应工程项目的建设，CO_2 管道的总长度及总输量迅速增长。世界上约有 7000km 的二氧化碳管道，其总输量达到 150Mt/ 年，其中大部分二氧化碳输送管道位于美国，其余分布于加拿大、挪威和土耳其。由于超临界输送和密相输送具有较好的经济优势，二氧化碳运行管理经验较为丰富，因此均采用超临界或密相输送方式。

世界主要 CO_2 长输管道相关数据见表 4-1。管道输送过程中，由上游端的压缩机提供驱动力，部分还配置中途增压站。典型的做法是将二氧化碳增压至 8~8.8MPa 以上，以超临界态或密相运输提升二氧化碳的密度进行安全输送，对于长距离大输量二氧化碳输送，该方法是首选途径。

随着国外 CO_2-EOR 技术的推广应用，配套的二氧化碳管道正在持续增长中，例如 Pogo Producing 公司建造了 146km 的二氧化碳输送管道用于 CO_2-EOR，俄罗斯与法国合建了一条 304km 的液态二氧化碳输送管道。[1] 在奥巴马经济刺激计划的推动下，美国已启动多个 CO_2-EOR 项目，一条耗资 5 亿美元年输送数百万吨 CO_2 从北达科他州羚羊谷到加拿大萨斯喀彻省的管道 2012 年已经建成。美国北达科他州气化公司“Weyburn CO_2 强化采油项目”，该公司生产甲烷的副产品是 CO_2，通过管道运输用于在加拿大 Weyburn 油田注入地层帮助开采石油。

典型管道的主要设计情况：

（1）Sheep Mountain 管道

Sheep Mountain 管道是第一个大规模的 CO_2 管道输送系统，1983 年建成。管道长 656km。最先建造的 296km 管道的管外径是 20in，后期建造的 360km 管外径为 24in。20in 管道的设计流量是 $6.3t\times10^6$/ 月，24in 管道的设计流量是 920 万吨 / 年。该管道从 Sheep Mountain 开始一直延伸到 Seminole。在 Bravo Dome 由于管道中接入了新的 CO_2，因此将管径增大。在 Bravo Dome 除了注入站还有清管器的收发装置。管道的入口压力 83~97MPa。起点的海拔高度 2500m，终点海拔高度 900m。在实际中意味着在注入时需要泄压以避免管道的超压。因此不需要增压站，在 Gladstone 建有一座减压站。除了 Bravo Dome，还包括其他 5 座清管器的收发站。

管线钢使用的是 API Grade 5LX-70，最大壁厚 19.1mm，可承受的最高压力为 195bara。钢材选择的依据是它的高冲击韧性，可抵抗裂缝的扩展。为解决这一问题，在管道沿线还布置了裂缝捕集器。管道外涂层是 2.4mm 厚的玻璃纤维强化煤焦油磁漆。

表 4-1　世界主要 CO_2 长输管道相关数据

管道	管道地点	运行者	CO_2 输量 /（10^6t/ 月）	长度 /km	管径 /in	CO_2 来源
Cortez	美国	Kinder Morgan	19.3	808	30	McElmo Dome
Sheep Mountain	美国	BP 美国石油公司	9.5	660	20~24	Sheep Mountain
Bravo	美国	BP 美国石油公司	7.3	350	20	Bravo Dome
Canyon Reef Carriers	美国	Kinder Morgan	5.2	225	16	气化厂
Val Verde	美国	Petrosource	2.5	130		Val Verde 气体厂
Bati Raman	土耳其	土耳其石油	1.1	90		Dodan 油田
Weyburn	美国和加拿大	美国北达科他州气化公司	5	328	12~14	气化厂
NEJD	美国	Denbury Resources	—	295	20	—
Transpetco Bravo	美国	Transpetco	3.3	193	12.75	
Snøhvit	挪威	StatoilHydro	0.7	153	8	
West Texas	美国	Trinity	1.9	204	8~12	
Este	美国	Exxon Mobil	4.8	191	12~14	
Central Basin	美国	Kinder Morgan	11.5		16~26	
SACROC	美国		4.2	354	16	
In Salah	阿尔及利亚			14		
Reconcavo	巴西			183		
Lacq	法国			27	8~12	
Barendrecht	荷兰			20	14	

干线上共有 21 个截止阀将整个管道分为较短的管段（19~32km）。为了进行放空，在截止阀的两端各有一根 8in 的立管。每对截止阀立管以 6in 旁通相连接，通过平衡压力辅助主截止阀的关闭。阀芯使用不锈钢或在内表面涂镍镀层。法兰使用 ANSI1500。所有的法兰连接采用不锈钢或石棉缠绕式垫片。

气体组分的纯度为 95%~98%。摩尔组分：96.8% CO_2、0.9% N_2、1.7% CH_4 和 0.6% C_{2^+}。CO_2 来自于 Sheep Mountain 的天然气藏。

表4-2 主要工艺参数及设计参数

管长	656km	运行压力	83~195 bara
管径	20in（296km）、24in（360km）	截止阀间距	19~32 km
壁厚	最大 19.1mm	外涂层	2.4mm 玻璃纤维强化煤焦油磁漆
输量	6.3×10^6t/月（20in、9.2×10^6t/月（24in）	允许含水量	500×10^{-6}
增压/减压站	需要减压站	裂缝捕集器	需要
管材	API Grade 5LX-70	计量	涡轮流量计、插入式密度计
法兰盘	ANSI1500	控制	SCADA 系统

（2）Cortez pipeline

Cortez 管道将 CO_2 从 McElmo Dome 天然气藏输送到 Wasson 油田。808km 长、30”的管道从 Cortez 站场开始，途经 2 个计量站、3 个减压站和 1 个泵站到达终点 Denver City 计量站。输量为 28MSm^3/d（19.3×10^6t/月）。管道设计输送压力 96~186bara，最高温度 43℃。管道材料为 API-5LX-65。由于管道不具有足够的断裂韧性，不能终止韧性扩展断裂，因此安装了裂缝捕集环。这些捕集环为 17.5mm 厚、32in 的线管，材料与管材相同，使用环氧树脂与管道粘合，安装间距 300m。由于高差引起压力的变化，管道壁厚选取了 17.5~25.4mm 间的 5 个不同等级。

流体组分为：CO_2 最低纯度 95%、N_2 极限值 4%（摩尔分数）、烃类极限值 5%（摩尔分数）、H_2S 极限值 4%（摩尔分数）、最大允许含水量 257×10^{-6}（质量分数）。

表4-3 主要工艺参数及设计参数

管长	808km	运行压力	96~186bara（最高温度 43℃）
管径	30in	N_2 限制	4%（摩尔分数）
壁厚	17.5~25.4mm	烃类限制	5%（摩尔分数）
输量	19.3×10^6t/月	允许含水量	257×10^{-6}（质量分数）
增压/减压站	3 个减压站、1 个增压站、2 个计量站	H_2S 限制	0.002%（摩尔分数）
管材	API-5LX-65	裂缝捕集器	需要、间距 300m

②国内输送现状

虽然国外二氧化碳管道输送已具有一定规模，但我国目前尚无二氧化碳长输管道。与发达国家相比，我国输送技术差距在 CO_2 管网规划与优化设计方面、压缩机性能方面、管道安全监控等方面。结合我国实际提出的 CCUS 技术研究目前还处于起步阶段，国内科研机构和高校学者们对二氧化碳利用环节主要集中在驱油上，在二氧化碳输送方面，主要研究管道厚度、直径、材料、运行温度、压力、二氧化碳性质、管道腐蚀机理等。[8,9] 国内已见报道的仅有个别油田利用自身距二氧化碳气源点较近的优势，采用气态或液态管道将二氧化碳输送至注入井井厂，达到提高油田采收率的目的，如华东局建有二氧化碳集气管道总长 52km，总产量为 40 万吨 / 年；吉林油田建设了长约 8km 的二氧化碳气相输送管道；此外，大庆油田在萨南东部过渡带进行的 CO_2-EOR 先导性试验中建设了 6.5km 的二氧化碳输送管道，用于将大庆炼油厂加氢车间的副产品二氧化碳输送至试验场地。胜利油田建设正理庄油田高 89 块二氧化碳采集处理工程一期设计规模 4 万吨 / 年，二期设计规模 8.7 万吨 / 年，管道长度 20km，采用气相输送，设计压力 6.3MPa，管径为 *DN*150，该项目 2012 年 11 月投产，目前已安全稳定运行 6 年。

4.1.2 二氧化碳特性研究

二氧化碳管道运输和天然气以及石油的输送系统基本相同，主要包括管道、加压站和一些辅助设备。二氧化碳可以通过液态、气态以及超临界态进行输送，因为其临界参数相对比较低。气态二氧化碳输送过程中最佳流态在阻力平方区，而超临界和液态在水力光滑区。另外，当管道内压力高于 8MPa 的时候，二氧化碳的输送率更高，这样便可以在输送同等量的情况下有效降低管径，这主要是因为二氧化碳在高温下黏度小，密度大。除此之外，其对杂质要求也不高，而且管线无需保温，所以超临界输送模式被广泛应用于实际工程当中。而且这种输送模式还可以很好的保障管道末端的压力强度，从而无需利用任何压缩机便可以使得二氧化碳直接注入地层。在具体选用过程当中，还应该充分结合工程项目中二氧化碳的气源，注入以及封存场所等各方面的实际情况来定。

①纯二氧化碳的物理性质

二氧化碳相对分子质量比空气重 1/2，而且气体密度也比空气大，这种特性会在一定程度上影响其在空气中的扩散速度。在常压常温下，二氧化碳呈气态。和其他一些气体相比较而言，二氧化碳的物理性质更为复杂，纯二氧化碳的三相点为 0.518MPa、-56.6℃，这一特性决定了其气态、液态以及固态的共存点。[7] 当温度和压力达到一定程度的时候，二氧化碳便会呈固态，也就是常说的干冰。

②二氧化碳相态特性

要实现对二氧化碳液态的有效输送就需要对其相态特征进行充分的研究，纯二氧化碳的临界温度为 31.4℃、临界压力为 7.38MPa、三相点压力为 0.52MPa 由此可以看出当温度超过 31.4℃时，压力超出 7.385MPa 的时候，二氧化碳便会处于超临界气体形态，分子的形态会出现和液态一样的紧密的状况，密度相对比较大，但是与气态二氧化碳一样流动，所以适合管道输送。[13]

③二氧化碳的腐蚀性

处于干燥状态的二氧化碳不具有腐蚀性，但是当其溶于水之后便会对部分金属材料具有非常强的腐蚀性，当气体中掺杂了 H_2S 气体之后腐蚀性会更加严重，由此便会引起非常严重的二氧化碳腐蚀现象。在相同 pH 值下，二氧化碳的腐蚀性甚至比盐酸还要高。在具体的应用过程中，工业领域大都通过添加一定量的缓蚀剂来减轻二氧化碳对金属材料的腐蚀。

④杂质对二氧化碳性质的影响

采用管道输送的二氧化碳主要来自煤场、电厂以及化工企业所排放的尾气、二氧化碳含量非常高的天然气、还有大自然所蕴藏的二氧化碳，在这些二氧化碳气体当中或多或少都会含有一定量的 N_2、CH_4，或者是 H_2 等一些杂质成分。[10] 与纯二氧化碳相比较而言，含有杂质的二氧化碳在管道输送的过程当中会发生一定的变化，包括临界温度、临界压力、三相点、水溶性、密度、毒性以及黏度等各种性质的变化，所以在设计过程中一定要对杂质对二氧化碳流体物理性质的影响进行充分的考虑。

4.1.3　二氧化碳管道输送状态

二氧化碳有较低的临界温度和压力，其输送中主要有气相、液相、密相和超临界四种相态。考虑到单相输送比多相输送产生的摩阻小、产生阻塞的可能小、设备便于选型等，因此输送过程中采用单相输送。对于长距离二氧化碳那管道输送时，与油气管道相似，二氧化碳也需要通过压缩机或者泵来提高压力来满足单相输送的目的，下面重点对其工艺进行介绍。

①气态输送

输送过程中 CO_2 在管道内保持气相状态，通过压缩机压缩升高输送压力，管道是否敷设保温层需要通过热力核算确定。对于电厂 CO_2，在对 CO_2 气体增压时，压力不可过高，以免超过其临界压力，进入超临界态。[2] 例如美国的 SACROC 二氧化碳输送管道，在设计的备选方案中规定，气相管道的最高运行压力不得超过 4.8MPa。

②液相输送

输送过程中 CO_2 在管道内保持液相或密相状态，通过泵送升高输送压力以克服沿程摩阻与地形高差，管道是否敷设保温层需要通过热力核算确定。但是要注意输送过程中不能发生相变，否则会造成管道输送过程中的气堵现象，对管道输送造成严重影响。为了保护增压泵，必须保证在 CO_2 进入之前，保证 CO_2 已转化为液态。同时在泵送增压后，需要考虑是否设置换热器以冷却 CO_2 保证在输送过程中不发生相变。[4] 液相 CO_2 管道输送工艺见图 4-1。

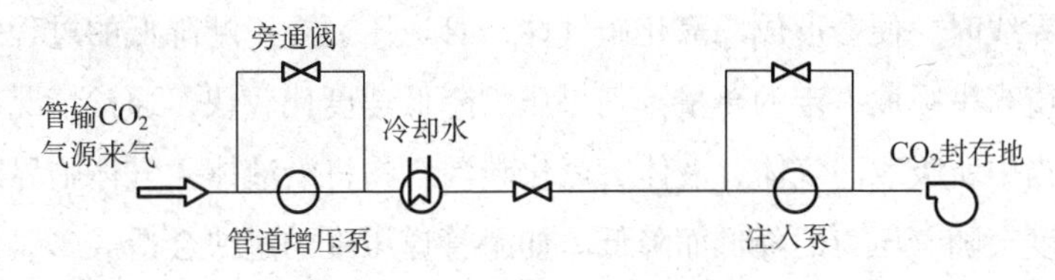

图 4-1　液相 CO_2 管道输送工艺

③密相输送

当输送温度略低于超临界输送而保持压力区间不变时，管道输送方式进入密相输送，要保证管道输送沿线流体一直处于密相状态，需使输送压力高于临界压力，而输送温度不能过高，入口温度的选择主要根据 CO_2 液化流程的出口温度来确定。密相输送的沿线管道压降低于超临界输送和液相输送，而投资略低于超临界输送、远低于气相输送和液相输送，适宜在人口稀少的地方输送，国内计划建设的 CO_2 管道多数为短距离注入管道，密相输送的工艺适用性相对较好。

④超临界输送

输送过程中 CO_2 在管道内保持超临界状态（输送起点的温度、压力均高于临界值），通过压缩机压缩升高输送压力，管道无需保温。在输送过程中二氧化碳会随着地温的变化逐渐变成密相，因此中间增压站需要根据二氧化碳密度选择合适的增压设备。[5] CO_2 超临界输送工艺见图 4-2。

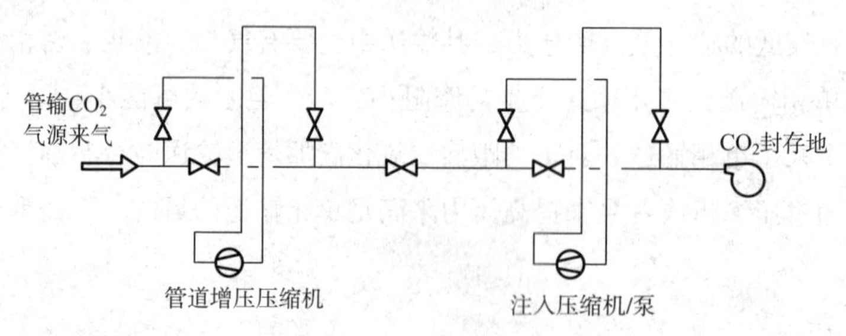

图 4-2 CO_2 超临界输送工艺

二氧化碳输送工艺主要包括管道沿程压降计算，最优管径选择，沿线增压方式及间距确定。工艺系统每一个因素是相互依托、相互制约的，如增加管径可以降低沿管道的压降，从而减少动力设施的数量和输入功率，减少运行成本，但管道初投资会随着管径增大而增加，所以必须进行经济比选，选择最优组合方案。美国 SACROC 公司测试结果表明，超临界输送相对于气态输送而言，在成本上要节约近 20%。

4.1.4 二氧化碳管道流动保障

二氧化碳在输送的过程中，由于管输介质和外界环境之间不断地进行热交换，所以在运输过程中管道温度和压力都会有所降低，这便造成二氧化碳逐渐从临界状态向掖态转变，但是仍然一直保持为单相。如果在输送过程中管道受到一定的破坏而导致降压，当压力降到一个临界线时，便会形成二氧化碳气体，管道压力在不断降低的过程中会从二氧化碳或者周围环境当中吸取一定的热量。如果压力降低速度比较快，通常情况下热量都是从二氧化碳本身当中所吸取。气体、液体二氧化碳混合物将沿液体 - 气体临界线变化，这一现象说明了温度会随着压力的降低而降低。如果管道压降的过快会造成二氧化碳形成固体状态，其会在一定程度上影响二氧化碳管道的再次启动。在对企业流动性保障研究工作当中需要注意以下几个问题：首先，流动压力和流动温度对流动能力的影响；其次，高于临界压力的密相输送；再次，引起管道潜在堵塞水合物的形成；另外，为了更好地满足管道对气体的输送，需要基于稳态条件开展管道热绝缘设计。

相关研究表明，管道在被破坏或者关闭状况下，温度变化比较明显，所以瞬态分析工作是不可避免的，但一直也没有取得很好的研究成果。在具体的研究过程当中，可以结合热传导方程和流体流量守恒方程对管道内二氧化碳温度来促进反应的进行，还可以通过改变浓度。不过，改变浓度在化学平衡常数不变的情况下可行，但化学反应温度发生变化会让化学平衡常数发生变化。温度对反应的速率与进行程度有一定的影响，对于不同的反应，温度的影响程度与方向也不尽相同。对于吸热反应，一般会升高温度，使反应尽可能向反应生成的方向进行。反之，若是放热反应，就尽量降温，以提高产物的产率。一般在实验室不会进行这种操作，但是在化工生产过程中，温度对产率的影响不容忽视。所以在工业生产中，一般都会采取相应的措施来配合化学反应对吸、放热，让其向生成反应物的方向进行。一般除了安装加热炉外，还可以在必要位置安装换热器，将不利于得到产物的热量收集起来，供给有利于产物生成的吸热反应，这样不仅能提高产率，还能节约能源，保护环境。因此，换热器的换热效率也就显得越来越重要，可以通过采用导热性好的材料或者优化换热结构来进行优化，这将是未来化工生产优化的重点方向。

4.1.5　杂质对二氧化碳管道输送的影响

管道是连接捕集点与驱油封存点的关键装置，国外运行的 CO_2 管道经验表明：输送含杂质的 CO_2 比输送纯 CO_2 更为复杂，这是因为杂质的存在会对整个 CO_2 流的相态变化、管道输送工艺、管道输送能力、管道的裂纹扩展及管道的腐蚀与保护等各个方面产生不同程度的影响。

①管道输送对含杂质的 CO_2 品质的要求

适用于含杂质的 CO_2 状态方程：

状态方程可以确定含杂质的 CO_2 的物理性质以及含杂质的 CO_2 的相态图。目前常被用来预测 CO_2 相图的状态方程：Penh-Rohinson 方程、Soave-Redlich-kwong 方程、Benedict-Wehh-Ruhin-Starling 方程和 GERG-2008 方程等。但由于杂质含量和杂质种类的不同使得 CO_2 状态方程的选择更加困难，所以关于适用于管道输送 CO_2 的状态方程尚未达成共识，目前用于模拟含杂质的 CO_2 的状态方程，都是基于公开发表的文献中可用的实验数据来进行评估，以及国外相关文献推荐使用的，综合得出的结论为：在条件为 $7MPa < p < 15MPa$，$-3.15℃ < T < 96.85℃$时，在所有状态方程中，PR 方程的准确性比其他状态方程要高，且目前较多用于含杂质的 CO_2 物理性质的计算，但是尽管如此，在计算过程中，状态方程还是要利用实验数据进行调整，从而评估其计算上的不确定性。

杂质对 CO_2 相态图及输送工艺的影响：

杂质的存在会改变CO_2流气体的相态特征，进而影响管道的输送工艺。纯CO_2的临界点为T=31.4℃，p=7.38MPa，具有较低的临界点。可见由于杂质的存在使得CO_2的临界点发生移动，且一般的变化规律为随着杂质数量的增加临界压力升高，临界温度降低；含杂质的CO_2的相态图中出现一个两相区，这就影响着管道的操作范围和输送方式；国外CO_2管道的成功应用实例表明超临界CO_2具有良好的流动特性与传输特性，在输送过程中有较高的输送效率，所以超临界CO_2输送方式被认为是最佳的输送方式。但是杂质的存在改变了CO_2的临界点，这就意味着输送含杂质的CO_2比输送纯CO_2需要更高的压力且输送过程中要避免两相流的出现。

杂质对CO_2管道输送输送能力的影响：

杂质的存在还会影响管道的输送能力，在输送途中会消耗额外的压缩功，随着杂质含量的增加，管道的输送能力会降低。目前已经有研究显示，例如在同一输送条件下，与输送纯CO_2相比，若气流中CH_4物质的量分数分别为5%和10%时，管道的输送能力分别降低9.4%和16%，若气流中存在5%的N_2，管道的输送能力会降低12.6%，这是因为杂质的存在降低了管道输送的可用体积，对管道的输送能力有着明显的影响。

在管道输送CO_2之前，要确定CO_2流中的杂质的种类及含量，这样才能确定相应的操作条件。

②管道输送对含水量的要求

自由水的存在对输送管道的影响主要体现在以下两个方面：a. 腐蚀的发生——CO_2会在碳钢与水之间引发电化学反应，对管道和设备造成腐蚀，腐蚀速率高；b.CO_2水合物的生成——生成水合物对管道造成堵塞，甚至会损坏设备。所以在CO_2进入管道系统前，必须要对CO_2进行脱水处理。

在超临界状态下，水在纯CO_2的溶解限度为0.0026kg/m^3，而且目前已经确定的是若含水量低于60%饱和度（即0.0015kg/m^3），就不会发生碳钢腐蚀，对于超临界CO_2，水的溶解度随着压力和温度的升高显著增加。而对水合物的担心主要是从流动保障方面考虑的，管道中水合物的形成可能会引起管道堵塞和流量减少，并堵塞管道系统和配件，造成安全事故；另外，如果气体中的水没有脱除干净，在管道重启时很容易生成水合物。

为了确保避免腐蚀的发生，国外现运行的CO_2管道所规定的含水量都远低于60%的饱和限度，且美国规定的最普遍的CO_2管道的含水量为480mg/m^3，这些管道的运行均安全，所以在我国CO_2输送管道设计中也要尽可能的满足这一点。

含杂质的CO_2品质的不同还会影响泵和压缩机等设备的设计，这是因为泵和压缩机的确定是根据管道中CO_2流的组分确定的；如NO_x、CO、H_2S、SO_x等的毒性较强，这类杂质的存在增加了管道泄漏所带来的风险；杂质的存在还会影响管道基础设施的使用，综上所述，对适合我国CCUS的含杂质的CO_2品质指标的研究是多方面的，在实施CCUS项目前，一定要对CO_2流进行净化处理，以确保CO_2的品质满足各个环节的要求。

4.1.6　CCUS 管道输送 CO_2 气源纯度要求

目前对于 CCUS 管道输送 CO_2 体没有标准的组分要求，但是 CO_2 体来源、捕集方式、管道输送要求以及提高原油采收率要求共同制约着管道输送 CO_2 的纯度要求。

由于来源不同，管输 CO_2 流体中常会含有不同类型的杂质，常见的杂质有：N_2、H_2、O_2、CH_4、H_2S 和 Ar 等。杂质的存在对管道的输送和安全运行会产生不利影响，主要体现在两个方面：一是杂质的存在会改变两相区的形成边界条件，为避免两相流动和游离水生成及可能导致的水合物形成和腐蚀问题，需要更高的管道操作压力；二是杂质会占据管道空间并影响 CO_2 压缩性，因此导致管道输送能力的降低。为提高管道输送效率及安全性，需要对杂质的含量进行限制。其中，影响管道运行安全最主要的因素仍是游离水生成造成的影响，因此本章节主要对 CO_2 溶解水特性进行研究，同时考虑其他杂质的影响并提出推荐的管输 CO_2 流体气质组分要求。管道运输系统中 CO_2 混合物的组分要求目前国际上还没有公认的统一标准，表 4-4 为不同组分的对管输造成的影响。[11]

表 4-4　CO_2 流中不同组分的主要问题

组分	健康和安全	管道容积	水溶解度	水合物形成	材料	疲劳	断裂	腐蚀	运营	备注
CO_2	●	●		●	●	●	●	●	●	不可燃，无色，低浓度无味，低毒性，比空气密度大
H_2O				●	●	●	●	●	●	无毒
N_2		●								无毒
O_2								●		无毒
H_2S	●	●			●	●	●	●		易燃，气味浓烈，低浓度时剧毒
H_2		●					●			可燃，管道运行条件下不可压缩
SO_2	●							●		不可燃，气味浓烈
CO	●									不可燃，有毒
CH_4+		●							●	无味，可燃
胺类	●									潜在的职业危险
乙二醇	●							●		潜在的职业危险

对于管道输送含杂质的 CO_2 各类杂质都存在一个最低值。通过分析各个因素对 CO_2 体质量的要求，以及综合国外目前成功运行的 CO_2 道的 CO_2 分特点，综合国外管道输送 CO_2 分以及 CO_2-EOR 的资料调研如表 4-5 所示的 CCUS 管道输送的 CO_2 指标。

表 4-5 胜利油田 CCUS 管道输送 CO_2 气源指标

组分	物质的量分数	限制条件
CO_2	≥ 95%	CO_2 与石油相混合
H_2O	＜ 0.05%	低于 CO_2 在水中的溶解极限
CO	＜ 0.2%	健康和安全
H_2S	＜ 0.02%	健康和安全
O_2	＜ 0.01%	EOR 范围限制
CH_4	＜ 2%	CO_2-EOR 注入压力
不凝气	＜ 4%	影响管道容量
SO_x	＜ 0.01%	健康和安全
NO_x	＜ 0.01%	健康和安全

成功运营的 CCUS 技术显示，CCUS 没有真正不可克服的困难，对含杂质的 CO_2 品质的研究要结合 CO_2 排放的特点、CO_2-EOR 的工艺要求以及管道输送 CO_2 对杂质含量的要求：

① CO_2 捕集要结合燃煤电厂、水泥炉窑、钢铁厂、煤化工等 CO_2 气源的特点，选用先进技术和低能耗工艺；

②含杂质的 CO_2 的品质决定驱油的效率，对含杂质的 CO_2 的品质的研究要结合实际的驱油工艺；

③ CO_2 流进入整个管道系统一定要做好脱水和除杂工作，并在管道入口处要严格控制和监测 CO_2 中的含水量，将含水量尽可能控制在 400mg/m^3 以下；杂质影响着 CO_2 的临界点、管道输送工艺及输送性能，所以要严格控制杂质的含量并在输送中对其进行监测；

④研究含杂质的 CO_2 管道输送技术要结合国外 40 年的 CO_2 管道输送经验以及我国丰富的天然气、原油管道经验，综合制定出适合我国大规模含杂质的 CO_2 输送管道的标准；

⑤高压、大排量含杂质的 CO_2 的捕集、输送、注入、分离回注、存储、CO_2 检测、监测、防腐等技术和设备需要试验研究和优化组合；

⑥要随着实验成功和工业化应用的发展，政府和相关企业要适时考虑含杂质的 CO_2 输送管道的规划与建设。

4.1.7 二氧化碳管道输送安全控制技术

（1）水击

水击是管道运行中一项严重危害，保证管道生产安全，应建立多级别、系统性综合防护措施。根据水击危害级别分别制定了出站调节阀保护调节、进出站超高泄压、压力超高联锁顺序停泵、压力超低联锁顺序停泵、压力开关紧急停泵等保护措施，实现成品油管道的安全、平稳运行。

管道的密闭输送程使管道全线成为一个水力系统，管道流体的流量突变→流速突变→由于流动的惯性造成压强大幅波动→流体的压缩性和管道的弹性使波动在管道中以很快的速度往返传播，从而会使管路发生强烈振动并伴有噪声，这种现象称为管道的水击现象。管道产生瞬变流动，流量变化量越大，变化时间越短，产生的瞬变压力波动越剧烈。[3]

管道产生水击主要是由于管道系统事故引起的流量变化造成的，引起管道流量突然变化的因素很多，基本上可分为 2 类：一类是有计划的，包括调整输量、油品交替输送或切换流程，由于过程可控且流量变化慢，一般不会对管道造成破坏；另一类是事故引起的流量变化，如泵站突然停泵、机泵故障停泵、进出站阀门或干线截断阀门故障关闭、调节阀动作失灵误关闭等原因，往往容易造成大的流量突变，而形成水击破坏管道。

管道中由于管道阀门突然关闭或打开，运行泵突然甩泵，截断阀室误操作等原因，导致管道流体速度瞬时发生剧烈变化，管道压力显著波动的现象，称为水击。水击波的压力计算：输油管道内油品流速发生突然变化时（干线阀门突然关闭、停泵、管道破裂），管道的压力会跟着发生变化。比如站场进站截断阀突然关闭，会导致下游站的进站压力迅速下降，下游站输油泵超低连锁停泵，而上游站出站压力会突然升高，有可能导致出站泄压阀泄压，顺序逻辑停泵等。

水击保护措施及应用：

管道运行要安全，也要经济平稳。针对一般、严重两级水击危害，CO_2 管线根据水击危害级别分别制定了出站调节阀保护调节、进出站压力超高自动泄压、压力超高联锁顺序停泵、压力超低联锁顺序停泵、压力开关紧急停泵多项保护措施。①自动泄压保护。成品油输送过程中总会产生进 / 出站压力超高的现象，会导致管道不能平稳运行，严重的会出现各种运行事故。因此，CO_2 输送管道各泵站及末站都设有进出站自动泄压阀，当站场的进 / 出站压力高于设定标准值时，进 / 出站低压 / 高压泄压阀开启，将油品泄进泄压罐，使站场进 / 出站压力下降至设定值以下，当进 / 出站压力恢复到正常时，泄压阀自动关闭。②逻辑停泵保护。为了保护管道及站内设备，防止水击波对 CO_2 管道及站内设备的损坏，管道运行参数超限时就要停泵。管道建立初，对于不同的工况，建立相应的顺序停泵逻辑，尽量保证管道在瞬变过程中平稳过渡。③出站调节阀保护调节。CO_2 输送管道在各泵站都设有出站调节阀，当判定有水击波即将要到达本站时，可通过调节出站调节阀来抵消水击波，保持站内压力平稳，保护站内设备不受到高压力冲击。

（2）管道泄漏

CO_2 管道在服役中，在受到恶劣外部环境的侵蚀以及内部 CO_2 对管道的腐蚀作用下，可能会出现泄漏情况；除此之外，管道在制作安装过程中，也不可避免会使产生凹痕、裂纹等缺陷。腐蚀缺陷以及裂纹缺陷在 CO_2 管道高内压等交变应力的影响下，会逐渐产生扩展，最终引起管道的泄露甚至断裂破坏，这些破坏往往都是无预兆的，一旦发生，产生的危害将会非常的大。因此 CO_2 管道的腐蚀疲劳问题值得重点关注。通过检测服役中的

CO_2管道，对已发生的疲劳问题合理的做出评估，这一过程有着重要的理论意义以及使用价值。

为保障管道安全运行和将泄漏事故造成的危害减少到最小，需要研究泄漏检测技术以获得更高的泄漏检测灵敏度和更准确的泄漏点定位精度。管道泄漏检测是多领域、跨学科的课题，涉及到管道流体力学、热力学、传感技术、微弱信号检测、信号处理等多个学科。[12]

内压是管道承受的最主要的荷载，在管道运行期间，内压是随时间变化的，从而造成管道产生交变应力，管道中的裂纹缺陷在交变应力作用下缓慢扩展，当达到裂纹临界长度时，管道就会发生突然性的脆性断裂破坏，破坏前毫无征兆，具有较大的危害性。目前针对管道疲劳失效研究的基本方法主要是根据材料力学中描述疲劳应力幅与循环次数之间关系的 *S–N* 曲线以及断裂力学中反映疲劳裂纹扩展速率与应力强度因子幅之间关系的 Paris 公式，通过疲劳试验和有限元分析，来研究金属管材的腐蚀疲劳破坏灾变过程。

（3）放空

在CO_2管道服役过程中，为防止管道出现超压事故，通常需要对CO_2管道进行人为放空。由于管输的压力通常在 10MPa 以上，直接放空到大气压时产生巨大压差，由于节流效应的作用会在放空口处产生巨大温降，CO_2的温度会低于三相点温度（–56℃），从而形成干冰，堵塞管道，造成一系列危害。[15]国内外对CO_2管道放空的研究尚不多见。与天然气管道相比，超临界CO_2管道放空时的降压可能导致管道内的低温，甚至形成干冰对管道及设备造成损伤，危害管道安全。针对超临界CO_2放空过程可能出现的潜在风险，研究表明：超临界CO_2管道放空时管道沿线上各点之间的压力、温度变化差异不大；CO_2首先由超临界相变为气相，然后沿着气液相平衡线或气固相平衡线进行，管内温度降到一定值后逐步回升至管道埋地温度；放空管的直径对超临界CO_2管道放空过程的总时间、放空速率、最大温降以及是否生成干冰有直接影响；放空管高度对放空过程管内参数变化几乎无影响。

从安全角度来说，CO_2放空时扩散到大气会产生噪声。CO_2的降压通常经过垂直的放空立管，CO_2很快喷射到空气中。然而，由于CO_2比空气重，扩散云会沉降，因此就有高浓度下窒息的危险。此外，如果听力保护措施不当，CO_2放空导致的较高的噪声也可能影响听力。从管道完整性的角度来说，和天然气不同，由于CO_2的临界态（7.38MPa，31℃）和三相点压力、温度（0.53MPa，–56℃）较高，降压时会引起相变，因此要控制降压的速度。若降压过快，CO_2到达三相点后会导致干冰的形成以及流动阻塞，而且使钢管变得易碎。[6]中石化节能环保工程科技有限公司、中石化石油工程设计有限公司联合中国石油大学（华东）提出了多级节流放空技术，有效解决了这个难题。

CO_2放空站设计与天然气放空系统设计的不同之处在于，需要考虑泄放过程可能存在的潜在危险，如干冰堵塞以及冻伤。在设计放空系统时，应充分考虑在放空阀下游由CO_2

形成导致低温的可能。如果确实有可能形成干冰，那么放空系统的设计应该尽量减少发生堵塞的可能性。

DNVRP–J202《CO_2 管道设计和运行手册》推荐放空站的设计和位置应保证放空对于职业健康和潜在安全后果的影响限定在允许范围之内，应考虑 CO_2 固体颗粒堵塞和低温冻伤的可能性。为了保证安全，参考 US DOT CFR 规范在管道沿线一般每隔最大 15km 设置截止阀和放空站，以防止管道破裂或者自然灾害，可以关闭截止阀，进行维修，充满或放空该管段。主管线上的阀门需要等间距安装，具体间距需要根据各种因素进行综合风险评估确定，这些因素包括泄压操作过程，泄压点附近居民的数量等。这可以有效防止管道完整性遭受破坏，而且可以使每段管道独立，减少释放到环境的总气体量。

放空站适用电动—液压传动的截止阀。这种截止阀在动力系统出现故障时也可以保证阀门的开启和关闭。电动液压驱动应安置在绝热的盒子里，以保护电子元件和液压用油不会受到由于管道破裂时的超低温（–60℃）的影响。截流装置应使得管道在两端大压差的情况下依然可以开启或者关闭。所有埋地管道的选材宜为密闭式聚乙烯热绝缘和保温材料。

放空站既可以是永久的也可以是临时的。最低要求是建有一个可以为整条管线泄压的永久放空站。一般建议：每个放空站都应该能为两个截止阀之间的流体放空，同时能够考虑到管道的完整性和 CO_2 释放相关的其他安全问题。

CO_2 管道的放空过程如图 4–3 所示。

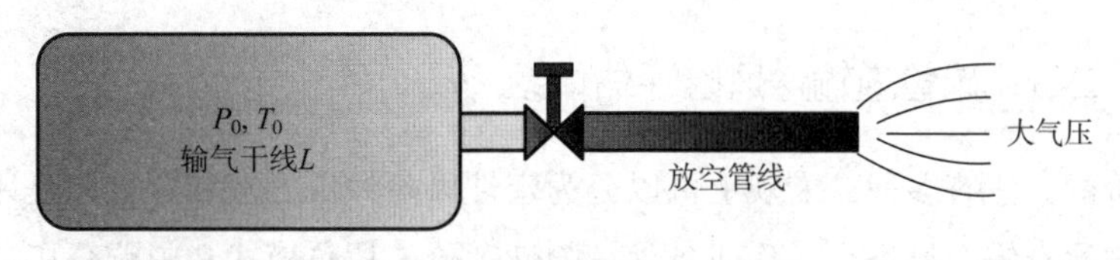

图 4–3　CO_2 管道放空示意图

在 CO_2 管道放空过程中有两个冷却效应。第一个冷却效应是焦耳 – 汤姆逊节流效应，出现在减压元件处，例如阀门或孔口。由于系统没有背压，压力降低到大气压只需一步，因此释放的二氧化碳的温度和它的大气中的沸点相同，大约在 78.4℃左右。阀门或孔口也会冷却到这个温度，所以减压过程中干冰就会生成。第二个冷却效应发生在管道内，这是由于固定容积内的质量损失。管道内产生了绝热膨胀使温度降低。此外，当压力降到了临界压力下产生蒸汽时，蒸发热使管道进一步降温。此外，如果温度过低，管道内部生成干冰可能也是很危险的，除了它的低温可能破坏管道材料以及引起管道堵塞外，在重新启动时还可能会造成管道超压。这是由于固体干冰的密度大约在 1400~1600kg/m^3，是气体的 1000 倍。如果管道再启动得过快，进来的热量使干冰蒸发。进料一接触到干冰，它就迅速升华，管内压力急剧上升，并可能造成管道破裂。

通过对临界 CO_2 放空过程开展了多级节流放空试验研究，分析了管道内部水力热力变化，并研究了放空管设计对管道内部流动参数的影响，得到以下结论：

①对在超临界 CO_2 放空过程中，整个管道沿线的温度和压力变化并无较大差异；超临界 CO_2 放空时首先从超临界相变为气相，若生成液相则沿着气液相平衡线继续泄放；若产生干冰则沿着气固相平衡线继续泄放；当压力降到一定值后，温度不再随压力继续下降，逐渐升至管道埋地温度。

②在不改变其他条件的前提下，对放空管直径的合理设计可以使放空时间以及管道内部温降达到一个平衡点，从而达到能够较快泄放 CO_2 又不产生干冰堵塞以及管道低温损伤的最佳目的。

③放空管高度对超临界 CO_2 管道放空过程中管道内部的流动参数几乎无影响。放空管的高度应结合管外扩散模拟和实际安全区域进行估算。

CO_2 管道放空时首先应控制输气干线内流体的压力温度变化，保证干线内不会因为快速降压引起流体迅速膨胀或蒸发导致管内剧烈降温，以致生成干冰对管材和管道仪表造成低温损伤；其次，应控制连接大气的放空管线内的温度变化，防止流体以大压差流经放空阀时，生成干冰堵塞放空管线，并引发危险事故。放空管的直径对管道放空过程的总时间、放空速率、最大温降以及是否生成干冰有直接影响。放空管直径越大，放空时间越短，管道内部温度下降越大，生成干冰的可能性越大。而放空管的高度对放空过程管道内部的变化几乎无影响，对于放空管高度的设计应主要依据 CO_2 释放到环境后的浓度范围和安全范围进行设计。

4.1.8 二氧化碳管道输送风险评估体系

风险评价的方法有多种，宏观上可以分为定性风险评价方法和定量风险评价方法。定性风险评价方法有安全检查表、作业条件危险性评价、故障模式和影响分析、危险及可操作性分析、事故树分析、事件树分析等方法。定性风险评价主要特点是过程简单、容易理解和掌握，但是其主观性较强，对于复杂系统，由于不能量化风险程度，难以得到令人信服的评价结果。定量风险评价方法目前有伤害范围评价法、危险指数评价法、概率风险评价法等方法。定量风险评价方法是在大量试验结果和事故统计分析的基础上，建立相关的数学模型，对系统的风险进行定量计算。定量风险评价是一种更科学、客观的评价方法，基于定量风险评价的风险管理方法已经成为许多国家广泛采用的安全管理方法。本文所用的定量风险评价方法，以伤害范围评价法和概率风险评价法为基础，是一种对于人员伤害风险进行综合评价的方法。

事故后果分析方面，CO_2 管道事故主要有喷射火焰、蒸气云爆炸、有限空间爆炸和闪火四种可能的类型。因为 CO_2 的浮力作用，其在地面形成持续蒸气云而发生闪火的可能性非常低。由于敞开空间的蒸气云爆炸冲击波较小，事故的破坏性较小，因此在天然气管道事故中，能产生较严重后果的主要是喷射火焰和有限空间爆炸，其中喷射火焰热辐射的危害半径远大于爆炸冲击波的危害半径。在事故后果分析中可以只考虑最严重的一种情况，即喷射火焰的热辐射作用。因事故引起的人员死亡的概率为：

$$P = \frac{1}{\sqrt{2\pi}} \int_{-\infty}^{P_r - 5} \exp(-\frac{s^2}{2}) ds \tag{4-1}$$

式中　P——死亡概率；

P_r——伤害概率。

因热辐射引起的人员伤害概率：

$$P_r = -14.9 + 2.56 \ln(\frac{tI^{4/3}}{10^4}) \tag{4-2}$$

式中　t——暴露时间，s；

I——辐射热流量，J/（$m^2 \cdot s$）。

根据 APIRP521，火源产生的辐射热流量：

$$I = \frac{\eta \tau_\alpha Q H_\zeta}{4\pi r^2} \tag{4-3}$$

式中　η——辐射热占总释放热的比例，甲烷取 0.2；

τ_α——大气的透射率，一般取 1；

Q——气体释放速率，kg/s；

H_ζ——气体燃烧热，天然气为 5×10^7J/kg；

r——距火焰的距离，m。

将式（4–3）代入式（4–2）可得到：

$$P_r = 16.61 + 3.4 \ln\left(\frac{Q}{r^2}\right) \tag{4-4}$$

气体释放速率：

$$Q = 1.783 \times 10^{-3} A_p \alpha_i p_0 \times \max\left[\frac{0.3}{\sqrt{1 + 4.196 \times 10^{-3} \alpha_i^2 L/d}}\right] \tag{4-5}$$

式中　A——管道横截面积，m^2；

α_i——无量钢孔洞尺寸（孔洞面积 / 管道横截面积）；

p_0——管道内气体操作压力，N/m^2；

L——从气体泄漏点到供气站的距离，m；

d——管道直径，m。

从风险分析角度考虑，风险可以用个人风险和社会风险两个指标来衡量。个人风险是指事故发生时造成在管道附近任意给定地点上人员死亡的可能性。个人风险主要取决于危险点的地理位置，与人员是否存在于该点无关。对于多人受到伤害的可能性，可以用社会风险来描述。

（1）个人风险

管道附近的个人风险可表示：

$$\mathrm{IR}=\sum_{i}\int_{-l}^{+l}\varphi_{i}P_{i}\mathrm{d}L \tag{4-6}$$

式中　i——代表不同的事故，例如小孔泄漏、中孔泄漏或大孔泄漏；

φ_i——各种事故率；

P_i——各种事故的人员死亡概率，可由式（4–1）确定；

$\pm l$——危险半径 r 范围内的管道长度（图 4–4）。

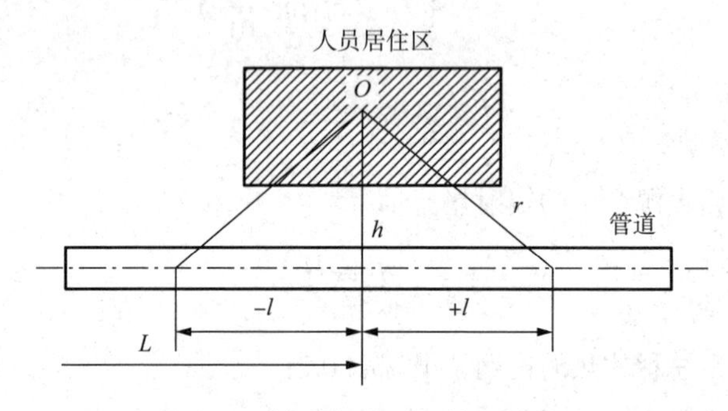

图 4-4　管道与人员居住区的关系

（2）社会风险

社会风险用某一给定地区，当事故发生时，以造成的死亡人数和累积事故之间的关系表示。死亡人数可用式（4–7）计算：

$$N_{i}=\int_{A_i}\rho_{\mathrm{p}}P_{i}\mathrm{d}A_{i} \tag{4-7}$$

式中　N_i——事故 i 导致的死亡人数；

A_i——事故对应的危险区面积，m^2；

ρ_p——人口密度，人 /m^2。

以西气东输管道为例，管道的管径为 1016mm，设计压力为 10MPa，计算离管道 50m 处的个人风险和面积为 $1km^2$ 居民区的社会风险。

个人风险方面根据上述计算公式编制计算程序，得到个人风险图（图 4–5）。从图 4–5 中可以看出，个人风险随管道长度的增加而下降。在总的个人风险中，外部干涉的贡献占 72%，材料缺陷占 10%，地表运动占 12%，其他原因占 6%，腐蚀引起的个人风险很小。

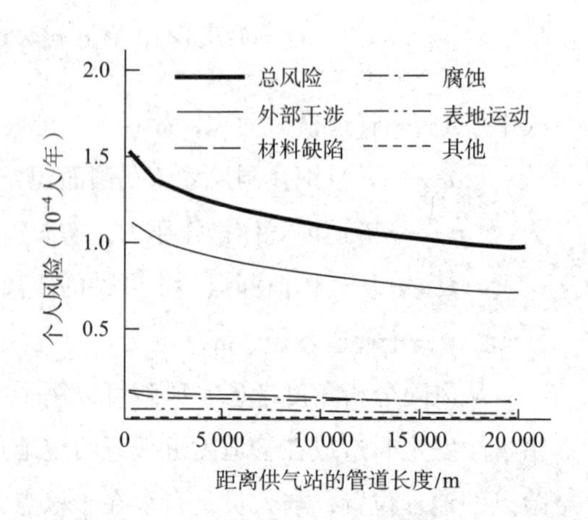

图 4-5　个人风险与管道长度的关系

社会风险方面假设天然气管道穿过 $1km^2$ 的居民区，该区距供气站 20km，人口密度为 2000 人 $/km^2$，计算的社会风险见图 4-6。

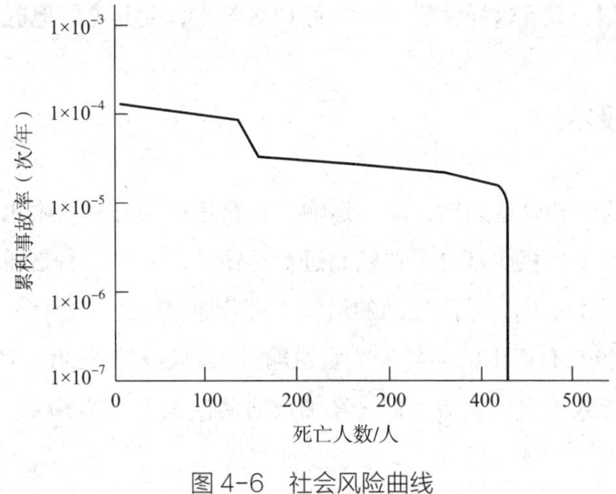

图 4-6　社会风险曲线

4.1.9　二氧化碳管道输送关键技术问题

CO_2 管道输送过程中的四种状态最常用的是超临界输送和密相输送，这两种输送方式对管道及输送技术要求较高。为保障管道的安全、平稳运行，需要注意的关键技术及问题如下：随着技术的发展，海底封存 CO_2 成为一种新型储存 CO_2 的方式，而对海底管道的设计、管道的寿命及安全保障等仍需深入研究；杂质对 CO_2 管道输送的安全、效率存在影响，同时也可能会导致 CO_2 相行为的改变，从而获得较为纯净的 CO_2 成为管道输送的前提；管道的流动保障研究需要注意的问题主要包括流体温度和压力对流动能力的影响、快速压降引起管道中形成干冰从而堵塞管道以及瞬态运行情况；当输送高压气体或液体时可能会出现剪切传播断裂问题，这是气体压降与裂纹扩展共同作用的结果，这种作用决定了剪切传播断裂的程度和距离，并对管道安全输送带来较大影响。只有对管输过程中的流态、可能遇到的技术难题以及需要注意的相态变化进行深入研究，并在运行管理中严格控制瞬变参数，才能使 CO_2 管道输送安全、平稳、高效运行。

4.1.10　二氧化碳管道输送展望

尽管二氧化碳的管输方式有多种但长输管线一般采用的是超临界输送方式，短距离输送多采用液相或气相输送，密相输送与超临界输送经济上更为合理。目前国外一些国家已经在二氧化碳管道的建设以及运行方面取得了很大的突破，但是对于我国的管道输送工程借鉴价值并不是很大，因为其管道大多都建在一些人烟稀少的地区，而我国大都在人口密集的城市和地区。所以在具体应用的过程中，还应该充分结合我国的具体国情和工程的实际情况来制定出最为科学合理的管道输送方案。

总之，二氧化碳管道输送在国内外都处于大规模产业化的前夜，无论是陆上输送还是海上输送，无论是哪种输送方式，既需要大量的基础和应用基础研究作支撑，更需要大量工业应用研究作积累，只有这样才能不断完善 CCS 技术，使其更好地造福人类。

4.2 车载运输技术

CO_2 的运输主要包括管道运输，船舶运输，铁路运输及公路运输几种形式。从我国石油进口的运输方式来看除极少部分通过铁路进行运输外，93% 左右是通过船舶在海上运输实现的。而在国内的运输中，城际之间的运输大部分通过管道，还有一部分是通过铁路进行运输。管道运输虽具有产生的能耗少、管道输量大、过程损耗低、产生污染小等特点，还有可持续性，稳定及安全等优势，但是在铺设前期投入大，成本高，维护难，出现事故无法及时处理等弊端。

在上述能源运输方式中，短途最有效的则是通过卡车进行的公路运输，只有公路运输才能实现油库到各个加油站点的点对点的运输方式，公路运输是其他几种运输方式的一个补充，其灵活性是其他几种运输方式不能比拟的，因此也是无法替代的。随着农村城镇化进程的推进，广大僻远农村也开始提升对油品的需求，使能提供地域纵深的公路运输也将会越来越多的应用到油品物流的运输中。铁路运输则是使用铁路列车运送货物的一种运输方式。其特点是运送量大，速度快，成本较低，一般又不受气候条件限制，适合于大宗、笨重货物的长途运输。针对公路运输盒铁路运输的优势，本节将对两种运输技术进行介绍。

4.2.1 公路运输技术

公路运输是在公路上运送旅客和货物的运输方式。是交通运输系统的组成部分之一。现代所用运输工具主要是汽车。因此，公路运输一般即指汽车运输。在地势崎岖、人烟稀少、铁路和水运不发达的边远和经济落后地区，公路为主要运输方式，起着运输干线作用。

公路运输主要有以下几个特点：

（1）适应性强

由于公路运输网一般比铁路、水路网的密度要大十几倍，分布面也广，因此公路运输车辆可以“无处不到、无时不有”。公路运输在时间方面的机动性也比较大，车辆可随时调度、装运，各环节之间的衔接时间较短。尤其是公路运输对客、货运量的多少具有很强的适应性，汽车的载重吨位有小（0.25~1t）有大（200~300t），既可以单个车辆独立运输，也可以由若干车辆组成车队同时运输，这一点对抢险、救灾工作和军事运输具有特别重要的意义。

（2）直达运输

由于汽车体积较小，中途一般也不需要换装，除了可沿分布较广的公路网运行外，还可离开路网深入到工厂企业、农村田间、城市居民住宅等地，即可以把旅客和货物从始发地门口直接运送到目的地门口，实现“门到门”直达运输。这是其他运输方式无法与公路运输比拟的特点之一。

（3）资金周转快

公路运输与铁、水、航运输方式相比，所需固定设施简单，车辆购置费用一般也比较低，因此，投资兴办容易，投资回收期短。据有关资料表明，在正常经营情况下，公路运输的投资每年可周转 1~3 次，而铁路运输则需要 3~4 年才能周转一次。

（4）技术易掌握

与火车司机或飞机驾驶员的培训要求来说，汽车驾驶技术比较容易掌握，对驾驶员的各方面素质要求相对也比较低。

（5）运送速度较快

在中、短途运输中，由于公路运输可以实现“门到门”直达运输，中途不需要倒运、转乘就可以直接将客货运达目的地，因此，与其他运输方式相比，其客、货在途时间较短，运送速度较快。

（6）运量较小

世界上最大的汽车是美国通用汽车公司生产的矿用自卸车，长 20 多米，自重 610t，载重 350t 左右，但仍比火车、轮船少得多；由于汽车载重量小，行驶阻力比铁路大 9~14 倍，所消耗的燃料又是价格较高的汽油或柴油，因此，除了航空运输，就是汽车运输成本最高了。

（7）安全性低

据历史记载，自汽车诞生以来，已经吞噬 3000 多万人的生命，特别是 20 世纪 90 年代开始，死于汽车交通事故的人数急剧增加，平均每年达 50 多万人。这个数字超过了艾滋病、战争和结核病人每年的死亡人数。汽车所排出的尾气和引起的噪声也严重地威胁着人类的健康，是大城市环境污染的最大污染源之一。

4.2.2　铁路运输技术

铁路货物运输是现代运输主要方式之一，也是构成陆上货物运输的两个基本运输方式之一。它在整个运输领域中占有重要的地位，并发挥着愈来愈重要的作用。

铁路运输由于受气候和自然条件影响较小，且运输能力及单车装载量大大，在运输的经常性和低成本性占据了优势，再加上有多种类型的车辆，使它几乎能承运任何商品，几乎可以不受重量和容积的限制，而这些都是公路和航空运输方式所不能比拟的。

4.3 船舶运输技术

目前，海洋石油、天然气产量已经占世界石油、天然气总产量的 33% 和 31%，预计到 2020 年这两个比例将会提高到 35% 和 41%。正由于海上资源的潜力和前景，越来越多的海洋平台将会投入使用，但提高油气产量和缓解能源匮乏的同时，海洋平台采集油气过程中的废气排放对大气环境造成了不小污染。目前，我国海上平台的伴生气和废气大部分通过火炬放空，放空的气体中含有大量的二氧化碳。化石燃料燃烧排放的二氧化碳正在继续增多，大气里二氧化碳的含量渐渐升高，增多的二氧化碳使地球产生了越来越严重的温室效应，造成一系列极端的气候现象和生态危机，若不及时缓解，随着温度和海平面的升高，更多的危机将无法避免。所以二氧化碳的放空既浪费资源，又污染环境，亟待寻找一种回收利用的有效方法。因此，对于海洋平台油气田 CO_2 回收与利用封存，二氧化碳船舶运输技术也就应运而生。

4.3.1 船舶运输技术现状

船舶运输适用于大规模、超长距离或者海洋线运输等情形，具有运输量大、目的地灵活等优点，但也存在投资大、运行成本高、需要配套的储库和接卸设备、受气候条件影响等缺点。从目前来看，CO_2 船舶运输还处于开发试验阶段，世界上只有几艘小型的船只应用于食品加工行业。CO_2 运输船舶根据温度和压力参数的不同可分为三种类型：低温型、高压型和半冷藏型。低温型船舶是在常压下，通过低温控制使 CO_2 处于液态或固态；高压型船舶是在常温下，通过高压控制使 CO_2 处于液态；半冷藏型船舶是在压力与温度共同作用下使 CO_2 处于液态。通常情况下，CO_2 船舶运输主要包括液化、制冷、装载、运输、卸载和返港等几个主要步骤。对于较远距离来说，不管是陆上还是海上，船运是首选，船运可以承担至少每年 500 万吨的运输量。在运输距离长于大概 150~200km 时，利用过船或船舶运输液体 CO_2 不仅在灵活上，而且在成本上比管道运输具有竞争性。所以在某些情况（海上封存、驱油或输送至海外）下，由于受地域影响，船舶运输就成为了一种最行之有效的运输方法，不仅使运输更加灵活方便，允许不同来源的浓缩 CO_2 以低于管道输送临界尺寸的体积运输，而且能够有效降低运送成本。[16] 当海上运送距离超过 1000km 时，船舶运输相比于罐车和管道运输更加经济实惠，输送成本将下降至 0.1 元 /（t·km）以下。但船舶运输同样存在许多缺陷：（1）必须安装中间储存装置和液化装置；（2）在每次装载之前必须干燥处理储存舱；（3）船舶返港检查维修时，必须清理干净储存舱的 CO_2；（4）地域限制只适合海洋运输。这些装置的安装与操作将会增加输送成本。船舶运输的运输量和火车运输相当，比汽车槽车运输量大，但必须借助海洋或河流，成本也比较高，存储 CO_2 的设备必须要承受高压或低温条件。

将液态 CO_2 装在船舶中运输，CO_2 被装在绝缘罐中，温度远低于环境气温且压力也大大降低。而采用低压冷冻常用于减小压力需求，其设计的工作条件约为 -55℃，压力为 6 bars。在某些情况或地点，使用船舶运输 CO_2 从经济角度讲更具吸引力，尤其是需要长途运输 CO_2 或将其运至海外。而利用船舶运输 CO_2 的最具前景的一种运输方案是，利用油轮把 CO_2 运输至注入平台。使用海洋油轮进行大规模商业运输石油液化气（LPG，主要是丙烷和丁烷）已经较为普及，同样的我们也可以使用船舶以大体相同的方式来运输 CO_2。CO_2 油轮的结构几乎等同于目前常用于运输液化石油（LPG）的船舶。但由于需求有限，目前运输规模小。不过基于液态 CO_2 的特性与 LPG 的特性相似，如果出现了对这类系统的需求，那么该项技术将逐步运用于大型 CO_2 运载船。

到目前为止，世界上最大的 LPG 油轮运输 CO_2 的能力为 22000m^3，其造价为 5000$。对于总装机容量 650MW 的火力发电站而言，其产生的 CO_2 需要两艘这样的油轮运输。经研究后得到，利用这种油轮运输 CO_2 的成本约为每吨 2$（碳为每吨 7$），该成本低于管道运输成本。但是，把 CO_2 运送至平台后还需花费其他额外费用，包括港口 CO_2 储罐成本、平台建造成本、垂直注入管道及其成本。为此，利用油轮运输 CO_2 的总成本基本上与那些传统的海底管道的运输成本类似。

将海洋气田排放的 CO_2 收集起来，通过运输船运送至陆地终端或注入平台，然后“绿色利用” CO_2，这样做不仅减缓了温室效应的加重，保护了环境，而且延长了 CO_2 的产业链，提高了产品附加值，将 CO_2 变废为宝。

4.3.2　船舶运输技术实施手段

回收过程以 CO_2 运输船为核心，海上平台处理产生的废气、伴生气，利用分离提纯装置分离出气态 CO_2，再经液化装置液化后储存至平台的临时储罐里，当储罐 CO_2 将至临界储量时，CO_2 运输船转移出其中的液态 CO_2，运至陆基 CO_2 装卸储存码头。CO_2 船舶运输总流程图如图 4-7 所示。

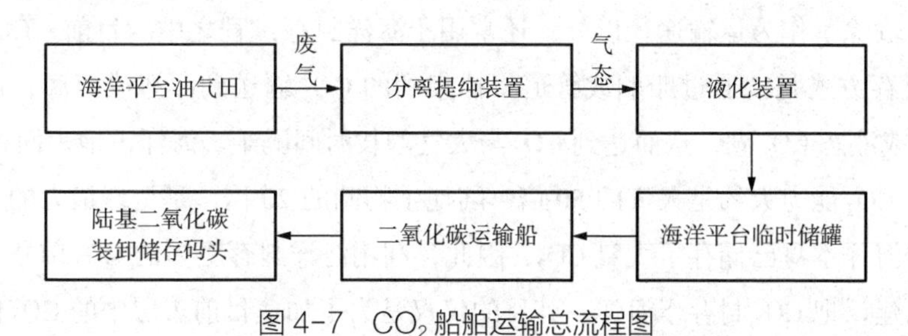

图 4-7　CO_2 船舶运输总流程图

作为 CO_2 运输船的始端和终端，岸基的 CO_2 装储存码头十分重要，由海上运回的液态 CO_2 将暂时储存在该码头的临时储罐里，在岸基的液态 CO_2 再由其他运输方式运往别处。岸基对接流程如图 4-8 所示。

运输船与平台和岸基设备对接内容具体操作：

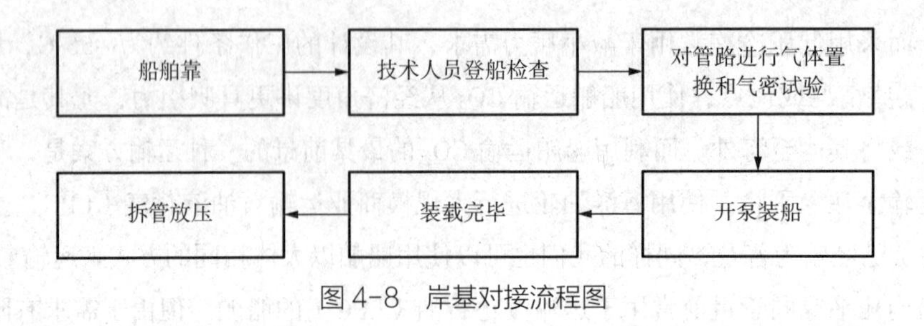

图 4-8　岸基对接流程图

（1）验证

CO_2 运输船靠泊后，由平台安全技术人员登船检查，各证件均符合要求。

（2）N_2 置换及气密试验

用 1.5MPa N_2 对平台气、液相装船管道进行气密试验，用皂液检漏合格后放空。连接输液软管和气相返回线，接好静电接地线，接管处仍用 N_2 气密。

（3）装卸作业

上述作业准备完成后，平台通知临时储罐和船方调整好气、液相流程，开泵装船。装船时，当船岸和平台气相压力达一致时，缓慢开启平台气相返回线阀，装船后期船罐压力升高，当液相压力升至 1.2MPa 或气相压力达 1.1MPa 时，应暂停装船作业，待气相压力降至 1.0MPa 及以下时可继续装船作业。

（4）拆管、放压

CO_2 装卸完毕，关闭平台阀门，用高于液相压力的 N_2 将平台气、液相软管内液态 CO_2 扫入船罐后，关闭船上进（或出）液阀门，并泄空软管内压力，拆软管并在管端打上盲板，临时储罐改为气、液相管道放压流程向罐内放压。

4.3.3　船舶运输技术的其他利用方式

船舶运输除了作为运输途径以外，还常用于海洋封存过程之中。目前，CO_2 的海洋封存的主要封存方式是就通过船舶或管道将捕集到的 CO_2 输送到深海或海底，形成固态的 CO_2 水合物或液态 CO_2 湖，从而达到 CO_2 与大气的长时间隔绝。海洋占地表面积的 70% 以上，其储存 CO_2 能力大约是大气的 50 倍，陆地生物圈的 20 倍，是全球最大的天然 CO_2 储存库。由于海洋本身已储存了大量 CO_2，因此，利用海洋封存更多的 CO_2 前景广阔。事实上，之所以建议把 CO_2 封存于海洋，其目的仅仅是为了加速目前表层中的 CO_2 向深层海水迁移的缓慢自然过程。不过，充分认识 CO_2 封存对海洋的影响是很重要的。海洋封存的潜力巨大，但同时也会对海洋生态系统造成较大的破坏，如海水表面 CO_2 浓度增大，改变了海洋的化学特征，表层海水 pH 值下降等。[14] 据统计，由于大气中的 CO_2 的浓度自前工业时期以来不断增加，海洋表层海水的 pH 值约下降了 0.1 个 pH 值单位。因此把液态 CO_2 注入海水极易引起局部海洋酸化，这将对海洋生物产生有害影响。然而，近场模拟研究表明，通过把 CO_2 分散技术则能把这种影响降至非常低的水品，最终把 CO_2 浓度的瞬时上升变化降至最小。为了充分认识在较长时期内可能发生的亚致死影响，将需要更多基础数据和观测数据。另外，封存在海水中的 CO_2 在遇到温度和压力变化、海啸或地震时，很有可能从海水中溢出排放到大气当中，造成与 CO_2 封存理念背道而驰的结果。因此，CO_2 的海洋封存需要注意 CO_2 上浮溢出和局部海域酸化的问题。虽然海洋封存在理论上潜力最大，但是仍存在一些重要问题和挑战需进一步调研分析，目前仍处在试验研究阶段。

参考文献

[1]Peter K. Study of International Pipeline Accidents[M]. Healthy and Safety Executive, 2000.

[2] 霍春勇 , 长输管道气体泄漏率的计算方法研究 , 石油学报 [J], 2004,25(1): 132-134.

[3] 梅春林 , 张存华 , 隋民 , 等 . 输油管道的水击分析及保护 [J]. 现代化工 , 2016,36(11): 208-209.

[4] 汪蝶 . CO_2 液化、输送与储存技术研究 [D]. 长江大学 ,2017.

[5] 巨熔冰 . 超临界 CO_2 输送管道弯管处冲蚀影响因素研究 [D]. 西安石油大学 ,2018.

[6] 李顺丽 , 潘红宇 , 李玉星 , 等 . 放空管设计对超临界 CO_2 管道放空影响研究 [J]. 中国安全生产科学技术 , 2015,11(11): 101-105.

[7] 武守亚 . 二氧化碳驱油封存过程建模与分析研究 [D]. 中国石油大学（华东）, 2016.

[8] 汪家铭 . 陕西延长石油集团实施 CCUS 一体化减排模式 [J]. 四川化工 , 2015,18(06): 21.

[9] 骆仲泱 , 方梦祥 , 李明远 . CO_2 捕集封存和利用技术 [M]. 北京 : 中国电力出版社 , 2012.

[10] 向正怡 . 温室效应与全球气候变暖 [J]. 中国高新区 , 2018(03): 117.

[11]Fer I, Haugan P M. Dissolution from a liquid CO_2 lake disposed in the deep ocean[J]. Limnology & Oceanography, 2003, 48(2):872-883.

[12]Blackford J, Bull J M, Cevatoglu M, et al. Marine baseline and monitoring strategies for Carbon Dioxide Capture and Storage (CCS)[J]. International Journal of Greenhouse Gas Control, 2015, 38:221-229.

[13] 郭秀丽 . 东方 1-1 气田 CO 储存与输送方案优化分析 [D]. 中国石油大学 (华东), 2009.

[14] 李志学 , 刘伟 . 油气田开发对环境的影响及其治理政策 [J]. 中国石油大学学报 (社会科学版), 2009, 25(5):21-25.

[15] 齐玉钗 . 海上油田伴生气回收利用方法探讨 [J]. 石油科技论坛 , 2009, 28(3):41-44.

[16] 郎啸 , 严仁军 , 郑卫刚 . 太阳能 CO_2 运输船的设计 [J]. 节能 , 2014(8):60-63.

[17] 陈兵 , 白世星 . 二氧化碳输送与封存方式利弊分析 [J]. 天然气化工 (C1 化学与化工), 2018, 43(2):114-118.

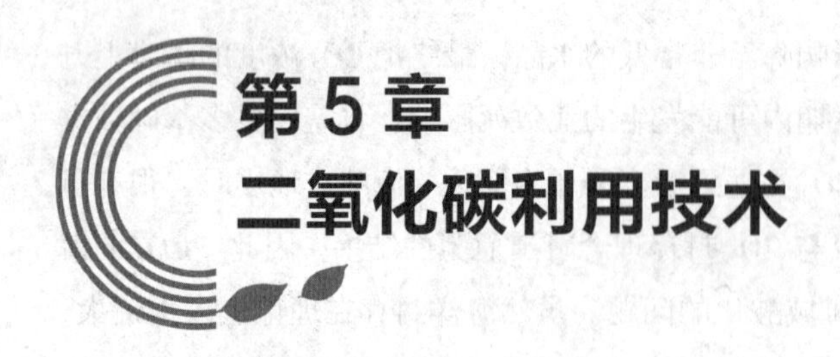

第5章 二氧化碳利用技术

5.1 能源生产技术

在我国的各个行业和人民的日常生活中都需要大量能源，将 CO_2 捕集利用与能源结合在一起，既可以利用 CO_2 提高石油、煤层气的采收率，又可以将 CO_2 用于增产天然气、开发地热等新能源，以实现能源的高效利用和增产创收。

5.1.1 强化采油技术

CO_2 强化采油技术是指以 CO_2 为驱油介质提高石油采收率的技术，也可以称为 CO_2 驱油技术和提高原油采收率技术（Enhance Oil Recovery，EOR）具有适用范围大、驱油效率高的特点。

随着我国经济的发展和人民生活水平的提高，人们对石油产品的需求量正在不断增加，传统的采油技术采油率有限，工作效率不高。同时经过多年的二次生产，我国现有的大部分陆上油田已经进入了生命周期的成熟期且已经到达高含水开发阶段，用常规方法开采油藏难以获得较高的采收率，开采困难且稳定性差，许多油田开始出现产量下降的现象。

因此，找到稳定甚至增加中国油田产油量的途径是目前的迫切需要。CO_2 驱油以提高原油采收率是利用 CO_2 的一种重要措施，可以有效地利用 CO_2 以增加额外的原油生产量。

在石油工业中，利用 CO_2 强化采油技术已经应用了几十年，美国是世界上较早研究和应用 CO_2 驱油技术的国家。因为美国油藏多为海相沉积，油藏为低温低压低黏度，使得 CO_2 驱替过程中容易形成混相，所以美国 CO_2 混相驱项目远多于非混相驱。我国的原油由于埋藏的温度较高，黏度较大，使得通过注入 CO_2 驱油的技术直接利用空间较小，当前很多油田由于是砂岩油藏，渗透率较低，因此只能采用直接气驱的方式。

（1）CO_2 驱油原理

CO_2 驱油的原理是由于 CO_2 易溶于水和原油，并且 CO_2 在原油中的溶解度大于在水中的溶解度，因此当原油中溶有注入的CO_2时，原油性质会发生变化，甚至油藏的物性也会得到改善。在当前已探明的CO_2驱油原理有以下几点：

①降低油水界面张力。随着开采工作的不断深入，原油的饱和度不断增加，不利于开采，而由于CO_2会降低油水界面的张力，从而降低残余油的饱和度，使原油的开采效率大幅提升。

②降低原油的黏度。由于原油随着开采进程的不断深入其黏度也越来越大，而当CO_2溶解于原油，原油的黏度显著降低，尤其是在重质油和中质油中黏度降低的幅度更大，同时CO_2溶解于水中会使水溶液碳酸化，因此增加水的黏度，降低水的流动性，两方面的作用会导致水与原油的流动速度相近，因而增加了水的驱油效果。

③随着CO_2不断溶解到原油中，原油的体积也不断膨胀，因此可显著增加原油的流动性，降低流动的阻力，并且膨胀后的原油更易开采。

④由于CO_2的注入，随着CO_2不断溶解于原油中，填充了原油中的空隙，导致了油层压力的升高，随着开采工作的不断进行，原本溶解于原油中的CO_2不断的排出，在原油的内部形成了气驱作用，因此提高了驱油效果。

⑤未被原油溶解的大量CO_2气体在油层内部形成一定压力，当压力达到一个限值时CO_2会气化或萃取残余油中的轻质部分，使之随着CO_2气体的吞吐而不断被开采出来，同时在这一过程中会形成一个CO_2与轻质烃相混合的油带，随着CO_2的吞吐而油带发生移动，进而达到提高驱油效果的目的，经实践证明，通过油带移动可将原油开采率提升到90%以上。

⑥ CO_2溶于水生成碳酸，有利于储油地层中的黏土稳定，抑制黏土的膨胀，并且可将岩层中不溶于水的部分物质转化成溶解于水的物质，因此使储油层的渗透性大大提高，不易堵塞，从而更有力开采工作的顺利进行。

（2）混相驱替和非混相驱替

CO_2驱油技术主要有混相驱替和非混相驱替。CO_2混相驱替是利用CO_2将原油中的轻质组分萃取或气化，从而形成CO_2与原油中轻质烃的混合相，降低界面的张力，从而提高原油的采收率。这种混相驱替技术可适用于API重度较高的轻质原油开采，开采效率较高，可应用于浅层、深层、碳酸盐层、高渗透层、砂岩层等各种场合，尤其适用于在水驱效果达不到开采要求的低渗透油藏、开采程度较高接近枯竭的砂岩油藏或轻质油藏等。

CO_2非混相驱替是利用CO_2溶解于原油中降低原油的黏度、导致原油膨胀，降低其界面张力，使原油流动性更好，因此提高采收效率。一般情况下，理想状态是采用CO_2混相驱替，而在一些无法采用混相驱替时可以广泛采用非混相驱替技术，其对开采环境的要求较低，适应性较强。实际工程中，非混相驱替技术的应用较少，因为最理想的技术是采用混相驱替。但针对我国油田地质性能情况，现在的研究集中在采用非混相方式开采原油和利用特殊的工艺技术来实现混相驱替。

（3）CO_2 驱油工艺

CO_2 驱油的方式主要包括：注 CO_2 连续驱、水气交替驱（WAG）、水气同时驱、重力稳定驱、水和 CO_2 同时但分开注入（SSWG）。注 CO_2 连续驱，即直接向已枯竭的地层中连续注入 CO_2 气体，特点为：①见效快，但二氧化消耗量大，一般为地层孔隙体积的几倍；②由于不利的流度比，容易发生早期气窜，产气量上升快，二氧化利用率低；③不适于压力过低的油藏，因为这类油藏一方面需要大量的 CO_2 气体，另一方面过低的压力下 CO_2 气体与原油混相困难，造成只有少量轻质烃采出，大量重质烃留在地下。

CO_2 和水同时注入是利用双注系统同时将水和二氧化注入油层的方法，可以看做 WAG 法的一种极端情况。此种注入方法的不利因素：当高压注入 CO_2 和水的混合物时，注入井腐蚀严重；当两相同时注入时，注入能力会降低。

水气交替驱将 CO_2 和水以较小的段塞尺寸（一般小于 5%HCPV）交替注入到油层中驱油。该注入方式综合了注水和注气的优点，是目前在现场最常用的 CO_2 驱油方式。虽然注入的水可能造成水屏蔽和 CO_2 绕流原油，且存在潜力的重力分层作用，同时还可能造成注入能力下降等缺点。但通过水的注入，改善了 CO_2 的流度，可以达到增加波及体积的目的，同时通过降低含气饱和度，进而降低了气相的渗透率，可以减缓 CO_2 气窜，提高采收率。但是由于储层条件和原油物性的不同，不同油藏的最佳驱油方式也不相同。因此，交替注入方式是经济有效的提高采收率的工艺方法。

（4）影响驱油效果的因素

影响 CO_2 驱油效果的因素很多，主要包括地层流体性质、储层参数以及注气方式等。其中流体性质主要包括原油密度、扩散及弥散作用等；储层参数主要包括油藏的非均质性、油层厚度、渗透率等。

①原油密度

在油藏中，由于密度差引起溶剂超覆原油而产生流动。在驱替前缘，CO_2 气体向油藏上部移动，在上部与油形成混相，驱替效率较高，油藏下部的驱替效率明显比上部低。当原油密度增大时，其采收率减小，主要原因是油气密度差越大，浮力作用越明显，CO_2 气体越容易沿着油层的顶部流动，气体突破的时间会变短，大大降低了 CO_2 气体的体积波及系数，最终导致采收率下降。

②扩散、弥散作用

混相流体的混合作用包括分子扩散、微观对流弥散、宏观弥散 3 种作用方式。随着横向扩散系数的增大，其采收率也增大，主要原因是 CO_2 气体分子的扩散作用。对流弥散作用增加了 CO_2 的突破时间，使 CO_2 向周围迁移，减缓了 CO_2 向生产井的推进，提高了波及系数，最终使采收率提高。当不考虑分子扩散作用时，CO_2 向生产井的推进较快，波及效率较低，从而使 CO_2 较早突破，生产井 CO_2 的含量迅速上升，采收率相应较低。

③储层特征渗透率增大，采收率降低。因为低渗透率可提供充分的混相条件，减少重

力分离，渗透率太高容易导致早期气窜，造成驱油效率较低。随着非均质性的增强，采收率降低。因为在非均质油藏中，注入的 CO_2 优先进入高渗透层，导致低渗透层中的原油尚未被完全驱扫时，CO_2 就已经从高渗透层窜入生产井中，产生黏性指进，从而使驱油效率降低。因此储层岩石的非均质性越小越好。

④ CO_2 注气方式

对比衰竭后注气、连续注气和水气交替注入（WAG）3种不同注入方式的开发效果，发现WAG效果最佳。水气交替注入过程中，由于气相和液相交替驱扫不同的含油孔道，有效地提高了驱油效率；另外水气交替注入时，会产生气相渗透率滞后效应，并形成较大的滞留气饱和度，降低了气相渗透率，水相主要驱扫油层中下部，而加入的气相则会由于重力作用向上超覆，主要驱扫油层上部，进一步提高原油采收率。

（5）CO_2 驱油的优缺点

利用 CO_2 驱油的优势如下：

① CO_2 驱油技术不仅适用于常规油藏，对低渗、特低渗透油藏也可明显提高采收率，具有适用范围大、驱油成本低、采收率提高显著等优点。

②我国适合 CO_2 驱油的油藏储量非常可观。在我国探明储量中，未动用的950亿吨储量中低渗储量占60%以上，主要是补充能量困难，采用 CO_2 驱油技术可有效动用这些储量。

③ CO_2 驱油与埋存技术在提高采收率的同时可以减排 CO_2，可实现经济效益和社会效益的双赢。在能源紧缺和节能减排的大背景下，利用 CO_2 驱油有着非常广阔的推广应用前景。

虽然 CO_2 驱油优点鲜明，但也存在一些的问题与局限，具体如下：

①并不是每一个油田都能找到合适的 CO_2 气源，因此 CO_2 气源限制了该技术广泛的应用。

② CO_2 与水接触形成的酸性环境会对设备和管线造成严重腐蚀，会增加额外的防腐费用。

③陆相原油物性导致其往往需要较高的压力才能与 CO_2 混相，因此如何进一步改善混相条件，降低混相压力，从而使大多数油藏都能实现混相是一个重要的问题。

④ CO_2 黏度很低，驱油过程中黏性指进较严重，加上密度差引起的重力分异，致使 CO_2 早气窜，波及系数低，需要研究扩大波及体积的工艺和技术。

⑤ CO_2 驱油项目投入大。CO_2 驱油技术一次性投资大，需要铺设从气源到油田的输气管线，要有大型气体压缩机注气，但一旦形成规模，生产效益还是很可观的。

⑥ CO_2 高渗透性使得其对注采井井筒的完整性产生严重影响，带来一定安全隐患。

5.1.2 强化采气技术（天然气、页岩气）

CO_2强化采气技术主要分为强化采集天然气技术和强化采集页岩气技术，即把CO_2注入到气藏和页岩储层中以提高气体采收率。本节将分别介绍两种技术。

（1）强化采集天然气技术

天然气是一种主要由甲烷组成的气态化石燃料。它主要存在于油田和天然气田，也有少量存在于煤层中。天然气也同原油一样埋藏在地下封闭的地质构造之中，有些和原油储藏在同一层位，有些单独存在。对于和原油储藏在同一层位的天然气，会伴随原油一起开采出来。

把CO_2注入到衰竭的天然气气藏中，既可以封存CO_2，又可增加天然气的采收率。这个过程称为：注入CO_2提高天然气采收率（Carbon Sequestration Enhanced Gas Recovery，CSEGR）。天然气藏生产的天然气，主要为甲烷气体用于燃气发电厂发电，并将发电厂或工业工厂排放的烟道气体中捕集CO_2，经过压缩，输回天然气气田注入天然气气藏，从而提高了地层压力，并可以驱替地层中的天然气，提高天然气的生产率。如果将发电厂建在气田附近，这样可以大大降低CO_2的运输距离，从而降低运输成本。对于水驱天然气气藏，由于气藏压力得以保持，这样可以稳定天然气的产量，并控制底水和边水的侵入。

① CO_2强化采气的原理

CO_2驱替天然气气藏是将CO_2以超临界相态形式驱替天然气，在实现提高天然气气藏采收率的同时也达到将CO_2地质封存的目的。

CO_2的临界温度为31.1℃，当处于临界点之上时，CO_2将达到超临界状态（Supercritical Carbon Dioxide，简称SC-CO_2）。CO_2的临界值较低，很容易达到超临界态，通常在深度为750m的井筒中可形成超临界态。研究表明，绝大部分的气藏的温度压力均在临界值之上，地层条件下天然气中的CO_2常以超临界状态存在。超临界CO_2的性质比较独特，具有较低的黏度、较高的密度（近于液体的密度）、较强的扩散性和溶解性，由此决定了其易流动、易传递的性能。并且其表面张力较低，能快速地渗入微孔隙。

CO_2强化采气技术主要利用剩余天然气恢复压力法，即将CO_2注入到即将枯竭的天然气藏恢复地层压力。在地层条件下，CO_2处于超临界状态，密度和黏度远大于甲烷，CO_2注入后向下运移到气藏底部，促使甲烷向顶部运移并将其驱替出来。CO_2强化采气技术除了能提高天然气采收率，还可以实现CO_2封存，同时还可以避免坍塌和水侵现象。具体示意图如图5-1所示。

注入CO_2的方法提高天然气采收率的关键是控制CO_2和CH_4的混溶问题和它们的物理性质。气藏中纯CO_2的密度和黏度比CH_4大，与注水相比，CO_2的低黏度使得它的注入量高，并且密度高的特点使其被储存于气藏的底部。CO_2的相对较高的黏度使得形成一个较好的活动性指数，降低指端效应和被驱替CH_4的混合度。渗透率的各向异性、温度、压力、

注入深度对 CO_2 驱替天然气的效率的影响很大。将 CO_2 注入到气藏储层中一个较深的层位，并且在浅层生产 CH_4，会使得 CH_4 的生产率很高，这是因为这种设计抑制了 CO_2 向上突破和混溶，使得 CO_2 从气藏底部不断向上充填储层，使得水平和垂向的驱替效率都增加。

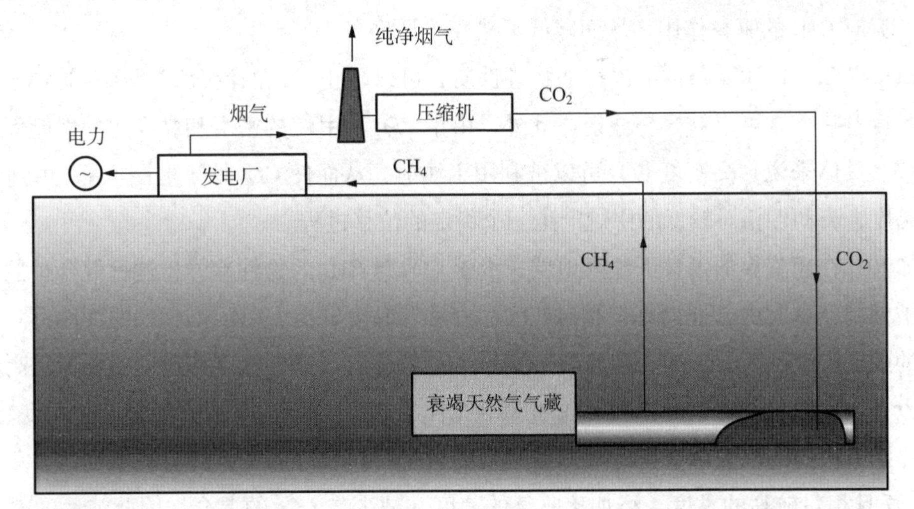

图 5-1 CO_2 强化采收天然气原理示意图

②水驱和自然应力驱动

天然气气藏的驱动方式可分为水驱和自然应力驱动。在水驱气藏中，含水层周围气体被水驱动，向生产井运移，同时水不断的进入气藏，大部分气藏中的气体会被开采出来，直至天然气不能生产为止，这时底水进入生产井，阻止天然气的产出。水驱气藏通常只能生产原始气体，水驱气藏的平均采收率为 60% 左右。水驱气藏可以在生产甲烷的同时注入 CO_2，从而保持地层压力，防止产生底水进入气藏，从而防止发生的水侵。

气藏的另一形式是枯竭开采，生产驱动力来自地层压力，即自然应力驱动。由于周围咸水层的缺失，在衰竭气藏中，由于没有底水的侵入，90% 或更多的气体可以被开采出来。对于剩余的 10% 天然气，可以通过强化采气技术进行开采，通过注入 CO_2 到气藏，根据在地层条件下 CO_2 与 CH_4 的物性差异，驱替天然气向井口运移，并可以保持地层压力。例如，地质的非均质性有利于 CO_2 的注入，这样有可能注入更多的 CO_2 气体。但是，非均质性的地层，有可能造成 CO_2 过早地突进到生产井，进而造成提高天然气采收率失败。在天然气开发初期进行 CO_2 注入，对最终采收率有不利影响，虽然天然气的产量增加了，但当 CO_2 运移到生产井时会降低天然气的产量。在高于气藏压力的情况下注入 CO_2 可以增加注入量，但减少了天然气的产量。用水平井注入 CO_2 有利于 CO_2 的储存，但略微降低了天然气的采收率。目前，注入衰竭气藏是最好的注入策略，将获得最大的天然气总产量。在天然气开发的不同阶段进行 CO_2 注入，将对最终的采收率产生不同的影响。

③影响因素

为了实现注入 CO_2 提高天然气采收率，需要研究如下两个关键技术问题：

a. 注入 CO_2 和甲烷在气藏中的混合

对于 CO_2 与天然气在气藏中的混合情况，在强化采气技术应用过程中的一个关键问题是注入的 CO_2 会与甲烷在何种程度上进行混合。因为注入气藏的 CO_2 和 CH_4 的混合将大大降低 CO_2 对 CH_4 的驱替作用，从而减低天然气的采收率。

CO_2 和 CH_4 在油藏条件下出现的物理性质，可以阻止它们的混合。超临界的 CO_2 接近气状黏度意味着它可以被容易注射。此外，由于 CO_2 和甲烷的密度和黏度比的性能促进向下迁移。具体来说，高密度 CO_2 可以被利用于注射，从而使 CO_2 处于地层下部。由于 CO_2 的高黏度，流动性相对较低的甲烷产生一个稳定的位移过程。

如 CO_2 在超临界的条件下注入地层，由于 CO_2 与 CH_4 的物性差异，这种混合扩散作用可以被抑制，这时由于他们具有相对较大的密度和黏度的差。CO_2 和 CH_4 的物性将对强化采气的效果产生巨大的影响。纯净的 CO_2 比 CH_4 气体有更高的密度和黏度。相对较高的黏度可以有效地驱替 CH_4 气体。纯 CO_2 相对于 CH_4 在地层条件下有更大的密度和黏度。CO_2 可以比水更快的注入，由于 CO_2 比水有更低的黏度。而较高的密度将有利于驱替气藏中的 CH_4。而且相对较高的黏度，将加速驱替的速度并减少与 CO_2 的混合。因此纯净的 CO_2 特更有利于提高天然气采收率技术的开展。

最近开展的强化采气数值模拟研究表明，该过程在技术上是可行的，注入的 CO_2 和甲烷混合现象是可以被控制的。由独立的实验室已完成的数值模拟研究也表明，该技术在技术上是可行的。其中一个可以用在强化采气过程中避免在 CO_2 注入过程中和甲烷混合的策略是，在气藏中注入高密度的 CO_2，由于 CO_2 与甲烷的相对密度，驱替甲烷气体向上运动。在这一策略下，甲烷可以从气藏中横行和自下而上运移。在 CO_2 注入结束，气藏中将主要包含 CO_2，天然气将会被驱替出来。

b. 相变与焦耳 – 汤姆逊冷却效果

对于相变与焦耳 – 汤姆逊冷却效果对注入井周围的影响，CO_2 注入过程产生的焦耳 – 汤姆逊冷却效应包括 CO_2 和甲烷形成水合物，以及残余水结冰及相应的注入能力下降，地层在极端寒冷条件下，可能产生热应力的变化，从而可能形成地层断裂。

根据实验表明，对于一个简单的水平层状砂岩和页岩维径向分布的底层用于代表一个理想化的枯竭气藏模型来说，由于开始甲烷不能被生产出来，因此随着 CO_2 注入，地层压力逐渐升高。开始时 CO_2 的注入温度与地层温度相同。但由于焦耳 – 汤姆逊冷却效果，注入井周围的温度发生了变化。由于注入压力和地层压力的差别，注入 CO_2 的压降产生温度的减少。实验模拟显示注入过程存在明显的焦耳 – 汤姆逊冷却效果，但是制冷效应一般被过多的估计了，并不会对注入过程和地层产生太多的负面影响。

④强化采集天然气优点

CO_2 和天然气在任意压力下混合后，形成的 CH_4-CO_2 体系将会提高气体的采收率，主要的优点如下：

a. 在地层条件下，CO_2 密度是 CH_4 密度的 2~6 倍，因此，密度差可以实现稳定的重力驱替；

b.CO_2 的黏度比 CH_4 大，故 CO_2 的流动速度较低，故 CO_2 在地层中的驱替相对稳定；

c.CO_2 在地层水中的溶解度高于甲烷，这将延迟 CO_2 的突破，从而提高采收率；

d. 超临界 CO_2 具有气体的低黏度，将使得地层注入 CO_2 更易实现。

（2）强化采集页岩气技术

CO_2 驱页岩气作为一种新型的页岩气开技术，即 CO_2 提高页岩气采收率（Ehance Gas Recovery，简称 CO_2–EGR）以超临界或液相 CO_2 代替水力压裂页岩，利用 CO_2 吸附页岩能力比 CH_4 强的特点，置换 CH_4 从而提高页岩气产量和生产速率并实现 CO_2 地质封存。

页岩气是指赋存于以富有机质页岩为主的储集岩系中的非常规天然气，是连续生成的生物化学成因气、热成因气或二者的混合，可以游离态存在于天然裂缝和孔隙中，以吸附态存在于干酪根、黏土颗粒表面，还有极少量以溶解状态储存于干酪根和沥青质中，游离气比例一般在 20%~85%。

页岩气相对于常规天然气藏开发来说困难较大。首先，泥页岩类基质孔隙极不发育（浅层孔隙度可大于 10%，2300m 以深地层孔隙度通常小于 10%），多为微毛细管孔隙，属于渗透率极低的沉积岩，渗透率为（10^{-3}~10^{-6}）$\times 10^{-3}\mu m^2$；其次，页岩是由黏土物质硬化形成的微小颗粒集结而成，属于黏土岩的一种，含有大量黏土矿物，黏土遇水即发生膨胀，堵塞岩石孔隙喉道；再次，从国外开发经验来看，钻井完成后，凡有经济开采价值的页岩气藏，都存在大量天然裂缝，否则必须经过压裂等增产措施才能投产，且压裂投产井占到了 90%以上，增加了开发成本。

① CO_2 驱页岩气技术原理

首先，超临界 CO_2 黏度较低，扩散系数较大，表面张力为零。因此，它在储层孔隙中非常容易流动，而且能够进入到任何大于其分子的空间，在外力作用下，能够有效驱替微小孔隙和裂鏠中的游离态 CH_4。其次，CO_2 分子与页岩的吸附能力强于 CH_4 分子与页岩的吸附能力。因此，它能够与吸附在孔隙有机质、微小黏土颗粒等矿物表面的 CH_4 分子发生置换，将吸附态的 CH_4 分子变为游离态。同时，超临界 CO_2 流体空度大，有很强的溶剂化能力，能多溶解近井地带的重油组分和其他污染物，减小近井地带油气的流动阻力。

CO_2 强化页岩气开采技术与传统开采技术相比，可获得更高的页岩气产量并实现 CO_2 封存，为我国应对天然气短期和气候变化提供了一种新的选择，而我国丰富的碳源及巨大的页岩气储量为页岩气增采技术提供了良好的应用场所。目前页岩气增采技术目前尚处于基础研究水平，预测近年可能出现多个页岩气增采技术中试项目，到 2030 年可能开展全流程示范，这之后才能实现显著的减排贡献。在技术方面，CO_2 钻井及压裂工艺需要突破。在政策方面，现阶段企业的经济性不足及政府的研发支持不够是技术发展的障碍。

②强化采集页岩气的优点

a. 提高钻井速度，缩短建井周期

页岩虽然硬度不大，但在钻进过程中容易出现缩径、卡钻等一系列问题。超临界CO_2射流能够破降页岩、大理岩及花岗岩，其破岩门限压力比水射流要小得多，并且超临界CO_2喷射钻井能够达到较高的机械钻速。

最重要的是，超临界CO_2流体中不含水，在提高钻井速度的同时，降低了缩径、卡钻等风险，增加了纯钻时间。

b. 超临界CO_2强化采气，提高产量及采收率

页岩气在储层中的吸附气含量达到20%~85%，决定了其单井产量低、采收率低、生产周期长的开发特点。利用超临界CO_2开采页岩气，有望解决这些问题。

首先，超临界CO_2黏度较低，扩散系数较大，最重要的是表面张力为零。因此，它在储层孔隙中非常容易流动，而且能够进入到任何大于其分子的空间，在外力作用下，能够有效驱替微小孔隙和裂缝中的游离态CH_4。其次，CO_2分子与页岩的吸附能力强于CH_4分子与页岩的吸附能力。因此，它能够与吸附在孔隙有机质、微小黏土颗粒等物表面的CH_4分子发生置换，将吸附态的CH_4分子变为游离态，经过孔隙裂缝运移到井筒中被采出来，使气井投产后很长一段时间内保持较高产量，缩短生产周期。再次，超临界CO_2流体密度大，有很强的溶剂化能力，能够溶解近井地带的重油组分和其他污染物，减小近井地带油气的流动阻力。

c. 满足高含黏土物岩气开发需要

页岩层黏土矿物含量较高，一般为30%~50%，有的甚至高达65%，这一特点使页岩多具有水敏性，水进入储层后可使其黏土矿物（特别是蒙脱石）膨胀，从而堵塞孔缝；同时，页岩孔隙度和渗透率极低，均属于微裂缝和微孔道，储层一旦伤害便不可逆转。超临界CO_2流体不含固相颗粒，也不含水，钻井过程中不会对储层造成任何污染，还能改善近井地带的油气渗流通道。同时，利用超临界CO_2流体进行储层射压裂改造时，其低黏特性能够使储层产生诸多微裂缝，从而最大限度地沟通天然裂缝，进一步提高裂缝的导流能力，达到增产和提高采收率的目的。

d. 经济优势

由于页岩气开发难度较大，单井产量和采收率低，投资回收期较长，因此要严格控制开发成本。通常，经济优势和技术优势是一致的，因此超临界CO_2流体开发页岩气具有较强的经济优势。首先，超临界CO_2钻井钻速快，破岩门限压力低。这样不仅大大缩短了钻井周期，而且对设备的压力要求也大大降低，从而降低了钻井设备功率，减少了能源耗费，因此可以大大降低开发初期的钻井成本。其次，超临界CO_2对储层没有任何污染，钻井储层时不但不会增大表皮系数，反而会使其下降，投产前无需对近井地带进行改造，节约了费用。同时在利用超临界CO_2强化采气时，由于超临界CO_2具有低黏、高扩散系数、

零表面张力特性，以及比 CH_4 气体更强的岩石吸附能力，使得超临界 CO_2 流体能够进入任何大于其分子的空间，有助于 CH_4 气体的置换，从而提高页岩气的采收率和单井产量，降低单位成本，缩短投资回收期，降低投资风险。此外，超临界 CO_2 钻井液适应性广，与常规水基或油基钻井液相比，它容易回收利用，对环境无污染，节约了钻井液和环境治理费用。

5.1.3　驱替煤层气技术

驱替煤层气技术，即提高煤层气采收率（Enhanced Coal Bed Methane Recovery，ECBM），是以 CO_2 作为吸附剂，利用其在煤体表面被吸附能力高于甲烷的特性，可用于驱替煤层气，实现提高煤层气采收率和埋存 CO_2。

煤对于我国煤层气资源量，2005 年国土资源部组织有关专家和单位进行了评估，总资源量为 36.81 万亿立方米，其中小于 1000m 的资源量 14.27 万亿立方米。CO_2-ECBM 主要针对埋深大于 1000m 的煤层气开发，目前，我国煤层气开发主要针对 1500m 以上的煤层，因此驱替煤层气技术的应用以 1000~1500m 煤层为主。

煤层气的主要成分与天然气相似，与其他非常规气，如页岩气、水合物等相比，煤层气是近期内最为现实的一种气源，具有巨大的开发潜力。加快我国煤层气开发利用可以安全可靠地缓解天然气短缺的局面。我国大部分煤层气资源分布在中东部地区，不仅地质条件好，而且市场需求也好。我国煤层气生产主要以井下抽放和地面排采两种方式进行。我国煤层气井下抽放技术成熟，预计未来 10 年将会有较大的发展。

（1）驱替煤层气技术原理

煤是由死亡后的植物被埋藏后，经过漫长的生物化学和变质作用后形成的。煤层中大量的煤层气就是在此过程中形成和储存下来的。煤层气在储存形式上不同于常规的天然气，常规天然气是以游离态存在于岩石储层中，是一种游离气，而煤层气是以吸附状态存在于煤层中，是一种吸附气。二者不同的储存形式导致开采的机理和过程不同。一般来说，煤层气的开采要比常规天然气的开采更复杂，加上煤层具有比砂岩储层更低的渗透率且煤层气井的产量比常规天然气的产量更低。所以，煤层气井一般实施各种增产措施，如水力压裂或者注入 CO_2 等。

驱替煤层气技术的原理如图 5-2 所示。由于 CO_2 在煤层中比 CH_4 具有更强的吸引力，单位煤颗粒表面积上吸附的 CO_2 和 CH_4 分子数的比例为 2:1，也是就是说，两个 CO_2 分子能够置换出一个 CH_4 分子而吸附在煤颗粒表面，并不改变煤层压力等特性参数，从而实现提高煤层气采收率和 CO_2 埋藏的目的。在一个注入井周围打 4 口产出井，注入井和生产井的最低处要与煤层接触。然后将 CO_2 注入打好的注入井，通过注入井扩散到煤层中，然后经过吸附解析原理，将吸附在煤层中的 CH_4 解析出来，解析出的 CH_4 再通过打好的生产井释放出来。最后，产出的 CH_4 通过一个管道运输到附近的发电厂或其他能源部门。

注入 CO_2 提高煤层气采收率的具体操作过程：首先选择合适的含煤盆地和煤层，以合适的井间距离钻探注入井和生产井，注入井注入 CO_2，生产井生产煤层气。一般来说，成功的商业性注入开采都是必须从小规模的先导性试验开始。确定 CO_2 注入开始点后，经过反复的注入试验、观察及储层模拟，选取合适的储层参数以及 CO_2 的来源和注入速度、注入量，经过经济论证和评价，最后决定是否进行大规模商业性开发。

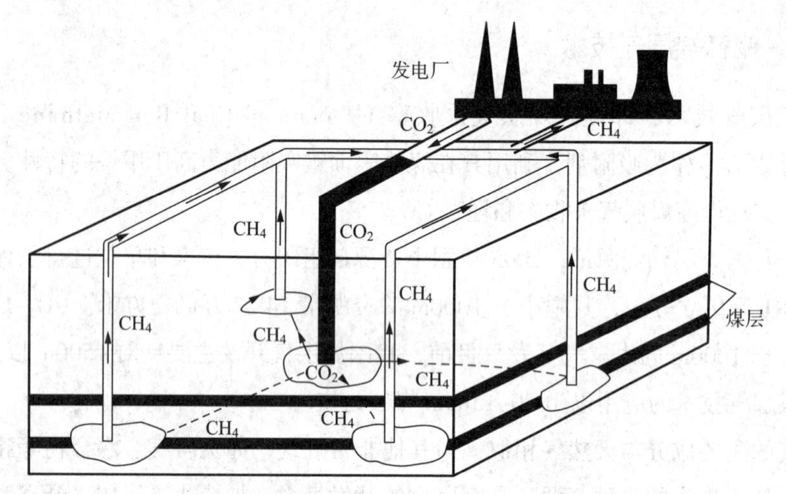

图 5-2　CO_2 埋藏和煤层气甲烷生产的概念模型

（2）影响因素

驱替煤层气的效果受很多因素的影响，具体如下：

①煤级的影响

煤级对驱替煤层气技术的影响是多方面的，它不仅直接影响到煤的吸附能力，影响了煤的有机显微组分，还影响到煤的孔隙结构和含气量，从而间接影响驱替煤层气的效果。一般来说，煤级越高，煤对 CO_2 和 CH_4 吸附量越大。其归因于随着煤级（镜质体含量）的提高，煤内的微孔隙增加，从而增加煤对气体的吸附量。在相同压力条件下，CO_2 的极限吸附量约是 CH_4 的极限吸附量的 1.15~3.16 倍。随着煤级的提高，CO_2 和 CH_4 吸附都有所增长。另外，煤级越高，CO_2 的极限吸附量与 CH_4 的极限吸附量之比越大，即煤级越高，CO_2 的极限吸附量越显著。因此，较高的煤级储层是 CO_2 注入驱替 CH_4 的重要条件。

②煤岩有机显微组分的影响

煤的物质组成包括有机显微组分和矿物质，有机显微组分包括镜质组、惰质组和壳质组。一般认为壳质组吸附能力低于惰质组和镜质组。关于镜质组和惰质组吸附能力的比较，不同学者有不同观点。试验发现，煤的吸附能力与煤中镜质组和惰质组含量总和呈显著的正相关关系。惰质组在低中煤级阶段对煤的吸附能力影响较小，在无烟煤早期阶段影响较大。分析认为，这可能与气体总是优先吸附在孔径较小的孔隙中有关。在低煤级阶段，镜质组中微孔的增加是导致吸附量增加的主要原因，而到无烟煤早期阶段，大量发育的惰质组中的孔隙成为主要吸附空间。因此在高煤级阶段，煤的吸附能力随惰质组含量变化呈现出正相关关系。

③储层渗透率的影响

煤体的渗透率和驱替煤层气的效果相互影响。首先，煤储层的原始渗透率会影响到排水降压条件下的 CH_4 产出速度。利用驱替煤层气技术时，CO_2 沿井筒注入后，会先在井筒周围聚集，然后呈椭圆形逐渐扩散到离井筒较远地区。较低的储层渗透率会影响到 CO_2 的注入压力、注入量和扩散速度。另一方面，当注入压力足够大，以至于大于煤体的破裂压力时，煤体的裂隙将进一步张开并改善渗透率。此外，煤储层渗透率在降压排采过程中还受到两方面的影响：一是煤层气解吸使煤基质收缩，而导致渗透率升高（正效应）；二是流体压力降低使有效压力增大，导致渗透率降低（负效应）。以上几种效应综合控制了渗透率的变化特征。

④煤基质吸附膨胀的影响

煤体的吸附膨胀是有两方面原因：一方面，正常情况下，煤基质表面分子受到来自内部分子的一个向内的吸引力，这个试图让表面积缩小以降低表面能的力叫表面张力，当气体分子吸附在煤基质表面时，会降低煤表面分子所受向内的吸引力，造成表面张力减小，从而导致煤的体积膨胀；另一方面，煤是一种脆性的微观结构呈网格状交错的大分子体系，在高压气体环境下 CO_2 分子能够进入与其体积接近的微孔隙甚至基质内部，由于气体分子的楔开作用导致煤基质间粘结力降低，使得煤体的微观分子结构被动地发生膨胀，进而引起煤体渗透率的降低。

⑤煤储层的含水率的影响

煤结构里存在的水是以弱作用力（如范德华力）与煤结合或被“圈闭”在煤结构里，具有等温吸附的特征。以极性键结合的水比以范德华力结合的甲烷具有更强的作用力，同时水分子之间可以通过偶极子运动结合起来，因此水与煤结构的结合比甲烷更紧密。在煤体中水、CH_4、CO_2 彼此之间存在着吸附位置的竞争关系。CO_2 的吸附能力大于 CH_4，但弱于水，因此水的存在会降低 CO_2 被吸附的机会，从而影响到驱替煤层气的效果。低阶煤比高阶煤含有更多的氧，因而其吸附水要比高阶煤多，因此在低阶煤中水分含量对 CO_2 的驱替效果影响更大一些。

利用驱替煤层气技术可使我国的煤层气平均可采率由35%提高到59%，在取可采煤层气面积占煤层总面积10%的情况下，比常规开采技术所能开采的煤层气量多 $0.666 \times 10^8 m^3$。中国的 CO_2 煤层储存潜力约为 $120.78 \times 10^8 t$，其中，鄂尔多斯盆地、吐鲁番－哈密盆地和准葛尔盆地的煤层 CO_2 储存潜力最大，三者占全国总储存量的65.49%，鄂尔多斯盆地的 CO_2 煤层储存潜力达 $44.52 \times 10^8 t$，约占全国的36.86%；约98%的储存潜力分布在北方；华北地区储存场地与主要排放源的空间分布基本一致，便于 CO_2 的运输；华南地区 CO_2 储存潜力仅占全国的2%，其 CO_2 储存应采用含水层或油气田等方式进行。

目前驱替煤层气技术在国内处于起步阶段，技术上不成熟；2020 年之前以机理研究和技术研发为主，开展小规模的驱替煤层气先导试验，预计产气量占煤层气产量的千分之一；2020~2030 年要加快驱替煤层气技术推广，开展较大规模的驱替煤层气技术示范，预计产气量占煤层气产量的 5%；2030~2050 年大规模推广应用，预测产气量达到煤层气产量的 30%。

5.1.4 增强地热技术

随着人类不断地开发利用，化石燃料作为不可再生能源终究会枯竭。为了延长化石燃料的使用时间，我们必须最大限度地降低利用石油供热和发电的用量。地热是一种很好的替代燃料，由于其地域分布的广泛性和可再生性，使它具有重要的经济价值。干热岩型地热是一种包含在地壳深处岩石中的热能，具有地域分布广、资源量广、对环境零影响、热能连续性好、利用效率高等优势。

干热岩开发的具体工程技术称为增强型地热系统（Enhanced Geotherma Systems，简称 EGS），指通过利用类似于水力激发致裂的人工方法，在致密的深层岩石中建造可以使流体从中间通过从而提取岩石内热量的热储层，之后将用来采热的冷流体输送到该系统中去，以此开采出地下 3~10km 范围内岩石中蕴藏的热量。传统的增强型地热系统使用水从地热系统中开采地热资源（即水增强型地热系统，简称 H_2O-EGS），产生的热水是发电系统的热源。而水资源对于当今社会而言是稀缺资源，不可能不加节制的利用或浪费。因此，2000 年美国洛斯阿拉莫斯国家实验室的科学家 Brown 首次提出了使用超临界 CO_2（压力＞ 7.382MPa，温度＞ 31.04℃）替代水作为增强型地热系统中的传热流体，用来开采地热资源。

（1）CO_2 增强型地热系统的理论特性分析

①超临界 CO_2 的物理特性

将 CO_2 作为携热介质替代常规的以水为介质，在注采井中进行循环从而实现对地热的利用，是一种对 CO_2 资源化利用的创新形式，对地热能的开发利用影响重大。在 CO_2 注入干热岩开采井的过程中，由于该环境下的压力和温度都超过临界值（31.1℃，7.38MPa），故此时的 CO_2 处于超临界状态（图 5-3）。且干热岩的储层边界封闭性较好，使采用超临界 CO_2 作为携热介质成为可能。

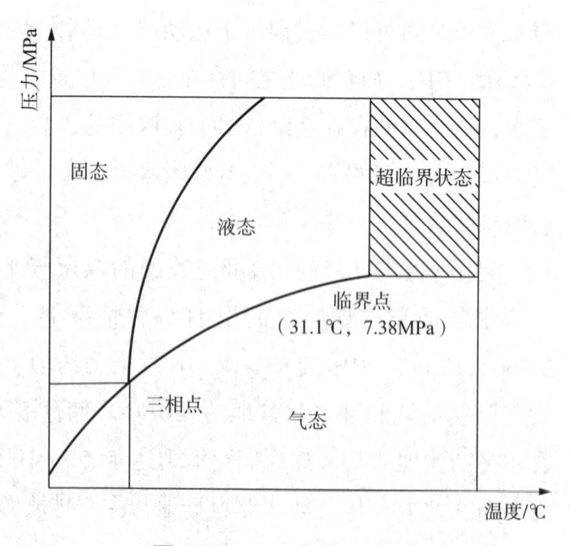

图 5-3 CO_2 相态示意图

单看物理性质，超临界 CO_2 不仅具有气体的特性而且还兼有液体的特性，具体地说：其黏度比液体的小，但接近气体；其密度却是气体的几百倍，但接近液体；其扩散系数则是居于液体和气体之间，是液体的好几百倍；其质量热容为水的 0.3~1 倍。详细数值见表 5-1。

表 5-1　CO_2 不同状态下的物理性能

CO_2	黏度 / (Pa·s)	密度 / (kg/m^3)	扩散系数 / (m^2/s)
超临界	2.04×10^{-5}	600~800	5×10^{-7}
气态	1.38×10^{-5}	1.977	3×10^{-5}
液态	1.0×10^{-4}	1100	1.77×10^{-9}

同样作为换热工质，但是在热物性上，超临界 CO_2 与水还是有着很大的区别，而且在渗流方面与热交换规律上也是不一样的，这些差异都体现在开采地热的时候，也正是由于这些差异，使它们具有不同的热提取速率。鉴于此，我们应该意识到熟知超临界 CO_2 的热交换特性，特别是在开采地热的过程中的一些性质，能够在实际运用中有效的发挥其优势，提高采热率，增加系统的经济性。目前，有关 CO_2 增强型地热系统的研究，最多的是对 CO_2 在人工热储层内与岩层之间的热交换规律的研究、超临界 CO_2 在与高温体换热过程中热力学性质改变的研究、地球化学反应的研究、井筒热虹吸现象的研究等。

② CO_2 作为携热介质的优势

相较于采用水作为携热介质从地热系统中开采地热资源的传统的增强型地热系统来说，以 CO_2 为携热介质的系统具有更大的优势（表 5-2）。通过多年的研究，专家学者们已经对 CO_2-EGS 的地热资源开采潜力有了相当程度的了解，也对比研究了以 CO_2 和水作为不同介质的系统的特点。大致可概括总结为如下几点：

a. 对于进行深层地热开采的增强型地热系统而言，超临界 CO_2 的膨胀性和压缩性更好于水，其热物性对外界的压力、温度等条件都比较敏感，使 CO_2-EGS 的注入压力与产出压力间的压力差很大，能够为工质在地面的工艺流程中提供驱动力，从而降低系统的循环能量消耗，即便没有额外泵功，也可保证流体的循环。

b. 增强型地热系统的地热开采不可避免地会有工质泄漏。传统的 H_2O-EGS 中，水的泄漏十分不利；而 CO_2-EGS 可以结合 CO_2 的地质封存技术，将泄漏的 CO_2 埋存地下，有效地缓解温室气体的问题，带来额外的经济效益和环境效益。

c. 由于岩层中的矿物质与水之间会有一定程度的物理化学作用，使得地面设备以及井筒、各种管线等设备中有结垢的现象，影响出水井工质的纯度，还会对设备造成损害，以及引起微量排放有害物质等的环境污染问题；而 CO_2-EGS 中，矿物质不溶于超临界 CO_2，可以保证携热工质的纯度以及降低对设备的伤害。

d. 超临界 CO_2 的黏度较低，由达西定律可以得出，在同样的注采压差下，CO_2 的质量流量大约是水的 1~6 倍。所以，把超临界 CO_2 注入到岩层中比水更容易，而且超临界 CO_2 还可以在岩层中渗流，对开发低渗储层的地热资源极为有利。

e. 在作为溶剂时，CO_2 具有与水相差很大的溶解性，由于超临界 CO_2 的脱水性可以使岩石缝隙中本身残留的少部分水被处理，而且还能够使岩石持续这种干燥的状态，很大程度地降低系统设备的腐蚀风险。

表 5-2　可作为增强型地热系统中传热流体的 CO_2 和水的优缺点对比

流体特征	CO_2	水
化学特征	非极性溶剂；对于岩石矿物是弱溶剂	对于岩石矿物是强溶剂
井孔中的流体循环特征	较大的可压缩性和膨胀性→受到较大的浮力作用；具有较低的能量消耗，可保持流体的循环	较小的可压缩性，中度的膨胀性→受到较小的浮力作用；需要用较大的抽水设备提供能量来保持流体的循环
储层中的流体流动特征	较低的黏度，较低的密度	较高的黏度，较高的密度
流体传热特征	较小的比热	较大的比热
流体损失特征	可能有助于温室气体的地质封存→通过对温室气体的减排获得一定的经济效益，以抵消热能开采中的一部分费用	由于水分损失会增加工程费用（尤其在干旱区）→阻碍对储层的地热开发

（2）CO_2 对增强型地热系统的热储层的改造作用

低温 CO_2 化学刺激剂注入后被地层加热，储层因发生热损耗而温度降低，至 20 天化学刺激剂的温度影响范围可达到 400m（图 5-4 其中 x 为距注入井距离）。超临界状态 CO_2 被注入热储层后，溶于水进而解离生成 H^+ 和 HCO_3^-，从而降低地下水的 pH 值。至 10 天时，裂隙通道地下水的 pH 值降低至小于 4.7，注入点处 pH 值降低幅度尤为明显，可降低至 3.9（图 5-5）。低温 CO_2 化学刺激剂改变了储层的温度场和化学场，打破了原有的水化学平衡，影响了母岩中矿物质的溶解度，矿物的体积分数相应发生变化。裂隙通道中的方解石和菱铁矿物发生溶蚀作用，在注入点处最为强烈，见图 5-5。由于沿着化学刺激方向地层温度逐渐升高，碳酸盐矿物的溶解度降低，在方解石和菱铁矿溶解区的前沿 2 种矿物发生少量沉淀。与曲希玉等的研究成果一致，CO_2 注入后钠长石和钾长石发生溶蚀作用但是溶解体积分数远小于方解石和菱铁矿溶解体积分数，见图 5-5 和图 5-6。长石的溶解提供了 Al 和 Si 等液相组分，导致高岭石发生微量沉淀。赤铁矿和石英等其他矿物也有微小变化，但体积分数变化均小于 1×10^{-6}，可以忽略。

尽管上述原生矿物的溶解为次生碳酸盐矿物生成提供了 Ca、Fe、Na 和 Al 等液相组分，但化学刺激过程水 - 岩 - 气作用时间较短，且地下水始终保持较低 pH 值，裂隙通道中并未出现次生碳酸盐矿物沉淀。矿物的溶解和沉淀导致裂隙通道的孔隙度和渗透率变化。由图 5-5 和图 5-7 可见：裂隙通道孔隙度变化趋势和碳酸盐矿物体积分数的变化趋势相似。至 20 天时，储层裂隙通道最高孔隙度为 0.3265，比初始孔隙度（0.3000）高

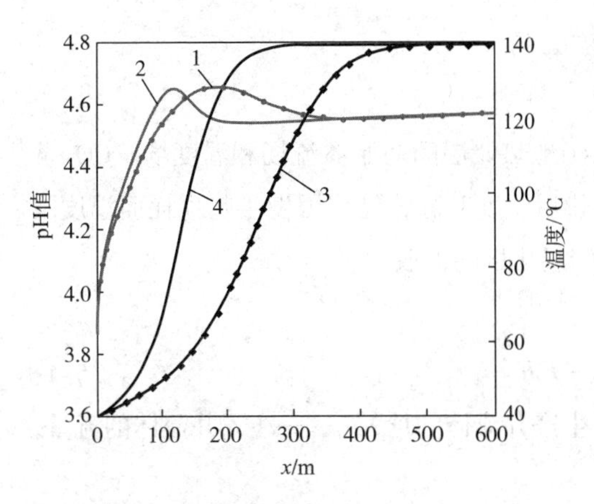

图 5-4　裂隙通道 pH 值和温度分布图

1—pH 值（20 天）；2—pH 值（10 天）；
3—温度（20 天）；4—温度（10 天）

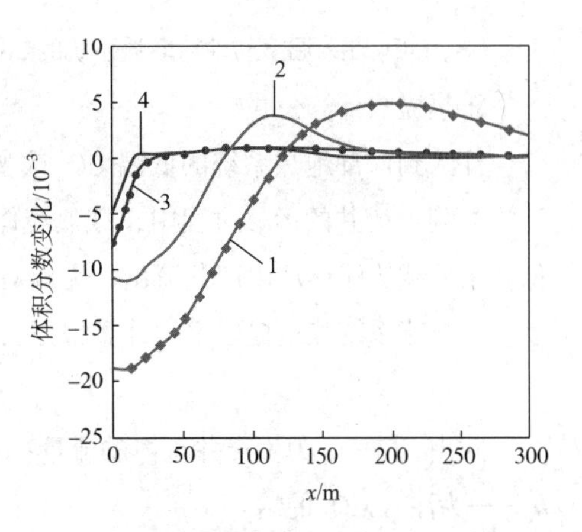

图 5-5　裂隙通道碳酸盐矿物体积分数变化分布图

1—方解石（20 天）；2—方解石（10 天）；
3—菱铁矿（20 天）；4—菱铁矿（10 天）

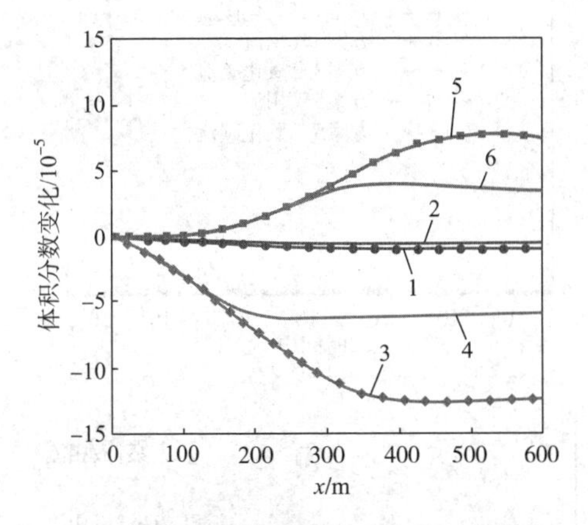

图 5-6　裂隙通道硅酸盐矿物体积分数变化分布图

1—钾长石（20 天）；2—钾长石（10 天）；
3—钠长石（20 天）；4—钠长石（10 天）；
5—高岭土（20 天）；6—高岭土（10 天）

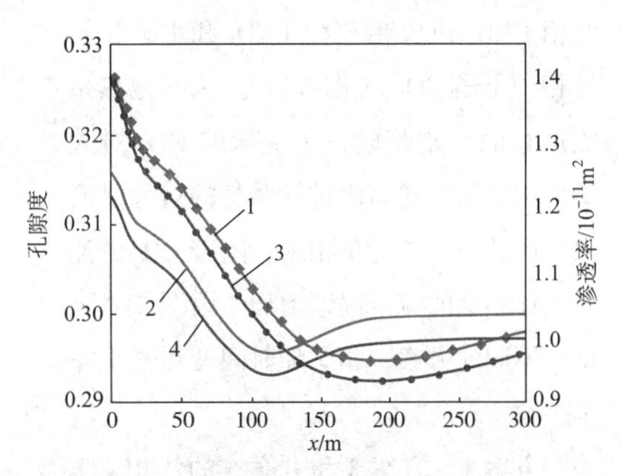

图 5-7　裂隙通道孔隙度和渗透率分布图

1—孔隙度（20 天）；2—孔隙度（10 天）；
3—渗透率（20 天）；4—渗透率（10 天）

0.0265，其中方解石和菱铁矿的溶解体积分数分别为 0.0180 和 0.0076，可见裂隙通道储层孔隙度的增加几乎全部源于方解石的溶解。

由于模拟过程中选择的孔隙度 - 渗透率相互关联的模型没有考虑到孔隙大小、形状、连通性等多方面因素的影响，孔隙度和渗透率的关联性较好。至 20 天时，储层裂隙的最大渗透率可达到 $1.392 \times 10^{-11} m^2$，高于初始渗透率 39.2%。由此可见，$CO_2$ 化学刺激剂注入后裂隙通道的孔隙度和渗透率增加明显。CO_2 化学刺激剂注入地层后形成酸性较弱的碳酸，对原生碳酸盐矿物具有良好的溶蚀能力，但是对长石等硅铝矿物溶蚀能力较弱，注入热储层后不会被注入井附近的矿物消耗殆尽，可对 EGS 热储层的人工裂隙通道进行深部穿透。如图 5-4 和 5-5 所示，化学刺激进行至 20 天，CO_2 化学刺激剂的有效穿透距离可达到 110m。

（3）CO_2 注入温度对地热增强系统的热提取率的影响

①热提取计算公式

注入到深部地热系统的低温 CO_2 改变了人工地热储层的初始渗流场和温度场。CO_2 从注入井到生产井的运移过程中，载热流体被加热后温度升高，储层因发生热损耗而温度降低。最后载热流体从生产井流出，完成对地热储层热量的提取。

地热能系统热量提取率的计算根据公式：

$$G = F_0h_0 - F_ih_i \tag{5-1}$$

式中，F_0——为生产井流体的流量；h_0——生产井流体的焓；F_i——注入井流体的流量，h_i——为注入 CO_2 的焓。

②相态变化

深部地热系统运行期间，生产井中流体相态变化为：液相（滞留水）－气、液两相（CO_2 和水）－气相（CO_2 和水蒸气）－气相（干燥 CO_2）（图 5-8）。深部地热系统运行的开始阶段，是注入的 CO_2 对人工地热储层的滞留水进行驱替的过程，流入生产井中流体为单相水，随着 CO_2 的注入，单相水的流量逐渐增加。由图 5-8 可见，不同的方案，相态随时间变化几乎完全一致。

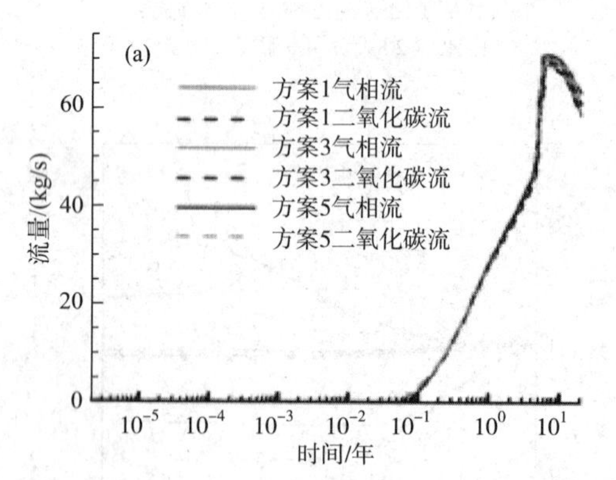

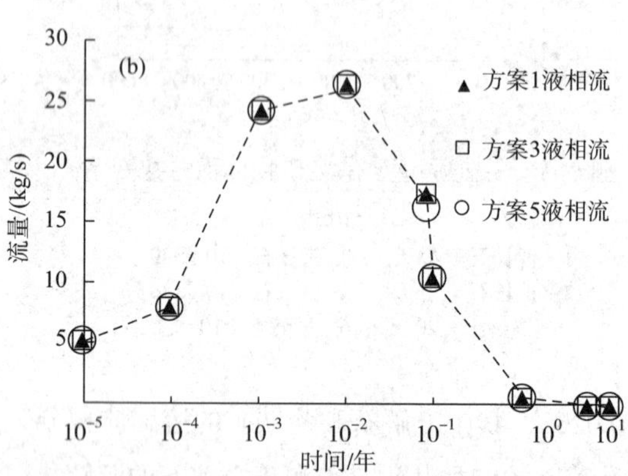

图 5-8　方案 1、3、5 生产流体不同相态动态图

方案 1、方案 3 和方案 5 的气相 CO_2 分别于系统运行 27.57 天、27.53 天和 27.39 天后到达生产井。此时生产流体变为 H_2O-CO_2 混合两相流。随后单相水的流量持续降低，生产流体中气相流体（由气相 CO_2 和少量水蒸气构成）比例逐渐增加。系统运行 5.624 年、5.556 年和 5.499 年后，上述 3 种方案生产流体的相态只有气相，此时气相流体中 CO_2 占绝对优势，水蒸气的质量分数仅为 1.22%左右。气相流体水蒸气的质量分数随时间增长而变小，3 种方案生产流体的水蒸气分别经过 13.938 年，13.914 年和 13.898 年消失，只剩下干燥的 CO_2。

③ CO_2 注入温度对系统可持续的影响

随着深部地热系统对地热能的提取，生产流体的温度逐渐下降。生产流体的温度变化直接影响系统的运行效果、使用年限及周期。如果系统运行期间生产流体的温度下降过快，会导致系统停运甚至报废。通过对 5 种方案生产流体温度随时间的变化特征（图 5-9），分析 CO_2 注入温度对深部地热系统可持续性的影响。

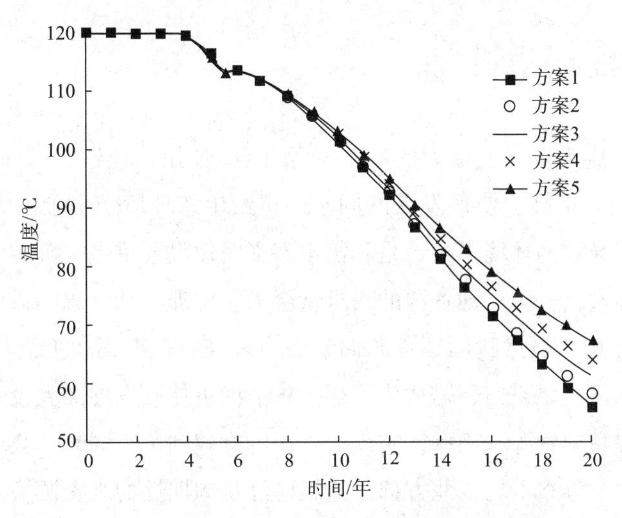

图 5-9　注入温度变化时生产井流体温度随时间变化

目前关于 CO_2-EGS 可持续运行的标准尚未明确和统一。通常情况下，认为 100℃为深部地热发电系统的下限，如果生产流体温度小于 100℃会对深部地热系统的运行效果产生影响。暂以此作为衡量深部地热系统可持续运行的依据。

由图 5-9 可见，CO_2-EGS 运行后，注入 CO_2 的影响范围逐渐增大。在影响范围达到生产井前，生产井产出流体的温度和人工地热储层滞留水初始温度一致，都为 120℃。当注入 CO_2 影响范围达到生产井后，生产井流体的温度发生变化，在余下时间，生产井流体温度的总体变化趋势为随着时间延长而降低。值得注意的是，在 CO_2 水驱替结束后，生产流体温度会出现下降过程中的短时间增加现象，这是因为 CO_2 的比热容和热传导系数小于水，在相同温差的热传递作用下双相流生产流体上升温度小于气相流体上升温度。

因此，对于增强型地热系统的研究，可以得出以下结论：

①对于增强型地热系统来说，作为潜在的传热介质，超临界 CO_2 较水具有更大的优势，如 CO_2 对于岩石矿物是弱溶剂、具有较大的可压缩性和膨胀性，以及较低的黏度等。但是在实际应用中也需要注意 CO_2 的缺点，如较低的密度和比热，这些都不利于对地热资源的有效开采。

②使用超临界 CO_2-EGS，在开采地热资源的同时，也有助于温室气体的减排。

③对于潜在用于地热开发的地热储层来说，在较低的初始储层温度条件下，热开采速率的增大更为明显，而在不同的初始储层压力条件下，超临界 CO_2 对储层的地热开采可能表现出一些独特的特征，这取决于影响 CO_2 可移动性的温度和压力条件。

④对于未来的实际工程来说，超临界 CO_2 开采地热资源的过程可能会更为复杂，如

CO_2 对水的非混相驱替、CO_2 在水相中的溶解、水相在超临界 CO_2 中的溶解，以及超临界 CO_2– 水 – 岩石和超临界 CO_2– 岩石之间的地球化学反应。

5.2 资源开发技术

当前，中国已成为世界上最大的矿产资源开发利用的国家之一。矿产资源的开发利用在有效支撑我国经济社会快速发展的同时，也给生态环境带来了巨大破坏。如何规避矿产资源开发利用导致的环境影响，是我国生态文明建设要重点突破的问题。随着我国对核电建设力度的加大，全国对铀资源的需求量会大量增加，铀资源的供应对我国的核工业发展起着重要的作用。虽然我国铀资源储量潜力较大，但勘察程度总体较低，查明程度小 25%，大部分地区还是空白，需要为了保持核能的可持续发展加大投入，从长远看，必须通过技术进步提高铀资源利用率，实现铀资源的有效利用。同时，我国水资源人均占有量很低，且由于时空分布不均，北方部分流域已经从周期性的水资源短缺转变成绝对性短缺。水资源短缺是指由于水资源的供和求不平衡而形成的缺水现象。随着人类社会的进步和发展，它逐渐具有发生频率高、影响范围广、持续时间长等特点，水资源短缺所带来的危害也越来越大。CCUS 技术的发展顺应了时代的潮流，能够逐步实现在改善生态环境的基础上进行水资源的开发利用，以缓解水资源短缺的危机。

5.2.1 溶浸采铀技术

溶浸采铀技术是一种综合性的采矿技术方法，是采矿学、地质学、地球化学、水文地质学、湿法冶金技术、化学科学和环境工程等学科相互交叉和渗透发展的结晶。这种采矿方法把常规采矿方法，选矿方法和化学浸出融合在一起，可以直接把矿石中有价值金属提取出来的综合开采工艺技术，它的原理是根据物理化学作用机理配合化学工艺技术，利用化学溶剂或者采用微生物的催化作用，有选择的溶解和浸出矿石中的有用成分，然而跟常规采矿不同的是用这种方法采出来的是包含有用金属的溶液，而不是固体矿石，这便从根本上改变了常规采矿工程中采、选、冶的技术工艺，其突出特点是：采用溶浸采铀技术把常规采矿方法中的采、选、冶工艺整合到了一起，从而简化了工艺流程，这样的直接好处就是矿床开采投资减少、建设周期缩短、生产成本降低、能耗降低、环境污染减少、现场生产安全和卫生条件好转，矿产资源回收利用率有效提高。溶浸采铀包括堆浸采铀、原地爆破浸出采铀和原地浸出采铀，它们都有自己的特点，具体某铀矿要选择哪种开采方法，取决于铀矿的自身特点及地质条件和水文条件。

在我国铀矿中，砂岩铀矿是我国四大铀矿类型之一，占总储量比例较大，而且我国砂岩型铀矿含矿层的渗透性普遍较差，除了新疆的部分砂岩型铀矿的含矿层渗透系数大于 0.5m/ 天以外，其余正在进行地浸采铀试验的几个砂岩型铀矿的含矿层渗透系数都小于

0.5m/ 天。由于低渗透砂岩型铀矿床钻孔抽注液的能力小，而且地浸作业过程中渗透性能也会容易变小，这都会严重影响矿床的经济价值。

同时，由于当前不合理的能源使用致使环境污染严重，发展核能成为减排防污的有效手段，而铀是发展核能的基本原料，传统的采铀方法由于本身的污染的局限性，容易产生“三废”，造成二次污染，增加了提取铀的环境和经济代价。地浸采铀是一种新型的采铀方法，其与常规采铀方法相比较，其对环境影响较小，如产生较少的废物，特别是不产生废石与尾矿，因此不会产生由于尾矿与废石引起的一系列环境问题，如大量的氡气析出、尾矿与废石的渗出水、需要建尾矿库与废石场等等，但存在着一个严重的环境问题，大量的溶浸剂注进了含矿含水层后，对含水层造成严重的污染，如不及时治理，污染范围会进一步扩大。为了降低地浸采铀对环境的污染，必须要探索新型地浸采铀方法。

在原地对铀矿石进行浸出的方法来开发铀矿资源被称为“原地浸出采铀”，简称为“地浸采铀”。

原地浸出采铀是把按一定比例配制好的溶浸剂通过从地表钻井直至含矿层的注液井注入到含矿层，注入的溶浸剂将会与矿石中的有用成分相接触并发生化学反应，生成的可溶性化合物随着溶浸剂的流动同时由于扩散和对流的作用而离开化学反应区，最终进入到沿矿层渗透迁移的溶液流中。矿层中的溶液被抽液井提升至地表，然后抽出的浸出液被输送至回收车间，经过离子交换等工艺的处理，最后得到所需要的产品，它常用于有一定渗透性的砂岩型铀矿石的开采，原地浸出采铀的原理如图 5-10 所示。

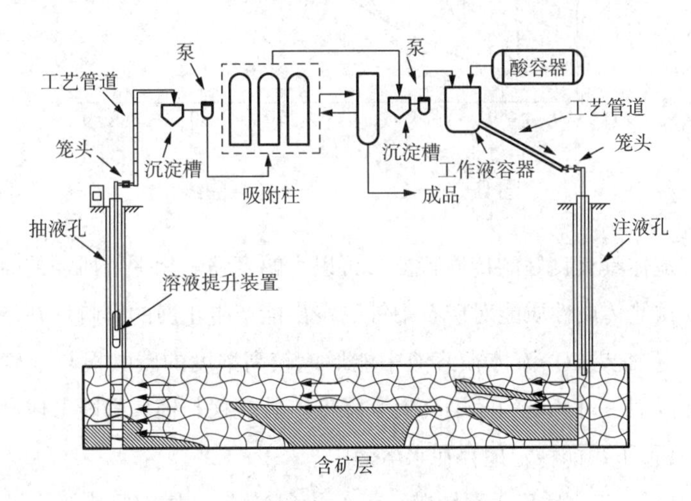

图 5-10　原地浸出采矿原理示意图

目前世界上地浸采铀用的最多的是酸法地浸，酸法地浸的优点是浸出速度快、浸出率高，其缺点是选择性差、设备需耐腐蚀、地下水治理费用高，而且不适合于开发碳酸盐含量高（以 CO_2 计大于 2%）的矿床。同时，有一部分铀矿开采采用碱法地浸，它的优点是选择性好、设备不需要防腐、对碳酸盐含量高的矿床同样适用，其缺点是浸出率低（一般碱法浸出率较酸法低5%~10%)，浸出时间长等。在碱法地浸中常用的浸出剂是Na_2CO_3和$(NH_4)_2CO_3$，它们的使用同样给地下水治理带来了一定的难度。采矿结束后，总矿化度也有所提高，一般为3倍，pH值基本不变，SO_4^{2-}增加10倍，RCO_3、Ca、NH_4、Cl、U等组分浓度也会发生变化。

超临界流体（Supercritical Fluid，简称SF或SCF）指超临界温度和超临界压力状态下的高密度流体，具有气体和液体的双重性质，具有一般液体溶剂所没有的明显优点，如黏度小、扩散系数大、密度大、溶解特性和传质特性良好，且在临界点附近对温度和压力很敏感。CO_2的临界温度为31.06℃、临界压力为7.39MPa（图5-11），此条件容易达到，所以这种新型物质分离提纯技术在医药、食品及香料工业、环保、化学工业、材料制备等领域中具有广泛应用前景。

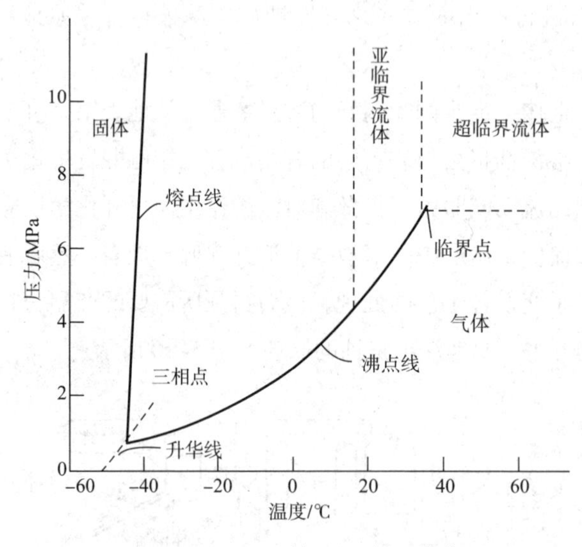

图5-11　CO_2的P-T关系曲线

超临界CO_2流体具有良好的传质特征，可以大幅度缩短相平衡所需的时间，是高效传质的理想介质。这些传质性质能对矿石中铀的浸出能产生正面的影响。在浸取低品位砂岩铀矿的过程中，超临界CO_2流体在溶液中能形成较高浓度的碳酸根与铀离子结合，不需要加入额外的溶浸剂，对环境的污染会大大降低。碳酸根与铀离子能形成高溶解性的络合物，在一定的pH值下，能稳定地存在水溶液中。

CO_2具有价格便宜、无毒、不易燃、无污染等特点，尤其是其超临界状态（临界温度31.06℃、临界压力7.39MPa）非常容易达到，用流体CO_2为浸出剂浸取铀矿石后，金属络合物容易分离，而且对环境影响较小，生产成本低廉，因此具有研究价值与实际应用价值。同时当外界达到一定压力的时候，CO_2易溶解于水中，此时它有较大的溶解度（约114g/L），其中在NH_4HCO_3的碱法地浸过程中，溶浸剂pH值的升高会造成碳酸钙、碳酸镁和硫酸钙等物质的饱和指数增加和它们的溶解度降低，容易导致碳酸钙镁和硫酸钙等物质的沉淀，然而通过加入适量的 CO_2 来调节溶浸剂的 pH 值，使 pH 值始终保持在 6.4~6.8 之间，以此来达到防止矿层出现碳酸钙镁的化学沉淀的目的。

虽然超临界 CO_2 有许多优点，但应用最广泛的领域是非极性有机物的萃取，由于溶质溶剂间的微弱作用以及 CO_2 的电中性，使得超临界 CO_2 对带电荷的金属离子溶解性很差，因此不能用来直接萃取金属离子。但当有机配体与金属离子合成电中性的配合物或者在超临界 CO_2 流体中加入极性较强的夹带剂，就能使金属离子在 CO_2 中溶解，也使利用超临界 CO_2 来浸取铀矿石中的铀成为可能。

（1）铀矿开采常用方法

目前世界上主要的铀矿开采方法如图 5-12 所示。

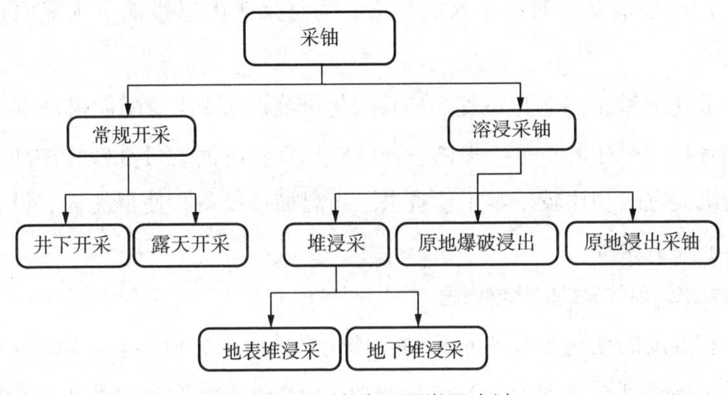

图 5-12　铀矿开采常用方法

具体的浸出液处理工艺流程和具体实施如图 5-13 所示。

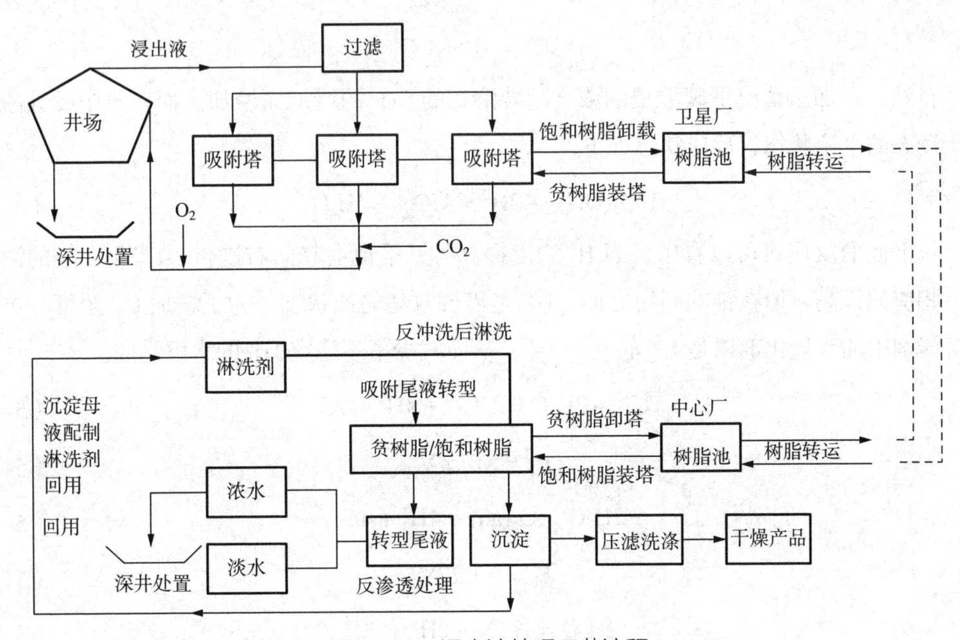

图 5-13　浸出液处理工艺流程

①浸出液加 CO_2 带压离子交换吸附技术。在过滤所得铀浸出液进行离子交换吸附处理之前，向铀浸出液中加注 CO_2 气体，本工艺中加入 CO_2 后可降低浸出液 pH 值，除有效的离子交换吸附外，增加了强化的配位吸附作用，能更有效地提高树脂的饱和铀容量，可减轻吸附时树脂层的板结。同时，提高尾液中的碳酸氢根浓度，直接形成了有效的溶浸液，可注入地下循环使用。相对传统的其他酸、碱法地浸工艺，本发明一体化了离子交换吸附和溶浸剂的配制工序，简化了操作步骤，优化了生产工艺技术。

②吸附尾液转型树脂、转型废水反渗透处理回用工艺技术。根据 CO_2+O_2 地浸采铀工艺的特点，充分利用吸附尾液中 HCO_3^-，实现了无需配制转型剂的树脂转型，节约了成本、简化了工艺操作。其中转型废水反渗透处理避免了溶液循环中 Cl^- 积累的问题，进一步减少了废水量，同时也避免了对地下水的污染，为将来矿山退役地下水复原打下了良好的基础。

③合格液酸化加碱常温老化沉淀、CO_2 酸化母液调节 pH 值配制淋洗剂工艺技术。本工艺克服了现有技术存在的不足，提供一种低碱耗常温沉淀、母液转化循环淋洗的工艺方法。与传统的沉淀方式相比较，本工艺省去了高温加热设备，使得能耗、设备投入大大降低，生产成本下降了 30%。

（2）超临界 CO_2 流体采铀的化学原理

利用压力和温度的变化来改变 CO_2 的物理化学性质来完成实验。由于 CO_2 的特殊性，在加压情况下，溶解到溶浸剂中 CO_2 也会增加。CO_2 进入溶剂中会形成 H_2CO_3，而碳酸是二元弱酸，会电离分解：

$$H_2CO_3 = H^+ + HCO^- \tag{5-2}$$

$$HCO^- = H^+ + CO_3^{2-} \tag{5-3}$$

自然，在加压情况下碳酸跟的浓度随着溶解的 CO_2 的增加而增加。而矿石中的铀酰也处于动态的平衡状态，反应状态如下：

$$UO_2(OH)_2 + 2H^+ = UO_2^{2+} + 2H_2O \tag{5-4}$$

从上面的反应式可以看出，当 H^+ 浓度提高时，平衡会趋向右进行，U^{4+} 和 U^{6+} 的浓度就会相应的提高。但在铀的利用方面，U^{6+} 是需要收集的铀状态。为了增加 U^{6+} 浓度，可以在溶浸剂中加入氧化剂以是 U^{4+} 转化为 U^{6+}，从而减少了不稳定 U^{4+} 的水解趋向。

$$U^{4+} + 2H_2O = UO_2^{2+} + 4H^+ + 2e^- \tag{5-5}$$

$$E_0 = +0.27V \tag{5-6}$$

$$2H_2O = O_2(aq) + 4H^+ + 4e^- \tag{5-7}$$

$$E_0 = +1.27V \tag{5-8}$$

$$2H_2O = H_2O_2 + 2H^+ + 2e^- \tag{5-9}$$

$$E_0 = +1.76\text{V} \tag{5-10}$$

$$Fe^{2+} = Fe^{3+} + e^- \tag{5-11}$$

$$E_0 = +0.77\text{V} \tag{5-12}$$

以上电化学反应方程式中的标准电动势，可以得到 Fe^{3+}、O_2 和 H_2O_2 都可以达到氧化 U^{4+} 的能力。

U^{6+} 的电子结构是铀原子丢失 5f、6d、7s 轨道价电子得到的，从此结构可以看出其亲氧性，易形成 UO_2^{2+} 离子。而由于铀酰离子的极化性，络合能力也比较强。容易形成阳离子络合物和阴离子络合物，尤其容易产生酸根络合物。在超临界状态下，CO_2 容易形成碳酸根离子，固容易形成络合物。得到以下主要的进出模式，反应方程如下：

$$UO_2 + 2Fe^{3+} = UO_2^{2+} + 2Fe^{2+} \tag{5-13}$$

$$CO_2 + H_2O = CO_3^{2-} + 2H^+ \tag{5-14}$$

$$UO_2^{2+} + 2CO_3^{2-} = [UO_2(CO_3)_2]^{2-} \tag{5-15}$$

$$UO_2^{2+} + 3CO_3^{2-} = [UO_2(CO_3)_2]^{4-} \tag{5-16}$$

超临界 CO_2 流体在适当的氧化剂和水介质中可以有效浸出低品位砂岩铀矿石中的铀，与常规的酸法地浸和碱法地浸有一定的优越性，浸铀过程中，矿石中的铀先被氧化为六价铀，然后形成高溶解性的碳酸铀酰盐络合物。在超临界 CO_2 中加入 H_2O_2 做氧化剂其浸铀效果不明显，主要是双氧水在酸性介质中氧化性释放较慢。螯合剂对超临界 CO_2 浸取铀没有明显的促进作用，因为这种有机物虽然超临界 CO_2 流体中有很好的络合效果，但在水中几乎不溶，无法与水溶液的铀离子产生络合。虽然地浸采铀具有以上优点，但是作为一种特殊的铀矿开采方法，它的应用有一定的局限性，因此也存在一些缺点：只适用于具有一定地质、水文地质条件的矿床；如果矿化不均匀，矿层各部位的矿石胶结程度和渗透性不均匀或矿石中有部分有用成分难以浸出，这些都将影响开采的技术经济指标。

（3）碳酸铀酰的稳定常数

在浸出铀的过程中，由于不稳定的四价铀存在，就会产生碳酸铀酰的形成和分离。而我们要到的是具有稳定性的络合物。而稳定的碳酸铀酰稳定性由稳定常数决定。在溶液中，金属离子往往以水合离子存在。络合反应为：

$$[M(H_2O)_n] + L \rightarrow [M(H_2O)_{n-1}] + H_2O \tag{5-17}$$

简化为：

$$M + L = ML_1 \tag{5-18}$$

假设各离子的活度为 1，则活度可以用浓度来代替，即：

$$K_1 = \frac{[ML_1]}{[M]\,[L]} \tag{5-19}$$

随着水分子继续被取代，则平衡方程和平衡常数为：

$$ML_1 + L = ML_2 \quad (5\text{-}20)$$

$$K_2 = \frac{[ML_2]}{[ML_1][L]} \quad (5\text{-}21)$$

$$ML_2 + L = ML_3 \quad (5\text{-}22)$$

$$K_3 = \frac{[ML_3]}{[ML_2][L]} \quad (5\text{-}23)$$

从上式可以看出来 K 值越大稳定性越好。而实际中考虑的是总的稳定常数和累计稳定常数。如下为各级反应的平衡方程和平衡常数：

一级反应：

$$M + L = ML_1 \quad (5\text{-}24)$$

$$\beta_1 = \frac{[ML_2]}{[M][L]} \quad (5\text{-}25)$$

二级反应：

$$ML_1 + L = ML_2 \quad (5\text{-}26)$$

$$\beta_2 = \frac{[ML_2]}{[ML][L]} \quad (5\text{-}27)$$

三级反应：

$$ML_2 + L = ML_3 \quad (5\text{-}28)$$

$$\beta_3 = \frac{[ML_3]}{[ML_2][L]} \quad (5\text{-}29)$$

上述式中的反应的累积稳定常数为

$$\beta_1 = K_1 \quad (5\text{-}30)$$

$$\beta_2 = K_1 \times K_2 \quad (5\text{-}31)$$

$$\beta_3 = K_1 \times K_2 \times K_3 \quad (5\text{-}32)$$

在实验中，由于很快 UO_2CO_3 产生了水解，所以量是很少的，不做讨论，而 $UO_2(CO_3)_2(H_2O)_2^{2-}$ 和 $UO_2(CO_3)_3^{4-}$ 的平衡常数都相当稳定，为实验提供了理论依据。因此，以 CO_2 作为提取剂来采铀是一个非常有前景的方法。

5.2.2 强化采水技术

人为温室气体排放成为全球变暖的主要因素，而 CO_2 作为主要的温室气体之一，对气候变化负有不可推卸的责任。

目前，各种节能减排技术，包括碳捕获和储存（CCS）技术，以及其他清洁、低碳能源开发技术，都呈现出迅速发展的趋势，以缓解日益严重的气候变化危机。由于传统的 CO_2 咸水封存项目，存在大规模的 CO_2 注入导致地层压力提升、咸水取代。压力的增加使得覆盖层产生破裂或断层重新活动，从而引发 CO_2 的泄漏；咸水取代会对原有的地下水系统产生影响，可能导致地层深部的高浓度咸水向浅层水体迁移，引起浅层水体的污染。

为解决煤矸石碳排放量增加以及水污染的难题，在传统 CO_2 地质储藏的基础上，提出了 CO_2 地质储藏与深层盐水 / 咸水联合开采（Enhanced Water Recovery，EWR）（图 5-14）的新型地质工程方法。

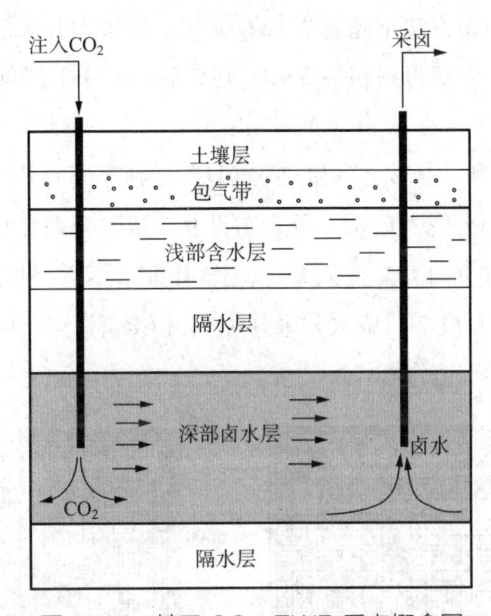

图 5-14　基于 CO_2-EWR 采卤概念图

采用超临界 CO_2 强化深层咸水开采，不仅可显著地提高咸水的开采效率，降低越流风险，而且可实现 CO_2 的安全封存，是一种可同时实现咸水高效开发和减缓温室效应的双赢选择。Fang 等初步研究了超临界 CO_2 灌注储存联合深层咸水开采的潜在优势。

（1）超临界 CO_2 强化咸水开采原理

①超临界 CO_2 的基本性质

正常大气条件下，CO_2 是一种比空气重的非常稳定的热力学气体。当温度大于 31.1℃，压强大于 7.38MPa（临界点）时，CO_2 处于超临界状态。在这种压强和温度条件下，CO_2 行为仍像气体，可以充满整个孔隙空间，但具有一个“流动”密度，随着压强和温度的增加可从 200kg/m^3 增至 900kg/m^3，从而接近于水，CO_2 可溶于水，其溶解度随压强的增加而增加，随温度和盐度的增加而降低，超临界状态的 CO_2 不溶于水。

②超临界 CO_2 强化深层咸水开采基本原理

用超临界 CO_2 强化深层咸水开采，不仅能实现深层咸水的高效开采，还可以实现 CO_2 的安全地质封存，主要基于以下原理：

a.CO_2 封存容量主要由固有的物理封存量（填充储层中抽出咸水体积的数）和取决于当前地质环境的化学封存量组成，该模型大幅度增加物理封存量。

b. 利用超临界 CO_2 强化深层咸水开采，由于 CO_2 注入井中的静水压力变化远远大于生产井，导致较高的自我驱动流速，有利于咸水的高效开采。

c. 超临界 CO_2 与深层咸水联合注采可有效减少由 CO_2 注入引起的压力积累，保证 CO_2 封存的长期安全性。

（2）咸水开采井群布设

通过研究不同井群布设方法下超临界 CO_2 强化深层咸水开采的咸水开采量与越流风险和 CO_2 泄漏风险的情况，以期得到超临界 CO_2 强化咸水开采的最佳井群布设方法。

①井群布设方案

如图 5-15 所示，采用“矩形法”和“三角法”2 种不同的井群布设方法。第一种采用“矩形法”布井，如图 5-15（a）所示，分别布设 9 口咸水开采井和 4 口 CO_2 注入井（记作 9B4C）和 4 口咸水开采井 9 口 CO_2 注入井（记作 4B9C）。第二种采用“三角法”布井，如图 5-15（b）所示，分别布设 7 口咸水开采井和 6 口 CO_2 注入井（记作 7B6C）和 6 口咸水开采井和 7 口 CO_2 注入井（记作 6B7C）。

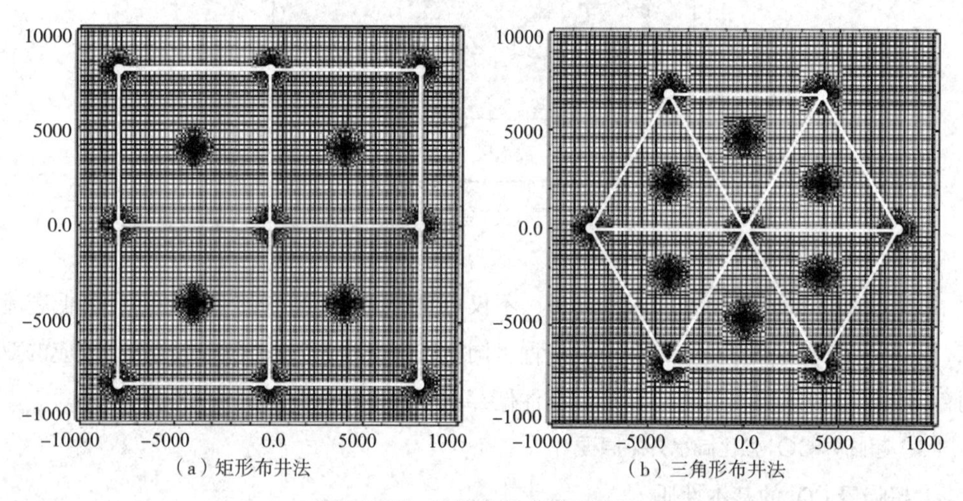

图 5-15　井群布设方案示意图

②咸水开采量（通过模拟数值分析）

采用超临界 CO_2 强化深层咸水开采可有效提高单井咸水开采量，如图 5-16 所示，不同布井方法下的单井咸水开采量均随着开采时间呈现出平稳上升的趋势。同时注采 70 年后，9B4C、4B9C、7B6C、6B7C 这 4 种不同布井方法下的单井咸水日产量分别达到 $1600m^3/d$、$2050m^3/d$、$1850m^3/d$、$1950m^3/d$，咸水开采总量分别达到 323Mt、202Mt、301Mt、278Mt。由此可见，在咸水开采总量提升方面，9B4C 布井方法的效果最好，7B6C 和 6B7C 次之。

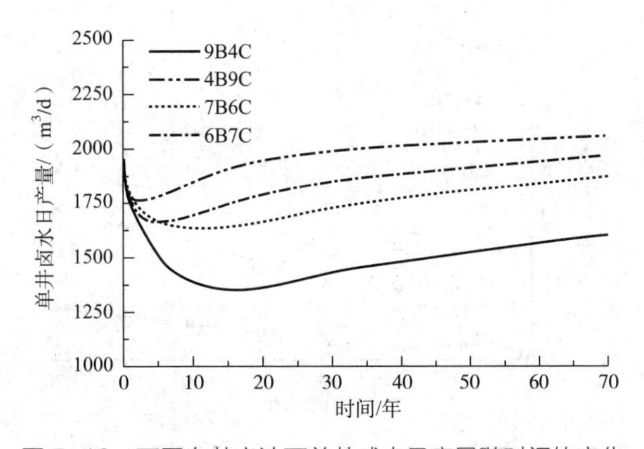

图 5-16　不同布井方法下单井咸水日产量随时间的变化

①咸水越流风险

房琦等的研究表明单一规模化咸水开采会发生强烈的越流补给，超临界 CO_2 灌注强化咸水开采可有效调控层间的越流风险。这里同样采用咸水开采效率定量评价这 4 种不同布井方法下的越流风险。所谓咸水开采效率是指来自目标咸水层的咸水开采量占总开采量的百分比，取值小于 1 说明上覆含水层向目标咸水开采层发生越流补给，取值大于 1 说明目标咸水开采层向上覆含水层发生越流排泄，取值越接近 1，其咸水开采效率和越流风险控制效果越好。由图 5-17 可知，9B4C、4B9C、7B6C、6B7C 这 4 种布井方法下的咸水开采效率分别在 98.0%、100.5%、99.9%、100.2% 左右，7B6C 在咸水开采效率和越流风险控制方面效果最好。

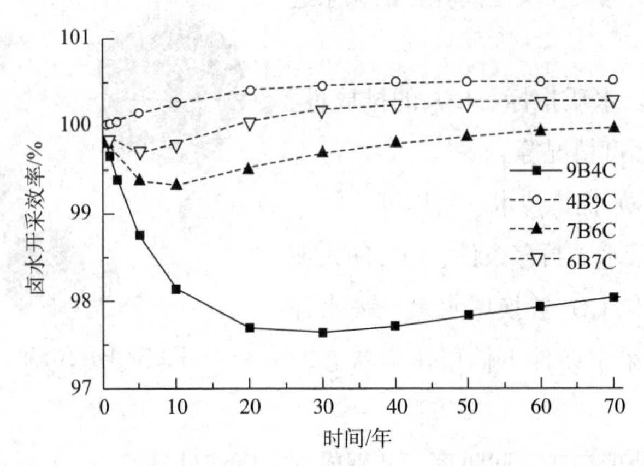

图 5-17　不同布井方法下咸水开采效率随时间的变化

② CO_2 泄露风险

采用超临界 CO_2 强化深层咸水开采，CO_2 泄漏风险是关注的关键问题之一。采用 CO_2 泄露比对比不同布井方法下的 CO_2 泄露风险。所谓 CO_2 泄露比是指逃逸出目标储层的 CO_2 的量占总注入量的比值，用‰表示。如图 5-18 所示，4B9C 的 CO_2 泄漏比最高，其次为 6B7C 和 7B6C，9B4C 的 CO_2 泄漏比最低。由于 CO_2 泄露主要发生在注入井孔附近，因此

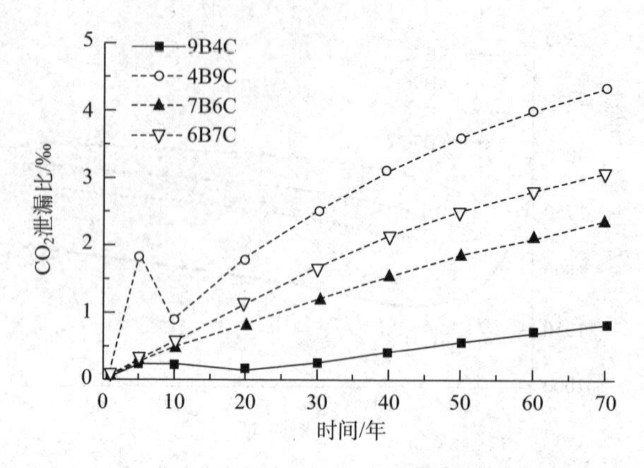

图 5-18 四种不同布井方法下 CO_2 泄漏比随时间的变化

减少注入井可有效减少 CO_2 的泄漏风险。

所以说，无论矩形井网法还是三角形井网法，超临界 CO_2 强化深层咸水开采的效果都是非常显著的。因此，在实际的超临界 CO_2 强化咸水开采项目中，可根据现场地形和工程条件选择比较合适的布井方案。

（3）具体的 CO_2-EWR 技术分析

CO_2-EWR 技术根据流程可细分为 4 大模块（图 5-19）。对这样一个多模块系统的整体进行评价，就需要对模块以及模块之间存在的关系进行分析。

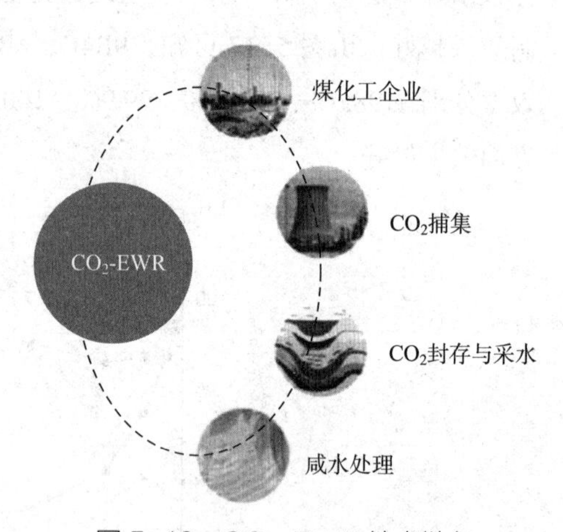

图 5-19 CO_2-EWR 技术链条

①煤化工企业。水质指标、CO_2 的排放量、产品需水量、缺水额度情况等。

② CO_2 捕集。CO_2 捕集技术、费用等。

③ CO_2 封存与采水。封存条件、CO_2 注入速率、迁移规律、单位 CO_2 置换咸水量、采水井与注入井的距离、采水条件下储层压力状态变化等。

④咸水处理。处理方法、回收率、处理成本、废液处理等。

下面介绍 CO_2 封存与采水以及咸水处理。

① CO_2 封存与采水。

CO_2 地质封存主要集中在 800m 以下咸水含水层，此时 CO_2 处于超临界状态，兼具气体的高扩散性、低黏度性及液体的强溶解性。出于保护淡水资源方面的考虑，含水层的矿化度应大于 10g/L。中国陆地及大陆架分布有大量的沉积盆地，分布面积广、沉积厚度大，符合上述封存条件的咸水含水层体积大。但 CO_2-EWR 技术各环节中，封存技术研究最为薄弱。目前主要面临以下技术难点：a. 缺少明确的封存选址标准和场地勘察技术。目前，中国还没有出台明确的、可量化的场地选择标准，且场地信息的获取技术虽然已存在于石油天然气行业中，但仍需要验证其在 CO_2 封存中的实用性。b. 缺少研究场地力学稳定性的评价方法。中国所处的欧亚板块受周围板块的挤压，构造活动比较频繁，断层密度较大，封存地层的长期力学稳定性问题比欧美国家更为重要，涉及长期地球化学过程与背景构造活动影响的力学稳定性评价研究需要加强。c. 需进一步开发 CO_2 泄漏的应急补救措施。针对 CO_2 泄漏的各种途径可以采取不同的补救措施，这些补救措施技术主要来自油气开采行业，在中国有多个示范工程项目的实践经验，但仍需进一步开发针对 CO_2 泄漏的修复措施，特别是针对地层缺陷的封堵修复技术。

对于 CO_2–EWR 技术，如何达到在 CO_2 安全封存的同时驱出最大水量，是该技术首先关注的焦点问题。由于地下环境的复杂性和未知性，数学模型和数值模拟在评估和模拟 CO_2 的运移规律及 CO_2 的驱水过程发挥着重要作用。下面是运用 TOUGH2 软件针对西部某一煤化工地区建立三维模型（图 5–20），模型储层厚度 100m，上下盖层厚度均为 25m，埋深大于 800m，顶、底部边界为零流量边界，CO_2 注入量为 1Mt/a，咸水开采率约为 60kg/s，CO_2 注入时间为 50 年。经模拟，开采约 46 年后，抽采井中出现自由态 CO_2，若继续开采，则认为会发生泄漏，此时，咸水开采量约为 1.73×10^8t。

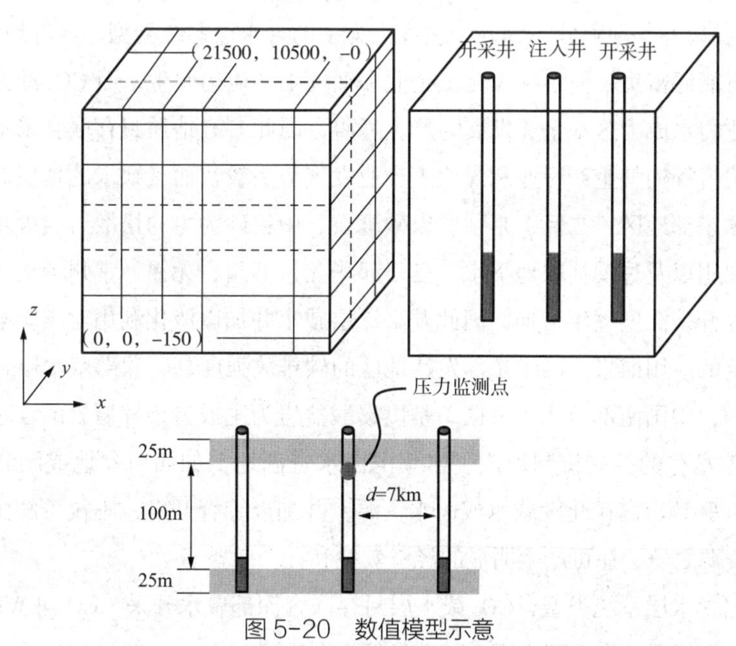

图 5–20　数值模型示意

②咸水处理。

咸水淡化方法主要有结晶法、反向电渗析法、蒸馏法、反渗透法以及离子交换法等，其中反渗透法以设备简单、效益高、占地少、操作方便、能量消耗少等优点而被广泛应用。美国北达科他州的能源与环境研究中心（EERC）统计了不同咸水处理方法对应的矿化度范围（图 5-21），可以看出，当矿化度介于 0~509/L 时采用反渗透法较为合适，而地下深层咸水水质大多处于该范围内。故反渗透法成为深层咸水处理的最佳选择。

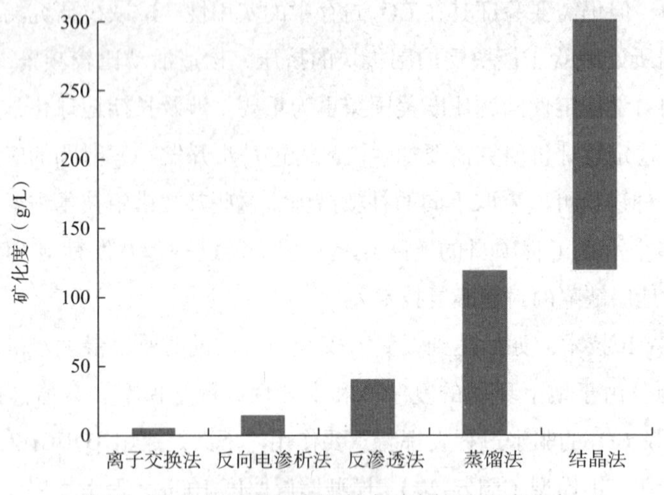

图 5-21　主要咸水淡化方法对应的矿化度分布

（4）中国潜在的 CO_2-EWR 区

根据不同含水层系统类型可把中国大陆分为三个潜在的 CO_2-EWR 区。中国西部地区（一区）是主要以冲、湖积砂、细砂、黏性土为主的含水层系统类型，西部地区煤、石油、天然气等化石能源富集，使各种煤化工企业和油气工业应运而生，而 CO_2 的高浓度排放以及大量的工业需水成为这些企业发展的严重障碍，因此 CO_2 地质封存联合采水的新思路对于新疆、内蒙古等油气生产行业和煤化工产业发展势头较快而又缺水的地域具有很大的应用潜力；中国东部地区（二区）是主要以砂砾石、中粗砂为主的松散岩类含水层系统，由于不合理的利用以及过度抽取地下水，已引起华北、苏州、无锡、常州等地区严重的地面沉降，地下水开采深度逐年增加，因此开采深层咸水并加以淡化利用对于缓解这一人为地质问题有一定的应用前景，同时东部发达地区的碳排放强度高，深部咸水层封存 CO_2 是主要的选择之一；中国南部地区（三区）是以碳酸盐岩为主或夹杂碎屑岩的含水层系统，裂隙富集和孔隙富存的控矿机制形成了富集的卤水资源地，如四川盆地或湖北省的江汉盆地，利用 CO_2 驱替出高矿化度咸水或卤水资源，并加以综合开发，不仅可解国民经济发展的紧缺战略资源之急，还可产生明显的经济效益和社会效益。

根据中国含水层系统类型，CO_2 咸水层封存联合深部咸水开采（CO_2-EWR）的思路可在不同地区含水层系统中得到应用，使其发挥不同用途。

目前，以煤为主的能源结构特点，决定了中国 CCS 的发展主要是与煤转化领域的结合。而中国煤炭资源大多处于水资源较为短缺、生态环境较为脆弱的西部地区（一区），因此 CO_2-EWR 技术无疑是一种颇具吸引力的 CCUS 选择。未来 CO_2-EWR 的实施必将对内蒙、新疆等地的油气生产、煤化工企业产生积极的示范及引导作用。

总之，CO_2-EWR 技术是一种符合中国国情的富有创新资质的 CCUS 技术。基于传统 CO_2 地质储存的新型 CCUS 方案，提出了 CO_2-EWR 技术，是将 CO_2 注入深层含盐含水层的工业过程。强化盐水长期稳定封存咸水回收与传统的 CCS 技术相比，CO_2-EWR 有两个优点：①可以控制水库的泄洪，合理设计水泵的压力和产水量，实现大规模安全稳定的 CO_2 地质储存；②可收集和处理深盐水。用于生活用水、工业用水和农业用水以缓解水资源短缺以及生态环境问题。此外，咸水资源可创造可观的矿化边际利润，级联萃取，可用于填充主要来自于捕获和封存过程中的成本差距。因此，CO_2-EWR 技术可以被认为是一种大规模 CO_2 减排的清洁技术以缓解资源短缺危机，改善环境和水资源。

5.3　化工利用技术

5.3.1　化工材料

化工材料是建造化工装置所需工程材料的简称。组成化工生产装置的化工机械、化工仪表、管道和构筑物都是在不同温度、压力和机械负荷下运转，所接触的物料又多具有强腐蚀作用。因此，化工材料除应具有一般工程材料的性能外，还应具备优良的耐腐蚀性能。若耐腐蚀性能不良，不但直接影响装置的寿命，有时还可能引起火灾、爆炸等事故，还会影响产品的产量和质量。另外，根据不同的用途和使用条件，有时还要求化工材料具有耐高温或耐低温、导热或隔热等特殊性能。

当前，国内化工新材料市场存在巨大的市场缺口，化工材料进口量占据国内市场份额比重较大，国内化工新材料整体自给率在 56% 左右，其中新领域的化工新材料自给率仅为 52%，工程塑料和特种橡胶自给率仅为 35% 和 30%。高壁垒带来高的回报，尖端化工新材料产品毛利率在 70% 以上，远远超过大宗化学品 15% 左右的行业平均利润。

由于 CO_2 分子的热力学稳定性与动力学惰性，CO_2 直接合成路线通常存在合成效率低、反应条件苛刻、产物收率低等缺点。但值得注意的是，CO_2 能与高能化合物环氧乙烷高效合成碳酸乙烯酯，还能与氮气、乙醇有效合成氨基甲酸乙酯，也能经生物固碳等途径大量制备脂肪酸甘油三酯。因此，以上三种 CO_2 碳氧载体进一步转化制备有机醇酯，是实现 CO_2 间接合成高价值有机醇酯的有效途径。本节将对异氰酸酯 / 聚氨酯、聚碳酸酯 / 聚酯材料、乙烯基聚酯和聚丁二酸乙二酯材料进行相关介绍并说明 CO_2 对这些材料的间接制备。

（1）CO_2 间接非光气合成异氰酸酯 / 聚氨酯

异氰酸酯是异氰酸的各种酯的总称。有机是一种重要的化合物，在农药、染料、涂料、皮革上光剂、粘合剂、人造革、聚氨酯防水材料、灌封材、软硬泡沫、弹性体以及丙烯酸氨基甲酸酯等高分子材料的合成中，获得了广泛的应用。世界各发达国家异氰酸酯的产量逐年增加。若以 -NCO 基团的数量分类，包括单异氰酸酯 R-N=C=O 和二异氰酸酯

O=C=N–R–N=C=O 及多异氰酸酯等。单异氰酸酯是有机合成的重要中间体，可制成一系列氨基甲酸酯类杀虫剂、杀菌剂、除草剂，也用于改进塑料、织物、皮革等的防水性。二官能团及以上的异氰酸酯可用于合成一系列性能优良的聚氨酯泡沫塑料、橡胶、弹力纤维、涂料、胶粘剂、合成革、人造木材等。目前应用最广、产量最大的有甲苯二异氰酸酯（Toluene Diisocyanate，简称 TDI）、二苯基甲烷二异氰酸酯（Methylenediphenyl Diisocyanate，简称 MDI）。甲苯二异氰酸酯（TDI）为无色有强烈刺鼻味的液体，沸点 251° C，相对密度 1.22，遇光变黑，对皮肤、眼睛有强烈刺激作用，并可引起湿疹与支气管哮喘，主要用于合成聚氨酯泡沫塑料、涂料、合成橡胶、绝缘漆、粘合剂等。

随着异氰酸酯用途的不断扩大和相关工业的不断发展，目前的光气化工业合成方法，由于工艺流程长、技术复杂、建厂费用高、原料成本昂贵、光气毒性大、污染严重，已远远不能满足当前发展的需要，所以世界各工业发达国家，从 20 世纪 70 年代以来便致力于开发简便、经济的合成方法，以解决上述问题，从而出现了非光气合成异氰酸酯的各种方法。综合起来，大致可归纳为以下几种主要合成路线：由硝基化合物和一氧化碳反应，直接生成异氰酸酯的羟基化法；氨基甲酸酯热分解法；通过二烷基硫酸和氰酸银进行制备的氰化法或置换法；甲酰胺的热分解法；叠氮化合物重排法；胺酰亚胺的热分解法；洛申重排法；胺和氯代甲酸酯反应；氯代甲酰胺水解法。

聚氨酯（PU）是主链上含有重复氨基甲酸酯基团的大分子化合物，聚氨酯分为聚酯型聚氨酯和聚醚型聚氨酯两大类。由于聚氨酯大分子中含有的基团都是强极性基团，而且大分子中还含有聚醚或聚酯柔性链段，使得聚氨酯具较高的机械强度和氧化稳定性、较高的柔曲性和回弹性、具有优良的耐油性、耐溶剂性、耐水性和耐火性。

因聚氨酯所具有的这些优异性能，其用途极为广泛。主要用作聚氨酯合成革、聚氨酯泡沫塑料、聚氨酯涂料、聚氨酯粘合剂、聚氨酯橡胶（弹性体）和聚氨酯纤维等。此外，聚氨酯还用于土建、地质钻探、采矿和石油工程中，起堵水、稳固建筑物或路基的作用；作为铺面材料，用于运动场的跑道、建筑物的室内地板等。

聚氨酯作为重要的合成材料，通常由异氰酸酯和多元醇聚合而成。基于 CO_2 的非光气生产方法有两种：一种是碳酸二甲酯替代光气合成氨基甲酸酯，进而合成异氰酸酯；另一种则是以 CO_2 为原料制备非异氰酸酯聚氨酯（NIPU），避开光气和异氰酸酯这两个剧毒的原料环节。

（2）CO_2 间接制备聚碳酸酯 / 聚酯材料

聚碳酸酯（简称 PC）是分子链中含有碳酸酯基的高分子聚合物，根据酯基的结构可分为脂肪族、芳香族、脂肪族 – 芳香族等多种类型。其中由于脂肪族和脂肪族 – 芳香族聚碳酸酯的机械性能较低，从而限制了其在工程塑料方面的应用。仅有芳香族聚碳酸酯获得了工业化生产。由于聚碳酸酯结构上的特殊性，已成为五大工程塑料中增长速度最快的通用工程塑料。

聚碳酸酯具有光学透明性好、抗冲击强度高的特点，聚碳酸酯兼有优良的热稳定性、耐蠕变性、抗寒性、电绝缘性和阻燃性等特点。聚碳酸酯材料目前广泛应用在透明建筑板材、电子电器、光盘媒介、汽车工业等领域，已成为增速最快的通用工程塑料，通常主要由双酚 A 生产，俗称双酚 A 型聚碳酸酯。按照 PC 应用途径的不同，可将其分为防静电 PC、导电 PC、加纤防火 PC、抗紫外线耐候 PC、食品级 PC、抗化学性 PC。

近年来，美国、韩国、日本、德国、俄罗斯和中国等在 CO_2 基聚碳酸酯领域进行了大量的研发工作，开发出了以 CO_2 为原料生产 CO_2 基双酚 A 聚碳酸酯（CO_2 的质量含量为 17.3%）、聚碳酸亚乙酯（CO_2 的质量含量为 43.1%）、聚碳酸亚丙酯（CO_2 的质量含量为 50.0%）和聚环己烯碳酸酯（CO_2 的质量含量为 31.0%）等产品的工艺技术，将 CO_2 进行资源化利用。

聚酯，由多元醇和多元酸缩聚而得的聚合物总称。主要指聚对苯二甲酸乙二酯（PET），习惯上也包括聚对苯二甲酸丁二酯（PBT）和聚芳酯等线型热塑性树脂，是一类性能优异、用途广泛的工程塑料。也可制成聚酯纤维和聚酯薄膜。聚酯包括聚酯树脂和聚酯弹性体。

工业上生产 PET 和 PBT 的方法有以下三种：

①酯交换缩聚法

1963 年以前工业上全用此法生产 PET，仍为世界各国大量应用。该法主要包括两步：首先是对苯二甲酸二甲酯（DMT）与乙二醇或 1,4- 丁二醇在催化剂存在下进行酯交换反应。生成对苯二甲酸双羟乙酯（BHET）或双羟丁酯，常用的催化剂为锌、钴、锰的醋酸盐，或它们与三氧化二锑的混合物，其用量为 DMT 质量的 0.01%~0.05%。反应过程中不断排出副产物甲醇。第二步为生成的 BHET 或双羟丁酯，在前缩聚釜及后缩聚釜中进行缩聚反应，前缩聚釜中的反应温度为 270℃，后缩聚釜中反应温度为 270~280℃，加入少量稳定剂以提高熔体的热稳定性。缩聚反应在高真空（余压不大于 266Pa）及强烈搅拌下进行，才能获得高相对分子质量的聚酯。纤维用的 PET 相对分子质量应不低于 20000，薄膜用的 PET 相对分子质量约为 25000，一般塑料用的 PET 相对分子质量约为 20000~30000。

②直接酯化缩聚法

该法用高纯度对苯二甲酸（PTA）与乙二醇或 1,4- 丁二醇直接酯化生成对苯二甲酸双羟乙酯或丁酯，然后进行缩聚反应。该法的关键是解决 PTA 与乙二醇或 1,4- 丁二醇的均匀混合，提高反应速度和制止醚化反应。与酯交换缩聚法相比，该法可省掉 DMT 的制造、精制和甲醇回收等步骤，更易制得相对分子质量大、热稳定性好的聚合物，可用于生产轮胎帘子线等较高质量的制品。但该法对原料 PTA 的纯度要求较高，PTA 提纯精制费用大。

③环氧乙烷法

该法直接用环氧乙烷与 PTA 反应生成对苯二甲酸双羟乙酯，再进行缩聚反应。其优点是可省掉环氧乙烷合成乙二醇的生产工序，设备利用率高，辅助设备少，产品也易于精制。缺点是环氧乙烷与 PTA 的加成反应需在 2~3MPa 压力下进行，对设备要求苛刻，因而影响该法的广泛使用。

用 CO_2 作为原料来制备聚碳酸酯，既可以利用 CO_2，又可以获得一种可生物降解的聚合物材料，具有极大的应用价值。目前，我国生物降解聚合物的应用范围较窄，主要集中在医疗器械和高附加值包装材料等优先领域。

（3）CO_2 间接制备乙烯基聚酯

乙烯基聚酯树脂（Vinyl Polyester Resins，简称 VPR）是一种国际公认的高度耐腐蚀树脂。标准型双酚 A 环氧乙烯基树脂是由甲基丙烯酸与双酚 A 环氧树脂通过反应合成的乙烯基树脂。标准型双酚 A 环氧乙烯基树脂易溶于苯乙烯溶液，该类型树脂具有以下特点：在分子链两端的双键极其活泼，使乙烯基树脂能迅速固化，很快得到具有高度耐腐蚀性聚合物；采用甲基丙烯酸合成，酯键边的甲基可起保护作用，提高耐水解性；树脂含酯键量少，每摩尔比耐化学聚酯（双酚 A– 富马酸 UPR）少 35%~50%，使其耐碱性能提高；较多的仲羟基可以改善对玻璃纤维的湿润性与粘结性，提高了层合制品的力学强度；由于仅在分子两端交联，阻燃乙烯基树脂一般采用溴化环氧树脂合成，由于树脂中含溴，因此阻燃乙烯基树脂在具有耐化学性的同时，又可以阻燃。

将酚醛环氧树脂引入乙烯酯树脂的骨架中，合成的乙烯基酯树脂一般称 Novolac 乙烯基酯树脂。树脂具有较高的热稳定性，固化后，交联密度大。其热变形温度达 120~135℃，可以延长使用寿命并具有优良的耐腐蚀性，特别对含氯溶液或有机溶剂耐腐蚀性好。为了适应耐高温强度情况的需要，较多厂家对酚醛环氧乙烯基酯树脂进行了改性，提高了树脂的交联密度和耐热性能，具有优良的耐酸、耐溶剂腐蚀性和抗氧化性能，适用于各种高温强腐蚀情况，如脱硫装置（FGD）、高温烟囱等。

对目前乙烯基聚酯树脂的发展可从以下几个方面进行介绍：

①低收缩型乙烯基酯树脂的发展

乙烯基酯树脂作为不饱和聚酯树脂的范畴，活性较高，固化反应速度较快，导致乙烯基酯树脂固化后有较大的固化收缩率，一般不饱和聚酯树脂（包括常规乙烯基树脂）固化时收缩较大，可达到 7%~10% 左右的体收缩，随着国内外对于高性能树脂技术要求的提高，希望寻找一些固化收缩较低的乙烯基酯树脂，这是一个 21 世纪初期国内外许多厂家努力寻求的技术突破点。

低收缩树脂的机理较为复杂，而原来一些厂家为了克服树脂的固化收缩，通过加入低收缩添加剂（LPA）的方法来达到目的，但有其应用的局限性，而更多的厂家是努力通过树脂合成方法以及分子设计水平上来解决这个技术问题。

超低收缩环氧乙烯基酯树脂以其具有的足够的机械强度和刚度、足够的尺寸稳定性、耐热循环、耐腐蚀的独特性能更好的满足高品质 FRP 产品的要求。

②耐冲击型乙烯基酯树脂

乙烯基酯树脂目前应用最多的场合是耐腐蚀场合，但是由于乙烯基酯树脂中具有较多的仲羟基，可以改善对玻璃纤维的湿润性与粘结性，提高了层合制品的力学强度；另外在分子两端交联，因此分子链在应力作用下可以伸长，以吸收外力或热冲击，表现出耐微裂或开裂。因此，乙烯基树脂在一些要求高力学性能、耐冲击场合中得到应用，但是常规的乙烯基酯树脂在耐力学冲击方面还是有待于提高的，尤其是采用富马酸性改性的一些乙烯基酯树脂，因为该类型树脂的固化交联密度高，交联点间的分子链段较短，所以耐冲击性能较差。在这些树脂的合成设计中，要求树脂分子主链上的醚键较多，这样能够充分地提高树脂的耐冲击性，2013年又出现了另外一种方式，即通过橡胶改性，采用端羧基丁腈橡胶（CTBN）和丁腈橡胶（BNR）增韧甲基丙烯酸型环氧乙烯基酯树脂，在此之后国内外也就后种方法作了不少的工作，自然橡胶改性乙烯基树脂的延伸率等得到大幅度的提高，可以达到12%。

一般乙烯基树脂的冲击强度（无缺口）不大于14.00kJ/m^2，而一些21世纪新开发的耐冲击型非橡胶改性乙烯基树脂可以达到22kJ/m^2以上，橡胶改性的乙烯基树脂可达到25kJ/m^2，这样这些耐冲击乙烯基树脂就可以很好的应用于一些高耐冲击的FRP制作，如运动雪橇、运动头盔等。

③增稠用乙烯基酯树脂

作为一种高性能的不饱和树脂，乙烯基树脂的增稠特性一直是各厂家研究的方向，这是因为BMC/SMC的独特应用特性得到广大客户的认可，尤其随着BMC/SMC在汽车零部件上的应用，增稠型乙烯基树脂能够较通用的不饱和树脂承受更高的冲击力，并具有良好的抗蠕变性和抗疲劳性。这些零部件包括车轮、座椅、散热架、栅口板、发动机阀套等。当然，增稠型乙烯基树脂能够广泛应用于电绝缘、工业用泵阀的制作、高尔夫球头等。

作为一种增稠用乙烯基树脂，自然要求树脂具有以下的特点：与增强材料和填料的良好浸润性；初始的低黏度和快速增稠特性；良好的力学特性，包括韧性和耐疲劳特性等；较长的存放周期；较低的固化放热峰和较低的苯乙烯挥发等。为了达到使用效果，在乙烯基树脂的合成研究中，原来较通用的方法是：在乙烯基酯分子上引入酸性官能团（羧酸），再利用这些羧基与碱土金属氧化物（如氧化镁、氧化钙等），但这种方法增稠时间长，一般需要几天时间，且对含水量敏感。由此也发展了另外一种方法，即用聚异氰酸盐和多元醇反应以产生网状结构，从而达到树脂的快速稠化，该方法可适合于低压成型，具有黏度控制稳定、对温湿度要求低、存放期长的特点，同时制品的层间结合强度高的特点，同时也可以用带过量醇的低酸值树脂作稠剂。

④耐高温型乙烯基树脂

乙烯基树脂的分子骨架是环氧树脂，若采用酚醛环氧树脂作为原料，则合成的NOVOLAC型乙烯基树脂具有良好的耐腐蚀性、耐溶剂性及耐高温型，我们对国内外的知名厂家的酚醛环氧乙烯基酯树脂按中国国家有关标准测试，结果表明，这些树脂的热变形温度（HDT）均在132~137℃之间，而国内一些厂家的酚醛环氧乙烯基树脂的热变形温度则更低（要低于 125℃）。但在一些工业实践应用中，对树脂的耐热性提出了更高的要求，而 21 世纪初期国内外少数厂家如上海富晨提供的高交联密度型乙烯基树脂 898 的热变形温度可达到 150℃以上，该类型树脂分子结构已作改性，优化了树脂的耐热特性，苯乙烯含量也作了合理调整满足实际使用要求。较常规的酚醛环氧乙烯基树脂具有更高的耐温温度，可长期应用于 200℃气相的强腐蚀环境，同时使用经验表明，该类型树脂可在 2~3min 内承受 300℃的温度冲击，该独特应用是绝缘应用中，可完全达到 C 级绝缘等级以上。

该类型树脂可以广泛应用于一些冶炼、电力脱硫（FGD）设备等高温应用，如冷却塔、烟囱和化学管道等。同时，该类型树脂也具有耐强溶剂、强氧化性介质的特点。

⑤光敏乙烯基树脂

由于乙烯基树脂的中的不饱和双键在分子链端活性较高，同时配以分子设计，如采用高环氧值的环氧树脂，并采用丙烯酸取代甲基丙烯基酸合成后的乙烯基树脂，加入光引发剂（如苯醌、苯偶姻醚等），用以吸收紫外线能量，并传递给树脂系统，而使乙烯基树脂进行聚合固化。

此类树脂可以用于印刷、光敏油墨等，在油漆工业上用作光敏涂料，在无线电工业中用作 PCB 上的光致抗蚀膜。另外，在拉挤工艺中，如采用光敏乙烯基树脂，则可极大的提高拉挤速度，如在光缆芯拉挤工艺中，速度可以达到 10m/min。

⑥气干性

乙烯基酯树脂与不饱和聚酯树脂一样，常温固化时，制品表面有发黏现象，给应用带来不便。主要是由于空气中氧气参加了乙烯基酯树脂表面的聚合反应。为克服此缺点，科研人员开发出了多种有效方法。其中之一就是采用在乙烯基酯树脂结构中接入烯丙基醚（CH_2=CH–CH_2–O–）基团的方法来合成气干性乙烯基酯树脂。该种树脂适合于制作高档气干性胶衣、涂层、封面料等。值得注意的是烯丙基醚在树脂中的含量有一合适的值，太小了树脂不能很好地吸氧，太大则由于“自动阻聚”作用，气干性也会下降。

⑦低苯乙烯挥发技术

乙烯基树脂一般含有 35% 左右的苯乙烯单体，而苯乙烯的蒸气压较低，因此在手糊成型和喷射成型中，树脂是一层层地铺复于开口模具上的，特别是喷射成型，树脂一部分成雾状，因而在树脂充分固化之前，苯乙烯不断从树脂中挥发出来，这样在造成苯乙烯损失的同时，更污染了环境，也造成了对工人的健康损害，因此各国相继提高了对于苯乙烯阈限值（TLV）的要求，因此对于以苯乙烯为稀释单体的不饱和树脂包括乙烯基树脂，要努力寻求一种低苯乙烯挥发技术（LSE）以解决这个问题，原来一些厂家和国家采用添加石蜡等作为挥发抑制剂，但易造成铺层间的分层。对于 21 世纪早期的发展趋势：一是采用一种附着促进剂的化合物，可为丙烯酸、带 2 个烃基（含双键的疏水醚或酯）等；二是采用蒸气压相对较高的单体，如甲基苯乙烯或乙烯基甲苯等；三是分子结构等方式，或是在保持总体性能的同时使主链缩短，以降低苯乙烯用量，或是通过在分子链段上引入其他基团或者是链段，使树脂内部分子间的相互作用进一步降低苯乙烯的挥发等。在多年的研究和试验基础上，世界上许多的生产商相继推出了各具特色的低苯乙烯挥发性技术，可广泛地应用于树脂胶衣、绝缘应用等方面，尤其是在中高温成型的绝缘应用。

⑧乙烯基树脂品种衍化

当前，乙烯基树脂因其拥有较好的耐腐蚀特性，而成功地大量应用于防腐蚀场合，包括耐腐蚀 FRP 制作、防腐蚀工程等，但是在一些对材料的力学性能提出较高要求的非耐腐蚀场合，国内外客户只能选择环氧乙烯基树脂，这实际上便造成了树脂应用或设计上的浪费，因此国内外一些厂家正在努力寻找一种能保持乙烯基树脂力学性能且成本合理的新型材料，部分公司通过新研发及时推出了一种新型的高性能不饱和树脂，称乙烯基聚酯树脂，英文名为 vinyl polyester resin，国内简称“VPR”，该树脂综合了乙烯基酯树脂和通用不饱和树脂的特点，从而让用户有更多的选择。

VPR 乙烯基聚酯树脂是一种溶于苯乙烯液含有不饱和双键的特殊结构的不饱和聚酯树脂，VPR 乙烯基聚酯树脂具有较好的耐蚀性能，优于间苯型不饱和树脂，力学性能与标准型环氧乙烯基树脂相当的，尤其是耐疲劳性能和动态载荷性能；另外，较通用树脂，VPR 乙烯基聚酯树脂又具有良好的耐候性能，同时 VPR 乙烯基聚酯树脂又具有良好的玻纤浸润性能和工艺性能，适合于各种 FRP 成型工艺，包括纤维缠绕、拉挤、手糊、喷射等各种复合材料工艺。

VPR 乙烯基聚酯树脂的独特性能及其生产成本的合理性，使该新型材料具有广泛的应用前景：混凝土中的玻璃钢加强筋；船舶制品中的结构材料；大型 FRP 产品制作中的结构层材料，尤其是整体现场大罐制作中代替常规的乙烯基树脂结构层；耐疲劳 FRP 拉挤型材，如运动 FRP 单杠等。

（4）CO_2 间接制备聚丁二酸乙二醇酯（PES）

PES 是一种化学合成的可生物降解型聚酯，又称为聚琥珀酸乙二醇酯。PES 是一种半结晶型聚酯，其玻璃化转变温度 T_g 约为 -12.5℃，熔点 T_m 约为 104℃，结晶速度快，具有良好的柔顺性和热稳定性。且机械性能较好，加工性能不错，力学性能与聚烯烃 LDPE、PP 接近。基于 PES 的生物可降解性，其在塑料薄膜、食品包装、生物材料等方面有着巨大的发展前景。研究表明：PES 具有较好的体外降解性能，其薄膜在磷酸缓冲溶液中酶解 12 天时，失重明显，降解很快，在酶解 24 天后其降解失重达到 79.91%。可以与其他可生物降解材料混合，调节材料的降解速率，可以在一定的时间内选择性维持材料的生物力学性能。通过 CO_2 可以间接性制备 PES。

PES 的制备通常有如下方法：

丁二酸二甲酯与乙二醇的酯交换反应，对原料的纯度和配比的要求比酯化反应低，副产物甲醇的沸点比水低，更易于移除。Seretoudia 等以 $n_{丁二酸二甲酯}/n_{乙二醇}=1/1.25$ 为原料，四正丁氧基钛为催化剂，N_2 保护下加热至 170℃，至甲醇量接近理论值时（约 3h），升温至

210℃，减压至 66Pa，缩聚反应 2.5h，得到 M_n 为 11000、M_w 为 28900 的 PES。酯交换反应的温度较酯化反应高，催化剂和扩链剂对合成高相对分子质量的聚酯至关重要，目前的研究尚不能制备较高相对分子质量的 PES，因而对该聚合反应的催化剂、适合的扩链剂和工艺有待深入研究。

除此之外，将丁二酸二甲酯和乙二醇的酯交换聚合反应与碳酸乙烯酯和甲醇酯交换制备碳酸二甲酯的反应耦合，可得到同时合成 PES 和碳酸二甲酯 2 种绿色化学品的新工艺。其中碳酸乙烯酯可由环氧乙烷和 CO_2 制备，可实现 CO_2 资源化利用、解决环境问题，因此该方法有很好的应用前景。通过分别用乙烯丙酮金属配合物、金属碳酸盐和金属有机骨架材料为催化剂，研究丁二酸二甲酯和碳酸乙烯酯的耦合反应，结果表明，催化剂是影响耦合反应的关键。其中 $MOF_5[Zn_4O(OOCC_4H_6COO)_3]$ 的催化性最好，在 $n_{丁二酸二甲酯}/n_{碳酸乙烯酯}$ = 1/2、催化剂用量为 0.8%，反应温度为 210~230℃，反应时间 4h 时，碳酸二甲酯的收率为 73.8%，PES 预聚物的特性黏度为 0.42dL/g。目前对该工艺的报道还比较少，若对此工艺的催化剂和工艺流程进行深入研究，有望在低真空条件下合成达到工业应用要求的 PES。

5.3.2 化工能源

能源可以分为一次能源和二次能源。一次能源是指从自然界获得、而且可以直接应用的热能或动力，通常包括煤、石油、天然气等化石燃料以及水能、核能等。消耗量十分巨大的世界能源主要是化石燃料。1985 年世界一次能源消费量达 10590Mt 标准煤，其中石油 37.9%、煤 30.7%、天然气 20.1%、水电 6.7%、核电 4.6%；中国一次能源消费量达 764Mt 标准煤，其中煤 75.9%、石油 17.1%、水电 4.8%、天然气 2.2%。长远来看，在全世界范围内，预计至 21 世纪上半叶，化石燃料仍将占能源的主要地位。随着时间的推移，由于化石燃料资源的限制，除上述常规能源外，若干非常规能源的发展将越来越受到重视。非常规能源指核能和新能源，后者包括太阳能、风能、地热能、潮汐能、波浪能、海洋能和生物能（如沼气）等。在太阳能、核能利用的研究开发和大规模应用的漫长过程中，化学工程和化工生产技术也大有用武之地。本节着重介绍与化工能源有关的 CO_2 制备合成气和 CO_2 制备燃料电池两个部分。

（1）CO_2 与甲烷重整制备合成气

合成气是以一氧化碳和氢气为主要组分，常用作化工原料的一种原料气。合成气的原料范围很广，可由含碳矿物质如煤、石油、天然气以及焦炉煤气、炼厂气、污泥和生物质等转化而得。生物质和污泥在热解或者气化时也会产生大量的合成气。按合成气的不同来源、组成和用途，它们可称为煤气、合成氨原料气、甲醇合成气（见甲醇）等。合成气的原料范围极广，生产方法甚多，用途不一，体积组成有很大差别：H_2 32%~67%、CO 10%~57%、CO_2 2%~28%、CH_4 0.1%~14%、N_2 0.6%~23%。

制造合成气的原料含有不同的 H/C 摩尔比：对煤来说约为 11:1；石脑油约为 2.4:1；天

然气最高为4:1。由这些原料所制得的合成气，其组成比例也各不相同，通常不能直接满足合成产品的需要。例如：作为合成氨的原料气，要求$H/N_2=3$，需将空气中的氮引入合成气中；生产甲醇的合成气要求$H_2/CO \approx 2$或（H_2-CO_2）/（$CO+CO_2$）≈ 2；用羰基合成法生产醇类时，则要求$H_2/CO \approx 1$；生产甲酸、草酸、醋酸和光气等则仅需要一氧化碳。为此，在制得合成气后，尚需调整其组成，调整的主要方法是利用水煤气反应（变换反应），以降低一氧化碳浓度，提高氢气的含量。

合成气可用于生产一系列化学品，最主要的合成气化学品，是用合成气中的氢和空气中的氮在催化剂作用下加压反应制得氨。氨加工产品有尿素、各种铵盐（如氮肥和复合肥料）、硝酸、乌洛托品、三聚氰胺等，都是重要的化工原料。甲醇是合成气化学品中第二大产品，是一氧化碳和氢气在催化剂作用下反应制得的，其用途和加工产品十分广泛。甲醛羰基化制得醋酸，是生产醋酸的主要方法；甲醇经氧化脱氢可得甲醛，进一步可制得乌洛托品，后两者都是高分子化工的重要原料。由醋酸甲酯羰基化生产醋酐，被认为是当前生产醋酐最经济的方法。

1983年美国田纳西伊斯曼公司建立了一个年产226.8kt（5亿磅）的工厂。此外，正在开发的尚有通过二醋酸乙二醇酯制醋酸乙烯、由甲醇生产低碳烯烃、由甲醇同系化生产乙醇、由甲醇通过草酸酯合成乙二醇等工艺。合成气在铁催化作用下加压反应生成烃，也可发展为生产汽油和丙酮、醇等低沸点产品。这类生产在特殊情况下尚有意义（见费托合成）。氢甲酰化产品即羰基合成的产品，包括直链和支链的C_2~C_{17}烯烃与合成气进行氢甲酰化反应的产品。羰基合成生成醛，再进一步催化加氢制得醇它们是制增塑剂的重要原料。此外，正在开发中的尚有用合成气直接合成乙二醇、乙醇、醋酸、1,4-丁二醇等重要化工产品。

第二次世界大战前，合成气主要是以煤为原料生产的；战后，主要采用含氢更高的液态烃（石油加工馏分）或气态烃（天然气）作原料。20世纪70年代以来，煤气化法又受到重视，新技术及各种新的大型装置相继出现，显示出煤在合成气原料中的比重今后将有可能增长，但主要用烃类生产合成气，所用方法主要有蒸汽转化和部分氧化两种。

蒸汽转化法以天然气或轻质油为原料，与水蒸气反应制取合成气。1915年，米塔斯和施奈德用蒸汽和天然气，在镍催化剂上反应获得了氢。1928年，美国标准油公司首先设计了一台小型蒸汽转化炉生产出氢气。第二次世界大战期间，开始用此法生产合成氨原料气。

天然气部分氧化法则CO_2与甲烷制取合成气，可通过加入不足量的氧气，使部分甲烷燃烧为CO_2和水：

$$CH_4 + CO_2 \rightleftarrows 2CO + 2H_2 \quad (5\text{-}33)$$

$$CH_4 + H_2O \rightleftarrows CO + 3H_2 \quad (5\text{-}34)$$

此反应为强放热反应。在高温及水蒸气存在下，CO_2 及水蒸气可与其他未燃烧甲烷发生吸热反应。所以主要产物为一氧化碳和氢气，而燃烧最终产物 CO_2 不多。反应过程中为防止炭析出，需补加一定量的水蒸气。这样做同时也加强了水蒸气与甲烷的反应。

天然气部分氧化可以在催化剂的存在下进行，也可以不用催化剂。非催化部分氧化，天然气、氧、水蒸气在 3.0MPa 或更高的压力下，进入衬有耐火材料的转化炉内进行部分燃烧，温度高达 1300~1400℃，出炉气体组成约为：CO_2（5%）、CO（42%）、H_2（52%）、CH_4（0.5%）。反应器用自热绝热式。催化部分氧化，使用脱硫后的天然气与一定量的氧或富氧空气以及水蒸气在镍催化剂下进行反应。当催化床层温度约 900~1000℃、操作压力 3.0MPa 时，可得出转化炉气体组成（体积分数）约为：CO（27.5%）、CO_2（5.5%）、H_2（67%）、CH_4（$<$ 0.5%）。反应器也采用自热绝热式，热效率较高。反应温度较非催化部分氧化法低。

（2）CO_2 经一氧化碳制备液体燃料

液体燃料是燃料的一类。能产生热能或动能的液态可燃物质，主要含有碳氢化合物或其混合物。经过石油加工而得的汽油、煤油、柴油、燃料油等，由油页岩干馏而得的页岩油，以及由一氧化碳和氢合成的人造石油等，都可归为其类。

石油产品中的主要碳氢化合物，有以下四类：

①烷烃

分子通式为 C_nH_{2n+2}，C_5~C_{15} 为液体燃油的主要组成。烷类亦称石蜡族碳氢化合物，从 C_5 开始有正烷烃（直链结构）和异烷烃（侧链结构）之分。一般说，烷烃具有较高的氢/碳比，密度较低（轻），质量发热值高，热安定性好。烷烃的燃烧通常没有排气冒烟及积炭。

②烯烃

分子通式为 C_nH_{2n}，烯烃是不饱和烃，它们的分子结构中含的氢比最大可能的少，所以化学上是活泼的，很容易和很多化合物起反应，其化学稳定性和热安定性比烷烃差。在高温和催化作用下，容易转化成芳香族碳氢化合物。一般原油中含烯烃并不多，烯烃通常是由裂解过程产生的。直接分馏法得出的石油产品中含烯烃不多，在裂解法得出的油中，烯烃可以多到 25%。

③环烷烃

环烷烃拥有环状结构，含有一个以上的环状碳原子结构。虽然在结构上似乎与环烷烃有点类似，但它们的氢含量较少，因而它们单位质量的热值低很多。其他主要的缺点是冒烟积炭的倾向很高，吸湿性高，所以当燃油处于低温时容易导致冰结晶的沉积。

芳香烃对橡胶制品有很强的溶解能力。单环芳香烃的一般式为 C_nH_{2n+5}，更复杂的芳香烃可以是上述分子结构中一个氢原子由其他基所替代。

高温共电解 H_2O/CO_2 技术可利用新能源提供的电能和高温热能，通过高温固体氧化物电解池（SOEC）将 H_2O 和 CO_2 共电解生产合成气（$CO+H_2$），再将制备的合成气用于生产各种液体燃料。

高温共电解（HTCE）H_2O/CO_2 技术主要原理是，水蒸气与 CO_2 混合气体（同时混入少量 H_2，保证阴极处于还原气氛中，防止金属被氧化失活）从电解池的阴极端输入，水蒸气和 CO_2 在阴极端解离生成 H_2 和 CO，带负电的 O^{2-} 从阴极侧穿过致密的电解质层到达阳极侧，在阳极端失去电子生成 O_2。

电解池阴极的半电池反应如下：

$$H_2O + 2e^- \rightarrow H_2 + O^{2-} \tag{5-35}$$

$$CO_2 + 2e^- \rightarrow CO + O^{2-} \tag{5-36}$$

电解池阳极的半电池反应如下：

$$2O^{2-} \rightarrow 4e^- + O_2 \tag{5-37}$$

总反应：

$$H_2O + CO_2 \rightarrow H_2 + CO + O_2 \tag{5-38}$$

制备的合成气可进一步通过费托合成大规模生产碳氢燃料。费托反应如下：

$$H_2 + CO \rightarrow \text{碳氢燃料} + H_2O \tag{5-39}$$

高温共电解 H_2O/CO_2 技术具有效率高、灵活性高以及能实现碳减排等优点，可与风能、太阳能等新能源结合，用于清洁液体燃料的生产和 CO_2 的转化利用，被认为是一种很有前景的新能源制备和 CO_2 减排新技术。同时，由于风能、太阳能等新能源有很大波动性，且受地域的限制，在传输上遇到很大困扰，利用高温共电解 H_2O/CO_2 技术制备清洁液体燃料，也可为新能源的储能问题提供了一条很好的发展思路。

2010 年 7 月，美国哥伦比亚大学宣布他们正在研究采用固体氧化物电解电池（SOECs）使 CO_2 和 H_2O 进行高温共电解，以便产生合成气供转化生产液态烃类燃料。该研究发现，高温电解可非常高效地利用电能和热能（近 100%的电能转化为合成气效率），可提供高的反应速率（无需贵重金属催化剂），并且生成的合成气可以在熟知的燃料合成反应器（即费托合成）中被催化转化成烃类，不需要分开的反向水气变换反应器来产生合成气，并且来自放热燃料合成的废热可应用于工艺过程之中。对基于共电解的合成燃料生产过程的经济性分析，包括 CO_2 空气中捕获和费托反应燃料合成，可以确定生产有竞争性的合成汽油所需电价为 0.13~0.19 元 /（kW·h）。该过程的核心是用于共电解的固体氧化物电池。该大学已开发出基于钼酸盐新的全陶瓷纳米结构电极材料，表现出优异的电催化性能，并可望显著提高整体能源使用和 CO_2 转化为燃料的系统的经济性。

目前，高温共电解 H_2O/CO_2 技术处于起步阶段，能否实现商业化大规模生产还需要解决一系列基础研究和应用的问题。例如，电解池组成材料的性能和稳定性还需要进一步提高；电解池寿命、密封材料的稳定性和电堆的热循环稳定性等也需要进一步完善；CO_2 的捕集、隔膜分离器的开发，以及与其他能源系统的耦合等技术也亟待解决。美国加州大学洛杉矶分校利用太阳能电池板和细菌模拟了光合作用的过程，并把 CO_2 转化为可以直接作为液态燃料的有机化合物。转基因富氧罗尔斯通氏菌以太阳能电池板所产生的电能为能源，不断地吞食 CO_2，并将之转化为异丁醇和异戊醇的混合液。这种液体的燃烧值很高，性能也比较稳定，可直接加入汽车当作运输燃料使用。

5.3.3 有机化学品

狭义上的有机化合物主要是由碳元素、氢元素组成，是一定含碳的化合物，但是不包括碳的氧化物（CO、CO_2）、碳酸、碳酸盐、氰化物、硫氰化物、氰酸盐、金属碳化物、部分简单含碳化合物（如 SiC）等物质。

有机物是生命产生的物质基础，所有的生命体都含有机化合物。脂肪、氨基酸、蛋白质、糖、血红素、叶绿素、酶、激素等。生物体内的新陈代谢和生物的遗传现象，都涉及到有机化合物的转变。此外，许多与人类生活有密切相关的物质，如石油、天然气、棉花、染料、化纤、塑料、有机玻璃、天然和合成药物等。这些由有机化合物作为主要成分的化学品便是有机化学品。

（1）CO_2 直接加氢合成甲烷

甲烷在自然界的分布很广，是最简单的有机物，是天然气、沼气、油田气及煤矿坑道气等的主要成分，俗称瓦斯。作为天然气的主要成分，其含量在天然气中可达 87%，也是含碳量最小（含氢量最大）的烃。它可用来作为燃料及制造氢气、炭黑、一氧化碳、乙炔、氢氰酸及甲醛等物质的原料。高温分解甲烷所得的炭黑，可用作颜料、油墨、油漆以及橡胶的添加剂等。

甲烷主要是作为燃料，如天然气和煤气，广泛应用于民用和工业中。作为化工原料，可以用来生产乙炔、氢气、合成氨、碳黑、硝氯基甲烷、二硫化碳、一氯甲烷、二氯甲烷、三氯甲烷、四氯化碳和氢氰酸等。

甲烷是一种可燃性气体，而且可以人工制造，所以，在石油之外，甲烷将会成为重要的能源。它主要的来源有以下几个方面：有机废物的分解、天然源头（如沼泽）、化石燃料中提取、动物（如牛）的消化过程、稻田中的细菌、生物物质缺氧加热或燃烧。

据德国核物理研究所的科学家经过试验发现，植物和落叶都产生甲烷，而生成量随着温度和日照的增强而增加。另外，植物产生的甲烷是腐烂植物的 10~100 倍。他们经过估算认为，植物每年产生的甲烷占到世界甲烷生成量的 10%~30%。

CO_2 在一定温度和压力下，在催化剂（或微生物）作用下，与 H_2 反应，可以生成甲烷。目前，国内外许多学者和研究院所都开展用 CO_2 生产甲烷的研究，取得了一些进展。

加拿大女皇大学迈克尔已在实验室开发出了温和条件下 CO_2 甲烷化技术，即在 282~315℃条件下，在镍催化剂作用下，CO_2 和 H_2 发生加成反应生成 CH_4，CO_2 转化率可达 60%~70%。

近年来，随着电极 – 生物菌群电子传递多样性途径的发现，阴极甲烷的合成得到了学者们的广泛重视。美国的 Bruce logan 团队、Harold Dmay 团队，意大利的 Mauro Majone 团队以及我国中科院成都生物研究所都相继发表了有关阴极生物合成甲烷的研究成果。中国科学院成都生物研究所开发了两种嵌入式生物电解合成甲烷系统，实现了废水的资源化与能源化利用，同时有效处理了 CO_2 和 H_2S，变废为宝生产甲烷，是具有较好应用前景的 CO_2 和 H_2S 联合脱除方法。第 1 种为嵌入式生物电解硫化氢生产甲烷系统，通过硫氧化菌将硫化氢直接氧化为硫酸盐，产生的电子用于还原 CO_2 合成甲烷。在此过程中消耗的碱以硫酸钠等副产物予以回收。原理如下：

硫化氢碱性电解阳极和阴极反应分别如下：

$$NaHS + OH^- \rightarrow S + H_2O + (Na^+) + 2e^- \tag{5-40}$$

$$Na^+ + H_2O + 2e^- \rightarrow 1/2H^2 + NaOH \tag{5-41}$$

硫化氢生物电解：

$$H_2S \rightarrow S + 2H^+ + 2e^- \tag{5-42}$$

$$S + 4H_2O \rightarrow SO_4^{2-} + 8H^+ + 6e^- \tag{5-43}$$

式（5–41）与式（5–42）为阳极反应，式（5–43）为阴极反应。

第 2 种为嵌入式生物电解有机废水合成甲烷系统。该生物电化学系统可与传统废弃物、高浓度有机废水生物发酵产沼气工艺及设施结合应用，通过电能的输入，有效提高传统发酵沼气的纯度，降低 CO_2 的含量。原理如下：

阳极有机碳厌氧氧化：

$$CH_3COOH + 2H_2O \rightarrow 8H^+ + 8e^- + CO_2 \tag{5-44}$$

阴极 CO_2 还原合成甲烷：

$$8H^+ + 8e^- + CO_2 \rightarrow CH_4 + 2H_2O \tag{5-45}$$

另外，近年来国外还研究开发了埋存 CO_2 生物转化 CH_4 技术。该技术是利用油气藏中内源微生物，以埋存的 CO_2 为底物，通过 CO_2 生物还原途径合成 CH_4 的生物技术。生物合成原料来源于捕集埋存的 CO_2，合成地点在枯竭油气藏，合成媒介为油气藏内源微生物，产物是 CH_4。该技术因兼备 CO_2 减排的环保意义、生物合成 CH_4 的再生能源意义、延长油气藏寿命和潜在经济收益等优势，具有广泛应用前景。CO_2 的捕集、埋存和油气藏生物多样性为此技术的实施提供了可行性。目前，该技术处于研究的实验室探索阶段，需要突破的瓶颈是寻找合适的油气藏、激活内源微生物实现 CH_4 的再生，达到有经济意义的 CH_4 转化速率和转化率。

（2）CO_2 直接加氢合成甲醇

甲醇在高温、催化剂作用下可直接氧化制甲醛，将甲醇与氨按一定比例混合，制的

一、二、三甲胺的混合物，再精馏可得一、二、三甲胺的产品。甲醇在低压下与一氧化碳可制成醋酸，甲醇酯化可生产各种酯类化合物，如甲酸甲酯、硫酸二甲酯、硝酸二甲酯、对苯二甲酸二甲酯、丙烯酸甲酯等。甲醇与氯气、氢气混合催化反应生成一、二、三、氯甲烷和四氯化碳，甲醇在催化剂作用下，脱水可制的二甲醚是液化石油气和柴油的理想代替燃料，甲醇脱氢可制的甲酸甲酯等，甲醇具有重要的实际应用，鉴于我国每年大量排放 CO_2 的基本国情，以及目前面对的全球气候变暖的严峻态势，利用排放的 CO_2 经过一系列化学反应后制得甲醇对于空气中 CO_2 的利用以及甲醇的生产都是具有重要意义的。

CO_2 催化加氢技术的开发与研究已经引起众多学者的关注，在 CO_2 再利用的技术中，CO_2 加氢制甲醇成为科学家研究的重点课题。

①反应机理。根据相关文献，氧化碳加氢制甲醇的工艺一般存在两个平行反应：

$$CO_2 + H_2 \rightarrow CO + H_2O \qquad \Delta H = -41.112\text{kJ/mol} \tag{5-46}$$

$$CO_2 + 3H_2 \rightarrow CH_3OH + H_2O \qquad \Delta H = -49.143\text{kJ/mol} \tag{5-47}$$

一氧化碳加氢合成甲醇的主要反应：

$$CO + 2H_2 \rightarrow CH_3OH \qquad \Delta H = -90\text{kJ/mol} \tag{5-48}$$

由化学方程式可以看出 CO_2 加氢合成甲醇放出的热量约为 CO 加氢合成甲醇的热量的一半，由此可见，CO_2 加氢合成甲醇可在较低的反应温度下进行，这是因为 CO_2 比 CO 活泼。据有关资料介绍，CO_2 加氢制甲醇的反应可在 160℃左右下发生。由于 CO_2 加氢合成甲醇的反应为放热反应，反应温度的降低是有利于反应正向进行的，但是考虑到 CO_2 的化学惰性和反应速率，适当地提高反应温度，有利于 CO_2 的活化，提高反应正向进行的速率。而且，实验表明提高反应压力有利于合成甲醇反应的正向进行。因此，适当提高反应温度和反应操作压力有利于反应正向进行。

②催化剂的研究应用于 CO_2 加氢直接合成甲醇的催化剂研发尚未成熟，大多数是将 CO 加氢制甲醇的催化剂加已改制而制得，国内外关于该催化剂的报道也多局限于实验室研究，且研究重点主要集中在反应机理、活性组分、载体的选择以及制备方法和反应条件对催化剂性能的影响，目前来说对催化剂的研究虽取得了一定的进展，但距离实现工业化仍有较大的难度。

CO_2 加氢合成甲醇的催化剂一般分为三类：一类是铜基催化剂，一类是以贵金属为活性组分的负载型催化剂，以及其他催化剂。采用 $ZnO\text{-}CrO_3$、$ZnO\text{-}CrO_3$、$ZnO\text{-}Cr_2O_3\text{-}CuO$ 等作为反应时的催化剂，CO_2 最高转化率可达 29% 左右；采用 $CuO\text{-}ZnO\text{-}Al_2O_3$ 为催化剂，反应温度为 498K 时，甲醇选择性最高达 98%。江苏石油化工学院用 Cuo-Zno 为反应催化剂，CO_2 转化率接近 12%，甲醇选择性达到 89% 左右。国外学者对 Pd/SiO_2、Al_2O_3、ThO_2、La_2O_3 以及 $Li\text{-}Pd/SiO_2$ 催化剂作用下的反应进行了考察，实验表明贵金属催化剂 Pd/CeO_2 经 500℃氢还原后对 CO_2 加氢合成甲醇显示出高活性和长寿命。国外研究成果表明，使用

PtW/SiO_2、PtCr/SiO_2 催化剂，甲醇选择性最高，尤其是 PtCr/SiO_2 催化剂，甲醇选择性可达 92.2%，但 CO_2 转化率低。研究表明，当操作压力位 0.95MPa 时，低分散度 Pd 上的主要产物是甲醇，根据其固有活性可以证明 Pd/TiO_2 是 CO_2 加氢反应较有效的催化剂。CO_2 的化学惰性以及热力学上的不利因素是其难以活化的主要原因，使用浸渍法和共沉淀法等传统方法制备的催化剂有 CO_2 转化率低、反应副产物多、甲醇选择性低等明显缺点，当前的超细微粒催化剂具有比表面积大、散度高、热稳定性好、表面能高、表面活性点多等特点，与传统催化剂相比具有较大的优点，具有较好的发展前景。

国内制备了粒径低于 10nm 的超细 CuO/ZnO/SiO_2 催化剂并研究了其 CO_2 加氢性能，认为该催化剂的焙烧温度、还原温度、反应温度、反应压力和体积空速均影响催化剂的催化性能，催化剂在 500℃焙烧、350℃还原、反应温度 255℃、体积空速 5000h^{-1} 左右，较高的反应压力是有利于甲醇的合成。国内还有学者采用柠檬酸络合法与沉淀法制备了 CuO-ZnO 催化剂，研究了不同条件下的活性规律，但其活性和热稳定性均较由沉淀法制备的催化剂差。

（3）CO_2 合成碳酸二甲酯

碳酸二甲酯（Dimethyl Carbonate，简称 DMC）是一种用途广泛的基本有机合成原料，其分子中含有碳基、烷基、烷氧基，因而具有多种反应活性，且无毒、无腐蚀性，在许多化学反应中可替代剧毒的硫酸二甲酯和光气进行甲基化、羰基化、羰基甲氧基化等反应，用途广泛 DMC 有较高的含氧率（高达 53%），具有提高辛烷值的功能，可以作为新型燃料油添加剂替代甲基叔丁基醚（MTBE）。预计不久，将形成一个以碳酸二甲酯为核心包含其众多衍生物的新型化学群体。

碳酸二甲酯的用途有代替光气做羰基化剂，代替硫酸二甲酯做甲基化剂，还有合成苯甲醚。目前用硫酸二甲酯做甲基化试剂，副产物硫酸氢，用碳酸二甲酯代替 DMC 与甲苯生产苯甲醚，副产物为甲醇和 CO_2，反应收率高，反应副产物也易于回收，也可作为低毒溶剂。

① DMC 的工业化状况

目前生产碳酸二甲酯成熟的工艺主要有：光气法、甲基羰基化法、酯交换法。光气法是传统的合成方法，采用光气和甲醇反应生成 DMC。虽然工艺成熟，但原料剧毒、安全性差，“三废”量高，正在逐渐被淘汰。甲醇碳基化法是利用 CH_3OH、CO_2、O_2 为原料，在催化剂的作用下通过甲醇的氧化和碳基化合成 DMC，根据反应方式的不同，可以分为液相泥浆法、亚硝酸甲酯法和直接气相法，催化剂也不完全相同。酯换法是采用碳酸丙烯酯和碳酸乙烯酯与甲醇发生酯交换反应。该反应工艺具有反应条件温和产率较高等优点，但是原料碳酸丙烯酯和碳酸乙烯酯价格较高，影响了产品的成本。

表 5-1 国内 DMC 生产能力

合成方法	企业	产能 / (t/a)
甲基羰基化法	湖北兴发化工集团 东营市海科新源化工有限公司	4000 12000
酯交换法	唐山市朝阳化工有限公司 安徽铜陵金泰化工实业有限公司	12000 12000

表 5-2 国外 DMC 生产能力

合成方法	企业	产能 / (t/a)
光气法	美国 PPG 公司 法国 SNPG 公司 德国 BASF 公司	2000 2000 2000
甲醇羰基化法	意大利埃尼公司 日本大赛璐公司 日本三菱化成公司 日本 GE 公司	120000 50000 50000 50000
酯交换法	美国 TeXcao 公司 德国 BAYER 公司	2000 2000

各种方法的优缺点：

a. 光气法的优点是原理简单，产率较高已工业化生产，缺点是产品质量差、工艺复杂、操作周期长、原料剧毒、环境污染、安全性差。

b. 甲醇氧化羰基化法分为气相法和液相法，气相法的优点是引进亚酸甲酯、反应在常压或减压下进行，安全性好、已工业化缺点是催化剂价格昂贵，其选择性差。液相法的优点是原料易得，选择性高、已工业化，缺点是催化剂有一定的腐蚀性，对设备的控制和要求较高。

c. 酯交换法的优点是生产安全性高、收率较高、已工业化，缺点是单位体积设备生产能力低，生产成本高，原料经济性差。

②以 CO_2 为原料合成 DMC 的研究现状

以 CO_2 为原料合成 DMC 按照工艺来分可以分为 CO_2 直接法、CO_2 间接法和尿素醇解法。

a.CO_2 直接法

反应方程式：

$$CO_2 + 2CH_3OH \rightarrow DMC + H_2O \tag{5-49}$$

该反应在温度 0~800℃和压力 0~1MPa 内反应的吉布斯自由能均为正值，反应的 K 值也很小，如在 25℃时约为 710^{-5}，说明由 CH_3OH 和 CO_2 直接合成 DMC 是非自发的反应，需要改变反应路线，降低反应体系 ΔG 才有可能进行，所以必须选用高活性的催化剂和良好的工艺路线来实现。

i 超临界条件

近年，对超临界条件和近超临界条件下的 DMC 的合成进行了大量研究。CO_2 和 CH_3OH 合成 DMC 的反应随着压力升高，DMC 的生产量出现一最大值。无论是何种催化剂，DMC 浓度达到最大值时所对应的反应压力为 6.5~7.5MPa，这个压力范围恰好在 CO_2 的临界压力 7.37MPa 附近。国内学者对超（近）临界条件下该反应进行了研究，与不在 CO_2 超临界条件下反应相比，DMC 的选择性和收率都有明显的提高。

ii 离子液体

离子液体与通常的有机和无机溶剂相比，离子液体的蒸汽压近似等于 0，具有较高的热稳定性和化学稳定性，并且在较宽的温度范围内处于液体状态，这与通常的均相催化的温和条件相吻合。蔡振钦等人在考察了固体碱 $KZCO_3/CH_3I$ 催化剂对 CO_2 和甲醇直接合成 DMC 的研究中使用了浪代 1- 乙基 3- 基咪唑盐（EmimBr）离子液体，液相产物中 DMC 质量分数随着离子液体 EmimBr 的加入量增加而升高，但当离子液体 EmimBr 的量超过一定量后，增加趋于平缓，离子液体 EmimBr 的最佳加入量应该控制在一定的范围内。

iii 光促表面催化反应技术

孔令丽、钟顺和等人考察了光促表面催化反应技术对 CO_2 直接法合成 DMC 的过程进行了研究，取得了很好的效果，甲醇转化率最高达 16.10%，催化剂固体材料吸收紫外光，产生光生载流子并进一步在固体材料内部重新分布。由于催化剂 NiO 和 V_2O_5。的能带位置交错，二者结合后会产生复合效应使光生载流子定向移动，而且金属 Cu 和 V_2O_5 间存在的 Schottky 能垒也会造成光生载流子的重新分布，二者的共同作用使得 NiO 上光生空穴富集，而 V_2O_5 和金属 Cu 上光生电子富集，实现了对光生载流子的有效分离。然后，表面吸附的甲醇和 CO_2 在光生载流子的作用下发生光活化，吸附甲醇的光活化产物和 CO_2 表面物种光活化产物发生反应生成 DMC。以上 3 种直接合成反应条件都加快了反应的进行。离子液体还处于实验研究阶段，其制备方法和质量都没有规范的标准；光促表面催化反应技术存在着光能的利用率低以及成本的问题；这两种技术要实现工业化将还有很长的路要走。CO_2 的超临界条件工业上已有很多使用的先例，但该反应超临界条件对 DMC 转化率和选择性的提高效果与超临界条件能耗的增加之间的关系仍需要进一步的研究。

b.CO_2 间接法

鉴于 CO_2 直接法热力学上存在的问题，很多研究者引入偶合剂，降低反应的 ΔG 值，从而提高反应的转化率，但该方法的转化率仍很低，偶合剂多为环氧乙烷（PO）和环氧丙烷，价格较贵，反应副产物较多，目前 CO_2 间接法仅在日本建有中试装置。

CO_2 间接法采用的 CO_2 间接法采用的催化剂一般为碱性化合物，碱金属氢氧化物和醇盐等无机碱是最常见的一类催化剂，有较高的转化率。CO_2 间接法是一个可逆反应，若及时将生成的 DMC 移出体系，则反应有利于平衡向 DMC 的方向移动在反应中连续不断地蒸出 DMC 和甲醇的共沸物，可提高反应产率。反应的产物还有碳酸丙烯酯（PC）、乙二醇（PG），两者皆为重要的化学品，催化剂不同副产物也不相同，主要的副产物：乙二醇二甲醚和 $C_5H_{11}O_2$。

c. 尿素醇解法

利用尿素和甲醇反应生产 DMC 和氨气，若该工艺和尿素生产装置联产，则尿素只作为反应的中间产物，氨气循环利用，原料为 CO_2 和甲醇，所以将尿素醇解法归类于以 CO_2 为原料之类中。此方法通过使用一套 DMC 装置与一套尿素装置一体化，能大大降低 DMC 的生产成本，同时可以使尿素由传统的农业领域扩展到精细化工领域，扩大了尿素的利用范围同时即加大了对 CO_2 的利用。

反应方程式如下：

$$CO_2 + 2NH_3 \rightarrow (NH_2)_2CO \tag{5-50}$$

$$(NH_2)_2CO + 2CH_3OH \rightarrow DMC + 2NH_3 \tag{5-51}$$

尿素的合成已是成熟的工艺，技术的关键在于尿素醇解工艺的开发。美国和日本已在这方面开展了一些工作，国内致力于这方面的研究也很多，其中中科院山西煤炭研究所和中国石油合作开展了尿素醇解法项目，其百吨级工业化中试试验获已得成功；山东泰安采用该技术建设 5000t/a 的工业化示范厂，该技术是以碱金属氧化物为主的催化剂；天津大学、西安交通大学等作了一些工作，并发表了一些论文和专利，其中西安交通大学杨伯伦教授课题组开发的“尿素醇解法合成碳酸二甲酯工艺研究”项目，是以多聚磷酸为催化剂，已经通过了陕西省科技厅组织的成果鉴定。

部分研究已证实尿素和甲醇反应是分两步进行的，首先尿素和一个甲醇分子反应生成氨基甲酸甲酯（MC），然后 MC 再和一个甲醇分子反应生成 DMC。

第一步反应：

$$(NH_2)_2CO + CH_3OH \rightarrow NH_2COCH_3 + NH_3 \tag{5-52}$$

第二步反应：

$$NH_2COCH_3 + CH_3OH \rightarrow CH_3COCH_3 + NH_3 \tag{5-53}$$

从热力学上来讲两步反应都很难进行，第二步反应比第一步反应更难进行。降低反应体系 ΔG 才有可能进行，高活性的催化剂的开发和合理工艺路线的设计是实现尿素醇解法工业化的两大方面。目前对于该工艺路线的研究主要集中在生成物的及时移走，减少副反应的发生等方面；催化剂的研究主要分为 3 大类：碱金属化合物、锌类化合物、有机锡类化合物。

③结语

CO_2 所具有的极端惰性性质，难以活化，所以直接合成法对催化剂和温度和压力等反应条件都有较高的要求，难以达到较高的转化率，难以实现工业化。对于间接法合成

DMC，加入藕合剂可以明显地降低反应的吉布斯自由能，只从甲醇和CO_2的转化率上可以看出。资料显示，加入藕合剂甲醇的转化率最高达31.7%，不加入藕合剂的最高转化率为16.1%。但加入藕合剂的副产物较多，DMC的选择性不高，最高达70.8%，产物不易分离；而对于不加入藕合剂的方法，DMC的选择性比较高，很多情况下近乎100%，副产物较少，分离简单，但总体转化率不高。对于产物的分离和转化率方面都有待于进一步的研究。

酯－甲醇－水三元共沸物的分离过程使分离过程简单，且在催化剂的开发方面已取得突破性的进展。尿素和DMC联产对于很多生产尿素老厂改造生产DMC、提高产品的附加值，以及将尿素由传统的农业领域扩展到精细化工领域都具有非常重要的意义。

（4）CO_2合成甲酸

甲酸和甲酸甲酯是重要的化工原料，广泛应用于有机合成、制备染料、印染、医药等许多领域。目前，甲酸由甲酸钠法生产，也可用CO和H_2O生产。用CO和H_2O生产甲酸比甲酸钠法成本低，但需要较高温度（200~300℃）和压力（约20MPa），能量消耗大，设备投资高。因此各国都在继续寻求新的合成甲酸（酯）的方法。

甲酸又称乙酸化学式为HCOOH。甲酸无色而有刺激气味，且有腐蚀性，皮肤破损接触后会起泡、红肿。它的一个氢原子和羧基直接相连，也可看作一个羟基甲醛，因此甲酸同时具有酸和醛的性质。由于甲酸的特殊结构，在化学工业中有着广泛的应用，如农药、皮革、纺织、印染、医药和橡胶工业，还可制取各种溶剂、增塑剂、橡胶凝固剂、动物饲料添加剂及新工艺合成胰岛素等。我国的甲酸消费中，医药工业约占45%，化学工业约占30%，轻工、纺织及其他部门约占25%，可以说甲酸是一种应用十分广泛的化学物质。

①CO_2加H_2生成甲酸的热力学分析

标准生成热ΔG^0_f=−394.38kJ/mol，由于其稳定性，CO_2作为燃烧的最终产物。CO_2的还原需要高能的还原剂或外部能源做动力，H_2来源较方便，因此，它可作为最有希望的还原剂。

$$CO_2 + H_2 \rightarrow HCOOH \qquad \Delta G^0 = 48.38\text{kJ/mol} \tag{5-54}$$

由CO_2和H_2直接生成甲酸，方法简便，原料的利用率最高。但从热力学上来看，其ΔG^0为正值，要想使反应进行，关键在于寻求合适的催化剂和移去反应产物（如酯化或加入无机弱碱来中和生成的酸）来进行。

与CO和H_2O合成甲酸相比：

$$CO_2 + H_2 \rightarrow HCOOH \qquad \Delta H^0 = -37.7\text{kJ/mol} \tag{5-55}$$

$$CO + H_2O \rightarrow HCOOH \qquad \Delta H^0 = -34.7\text{kJ/mol} \tag{5-56}$$

两者的反应热没有多大的差别，均为放热反应。由于CO_2的惰性，可利用过渡金属配合物与CO_2配位使反应的难度降低，反应可在相当温和的条件下进行。利用在反应系统中加入甲醇的方法使甲酸酯化，也可使反应向右进行。

国外对此反应已进行了一些研究，目前 CO_2 和 H_2 合成甲酸的研究大多采用均相催化和电化学法，也有人用非均相催化法。

②均相催化 CO_2/H_2 合成甲酸（酯）

由于 CO_2 为较好的电子接受体，因此它容易和过渡金属的低价态配合物发生作用，进行插入反应。其中，由过渡金属配合物氢化产生金属－氢键，CO_2 正插入金属一氢键生成甲酸醋配合物（甲酸盐），即产物 A；CO_2 反插入生成金属一梭酸（产物 B）。较重要的过渡金属配合物催化 CO_2/H_2 合成甲酸（酯）的催化剂有：$RuH_2(PPh_3)_4$、$RuCl_2(PPh_3)_3$、$Ru_3(CO)_{12}$、$RhCI(PPh_3)_3$、$H_3Ir(PPh_3)_3$、$(Ph_3P)_3O_S(CO)HCI$、$(Ph_3P)_4HP_tCl$、$Pd(dpm)_2$ 等贵金属配合物催化剂及以下非贵金属配合物催化剂：$[MH(CO)_5]^-$ 其中 M=Cr、Mo 或 W、$[HFe(CO)_{11}]^-$ 以及 $[HCu(PPh_3)_6]$ 等。

③非均相催化 CO_2/H_2 合成甲酸（酯）

对利用 CO_2 作为有机合成原料这一新兴课题，大多数研究工作是寻求能够固定活化 CO_2 的配合物和开辟工业利用 CO_2 的可能途径，其中主要集中在 CO_2 的均相过渡金属配合物催化作用上，虽然均相反应具有反应速度快、选择性高、金属利用率大等优点，但是反应后催化剂须经分离、回收和重新加工等，这些过程繁琐而复杂，给工业化生产带来许多困难。非均相催化反应在催化过中，反应物和产物与催化剂的分离十分容易，易于工业化生产，具有较大的工业价值。CO_2/H_2 的非均相催化研究大部分是针对合成甲烷、甲醇及烃类进行的，合成甲酸（酯）少的研究报道较少。金属合金催化剂为新型的非均相催化剂，利用合金催化剂对 CO_2 的催化反应已有专利报道，在 $CU_{70}Zr_{30}$、$Ni_{64}Zr_{36}$、$Pd_{25}Zr_{75}$ 合金上催化 CO_2/H_2 可生成甲酸、甲醇、甲烷和 CO 等，甲酸可在无定形的 $CU_{70}Zr_{30}$ 和晶体的 $CU_{70}Zr_{30}$ 合金催化剂的作用下形成。由于采用合金催化剂，反应可在较高的温度下进行，在反应温度 220℃、反应压力 1.05MPa，在 $Cu_{70}Zr_{30}$ 催化作用下，其活性最高可达 4mmol/(h·g 催化剂)，选择性大于 80%。

将高活性和高选择性催化剂固载化和与非均相催化结合起来，将会给工业化生产带来方便。

5.3.4 无机化学品

(1) 钢渣直接矿化利用

地质封存、海洋封存和矿化固定是 CO_2 大规模处置的主要方式。CO_2 矿化固定不仅被看成是一种实现温室气体 CO_2 得到稳定封存的有效方式，也是实现 CO_2 大规模资源化利用的有效途径。它是指模仿自然界中 CO_2 的矿物吸收过程，利用碱性或碱土金属氧化物，如氧化钙或氧化镁与 CO_2 发生碳酸化反应，生成诸如碳酸钙、碳酸镁等稳定的碳酸盐化合物。

如能利用我国过程工业产生的这些大量难处理富含氧化钙的固体废渣为原料矿化固

定 CO_2，既实现多点源排放 CO_2 就地固化，又同时实现以废治废。在实现大规模固碳的同时，带来良好的经济与环境效益，对我国发展循环经济也具有重要意义。钢铁行业每年产生大量的固体废渣没有得到有效利用，其中最突出的就是炼钢过程产生的钢渣。钢渣是炼钢过程中产生的一种工业废渣，其中含有大量的氧化钙成分，钢渣中氧化钙含量高达 40%~50%，若能将它溶出作为矿物碳化钙离子的来源用于固结 CO_2，并制定沉淀碳酸钙，利用钢渣吸收 CO_2 既能改变钢渣性质，使之变成可利用的再生资源，又能有效地降低 CO_2 的排放，而且沉淀碳酸钙还是一种重要的无机材料，具有广泛的用途和较高的利用价值。目前国外已有相关研究，但国内尚未见过相关报告。采用钢渣直接与烟气中的 CO_2 发生碳酸化反应，是目前钢渣矿化固定 CO_2 的主要技术途径。例如：钢渣在 800° C、0.136 个大气压、525% 含量水蒸气条件下，向装有转炉渣的沸腾床处理装置中通入工业废气或烟气，反应 25h，然后将碳酸化后的转炉钢渣以颗粒或砖块形式投入海洋、先将转炉钢渣浸泡水中，然后将水浸泡后钢渣加入磨粉机中，同时将含有 CO_2 的废热烟气通入装有钢渣的磨粉机中发生稳定化反应，对钢渣磨细粉进行干燥；废热烟气将粉磨干燥后的钢渣微粉从磨粉机尾段带出，并进入收粉器中，钢渣微粉从收粉器底部排出；含有 CO_2 废热烟气与钢渣在磨粉机内的流动方向相反，废热烟气的温度为 180℃。

（2）钢渣间接矿化利用

国内某专利报道了一种利用钢渣沉放在水中、用于养殖海藻类和水生生物的块状材料制备方法，该块状材料由在准备钢铁生产过程中产生的粒状炉渣组成的混合物及 10 对该混合物进行碳酸化处理，生成碳酸盐，用生成的碳酸盐作为粘结剂来使上述混合物块状化。上述专利报道的钢渣矿化固定 CO_2 方法使用的钢渣粒径较大，需要给予足够的时间和温度条件下才能最大限度地吸收 CO_2，同时钢渣颗粒内部的大部分游离氧化钙无法与 CO_2 接触而起不到吸收 CO_2 的作用，由此导致钢渣碳酸化反应时间长、钢渣中氧化钙组分转化率低，并且固碳钢渣利用附加值低。

目前国内公开了一种 CO_2 固定与钢渣微粉中游离氧化钙消解的方法，其特征在于——先将转炉钢渣浸泡水中，然后将水浸泡后钢渣加入磨粉机中，同时将含有 CO_2 的废热烟气通入装有钢渣的磨粉机中发生稳定化反应，对钢渣磨细粉进行干燥；废热烟气将粉磨干燥后的钢渣微粉从磨粉机尾段带出，并进入收粉器中，钢渣微粉从收粉器底部排出；含有 CO_2 废热烟气与钢渣在磨粉机内的流动方向相反，废热烟气的温度为 180℃。在钢渣矿化固定 CO_2 过程中，钢渣中氧化钙组分与 CO_2 反应生成的碳酸钙容易包裹在未反应的氧化钙表面，从而阻碍钢渣中氧化钙组分的进一步转化。上述专利提到的方法采用钢渣球磨和碳酸化反应过程耦合，即采用机械物理作用方式将碳酸钙从未反应的氧化钙表面剥离，由此需要消耗较大的机械能和较长的反应时间。研究表明，钢渣中的钙离子在醋酸溶液中迅速溶出，其溶出率（质量分数）高达 80% 左右。

在钢渣矿化固定 CO_2 过程中，钢渣中氧化钙组分与 CO_2 反应生成的碳酸钙容易包裹在未反应的氧化钙表面，从而阻碍钢渣中氧化钙组分的进一步转化。上述专利提到的方法采用钢渣球磨和碳酸化反应过程耦合，即采用机械物理作用方式将碳酸钙从未反应的氧化钙表面剥离，由此需要消耗较大的机械能和较长的反应时间。国内某专利提供了一种强化钢铁渣矿化固定 CO_2 的方法，并有效解决钢铁渣中含钙组分碳酸化过程反应时间长、能耗高、转化率低以及钢铁渣固碳产物难以有效利用等问题。采用该方法，可以显著缩短钢渣矿化固定 CO_2 的时间，降低钢渣矿化固定 CO_2 的能耗，提高钢渣矿化固定 CO_2 的效率，并且钢渣固碳后可用于生产矿渣微产品由此进一步提高钢渣的使用价值。

（3）磷石膏矿化利用

利用工业固废磷石膏热活化天然钾长石矿化 CO_2 是一种减排 CO_2、消除工业固废并联产高价值硫酸钾的新方法。中国石化与四川大学合作开发了 CO_2 矿化磷石膏（$CaSO_4 \cdot 2H_2O$）技术，采用石膏氨水悬浮液直接吸收 CO_2 尾气制硫铵，已建设 100Nm^3/h 尾气 CO_2 直接矿化磷石膏联产硫基复合肥中试装置，尾气 CO_2 直接矿化为碳酸钙使磷石膏固相 $CaSO_4 \cdot 2H_2O$ 转化率超过 92%，72h 连续试验中尾气 CO_2 捕获率 70%。

其反应式如下：

$$2NH_3 + CO_2 + CaSO_4 \cdot 2H_2O \rightarrow CaCO_3 \downarrow + (NH_4)_2SO_4 + H_2O \tag{5-57}$$

利用回收燃烧尾气余热、减排 CO_2 并与循环水封闭冷却相耦合的方法，由完全互溶的二元溶液在 130~350℃的燃烧尾气高温热源与 15~55℃循环水低温热源之间进行解析－吸收相变循环，冷却燃烧尾气并通过固碳和矿化使 CO_2 转化为化学产品，同时回收燃烧尾气余热驱动而原混合介质蒸汽透瓶发电，并在封闭条件下完成循环水降温 3~10℃。

捕及前矿化和捕及后矿化两种路线的比较：

①捕及前矿化

烟气在捕集前直接矿化磷石膏，省去了烟气 CO_2 捕集环节。其工艺流程主要由主反应、碳捕集和氨吸收、尾气处理三个环节组成。

②捕集后矿化

将 CO_2 捕集技术和利用磷石膏废渣制硫酸铵技术结合，先将 CO_2 捕集，再进行 CO_2 矿化，对磷石膏资源化利用的同时实现 CO_2 减排。

捕集后矿化的工艺流程如下：CO_2 与氨水在碳化槽内反应得到碳氨溶液，碳氨溶液一部分与预处理过的磷石膏在反应器内反应进一步得到硫酸铵，碳酸铵的混合浆料；另一部分碳氨溶液与尾气返回碳化槽继续吸收 CO_2，同时对氨水进行定量补给。混合浆料通过充分反应后对下层进行过滤洗涤后得到碳酸钙滤饼，干燥后既得副产物碳酸钙；上层硫酸铵、碳氨溶液采用稀硫酸中和得到硫酸铵晶浆，所产生的尾气返回碳化槽继续反应。硫酸铵晶浆通过结晶、离心分离、干燥等步骤后得到硫酸铵产品。分离产物返回硫酸铵反应器循环利用。

磷石膏是生产湿法磷酸过程中形成的废渣，每生产一吨湿法磷酸约产生 5~6t 磷石膏废渣，我国每年产生磷石膏废渣 5000 万吨左右，每年需新增堆放场地 2800km^2。由于磷石膏中含有少量磷、氟等杂质，这些杂质会通过雨水流到地下水或附近流域，因此长期堆放磷石膏，不仅占用大量土地，而且会因堆放场地处理不规范对周边环境产生污染，更严重会产生溃坝事件。另一方面，我国缺乏硫资源，每年需要进口大量硫黄维持磷复肥生产。开发利用磷石膏制取硫酸铵和碳酸钙技术，不仅可以解决磷石膏废渣综合利用问题，制取的硫酸铵作为肥料，副产的碳酸钙可以作为生产水泥的原料。

通过对以上两种工艺结果的比较，捕集前直接矿化的优点和缺点分别如下：

优点　该工艺省去了捕集过程，直接以烟气为原料参与反应，工艺过程更加简单。以传统的捕集厚矿化技术相比直接矿化还有以下几个创新点：

①“一步法”CO_2 直接矿化磷石膏联产硫基复肥与碳酸钙，CCUS 技术路线创新；

②“全混流”氨促 CO_2 反应技术创新；

③“热力学势”多级利用系统技术创新。

缺点　该方法尚无成熟技术，需要通过中试试验验证工艺，获取建设直接矿化示范工程所需的数据。

CO_2 矿化磷石膏制硫铵技术的创新点：以废治废、提高 CO_2 和磷石膏资源化利用的经济性，从而实现工业固废矿化 CO_2 联产化工产品。此技术改变了传统“捕集 + 封存”的低碳路径，通过对含 CO_2 气体的直接化学利用，消除了 CO_2 捕集和封存的耗费和风险，将低碳的经济性和可靠性得以最大化。同时，此技术通过将废弃的磷石膏转化为有用的硫胺和碳酸钙，有助于消除磷石膏堆放对土地的占用和环境的污染。

（4）钾长石加工联合 CO_2 矿化

CO_2 捕捉封存是减少 CO_2 排放、缓解温室效应重要的方法。然而，受能耗、安全以及经济因素影响，CCS 技术的推广受到限制。新提出的基于矿化的 CO_2 捕捉利用方法（CCU）是利用自然矿石与 CO_2 反应，将 CO_2 矿化为稳定的固体碳酸盐，同时提取高附加值的化工产物。利用自然界丰富的天然钾长石作为矿化原料，不仅可以减排大量 CO_2，同时还可以获得稀缺的可溶性钾盐以降低 CO_2 减排成本。实验结果表明，将钾长石与固体废料六水合氯化钙作为助剂，经 800℃活化后，可在较为温和的条件与 CO_2 反应，将其矿化为稳定固体碳酸钙，同时提取出钾长石中的钾离子，钾长石在该过程中的转化率高达 84.5%。通过在氯化钙溶液中添加三乙醇胺（TEA）可实现在 250℃的低温下活化转化钾长石，矿化 CO_2，同时提取出钾长石中的钾离子。低温下钾长石的转化率最高可达 40.1%，利用地球自然钾长石矿化 CO_2 联产可溶性钾盐的 CCU 新方法具有工业可行性，是人类减排 CO_2、缓解温室效应的新途径。

长石是钾、钠、钙等碱金属或碱土金属的铝硅酸盐矿物，也叫长石族矿物。钾长石（$K_2O \cdot Al_2O_3 \cdot 6SiO_2$）通常也称正长石。钾长石系列主要是正长石、微斜长石、条纹长石等。长石是地球上最稳定的自然矿物之一，也是地壳中含量最多的矿物，约占地壳总质量的

60%，由于含有钾长石（$KAlSi_3O_8$）分子，长石中蕴含着丰富的钾元素，长石中钾长石的的总量约为 95.6 万亿吨。利用这部分钾长石矿化 CO_2 并达到 50% 的转换率，理论上将处理超过 3.82 万亿吨的 CO_2。据国际能源署报告，2010 年全世界 CO_2 排放量将达到 300.6 亿吨，也就是说理论上利用地球自然钾长石可矿化全球约 127 年排放的 CO_2。

然而，自然界中的 CO_2 与钾长石发生化学反应的过程需要几百年甚至上千年，通过增加反应温度，提高 CO_2 分压也很难有效的提高反应速率，因此在短期内通过这种化学反应起到 CO_2 矿化和减排的可能性不大，迄今为止，并没有出现利用钾长石有效矿化 CO_2 的实际工业应用。

CO_2 与钾长石的化学反应：

$$2CO_2 + 2H_2O + 3KAl_2[AlSi_3O_{10}](OH)_2 \rightarrow 6SiO_2 + 2K^+ + 2HCO_3^- \quad (5\text{-}58)$$

当前利用钾长石高效低成本地矿化 CO_2 主要面临着两个问题：①怎样破坏钾长石稳定的晶体结构使其与 CO_2 发生反应；②由于天然钾长石与 CO_2 反应后生成的可溶性碳酸盐在自然界中易于分解。因此，是否能够获得在自然界中更加稳定的矿化物十分重要。考虑到钙离子能够形成多种稳定的硅酸盐，而且，氯化钙是制碱等工业过程中产生的大量无法使用的工业废料，利用氯化钙作为助剂可破坏钾长石稳定的晶体结构，将钾长石转化为更容易矿化 CO_2 的硅酸钙盐，生成更稳定的固体碳酸钙是较为理想的发展方向，也已证明具有工业可行性。

参考文献

[1] 王立辉 . 二氧化碳驱油在我国的发展现状及应用前景 [J]. 科技与企业 , 2014(13): 368.

[2] 吕雷 , 王珂 . 二氧化碳驱油在我国的发展现状及应用前景 [J]. 精细石油化工进展 , 2012, 13(12): 26–29.

[3] 王军红 , 王红瑞 , 于洪观 . 注烟道气提高煤层气采收率（CO_2–ECBM）的可行性分析 [J]. 安徽师范大学学报 (自然科学版), 2005(03): 344–347.

[4] 王晓锋 , 吕玉民 , 吴敏杰 , 等 . 注入 CO_2 提高煤层气井产能技术的作用机理 [J]. 西安科技大学学报 , 2010, 30(06): 706–710.

[5] 许兰兵 , 李奇 . 二氧化碳提高天然气采收率技术研究进展 [J]. 内蒙古石油化工 , 2011, 37(17): 107–110.

[6] 傅承碧 , 沈国良 . 化工工艺学 [M]. 北京 : 中国石化出版社 , 2014.

[7] 崔克清 , 安全工程大辞典 [M]. 北京 : 化学工业出版社 , 1995: 51.

[8]G Seretoudia, D Bikiarisb, C Panayiotou.Synthesis, Characterization and BiodegradabI1ity of Poly (ethylene succinate)/ Poly(1–caprolactone) Block Copolymers[J]. Polymer, 2002, 43: 5405–5415.

[9] 王天堂 , 陆士平 . 新型乙烯基聚酯树脂简介 [J]. 化工新型材料 , 2003, 4: 19–21.

[10] 谢和平 , 王昱飞 , 鞠杨 , 等 . 地球自然钾长石矿化 CO_2 联产可溶性钾盐 [J]. 科学通报 , 2012, 57(26): 2501–2506.

[11] 陈景润 . 催化二氧化碳直接加氢制备甲醇研究新进展 [J]. 山东化工 , 2018, 47(09): 38–39.

[12] 李雨浓 . 二氧化碳及其衍生物催化氢化为甲酸的反应研究 [D]. 南开大学 , 2014.

[13] 师艳宁 , 高伟 , 王淑莉 , 等 . 甲醇和二氧化碳合成碳酸二甲酯催化剂的研究进展 [J]. 化学试剂 , 2012, 34(04): 319–326.

[14] 姜瑞霞 , 谢在库 . 二氧化碳和甲醇直接合成碳酸二甲酯研究进展 [J]. 化工进展 , 2006(05): 507–511.

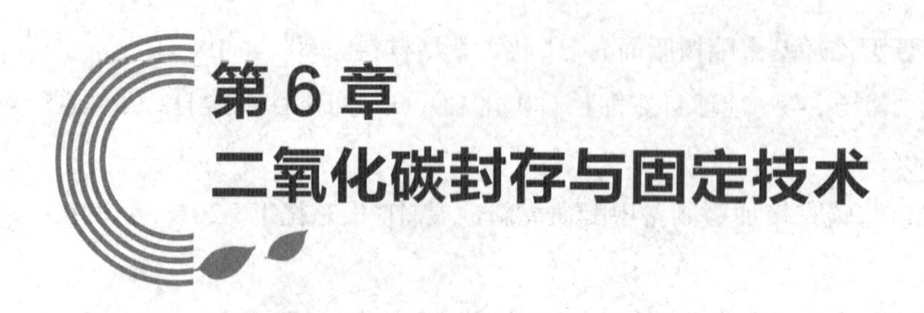

第 6 章 二氧化碳封存与固定技术

6.1 二氧化碳封存技术

二氧化碳封存技术是缓减全球气候变暖最有效的技术之一，是国际社会应对气候变化的重要策略，这在全球范围内已成为共识。不仅是发达国家，在发展中国家该技术同样是众多学者竞相研究的热点。二氧化碳封存技术的基本内含是指将大型排放源（如燃煤电厂、炼油厂等）产生的二氧化碳捕获、提纯、压缩后运输到选定地点长期封存，而不是释放到大气中，地质概念模型如图 6-1 所示。

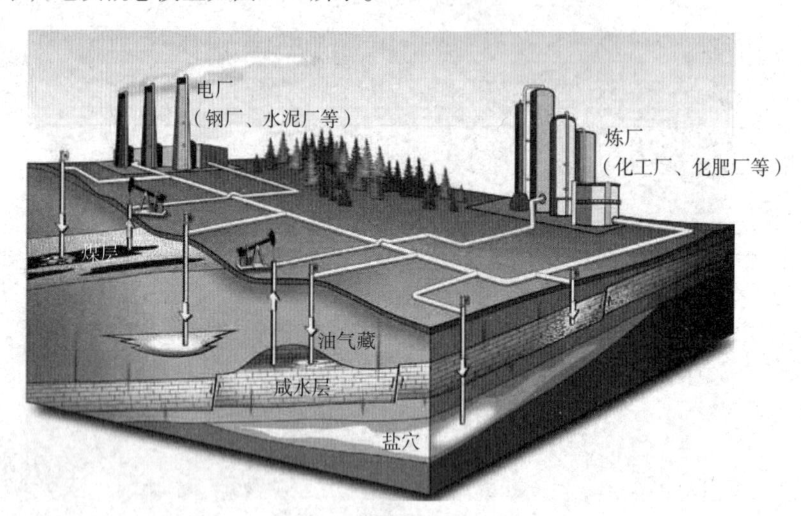

图 6-1　二氧化碳封存技术概念模型图

二氧化碳封存技术在实际项目中的应用始于 20 世纪 70 年代早期，美国为提高石油的采收率，率先在位于德克萨斯州的 Val Verde 项目中采用二氧化碳来驱替石油，这是人类历史上第一个商业级（年封存量达到 100 万吨的量级）大规模二氧化碳封存项目。然后经过 20 余年的研究，二氧化碳封存的理念与技术开始在欧美地区广泛推广，现已发展至全球范围内。据全球碳捕集与封存研究院的统计资料表明，截至 2017 年，全球共有 21 个商业级大规模碳捕集与封存项目处于运行或建造阶段，每年可捕集并封存二氧化碳 3700 万吨，已累计封存二氧化碳 22000 万吨。此外，另有 16 个项目处于各种发展研究阶段。上述商业级大规模碳捕集与封存项目在全球范围内按区域分布如表 6–1 所示，主要集中于美洲地区，在建及运行中项目比重高达 76.5%。而从国家分布情况来看，则以美国为最，占比达 29.7%，尤其是运行中的项目数量占比达到了 52.9%，表现出绝对的科技领导实力。当然从项目总数上来看，中国紧随美国之后，但遗憾的是中国目前尚无已建成运行的商业级大规模碳捕集与封存项目（示范项目已有不少，如神华 CCS 全流程示范项目、胜利油田 CO_2–EOR 项目等）。这是因为二氧化碳封存技术在中国发展起步较晚，目前正处于发展研制阶段，但发展势头强劲，有明显赶超多数发达国家的趋势，这正是利益于国家在政策与科研经费方面的大力支持以及广大科研人员的奋勇拼搏，可以预见几年之后中国在该技术领域将拥有强大的话语权。

表 6–1　商业级大规模碳捕集与封存项目按区域分布统计表

区　域		早期开发	高级研制	建造中	运行中	合计
美洲	美国	—	2		9	11
	加拿大	—	—	2	3	5
	巴西	—	—	—	1	1
亚太地区	中国	6	1	1	—	8
	澳大利亚	1	1	1	—	3
	韩国	2	—	—	—	2
欧洲	挪威	—	1	—	2	3
	英国	2	—	—	—	2
中东地区	沙特阿拉伯	—	—	—	1	1
	阿拉伯联合酋长国	—	—	—	1	1
合计		11	5	4	17	37

现有的封存方式可概括为两大类：地质封存和海洋封存。地质封存方式研究与应用最早，是目前二氧化碳封存实施的主要方式。在地质封存中，合适的目标储层一般埋存于地表 800m 以下，以确保二氧化碳处于超临界状态（温度高于 31.1℃，压力高于 7.38MPa，密度约为 500~800kg/m^3），内陆和海上沉积盆地均可，主要包括废弃的油气田储层、深部咸水层和不可开采的煤层，如图 6–2 所示。早在 20 世纪 90 年代早期，国外学者已对全球主要封存场地的封存容量进行了初步评估，结果表明废弃油气田储层的总容量约 920 亿吨，深部咸水层的总容量约为 400~10000 亿吨，主要煤层的总容量约为 20 亿吨。我国沉积盆地广阔，沉积厚度大，油气勘探盆地有 500 多个，沉积岩面积约 $670 \times 10^4 km^2$，深部咸水层、油气田等都可作为二氧化碳封存的地质构造，地质条件优越。二氧化碳封存技

术被引入我国后，我国学者李小春教授带领其科研团队对我国三类主要封存场地的容量再次进行了详细的评估，结果表明我国咸水层的封存总量可达1435亿吨，废弃的油气田可封存二氧化碳78亿吨，不可开采的煤层可封存二氧化碳120亿吨，同时可增采煤层气1632Gm^3。上述研究结果说明，无论是在我国还是在全球范围内，对于二氧化碳的封存潜力都十分可观。实施二氧化碳封存的另一类主要方式是将捕集的二氧化碳运输到海底进行封存，即海洋封存。由于地球表面71%的面积被海洋占据，因此其封存潜力相比地质封存将更为巨大。据相关研究的初步估算，海洋的固碳能力远远超过陆地生物圈和大气，它所固定的碳约是陆地生物圈的20倍，是大气的20倍，因此海洋在全球碳循环中扮演了相当重要的角色，对二氧化碳的吸收具有不可估量的潜力。

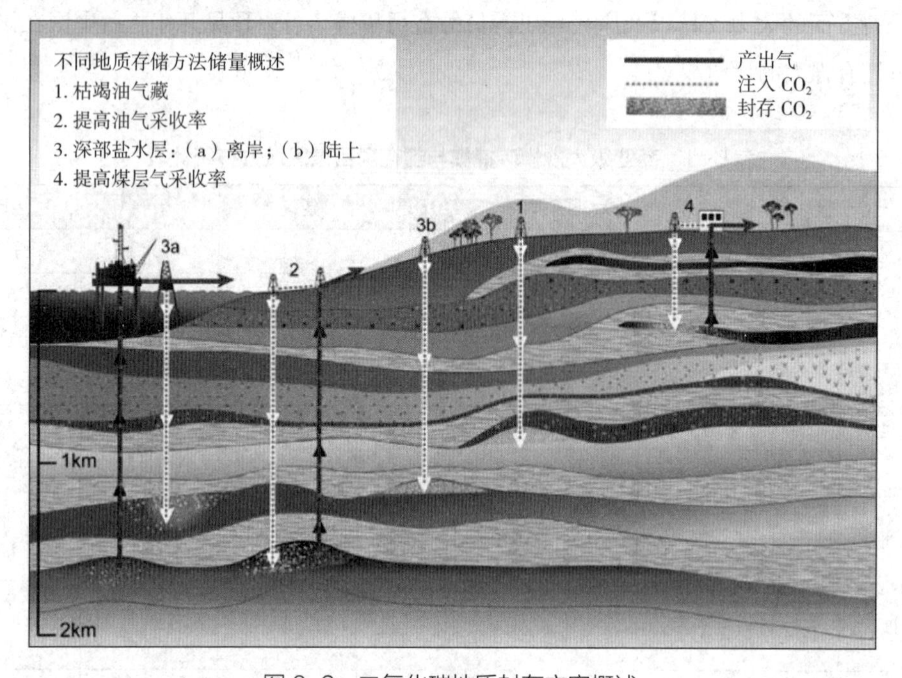

图6-2 二氧化碳地质封存方案概述

6.1.1 地质封存

二氧化碳地质封存的实质是指将二氧化碳流体通过井筒直接注入到合适的目标储层中以实现永久封存。涉及的具体技术包括：钻井技术、注入技术、储层动力学模拟技术和监测技术。钻井、注入及储层动力学模拟技术在传统的油、气开采领域已基本成熟，但由于二氧化碳具有特殊的物理化学属性，仍有所区别。具体应用时，钻井技术对井筒的防漏、防腐及防垢要求更高；注入技术不仅要求注得进，还要保证注得足且不破裂（不影响储盖层地质力学的稳定性）；储层模拟技术更侧重于对储层容量的评估，以便选址和设计注入方案。监测技术的发展与应用主要是为了监测二氧化碳注入后在储层内的运移与分布情况，以防二氧化碳泄漏。

为实现将二氧化碳这一主要温室气体长久安全地隔离于地下深处，关键的理论基础在于封存机制，即目标储层对二氧化碳的捕获能力。根据储层多孔介质捕获二氧化碳的本质过程及其对二氧化碳封存的时间效应，对封存机制的理解可以从物理和化学两个角度予以考虑。

短期的封存效应主要取决于物理封存机制，二氧化碳注入后，储层构造顶底面的泥岩和页岩等弱透水层（也叫隔水层）起到了阻挡超临界二氧化碳向上和向下流动的物理阻隔效应，储层岩石的毛细压力则将其捕获于储层岩石的孔隙中，然后在持续的地下水动力作用下，二氧化碳不断地向侧向迁移，并且由于不同流体的密度差异（浮托力）二氧化碳主要富集于储层上部，进而表现黏性指进的羽状分布形态。这说明物理封存机制的形成是地质构造、地下水动力、流体密度差、岩石孔隙毛细压力及矿物吸附等共同作用的结果。根据其形成原理的不同，可进一步细分为构造封存和水动力封存（也称之为残余气封存），当二氧化碳注入后，构造封存首先发生效应，随后在各种水力作用下，水动力封存机制逐渐发挥效应。随着时间的进一步延长，二氧化碳的长期封存效应则取决于化学封存机制，其本质是储层中的岩石矿物、地下水溶液与超临界二氧化碳流体在一定的温度和压力条件下发生缓慢的地球化学反应，生成碳酸盐矿物或碳酸氢根离子（HCO^{3-}），从而把二氧化碳转化为新的物质固定下来。根据化学反应的先后过程不同，化学封存机制可细分为溶解封存和矿化封存，即随着化学反应的发生，首先表现为溶解封存，当化学反应发生到一定程度才表现为矿化封存。二氧化碳溶解与矿化的作用过程十分缓慢，通常需要经历几百年甚至上千年。在二氧化碳地质封存中，上述四种封存机制对实际封存效应的贡献在不同的时间段显然是一不样的，每一种封存机制所占比重随时间的变化关系如图 6-3 所示。随着时间的推移，水动力封存、溶解封存和矿化封存机制对储层整体封存效应的贡献逐渐增大，封存的安全性也随之增加。

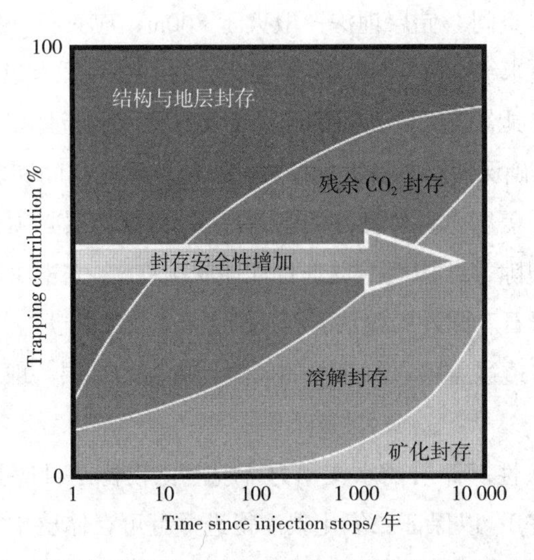

图 6-3　不同封存机制对封存效应的贡献值随时间的变化关系

对比上述物理封存机制和地球化学封存机制可知，物理捕获方式在很大程度上受地质构造、地应力状态、地下水动力特征及工程活动扰动等制约，单纯的物理捕获二氧化碳流体只能将其暂时封堵在地下岩层中，在地质时期存在泄漏的风险。而地球化学捕获方式是最有利于长期安全固碳的，但是，目前化学方式封存二氧化碳要求储层具备的条件较为苛刻，合适的储层十分有限。同时，因为这种方式可以将二氧化碳通过化学反应转化成新的岩石矿物成分，基本不存在泄漏的问题，但其固碳容量却极为有限。因此，一般来讲，较为理想的二氧化碳地质封存箱（目标储层）应该是物理机制和地球化学机制共同作用的环境，这样有利于最大限度发挥其封存和固碳容量。

其次，选择合适的封存场地是确保二氧化碳长久安全的封存于地下的首要保证。按照研究对象尺度以及不确定性，选址工作分为盆地级筛选与场地级筛选。基于对封存场地的特征描述，巴楚（Bachu）在盆地级别上给出了15条选址标准，分为五大类型：①地质特性；②水文及地热特性；③油气资源及产业成熟度；④经济合理性；⑤社会、政治因素。在此基础上，目前一些国际组织和国家已经出台了相关管理文件，包括欧盟的《碳捕集与封存指令》、美国的《CO_2捕集、运输和封存指南》、澳大利亚《CO_2捕集与封存指南-2009》以及挪威船级社（DNV）编制的《CO_2QUALSTORE-CO_2地质封存场地和项目的选择、特征描述和资格认证指南》。国内方面，地质构造相比欧美地区更为复杂，因此直接套用国外标准显然不可取。目前，虽然许多学者也对我国二氧化碳封存选址标准进行了有益的探讨，但由于我国二氧化碳封存技术还处在示范阶段，有关注入、封存的场地选择及特征描述的实际经验不多，缺少明确的、量化的场地选择标准和场地勘察技术。因此，尚未建立起统一的选址标准规范，但是在行业内部对于选址的关键要素已达成共识。

综合以上国内外关于场地选择的基本认识，就二氧化碳地质封存而言，理想的封存场地所需具备的基本条件包括以下六点：

（1）足够大的储层空间。储层埋深一般大于800m，应具备一定的厚度（我国大陆境内典型的储层厚度为数米级，欧美地区的典型储层的厚度为百米级）和足够大的水平延伸长度，同时储层岩石应具备较大的孔隙度和易于与二氧化碳流体发生地球化学反应的地下水溶液或岩石矿物，以确保储层具备大规模封存二氧化碳的空间和能力。

（2）致密、完整的盖层岩石（良好的密封性）。目标储层必须具备致密（较低的孔隙率和渗透率，节理、裂隙等结构面不发育且连通状况差）、完整（延伸范围足够长且无断裂带）的区域性盖层岩石。此外，盖层岩石还应具备较好的抗压、抗拉和抗剪性能。这样才能降低二氧化碳流体透过盖层岩石泄漏的风险。典型的盖层一般为弱透水或不透水的泥岩和页岩等延性岩层。

（3）良好的可注入性。储层的水文动力环境应比较稳定且应具备较好的渗透性（孔隙、裂隙的连通性较好），以保证二氧化碳注得进并且可在储层中平稳、流畅的迁移而不引起过高的储层增压（储层增压过高会影响储层的力学稳定性，进而引发二氧化碳漏泄）。

（4）稳定的区域水文地质环境。所选封存区域降水补给与径流、排泄应达到动态均衡，具备稳定的区域性含水层和隔水层（或弱透水层），且含水层的孔隙水压力较平衡。地表水与深部含水层地下水之间的渗流体系较连续，且地下水的流速、流向与盖层岩石一般应有利于构成完整的封闭系统。另外，地下深部的目标储层内的含水层与浅部淡水（供人类饮用）含水层之间的水力联系应较少甚至无水力联系，以防止污染到浅部淡水含水层。

（5）稳定的区域构造地质背景和内、外动力环境。一般来讲，目标储层所处地层的区域构造活动应该较少，断层、裂缝不发育或发育较少，且目标储层应尽量远离大的穿透性断裂构造、活动断层、活火山及破坏性地震频发区。此外，地表的地貌应处于低势能区，降雨和人类工程活动诱发的滑坡、泥石流等地质灾害不应过多，因为这些外动力因素可能导致地表井口密封设备的失效而使二氧化碳泄漏。

（6）较好的工程环境。二氧化碳排放源在经济距离内，相关基础设施较为完善，绕过居民区或保护区，以降低封存成本，提高经济合理性。

综上所述，目前比较适合实施二氧化碳地质封存的目标储层可归结为两类：油气藏储层和深部咸水层，这也是目前最具封存潜力的两类目标储层。

基于上述要求，为提高选址的工作效率，选址的一般流程如图 6-4 所示，首先收集潜在封存场地的数据信息；然后建立封存场地的 3D 静态地质模型；最后描述封存地的动态特性，对其进行敏感性分析及风险评估，论证在允许的注入速度下，能够埋存多少二氧化碳且不会造成不可接受的风险。

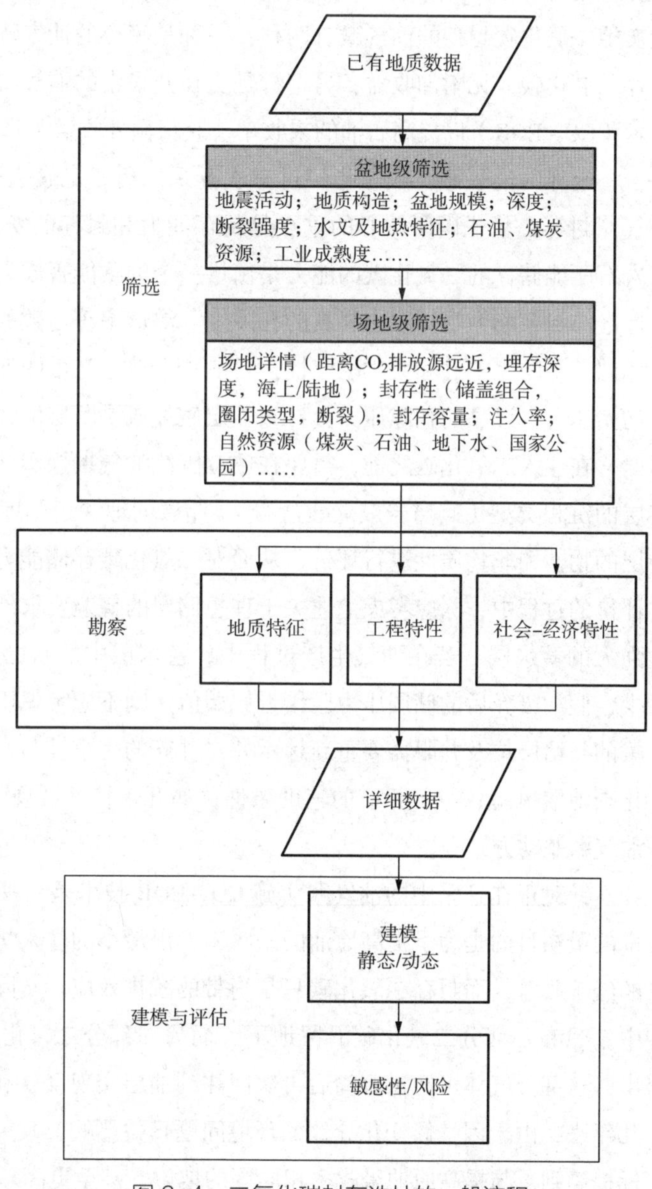

图 6-4　二氧化碳封存选址的一般流程

6.1.2 油气藏封存

全球碳捕集与封存研究院的研究资料表明，目前商业级大规模二氧化碳封存的主要方式仍是油气藏封存，油气藏作为二氧化碳封存的首选场地，主要原因有：（1）油气藏本身具有良好的封闭性，可以长久提供安全的地质圈闭；（2）油气藏的地质结构与物理特性在油气开采的过程中已研究清楚，并建立了三维地质模型；（3）油气藏已具备生产井和注入井等基础设施，可以有效降低封存的工程成本；（4）二氧化碳可作为原油的溶剂，注入油藏可形成混相驱，提高原油的采收率。因此，利用油气藏封存二氧化碳是目前国际社会普遍采用的封存方法之一，尤其是在技术和项目推广的初期阶段。以往的工程经验表明能够实施二氧化碳封存的油气藏有两种：一种是废弃的油气藏，直接利用废弃的原始储油层封存二氧化碳，无附加收益；另一种是正在开采中的油气藏，利用注入二氧化碳强化采油技术（CO_2-EOR）以提高石油的采收率，获得额外收益，降低碳封存成本。

废弃的油气藏一般是指经过三次开采以后，已丧失开采价值的油气藏。利用该类油气藏封存二氧化碳所关心的重点是封存能力和封存的安全性，因此，储层中单位体积的岩石所能储存的二氧化碳的能力是衡量一个油藏能否成为潜在的二氧化碳封存地址的重要标准。封存能力受储层中岩石的孔隙度、渗透率等参数的影响，过量地注入二氧化碳会破坏储盖层的完整性和力学稳定性。目前一个普遍认可的保守观点是储层压力不超过储层的初始压力，过高的孔隙压力会导致盖层破坏或是断层滑移，并最终导致二氧化碳泄漏。因此，在注入二氧化碳之前，需要在原有围绕油气勘探和开发的研究工作基础上，重新对储层的沉积类型（碎屑岩或碳酸盐岩）、储层的埋深、厚度和三维几何形态和完整性以及储层的物性和非均质性进行评价，从而对二氧化碳存储能力做出客观、翔实的评估。在重新评价的过程中，除应考虑上述关于理想储层的普遍要求外，还需特别注意：（1）是否存在强大的蓄水层，若在油气生产过程中，蓄水层中的水已进入到储层，那么储层空间将减少，假如废弃后的储层压力已接近原始值，则不应考虑用于二氧化碳封存；（2）废弃油气藏的封堵层位及井眼需要重新标示并对井筒的完整性与密封性作出评估，否则会存在二氧化碳泄漏风险；（3）相应的辅助条件，如开采特征及现状、目前油气层油气水分布情况、油气藏驱动方式等。

针对正在开采中的油气藏实施 CO_2-EOR 技术是一种特殊的二氧化碳封存方式，该技术的最初目的是为了提高原油的采收率，以最小的注入量提升最多的原油产量，实现最大的经济收益，而封存二氧化碳只是附带的减排效应。实际上，在利用二氧化碳驱油的过程中，只有一部分二氧化碳滞留地下，而另一部分二氧化碳将作为伴生气体随着原油被采出，这部分气体可经过分离后再次回注到油层实现反复利用，并最终被封存于油层。近十几年来，由于因气候变化导致的环境问题日益严峻，政策制定者将封存二氧化碳的节排目标提高到了与提高原油采收率相同等的地位，甚至更高。因此，CO_2-EOR 技术逐渐演变为经济效益最佳的二氧化碳利用和封存方式，也是最具有主动性的二氧化碳封存方案。

从二氧化碳驱油的技术水平来看，美国最为发达，自 1980 年以来，美国的二氧化碳驱现场应用不断发展，成为了第二大提高原油采收率的技术，仅次于蒸汽驱技术。美国拥有充足的二氧化碳气藏，开展了大量的注入二氧化碳提高采收率的项目，并取得了很好的经济效益。根据 2014 年统计数据，美国二氧化碳非混相驱生产井数已达到 993 口，年产量达 106.89 万吨，相比传统采油技术，CO_2-EOR 技术一般可提高原油采收率 7%~23%（平均 13.2%），延长油井生产寿命 15~20 年。我国石油开采对于提高采收率技术的需求十分迫切，但目前的技术水平有待提升。而我国原油新增可采储量无法满足我国经济发展对石油的需求，原油可采储量的补充，越来越多地依赖于已探明地质储量中采收率的提高。我国大部分油田为陆相沉积储层，特点是非均质性严重，原油黏度大，因此水驱采收率较低。为提高我国原油的采收率，自 20 世纪 60 年代以来，我国各大石油院校相继开展了二氧化碳驱油实验，并在大庆、胜利、江苏等油田进行应用，对二氧化碳驱油方法形成了初步的认识。进入 21 世纪以来，我国围绕 CO_2-EOR 技术展开了系统的研究，以先导性试验为核心的工作不断展开，并在胜利油田中率先开展了示范项目，效果显著，CO_2-EOR 技术已逐渐成为我国提高石油采收率的一项有力的技术手段。

目前，注入二氧化碳提高油气藏采收率的机理已基本清楚。二氧化碳驱油机理可分为二氧化碳混相驱和二氧化碳非混相驱。两种方式的区别在于地层压力是否达到最小混相压力，当注入到地层压力高于最小混相压力时，实现混相驱油。当压力达不到最小混相压力时，实现非混相驱油。在标准状况下，二氧化碳是一种无色、无味、比空气重的气体。当温度压力高于临界点时，二氧化碳的性质发生变化：形态与液体相似，黏度接近于气体，扩散系数为液体的 100 倍。此时的二氧化碳是一种很好的溶剂，其溶解性和穿透性均超过水、乙醇、乙醚等有机溶剂。如果将二氧化碳流体与待分离的物质接触，它就能够有选择性地把该物质中所含的极性、沸点和相对分子质量不同的成分依次萃取出来。萃取出来的混合物在压力下降或温度升高时，其中的超临界流体变成普通的二氧化碳气体，而被萃取的物质则完全或基本析出，二氧化碳与萃取物就迅速分离为两相，这样可以从许多种物质中提取其有效成分。二氧化碳驱油机理正是利用了二氧化碳这一特殊的物理、化学属性，即当超临界二氧化碳溶于油后会使原油膨胀，降低原油黏度，从而使原油流动能力增加，提高原油产量；当溶于原油和水，将使原油和水碳酸化，原油碳酸化后，其黏度随之降低，水碳酸化后，水的黏度将提高 20% 以上，同时也降低了水的流度，碳酸化后，油和水的流度趋向靠近，改善了油与水流度比，扩大了波及体积。所以二氧化碳通过注入井泵入油层后，易被水驱向前推进，当 二氧化碳与原油达到混相后进而驱动原油进入生产井，图 6-5 所示为二氧化碳驱油机理示意图。综上所述，利用二氧化碳驱提高原油采收率具有如下特点：①降低原油黏度；②使原油体积膨胀；③改善油水流度比；④分子扩散作用；⑤混相效应；⑥萃取和汽化原油中的轻烃；⑦溶解气驱；⑧降低界面张力。

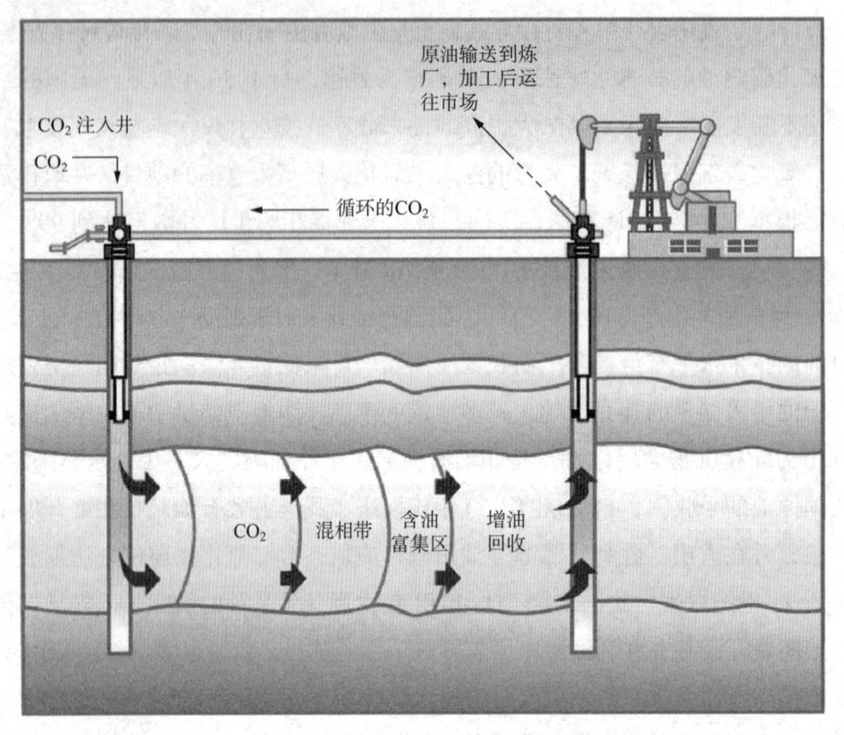

图 6-5　二氧化碳驱油机理示意图

随着 CO_2-EOR 技术的日趋成熟，国内外已有很多采油项目在油田开发后期选择注入二氧化碳以实现提高采收率和二氧化碳封存的双重目的。其中，已建成运营的主要商业级大规模 CO_2-EOR 项目如表 6-2 所示。

表 6-2　全球主要商业级大规模 CO_2-EOR 项目

名称	国家	年封存量 / 百万吨	开始年份
Val Verde	美国	1.3	1972
Shute Creek	美国	7	1986
Weyburn	加拿大	40	2000
Century Plant	美国	8.4	2010
Coffeyville Gasification Plant	美国	1	2013
Lost Cabin Gas Plant	美国	1	2013
Boundary Dam	加拿大	1	2014
Kemper County	美国	3.5	2014

最具代表性的 CO_2-EOR 项目是位于加拿大的 Weyburn 项目。它是将美国北达科他州 Beulah 的大型煤气化装置中捕获的二氧化碳输送到加拿大 Saskatchewan 省东南部的 Weyburn 油田，用于增强采油，源汇项距离约 325km。Weyburn 油田的地表覆盖面积约

180km^2，原油储量达 222 百万立方米，CO_2-EOR 项目设计使用年限为 20~25 年，在整个项目周期内计划每天注入 3000~5000t 二氧化碳，以实现封存二氧化碳 2000 万吨的总目标。Weyburn 油田的原油储层属于裂隙性碳酸岩，20~27m 厚，其主要的上部盖层和底部岩层均为硬石膏带，在油层北界限，碳酸岩发生尖灭形成一个区域性不整合面。在该不整合面上部是厚而平的页岩岩层，在空间上构成了阻止二氧化碳泄漏的天然屏障。该项目自 2000 年正式运行以来，运行状态良好，基本达到预期效果。目前，每天可增采原油 1600m^3，所有随原油排出的二氧化碳均被分离、压缩后重新注入，循环使用，并且所采用的多种监测设施尚未发现有二氧化碳泄漏。

6.1.3　咸水层封存

咸水层通常是指富含高浓度盐水（卤水）的地下深部的沉积岩层。该类地层在全球范围内分布广泛，饱含大量的水资源，但由于其地下水矿化度较大，不适合作为饮用水或农业用水，然而却是封存二氧化碳的有利场所。虽然油气藏是二氧化碳的理想封存场地，但是咸水层沉积盆地的封存潜力大，分布广，受埋存量、埋存地点和埋存时间的限制较小，因此深部咸水层封存技术应用范围更广泛。IPCC 特别报告（2005）同样指出深部咸水层是最有前景的长期封存二氧化碳的选择，尤其是在缺少直接经济刺激的前提下，咸水层在靠近二氧化碳捕获地方面具有潜在的地理优势。

当把二氧化碳以超临界或液体状态注入地下深部咸水层后，二氧化碳在浮力以及注入压力的双重作用下，由注入井逐渐向周围运移，一部分在运移过程中被毛细力固定或被土壤颗粒吸附而固定下来，一部分二氧化碳在合适的地质构造中得以被封存下来，还有一部分在运移的过程中缓慢溶解于卤水中，同时在上部盖层的作用下确保二氧化碳长期留在储层中。因此，赋存于咸水层岩石孔隙中的二氧化碳多为吸附态、游离态和溶解态三态共存。随着时间的增长（百万年），二氧化碳、卤水和碳酸岩石发生化学反应生成碳酸盐矿物质，实现永久封存。

目前，二氧化碳咸水层封存项目实施的大部分技术可以在石油、天然气开采等行业现有技术的基础上进行改造开发。欧美发达国家较早开始了二氧化碳咸水层封存相关关键技术的研发，部分技术已经比较成熟。相比之下，我国虽然在油气资源开发方面有着一定的基础，但是由于二氧化碳咸水层封存是纯粹的环保措施，在没有相关政策扶植的情况下，咸水层封存的关键技术研发和实施存在着动力不足的劣势。因此，我国的二氧化碳咸水层封存所属关键技术的研究还处于起步阶段，关键技术研发与国际先进水平有着一定的差距。从已有的研究来看，对注入的二氧化碳如何在咸水层中流动、深部咸水层对注入的二氧化碳固化能力大小、二氧化碳能否在地下咸水层中稳定封存至少上千、上万年以及可能产生的环境影响等诸多问题和挑战仍是不可预知的，这将是未来的主要研究方向。

表 6-3　全球主要的二氧化碳咸水层封存项目

名称	国家	年封存量 / 百万吨	开始年份	备注
Sleipner	挪威	1	1996	商业级项目
Ketzin	德国	0.04	2006	示范项目
Snøhvit	挪威	0.8	2008	商业级项目
神华鄂尔多斯	中国	0.1	2011	示范项目
Illinois	美国	1	2014	商业级项目
Gorgon	澳大利亚	3.6~4.1	2016	商业级项目
Quest	加拿大	1.08	2016	商业级项目

项目规划与建设方面，虽然目前世界上已投产运营的商业级大规模二氧化碳封存项目仍以油气藏封存为主，但咸水层封存项目也有不少，并且后续计划的项目、在研项目、试点示范项目则多为咸水层封存项目。现已建成运营的主要二氧化碳咸水层封存项目如表 6-3 所示，其中挪威 Statoil 公司开发的 Sleipner 项目运行时间最长，最有代表性，是全球范围内第一商业级二氧化碳咸水层封存项目。

Sleipner 气田位于北海，距离挪威海岸约 250km。咸水层位于海床下 800~1000m，顶部非常平坦，上覆盖层为延伸范围长、厚度大的页岩，该咸水层对二氧化碳的封存容量巨大，约为 10~100 亿吨。项目预计每天注入二氧化碳 3000t，设计总封存容量为两千亿吨，简化的封存项目示意图如图 6-6 所示。项目具体实施分为三个阶段：阶段一为基准

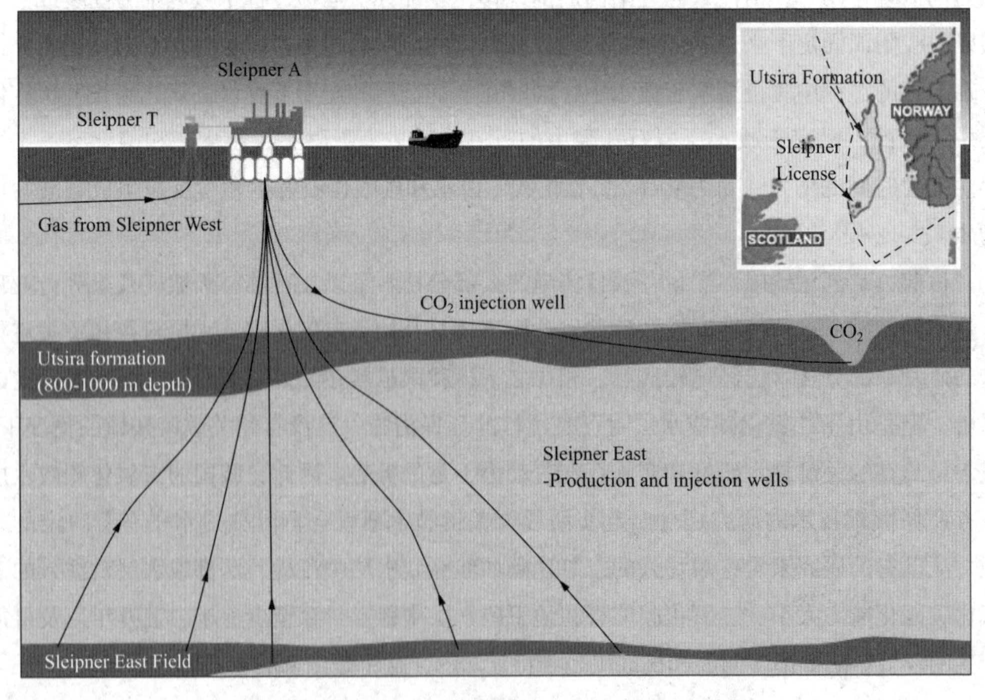

图 6-6　Sleipner 二氧化碳咸水层封存项目示意图

数据的获取与评估，于 1998 年 11 月完成；阶段二为注入二氧化碳三年后的项目状态建模，涉及储层地质描述、储层模拟、地球化学、监测井需求与费用评估、地球物理模拟五个主要方面；阶段三为数据解释与模拟验证，于 2000 开始。项目运行自今，监测结果显示盖层的密封性良好，二氧化碳羽的径向延伸约 $5km^2$。已有的储层研究与模拟分析表明未来成百上千年时间尺度内，二氧化碳将不断溶解于水中，可有效降低二氧化碳泄漏的可能性。

神华鄂尔多斯碳捕集与封存示范项目是中国也世界上第一个全流程二氧化碳咸水层封存项目，对于我国二氧化碳咸水层封存更具有典型的代表意义。神华鄂尔多斯示范项目位于内蒙古鄂尔多斯市伊金霍洛旗，封存区为平坦的荒郊地带。封存区内包含三口竖井，即中神注 1 井（ZSZ1）、中神监 1 井（ZSJ1）和中神监 2 井（ZSJ2），分别用于二氧化碳注入和监测，井深在 3000m 以内。该项目计划每年注入 10 万吨二氧化碳，连续运行三年以完成 30 万吨二氧化碳的总封存目标。于 2011 年 1 月成功实现了现场试注作业。尔后，于 2011 年 3 月进入正式注入阶段，至 2014 年 4 月完成注入目标。目前的监测结果表明未发现二氧化碳泄漏。

6.1.4　海洋封存

通过水体与大气的自然交换作用，海洋一直以来都在“默默”吸纳着人类活动产生的二氧化碳。全球光合作用每年捕获的二氧化碳，约 55% 由海洋生物完成，而陆地生态系统只占 45%。过去 200 年来，通过化石燃料燃烧而排放到大气中的二氧化碳有 1.3 万亿吨之多，而海洋吸收了其中的 30%~40%。但因海 – 气界面的二氧化碳交换过程缓慢且仅限于表层 / 次表层海水，于是人类开始探寻用人工方法加快海洋碳封存过程以提升海洋吸收二氧化碳的能力。1977 年，Marchetti 首次提出了人工利用海洋来封存工业二氧化碳的设想，由此拉开了海洋碳封存研究的序幕。他提出将捕集的二氧化碳以气体、液体、固体 3 种形式分别注入深海区域，使其在深海特定的高压低温条件之下自动形成十分稳定的固体水合物，从而实现二氧化碳长期的封存隔离。经过 40 余年的探索发展，二氧化碳海洋封存方法在理论与技术层面均取得了较大的进展，但由于此类碳封存方法会影响海洋生态系统的平衡，与相关的国际海洋法相冲突，并且碳封存的成本相比地质封存方式要高得多。因此，海洋封存方式目前尚未进入实际应用阶段，也没有小规模的试点示范，仍然处在研究阶段，仅有一些小规模的现场试验以获取相关数据供理论与模拟研究使用。

实施二氧化碳的海洋封存主要有两种方式，如图 6-7 所示：一种是通过船或管道将二氧化碳输送到封存地点，并注入到 1000 米以上深度的海中，使其自然溶解；另一种是将二氧化碳注入到 3000 米以上深度的海里，由于大该深度范围内二氧化碳的密度大于海水，因此会在海底形成固态的二氧化碳水合物或液态的二氧化碳“湖”，从而大大延缓了二氧化碳分解到环境中的过程。这两种封存方式从封存原理上讲都是将二氧化碳以不同相态封存于海洋水体之中，其科学依据是二氧化碳在水溶液中的可溶性。当二氧化碳溶解到海水中后，海洋中不同种类的离子和分子，如 HCO_3^-、CO_3^{2-}、H_2CO_3、溶解态 CO_2 等构成了一个相对稳定的缓冲体系，然后通过进一步的化学反应对二氧化碳进行吸收，最终达到封存的目的。并且，注入深度不同，达到的封存效果会产生很大差异：当注入的水深小于 500m 时，二氧化碳以气态形式存在，连续注入的二氧化碳会形成富含二氧化碳气泡的羽状流，尽管可逐渐溶解于周围水体，但由于其密度小于海水，一部分二氧化碳在完全溶解前逐渐上浮而排放到大气中。当注入的水深界于 1000~2500m 时，二氧化碳以正浮力的液态存在，此时其密度仍小于海水，连续注入的二氧化碳将形成富含二氧化碳液滴的羽状流，在逐步溶解的过程中仍会有一部分二氧化碳将上浮到表层水体而再次进入大气。当注入水深达到 3000m 时，二氧化碳以负浮力的形式液态存在，此时其密度已明显大于海水，通常会下沉至海洋底部或全部溶解于水体，在海底的低洼处形成二氧化碳湖——“碳湖”。相比之下，气态、液态、固态 3 种相态中固态二氧化碳最稳定、密度最大且不易分解逸出，将其施放于深海中后会自动向海底沉降，因此固态二氧化碳是海洋封存方法中封存效率最高的相态。基于此结论，不少研究者们建议将捕捉的二氧化碳直接以干冰的形式注入海洋深部，但这对注入技术提出了新的挑战。

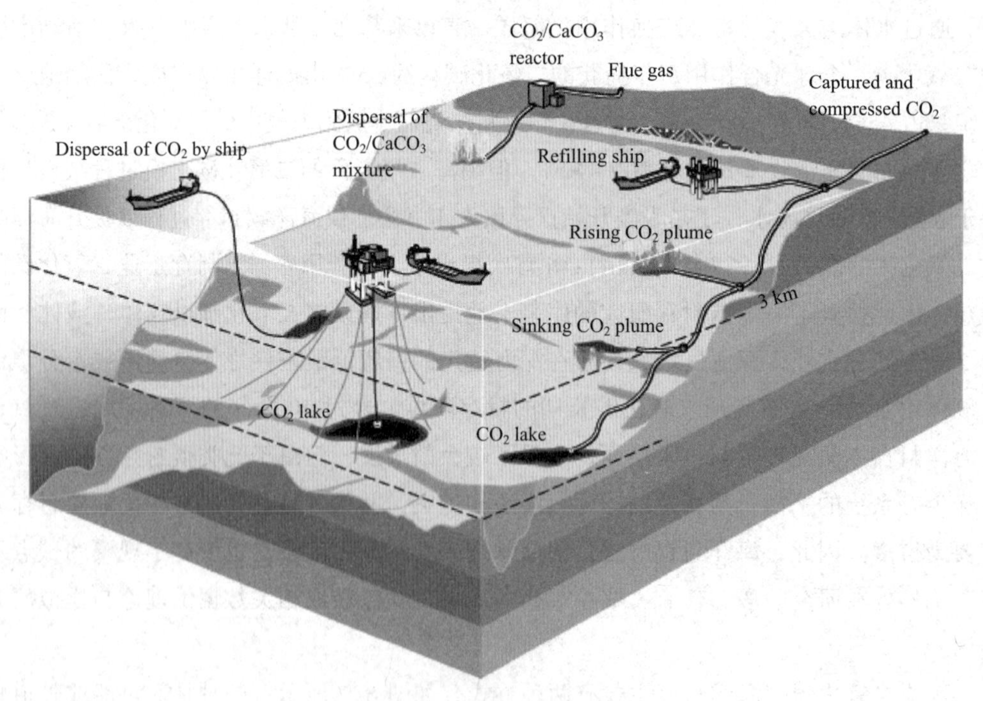

图 6-7　海洋封存的主要实施方式

近年来，一些研究者也明确指出海洋循环的周期大概为 1000 年，因此，注入深海的二氧化碳在经历一系列漫长的转移转化之后最终将重返海洋表层或离开海洋水体和大气建立新的平衡。鉴于此，众多专家学者开始思考其他的海洋封存方案，以尽量延长封存时间，提高封存效率。其中，利用二氧化碳强化天然气水合物的开采（CO_2-EGHR）是最具代表性的新型封存方案。

二氧化碳强化开采天然气水合物的想法最初由 Ohgaki 提出，图 6-8 所示为置换开采示意图，其目的是为了在获得巨量天然气的同时封存大量的二氧化碳。天然气水合物也称之为可燃冰，它是高度压缩的天然气和水的固态混合物，甲烷分子含量（体积分数）高达 80%~99.9%，外形呈冰晶状，通常呈白色，燃烧性极强且燃烧产物无残留，其密度在 0.9g/cm^3 左右，具体值取决于其所存在的温度、压力条件及气体的组成。可燃冰在地球上储量巨大，被誉为 21 世纪的新能源。但是通过海上作业对其开采时，很容易因为甲烷气体的瞬间释放而同时释放大量的能量，进而引发一些严重的地质灾害，比如海底滑坡、海底地震等。而与其他开采技术相比，二氧化碳置换可燃冰的最大优势在于：当二氧化碳置换取代甲烷时，一方面实现了封存二氧化碳的目标，另一方面维护了海底水合物沉积层的稳定性，降低相关海底地质灾害发生的可能性，是一种安全的开采技术。

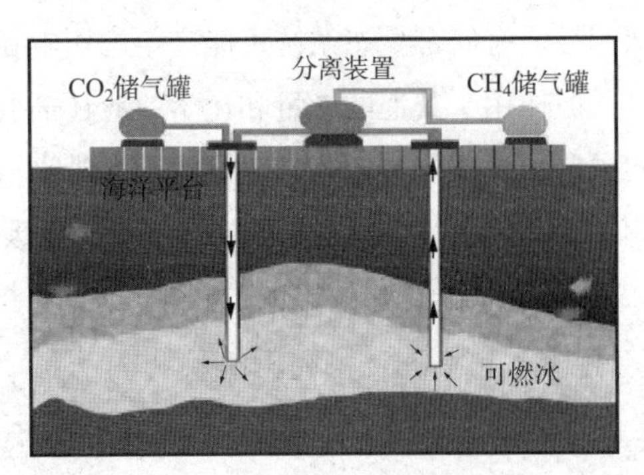

图 6-8 二氧化碳置换强化开采可燃冰示意图

二氧化碳置换开采可燃冰在动力学和热力学方面已被证实具有很高的可行性，当将液态二氧化碳注入可燃冰储层，由于二氧化碳亲水性比甲烷要好，且在相同温度条件下，生成二氧化碳水合物需要的压力比可燃冰保持稳定需要的压力低，因此在某一压力范围内，天然气水合物会分解成水和甲烷，而二氧化碳会与分解产生的水结合生成水合物且保持稳定，因而会出现二氧化碳驱走甲烷的现象。在这一驱替过程中，二氧化碳水合物的生成是放热过程，可燃冰分解则是吸热过程，并且放热要大于吸热，多余的热量便可继续维持可燃冰的分解，因而这一过程能够自发进行。

目前，系统装置的研究已经比较成熟，已有的利用二氧化碳置换甲烷开采海底可燃冰的系统主要由以下 5 个部分构成：深水钻井平台、采气隔离管道、压缩系统、分离系统和供热系统。因此有望利用此方法来实现可燃冰的商业化开采，但也有诸多限制，尤其要满足以下两个条件：（1）要选择合适的可燃冰储层，不是所有的可燃冰储层都适合应用二氧化碳置换法开采，因为二氧化碳置换甲烷需要有一定的温压条件，若不能保证，置换进程将无法进行；（2）要有保证二氧化碳长期封存的环境，二氧化碳挤走甲烷之后以水合物的形式存在，此后在开采其他可燃冰的过程中，要保证已形成的二氧化碳水合物的稳定，虽然二氧化碳水合物较可燃冰稳定，但其超过一定温压范围也是会分解的，不仅如此，若要长期封存二氧化碳还需要良好的地质构造。

虽然二氧化碳海洋封存的潜力巨大，相关理论与技术设备已取得了突破性的进展，但是海洋碳封存仍然面临着许多社会性障碍。最大担忧来自于其可能产生的环境影响，主要是对海洋生物的影响。因为，当大量的二氧化碳注入并溶解到海水中后，会使海水酸化而杀死深海的生物，从而破坏了海洋生物的多样性。根据一项为期数月的针对二氧化碳浓度升高对海洋表面生物影响的试验研究结果，随着时间的推移，海洋生物钙化的速度、繁殖、生长、周期性供氧及活动性放缓，死亡率上升，一些生物对二氧化碳的少量增加就会做出反应。在接近注入点或二氧化碳湖泊时预计会立刻死亡。虽然有学者针对该研究结果揭示的问题提出可以在封存地点溶解碱性矿物质，如石灰石等，以中和酸性的二氧化碳，然而，该方法需要大量石灰石和材料处理所需的能源，是否可行值得商榷。再者，二氧化碳浓度升高对深层带、深渊带、海底带生态系统可能产生的影响还缺乏充分的了解。尽管这些区域的生物相对稀少，但作用于其上的能量和化学效应还需要作更多的观察以发现潜在的问题。此外，地核的主要组成部分是岩浆，岩浆活动会带来海底地震等地质灾害，如果地质灾害发生的地点和二氧化碳封存地点接近，那么二氧化碳将会重新通过海水渐渐逃逸到大气中。因此，二氧化碳海洋封存技术的项目推广与具体实施仍还有很长一段路要走。

6.2 二氧化碳固定技术

6.2.1 概述

二氧化碳固定最早来自生物学或自然界碳固定的概念。在那里，碳固定也被称为碳同化，表示由活的有机物所实现的将无机碳（主要是 CO_2）转化成有机化合物的过程。植物的光合作用就是最典型的实现二氧化碳转化并固定碳元素的例子。随着社会和科技的发展进步，碳固定概念的外延也在不断扩大。进行人工生物、人工化学合成反应，也能够实现 CO_2 的转化固定。当开展各种工业规模生产时，其对 CO_2 转化固定的量也会是相当可观的。由于这些碳固定的过程都能够消耗并转化 CO_2（即隔离 CO_2），因此，在应对气候变化、削减 CO_2 排放的背景下，特别是在 CCUS 的浪潮中，上述这些作为 CO_2 减排措施的二氧化碳固定途径，无论是需求还是研究都被大大强化和促进了。例如，作为一种 CCUS 措施，人们提出了 CO_2 矿化固定的途径来封存 CO_2。从碳被固定的机理过程来看，可以粗略地将 CO_2 固定分为物理固定、化学固定、生物固定等，当然，在实际发生的碳固定过程中往往是一种固定过程为主，同时包含其他固定过程。

上述固定的过程或途径，无论是自然的还是人工的，无论是有机的还是无机，其核心是实现游离 CO_2 的转化和固定。本节的 CO_2 固定技术主要是在 CO_2 减排的背景下探讨的。这里主要介绍两类固定途径：一类是生态固定，涉及碳固定的生物过程；第二类为矿化固定，涉及 CO_2 与矿物的反应过程。这些技术在目前的 CCUS 框架下也被高度重视并日益得到深入研究。

6.2.2　生态固碳

生态固碳在这里并不是指一个具体的二氧化碳固定机理，而是 CO_2 生态系统固定的简称，也被称为生态封存。自然生态系统不仅是人类赖以生存的物质基础，也是最有效的天然碳汇。陆地和海洋生态系统中的各种植物、自养微生物等通过光合作用或化能作用来吸收、转化并固定大气中的 CO_2，从而实现 CO_2 的封存。CO_2 的生态固定充分利用了自然界的内在调节机制，不仅是 CO_2 的绿色减排途径，而且规模巨大。更重要的是，很容易与经济发展统筹协调，发挥综合效益。主要的途径包括，大规模开展生态保护、生态修复、植树造林。在当前我国高度重视生态环境保护的大背景下，应该受到重点关注。

常见的陆地生态系统固碳途径包括，森林生态系统固碳（森林固碳）、湿地生态系统固碳（湿地固碳）、草地土壤生态系统固碳（草地固碳）、灌丛生态系统固碳（灌丛固碳）以及农田生态系统土壤碳固碳（农田固碳）等。

2018 年美国国家科学院院刊以专辑形式报道了中国科学院碳专项的一个研究内容，下面的内容为该研究公开发布的研究发现。该研究系统调查了中国陆地生态系统（森林、草地、灌丛、农田）碳储量及其分布。研究成果表明，中国陆地生态系统在过去几十年一直扮演着重要的碳汇角色。例如，在 2001~2010 年期间，陆地生态系统年均固碳 2.01 亿吨，相当于抵消了同期中国化石燃料碳排放量的 14.1%；其中，森林生态系统是固碳主体，贡献了约 80% 的固碳量，而农田和灌丛生态系统分别贡献了 12% 和 8% 的固碳量，草地生态系统的碳收支基本处于平衡状态。在国家尺度上通过直接证据证明人类有效干预能提高陆地生态系统的固碳能力。例如，包括天然林保护工程、退耕还林工程、退耕还草工程、长江和珠江防护林工程等在内的我国重大生态工程和秸秆还田农田管理措施的实施，分别贡献了中国陆地生态系统固碳总量的 36.8%（7.4 千万吨）和 9.9%（2.0 千万吨）。在国家尺度上开展了群落层次的植物化学计量学研究，验证了生态系统生产力与植物养分储量间的正相关关系，揭示了植物氮磷元素的生产效率。首次揭示了生物多样性与生态系统生产力和土壤碳储量之间的相关关系，证实了增加生物多样性不仅能提高生态系统的生产力，而且可以增加土壤的碳储量。研究还揭示，中国陆地生态系统碳密度低于同等气候条件下的其他地区，依然有很大的固碳潜力。

6.2.3　矿化固定

6.2.3.1　矿化固定的途径

CO_2 矿化固定就是将 CO_2 与矿物进行反应，将 CO_2 固定在新生成的矿物中，特别是生成碳酸盐矿物，在封存 CO_2 的同时还可能产生附加收益，是典型的 CCUS 技术。因此，在应对气候变化、削减 CO_2 排放的背景下，CO_2 矿化固定也称为 CO_2 矿化封存。CO_2 矿化固定具有显著的特色，如矿化的矿物来源广泛、规模巨大，而且可能产生具有经济价值的副产品，矿化封存更稳定，安全性更高，几乎不会产生泄露等风险。CO_2 矿化固定自 1990 年代提出后，目前已经发展出几十种具体的固定工艺或路线。2000 年后，美国、芬兰、意大利、英国和澳大利亚等各国均投入力量推进技术研发。目前，我国也有一些队伍在开展有关技术研究工作。CO_2 矿化既可在原地矿化（注入地下进行），也可以异位矿化（在地面进行）。矿物原料既可以是天然矿物（如橄榄石、蛇纹石、玄武岩等），也可以是各种固体废弃物（如粉煤灰、钢渣、磷石膏、废弃水泥和混凝土等）。表 6–4 列举了部分 CO_2 矿化途径。

表 6–4　部分 CO_2 矿化封存途径

编号	矿化固定途径	内涵注释
1	粉煤灰矿化封存二氧化碳	CO_2 与粉煤灰获添加剂进行矿化反应
2	钢渣矿化	钢渣与 CO_2 进行化学反应
3	磷石膏矿化	用 CO_2 与磷石膏矿化反应
4	钾长石二氧化碳矿化	将天然钾长石与 CO_2 反应矿化利用
5	CO_2 氨化矿化	利用 CO_2 和 NH_3 反 应生成三聚氰酸固体
6	烟气 CO_2 成型材料矿化	CO_2 与白灰作胶凝剂的成型材料反映，固化其中，形成早强成型材料成品
7	二氧化碳矿物碳酸化固定	CO_2 与矿物反应生成碳酸盐
8	CO_2 玄武岩矿化封存	CO_2 与玄武岩体发生矿化反应

6.2.3.2　CO_2 磷石膏矿化固定

磷石膏是磷肥、磷酸生产等磷化工过程中排放出的工业固体废弃物，是化学工业中排放量最大的固体废物之一。其主要成分为二水硫酸钙（$CaSO_4·2H_2O$）和半水硫酸钙（$CaSO_4·1/2H_2O$），以二水硫酸钙居多，有一定的酸性和轻微腐蚀性。此外，根据原料磷矿石的产地环境不同，磷石膏中还往往还有不同微量的砷、银、钡、铬、铅和汞等元素。2017 年，我国磷石膏产量虽有下降，但仍高达 75Mt。作为典型的大宗工业固废，磷石膏有效处置和利用的比例仍然十分有限，大部分处于堆放状态，严重污染环境或造成较大安全隐患。我国各级政府高度重视磷石膏堆存的环境风险，纷纷出台相应政策和指导意见，推进磷石膏的处置和综合利用。推进磷石膏综合处置与利用成为磷石膏治理的趋势。

将 CO_2 与磷石膏相结合进行矿化反应（崔文鹏等，2015），能够处置利用磷石膏、固定 CO_2，甚至联产较高附加值产品。这里我们介绍刘项等报告的研究结果（刘项等，2015）。中国石化与四川大学开展了“低浓度尾气 CO_2 直接矿化磷石膏联产硫基复合肥技术开发项目”，将磷肥厂和天然气净化中分别排放的磷石膏废渣和 CO_2 进行矿化处理，以四川大学提出的“一步法矿化”工艺为基础，研究利用低浓度 CO_2 矿化磷石膏制硫酸铵和碳酸钙。所涉及的工艺技术的原理为，以氨为媒介，将氨法脱碳和磷石膏复分解反应相结合，通过如下总反应方程式生成硫酸铵和碳酸钙。

$$NH_3 + CO_2 + CaSO_4 \cdot 2H_2O \rightarrow CaCO_3 \downarrow + (NH_4)_2SO_4 + H_2O$$

涉及的主要工艺流程如图 6-9 所示。

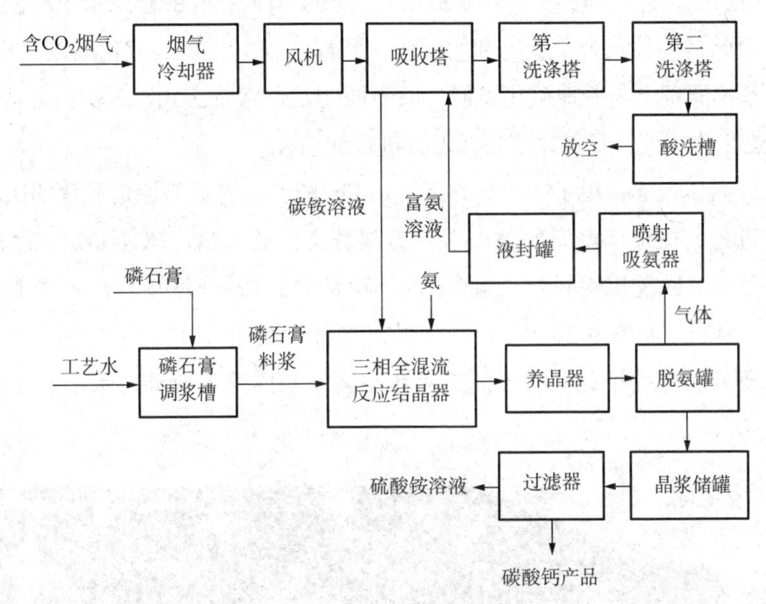

图 6-9　尾气 CO_2 矿化磷石膏项目中试装置工艺流程

中石化南京工程有限公司、南化院、普光气田和四川大学联合开展了项目中试研究。主要结果表明，尾气 CO_2 吸收率达 75%，磷石膏转化率超过 92%，产品碳酸钙过滤强度超过 880kg/（$m^2 \cdot h$），平均粒径为 56mm，产品硫酸铵溶液中游离 NH_3 浓度为 0.3–0.8mol/L。核算结果表明，1t 磷石膏矿化 CO_2 0.25t，联产硫酸铵 0.78t，碳酸钙 0.58t。

6.2.3.3　CO_2 玄武岩矿化固定

玄武岩是一种火山岩，在地表和地下均有广泛分布。玄武岩中钙、镁和铁的含量较高，在一定条件下，很容易与 CO_2 发生化学反应形成固态碳酸盐，实现 CO_2 的矿化固定和封存。这些金属离子与 CO_2 反应析出碳酸盐矿物，其反应化学方程如下：

$$(Fe, Ca, Mg)^{2+} + CO_2 + H_2O = (Fe, Ca, Mg)CO_3 + 2H^+$$

玄武岩中这一反应的不断进行，除了需要 CO_2 和水的条件，还依赖于 H^+ 的不断消耗。消耗 H^+ 的各种溶解反应通常包括：

$$Mg_2SiO_4 + 4H^+ \rightarrow 2Mg^{2+} + 2H_2O + SiO_{2(aq)}$$

$$CaAl_2Si_2O_8 + 8H^+ \rightarrow Ca^{2+} + 2Al^{3+} + 2SiO_{2(aq)} + 4H_2O$$

$$SiAl_{0.36}Ti_{0.02}Fe(III)_{0.02}Ca_{0.26}Mg_{0.28}Fe(II)_{0.17}Na_{0.08}K_{0.008}O_{3.36} + 6.72H^+$$
$$= Si^{4+} + 0.36Al^{3+} + 0.02Ti^{4+} + 0.02Fe^{3+} + 0.17Fe^{2+} + 0.26Ca^{2+}$$
$$+0.28Mg^{2+} + 0.08Na^+ + 0.008K^+ + 3.36H_2O$$

此外，为了产生可参加 CO_2 矿化反应的 2 价金属离子，可通过一些措施加速硅酸盐的溶解来实现，例如，提高矿物流体接触面积，选择或控制注入流体的温度和成分。

在工程实践上，CO_2 玄武岩矿化主要包括原地矿化和异地矿化。原地矿化就是将 CO_2 注入玄武岩地层中，然后与其中的矿物硅酸盐反应生成矿物碳酸盐或重碳酸盐。这是一种放热反应，因此是一种热力学上有利的反应，它深入地下，将二氧化碳以矿物形式隔离。异地矿化在基本原理上与原地矿化类似，所不同的是通常将玄武岩运输到某地，然后 CO_2 与其中的矿物发生反应，只是反应是在地表进行的。

2016 年，科学杂志报道了一个名称为 CarbFix 的 CO_2 玄武岩原地矿化的试验研究。该项目在冰岛进行，由英国南安普敦大学、美国哥伦比亚大学、冰岛大学、冰岛雷克雅未克能源公司等多家欧美机构联合实施。图 6-10 展示了 CarbFix 项目注入场地地层的地质剖面，其中，HNO_2 为深为 2000m 的注入井，在深度为 150~1300m 之间的地层设置了 8 个监测井。研究人员先把此前捕集的二氧化碳溶于与向井下流动的水中，然后注入地下

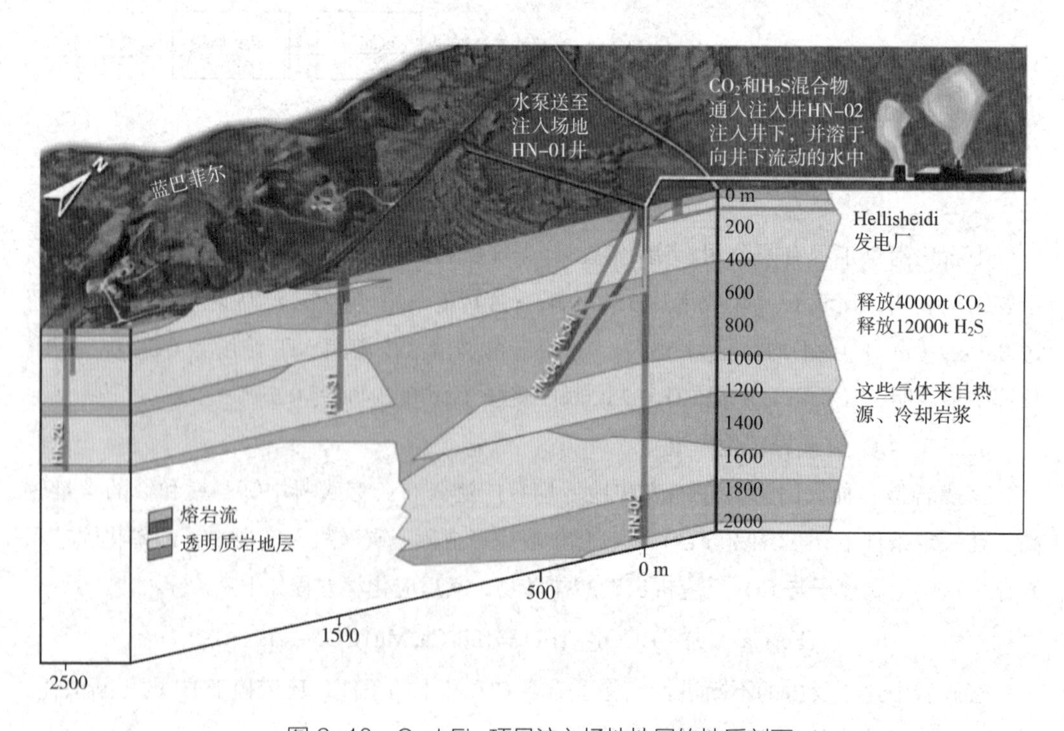

图 6-10 CarbFix 项目注入场地地层的地质剖面

400~800m 之间的目标玄武岩层中。将 CO_2 溶于水可以确保进入地层后马上与 Ca-Mg-Fe 质的地层岩石发生反应。一些专家早先认为相关矿化反应可能需经过数百年乃至数万年才能完成，但实际观测结果显示，所注入的二氧化碳超过 95% 在不到两年内便发生了矿化（转化为固态碳酸盐），矿化反应的速度比此前预测要快得多。这一研究初步证明了利用玄武岩原地矿化固定 CO_2 的有效性。这种方式固定 CO_2，典型的优点是基本上可实现 CO_2 永久封存并且没有泄露风险。而且，由于玄武岩在地球上分布的规模非常庞大，固定 CO_2 的潜力显然也是十分巨大的。但一个显而易见的问题是，这种碳固定技术需要消耗较大量的水资源。因此，用水量的问题也许会成为缺水地区大规模应用的限制因素。此外，由于这一项目年注入 CO_2 的规模只有 4 万吨，规模还较小。当进一步放大注入规模时，在玄武岩地层中的长期注入性问题还需要进一步的确证。

6.3　二氧化碳监测技术

地质利用与封存的 CO_2 泄漏可能会污染地下水，降低地下水 pH 值，增加盐度甚至重金属浓度；泄漏的 CO_2 进入土壤后，影响土壤生物系统及植被根系，改变生态系统平衡；泄漏到地表可能对人类身体健康造成影响，对地表生态造成破坏。为了确保封存场地的适宜性、安全性，必须对注入、封存的 CO_2 进行监测与评估，核查地质体内没有发生 CO_2 泄漏。CO_2 监测技术是确保工程安全性、风险评价与风险管理的关键技术，也是 CO_2 地质封存技术体系中的关键技术。美国、加拿大、日本、澳大利亚等国家以及欧盟制定了 CO_2 地质封存监测的相关法规，而且一些研究或咨询机构也将 CO_2 地质封存监测工作单独列出，并提出工作目标以及合理的工作流程建议，详见表 6-5。中国目前还没有 CCS 监测标准和规定，中国环境保护部科技标准司已于 2016 年发布了《二氧化碳捕集、利用与封存环境风险评估技术指南（试行）》。指南明确了 CO_2 捕集、利用与封存环境风险评估流程，推荐以定性评估为主的风险矩阵法，提出了环境风险防范措施和环境风险事件的应对措施，对于加强 CO_2 捕集、运输、利用与封存全过程中可能出现的各类环境风险的管理具有里程碑的意义，是对中国建设项目环境风险评估技术法规的补充和完善。

表 6-5　主要的 CO_2 地质封存监测报告和指南

国家 / 组织 / 机构	名称	相关内容
美国 EPA	二氧化碳地质封存井的地下灌注控制联邦法案	① CO_2 流、注入压力、注入井的完整性、地下水水质、地球化学性的进行监测； ②建立注入后监测和注入停止后的场地查看计划； ③明确 CO_2 柱区的位置和压力增加区域的面积，确保地下饮用水资源的安全

续表

国家 / 组织 / 机构	名称	相关内容
英国	二氧化碳封存管理 2010	①封存许可申请必须包含建议的监测方案； ②监测计划必须包含 CO_2 晕流（如果可能），以及周围环境监测（如果可行），通过监测，实现储存地点中的 CO_2（和地层水）的实际行为和模型行为的对比； ③监测 CO_2 运移、泄漏、对周围环境（饮用水、人口及周围生物圈的使用者）的重大危害； ④当封存地点关闭之后，运营商必须继续监测封存地点
欧盟	碳捕获与封存指令	①基准线、运行和场地关闭后的监测计划必须包含监测参数、使用的监测技术及技术选择的理由、监测位置和空间的抽样原理与监测频率； ②监测计划必须针对注入设施的 CO_2 泄漏逃逸情况、注入井口的 CO_2 流量、注入井口的 CO_2 压力和温度、注入物质的化学成分；CO_2 注入影响区域内的温度和压力进行连续的活周期性的监测
澳大利亚环境保护和遗产委员会	二氧化碳地质封存的环境指南	① CCS 项目的运行必须包括综合的监测制度，包括对空气、地下水、土壤化学性、潜孔地质化学监测、地质物理监测等； ②监测是满足核准条件的必要组成部分； ③注入前的基准线监测和注入后的区域监测； ④具有一个对监测系统设计的独立评价，和监测结果的独立评审以确保环境资源的管理，并符合排放交易市场的要求
日本	海洋污染防治法	① CO_2 海洋封存的许可申请必须包含监测计划，包含对可能的 CO_2 泄漏监测、监测 CO_2 泄漏的负面影响。 ②持有 CO_2 封存许可的人员必须监测封存地点污染物的状态，向环保部报告监测结果
ConocoPhillips	二氧化碳封存技术基础	CO_2 封存监测方案：工作指南及案例研究
DNV	CO_2 地质封存场址和项目选择与资格指南	监测、验证、核算和报告（MVAR）工作的目标、大纲以及合理的工作流程建议
USCSC	全球 CO_2 地质封存技术开发现状	监测技术开发现状与成本、实地项目应用结果
DTI	CO_2 地质封存监测技术	①地质封存监测建议监管框架； ②监测技术介绍：应用、性能、检出限和局限性； ③监测成本； ④项目监测实践； ⑤海上监测实践总结； ⑥陆上监测部署； ⑦英国研究现状及未来研究与开发
NETL	最佳实践：CO_2 深部地层储存的监测、验证和核算（MVA）	①监测的重要性、目标和目的以及监测活动； ②监测技术介绍：描述、效益和挑战； ③ DOE 支持和影响监测活动的监测技术的开发； ④监测目标和目的的解决； ⑤不同情景大型试点的 MVA 开发

CO_2 监测技术按照成熟度划分：一部分技术已经在其他地质应用中得到充分验证，较为成熟；一部分技术在 CO_2 示范项目中得到了应用，具有较大的可行性；还有一部分技术需要进一步的研究和发展。按照 CO_2 地质封存关注的区域和监测手段从空间上划分：天空监测技术、地表及近地表监测技术与地下监测技术（浅层和深部地下空间）三类（地下 – 地面 – 空中），主要的监测范围包括空气、土壤化学性、潜孔地质化学、地下水、CO_2 流、注入压力、注入井的完整性、地球化学性监测等。CO_2 封存项目的监测涉及项目周期内及结束后的长期监测，因此监测技术从时间上划分，包括 CO_2 注入前监测、注入中监测、注入后监测和关闭期监测。全球 CO_2 地质封存项目主要的监测技术包含：常规测井、示踪监测、井间地震、微震监测、3D 时移地震（4D 地震）、地面变形监测、大气监测、井网监测、土壤气监测、大面积 CO_2 泄漏监测（红外、UMA、卫星）等技术。CO_2 地质封存的监测体系如图 6–11 所示。

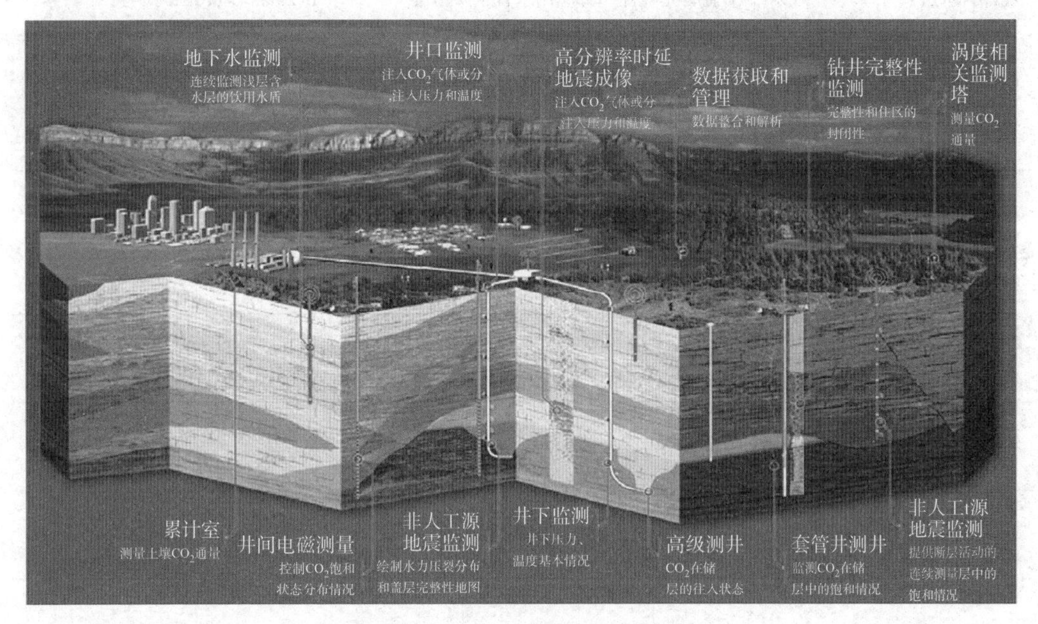

图 6–11　CO_2 地质封存的监测体系

目前监测技术的研究和应用已日臻成熟，监测井、地震、土壤通量等监测技术已经在国外 In Salah、Sleipner、Weyburn、Otway、Gorgon 等不同的示范项目中得到应用，详见表 6–6。这些技术为监测与风险评价工作提供了实测数据；地震勘探、重力调查、水化学组分等监测数据被详细解读，对 CO_2 晕运移、封存安全等进行追踪反应，确保封存工程的安全性；同时也进一步证明了监测技术的有效性。示踪剂监测、生态系统监测、星载干涉测量等大面积监测技术将得到更多重视并逐步被应用到各个示范项目。

表 6-6　国外 CO_2 地质封存工程常规监测技术列表

监测技术	监测风险	应用项目
重复三维地震	①晕迁移；②地下特征	In Salah/Gorgon/Sleipner/Snøhvit/Weyburn
VSP 地震	②晕迁移；②地下特征	In Salah/CO_2SINK/Gorgon/RECOPOL/Weyburn
微地震	盖层完整性	In Salah/Weyburn
重力调查	①晕迁移；②地下特征	In Salah/Sleipner
InSAR	①晕迁移；②盖层完整性；③压力发展	In Salah/Weyburn
倾斜仪 /GPS	①晕迁移；②盖层完整性；③压力发展	In Salah
浅部含水层井	①盖层完整性；②应用水含水层污染	In Salah/CO_2SINK
井口 / 连续采样	①钻井完整性；②晕迁移	In Salah
追踪	CO_2 晕迁移	In Salah/CO_2SINK/RECOPOL/Weyburn
地表通量 / 土壤气	地表渗透与泄漏	In Salah/Gorgon/CO_2SINK/RECOPOL/Weyburn
微生物	地表渗透与泄漏影响	In Salah
CO_2 注入速率，压力（井口、井底）	钻井完整性	In Salah/Gorgon/CO_2SINK/RECOPOL/Weyburn
CO_2 监测井、压力管理井压力（井口、井底）	钻井完整性	In Salah/Gorgon/CO_2SINK/RECOPOL/Weyburn
生产井测井、油管完整性、套管完整性测井	①钻井完整性；②地下特征	In Salah/Gorgon/RECOPOL/Weyburn

6.3.1　天空监测技术

天空监测技术包括大气监测技术和卫星装载监测技术。大气监测技术主要是对大气 CO_2 浓度进行监测，采用遥感技术获取特定谱段的红外影像数据探测 CO_2 是否发生泄漏；监测点主要布设在建设项目场地、影响范围内的环境敏感点，包括封井口附近、场地附近地势最低处和常年主导风向的下风处等；监测频率为一个月至少监测 3 次。卫星装载监测技术主要包括干涉合成孔径雷达（InSAR）、高光谱分析、重力测量等。根据美国国家能源技术国家实验室（NETL）的监测技术指南，大气监测技术详见表 6-7。

表 6-7　大气监测技术

监测方法	监测目的和适用范围	技术局限	应用阶段
远程开放路径红外激光气体分析	监测空气中 CO_2 浓度	对于复杂的天气背景，难以准确计算浓度，不适于监测少量的泄漏	注入前、注入、注入后、闭场
便携式红外气体分析器	便携式红外气体分析器	不能准确计算泄漏量	注入前、注入、注入后、闭场
机载红外激光气体分析	监测空气中 CO_2 浓度	距离地面较远，监测准确度受影响	注入前、注入、注入后、闭场
涡度相关微气象	监测地表空气中 CO_2 流量	准确地调查大型区域，费用高，耗时长	注入前、注入、注入后、闭场
红外二极管激光仪	监测地表空气中 CO_2 流量	应用范围小	注入前、注入、注入后、闭场

涡度相关微气象法是一种通过连续监测一定区域内逆风的空气中 CO_2 浓度、风速和风向，计算垂直 CO_2 通量的大气监测技术。该技术包含了监测塔——能检测到 CO_2 泄漏位置并对其量化；红外线气体分析仪——位于塔上，测量 CO_2 浓度；声波风速计——位于塔旁边，敏感的测量风速和风向。该技术的优点是能够长时间监测给定区域的 CO_2 通量，甚至是相对难以接近的区域；其缺点是不能适用于所有的场址，且监测塔需要灵活放置才能最大限度地检测与判断泄漏位置与泄漏量。例如，监测精度取决于所监测区域的风向、障碍物、或其他 CO_2 源等可能降低数据质量或阻碍数据解释的因素。

国内外 CO_2 地质封存项目的大气监测对象 / 技术包括气象、空气质量、CO_2 浓度、^{13}C 稳定同位素、地面 - 大气 CO_2 通量等，SECARB 深部咸水层项目的大气监测包括气象和 CO_2 浓度，Otway 和 Lacq 枯竭气田项目的大气监测对象包括上述全部内容。中国神华 CO_2 深部咸水层封存项目采用的大气监测技术为近地表大气 CO_2 浓度监测、近地表连续 CO_2/SF_6 浓度监测、涡度相关系统监测等。

6.3.2　地表监测技术

CO_2 地表泄漏监测技术是 CO_2 驱油封存项目“地下 - 地面 - 空中”立体监测及评价的重要组成部分，对快速识别 CO_2 泄漏的位置与风险程度，制定风险管理措施密切相关。

地表监测技术是监测可能泄漏的 CO_2 对生态环境的影响，分析水、土壤成分的变化及地表生物呼吸、光合作用等。监测内容主要是地表形变监测、土壤气体监测和植被监测。

（1）地表形变监测：利用合成孔径雷达、差分干涉测量等遥感技术进行地表形变的测量。监测频率：需在注入前开展地形变背景值监测，并综合各方面因素（时间基线、空间基线、季节等），与注入后的监测数据进行对比，判定是否发生地表形变，背景值监测至少 4 次。

（2）土壤气体监测：通过测量土壤中 CO_2 气体含量的变化，判断 CO_2 是否泄漏到土壤中。可使用便携式 CO_2 土壤呼吸测量系统，气温、温度、气压等监测使用便携式气象站，选取一天中最能代表日平均值的某个时间进行监测。每一测点重复测量3次，以算术平均值作为该点监测值。同时根据不同的监测阶段和监测区域采取不同的监测周期。

（3）植被监测：采用遥感技术利用光谱差异识别长势异常的植被，从而判断 CO_2 泄漏地点。其数据覆盖宏观全面，而且获取数据速递较快，可以周期性获取。监测频率：注入前布置1次，开展背景值监测；注入后每个月监测1次，若形变速率较大，则加密监测。

地表监测技术包括近地表、浅水地层水样分析、地表与空气 CO_2 浓度监测、土壤气体流量、生态系统监测、热成像光谱、地面倾斜度监测等。表6-8是根据NETL的监测技术指南整理的 CO_2 地表监测技术。

表6-8 地表 CO_2 监测技术

监测方法	监测目的和使用范围	技术局限	应用阶段
卫星或机载光谱成像	监测地表植被健康情况和地表微小或隐藏裂缝裂隙发育	排除因素多，工作量大	注入前、注入、注入后、闭场
卫星干涉测量	监测地表海拔高度变化	可能受局部大气和地貌条件干扰	注入前、注入、注入后、闭场
土壤气体分析	监测土壤中 CO_2 浓度和流量	准确地调查大型区域所需费用高，耗时长	注入前、注入、注入后、闭场
土壤气体流量	监测 CO_2 通过土壤后的流量	适用于在有限空间进行瞬时测量	注入前、注入、注入后、闭场
地下水和地表水分析	监测地下/表水中 CO_2 含量	需要考虑水流量的变化	注入前、注入、注入后、闭场
生态系统监测	监测 CO_2 对生态系统的影响	在发生泄漏后才能监测，并且不是所有生态系统都对 CO_2 同样敏感	注入前、注入、注入后、闭场
热成像光谱	监测 CO_2 地表浓度	在地质封存方面没有大量经验	注入前、注入、注入后、闭场
地面倾斜度监测	监测海拔倾斜的微小变化	通常要远程测量	注入前、注入、注入后、闭场
浅层二维地震	监测 CO_2 在地表浅层的分布情况	在不平坦地面无法监测，对达到溶解平衡的 CO_2 无法监测	注入

机载多光谱和光谱成像提供了一种通过测量植物中叶绿素的含量评价地表植物的健康状况的方法。通过与基线值的对比，获取更多详细的地面调查信息，例如土壤气体监测等，可以对变化进行识别和追踪。SECARB的深部咸水层项目、Otway枯竭气田项目和Lacq枯竭气田项目的土壤气监测包括土壤空气 CO_2 通量和浓度监测、土壤气体组分监测、土壤空气 ^{13}C 稳定同位素比例监测；In Salah和 CO_2SINK深部咸水层封存项目的土壤气监测了土壤空气 CO_2 通量和浓度；这些项目的地表监测还包括地表水、浅层地下水的水质监测；Lacq枯竭气田项目还对植物群和动物群进行了监测。中国神华 CO_2 深部咸水层封存项目的地表监测方案包括地表浅层土壤 CO_2 通量的监测、雷达地表变形监测、地表植被的生

长 / 健康状况监测。

6.3.3　地下监测技术

地下监测与评估的范围包括：①钻孔的完整性；② CO_2 与污染物运移范围；③地下流体运移、压力积聚和地下水管理；④地球化学影响；⑤地质力学影响；⑥风险预测与评估；⑦风险管理。

（1）CO_2 运移情况监测：通过地球物理方法（地震、电磁、重力）确定储、盖层、钻孔、近地表地层的 CO_2 前缘时间 – 空间分布和存储量，通过地震、测井确定饱和度和存储量，可掌握 CO_2 地质封存后的运移情况，通过监测井监测分析 CO_2 扩散逃逸状况。监测技术参考地下岩石的地质特征，优先选择在石油行业应用多年的地球物理延时或 4 维地震技术。

（2）地下水环境监测：主要监测地下水水质的动态变化，以识别 CO_2 是否泄漏，及其对地下水的污染程度。监测井点主要布设在 CO_2 地质封存场地及其周围的环境敏感点、地下水污染源、主要现状环境水文地质问题以及对于确定边界条件有控制意义的地点。

（3）地下土层监测：对地下土层的监测，主要是监测土层的 pH 值动态变化，以识别 CO_2 是否泄漏，及其对地下土壤的污染。

地下监测技术方法包括地震法 3D 或 4D、地表或垂直地震剖面、井间地震、重力监测、电气和电磁法、地面倾斜度、压力温度和水质监测，详见表 6–9（根据 NETL 的监测技术指南整理）。3D 地表地震是一种复杂的深部回音探测技术，它利用多个震源和接收器产生储层和盖层完整的地下结构图像。地表地震的一个重要的应用是时移模式（4D），它需要大量的重复调查，使流体随时间分布的变化成图。该技术费用高，根据石油工业的需求和位置变化，例如在 2008 年海上（北欧）独立调查 28 平方公里需要约 1.75 百万英镑，陆上（阿尔及利亚）Vibroseis 独立调查 200 平方公里，需要约 1 千万英镑。

传统的 2D 地表地震可以以时移模式来检查可能由 CO_2 注入引起的任何变化，它可以用于海洋环境和非海洋环境，整体上比 3D 地表地震要便宜；可以用于晕迁移成像，预测模型的约束和验证；可以用于参数测试，以评估分辨率和检测能力。该技术缺乏完整的容积式地下覆盖，不能作为大规模验证工具，不能进行可靠迁移检测，其费用高且根据石油工业的需求和位置变化，如：海上（北欧）高分辨率地震检波器 200km 在 2006 年需要约 100000 英镑。

井下流体化学的变化监测能够提供 CO_2 晕运移、CO_2 溶解于孔隙水、水岩相互作用和井的完整性的宝贵见解，监测内容包括 P_{CO_2}、pH 值、HCO_3^-、碱度、溶解气、碳氢化合物、阳离子和稳定同位素。该技术已被证实可以作为 CO_2 监测的专业技术。垂直地震剖面是一种井下地震方法，地震接收器放置在井筒内，而震源位于地表。VSP 的优点是当提供更多的自由成像方向时，能够获得详细的、高分辨率的速度和反应图像。

表 6-9　CO_2 地下监测技术

监测方法	监测目的和使用范围	技术局限	应用阶段
三维地震 / 时移地震	监测并分析地质构造、储层岩石和盖岩的构造、分布和厚度，储层中 CO_2 分布等	若流体与溶解的岩石之间阻抗对比小，无法很好成像	注入前、注入、注入后、闭场
井间地震	监测 CO_2 在井间的运移分布情况	仅限井间区域	注入前、注入、注入后
垂直地震剖面	监测 CO_2 在井周围的运移分布情况	单井周围小区域	注入前、注入、注入后、闭场
微震	监测并三角剖分储层岩石和周围地层的微地震位置	背景噪声的剥离	注入前、注入、注入后、闭场
监测井	监测 CO_2 渗透、流体压力、温度、地层流体的物理化学变化等	有些测试需要对套管一定间距进行射孔	闭场
电气法	监测替代天然空隙流体的电阻变化	分辨率有待提高	注入前、注入、注入后、闭场
地球物理化学	监测储层中的盐水组分	无法对 CO_2 运移情况和渗漏趋势进行直接描绘	注入前、注入、注入后、闭场
井口压力 / 地层压力监测	监测因注入 CO_2，地层流体的导电性改变引起的电磁场变化透性、盖层压力稳定等	更换井下仪表需要时间	注入前、注入、注入后、闭场
大地电磁测量	监测海拔倾斜的微小变化	相对分辨率低，用于 CO_2 运移监测还不成熟	注入前、注入、注入后、闭场
电磁电阻率	监测地下土壤、水、岩石的电导率：数据采集速度快	金属的影响较大，对 CO_2 敏感	注入前、注入、注入后、闭场
电磁感应成像	监测 CO_2 分布运移情况	要求非金属套管	注入前、注入、注入后、闭场
环空压力监测	监测套管和油管的泄漏情况	每次测量需要暂停注入	注入前、注入、注入后、闭场
脉冲中子捕获	监测 CO_2 饱和度、地层岩性、空隙经常测量	每次测量需要暂停注入	注入、注入后、闭场
电阻层析成像	监测 CO_2 分布运移情况	监测 CO_2 运移还不成熟	注入、注入后、闭场
声波录井	监测岩性特征、空隙率、声波通过储层岩石的时间等	不是独立技术，需要结合其他技术应用	注入前、注入、注入后、闭场
伽马能谱测井	利用伽马射线表征井孔中岩石或沉积物	当大量伽马射线辐射沙粒大小的岩屑时，容易出错	注入前、注入、注入后、闭场
超声波测井	监测并评价套管的完整性	水泥凝固至少需要 72h	注入前、注入、注入后、闭场
密度测井	监测地下流体密度	相对于其他测井方法，分辨率较低	注入前、注入、注入后、闭场
重力监测	监测 CO_2 垂直运移情况	无法成像溶解的 CO_2	注入前、注入、注入后、闭场

续表

监测方法	监测目的和使用范围	技术局限	应用阶段
示踪剂	监测 CO_2 运移情况	样品需要离线分析，还没有系统的分析仪器	注入、注入后、闭场
感应极化	监测地下含水层导电性	只能用于表征，不能准确描述非金属材料	注入前、注入、注入后、闭场

全球地下监测主要包括注入层位地下水、流体运移两个方面的监测，其中 SECARB 深部咸水层项目的地下监测技术包括水化学组分、气象组分、水位变化、示踪剂示踪、地球化学变化、时移 VSP、3D 地震勘探、时移电缆测井；Otway 枯竭气田项目的地下监测技术包括水化学组分、气象组分、水位变化、示踪剂示踪、地球化学变化、时移 VSP、3D 地震勘探、微地震；Lacq 枯竭气田项目的地下监测技术包括水化学组分、地球化学变化、微地震；Weyburn 增采油田项目的地下监测技术包括水化学组分、气象组分、地球化学变化、时移 VSP、3D 地震勘探、地层微电阻成像测井、微地震；In Salah 深部咸水层项目的地下监测对象包括 CO_2 晕迁移、盖层完整性、含水层污染等，监测技术包括示踪剂示踪、地球化学变化、3D 地震勘探、微地震；CO_2SINK 深部咸水层项目的地下监测技术包括示踪剂示踪、地球化学变化、时移 VSP、3D 地震勘探；Gorgon、Sleipner 和 SnΦhvit 的近海深部咸水层项目的地下监测对象包括 CO_2 的晕迁移特征，以及 CO_2 注入对地层造成的影响，不存在地表渗透等问题，监测技术包括 3D 地震勘探；中国神华 CO_2 深部咸水层封存项目的地下监测系统包括时移 VSP、注入过程的井底监测、水质监测。

6.3.4　监测方案确定

确定一个工程项目的监测方案首先需要确定基本的场地特征数据及项目信息，例如位置、地表条件、土地用途、周边环境、人口密度、储层深度、储层岩性、注入速度、持续时间、项目类型、发展阶段等；然后根据不同的项目阶段、项目条件和监测目的确定监测技术、设备、监测范围和频率；还要对监测技术进行成熟度分析；最后完成预测建模和公众调查。

（1）监测目的

CO_2 地质封存项目的生命周期包括注入前、注入、注入后、闭场 4 个阶段，不同的项目阶段，其监测目的不同。注入前阶段的监测目的是建立背景值，以便获得地质特征并确定主要的环境风险，为工程设计、地质建模和注入阶段的监测提供基础数据。背景值的监测方案是其他阶段监测工作的基础。

① CO_2 排放源调查。该工作的主要内容是调查一定区域内 CO_2 源分布、源强等，建立生态系统 CO_2 及已有的工业、农业 CO_2 源模型。该模型能够为大气监测点位的布置提供数据支撑，提高后续大气监测数据准确度。

②流体示踪。通过建立流体携带气体的示踪研究，监测 CO_2 的突破，优化注入方案、在模式内量化波及系数、确定 CO_2 运动和迁移模式，以及使储层模拟更加精确。

③注入层位流体化学。对注入层位的流体化学进行分析，并进行动态流体测试，通过确定是混相驱、近混相驱还是不混相驱来评价 CO_2 流的趋替性能。对于驱油项目来说要分析样品中的气体组分和油的性质。

注入阶段的主要监测目的是确定 CO_2 有无泄漏，并获知 CO_2 晕流的行为。注入阶段监测的内容是在背景值监测的基础上，制定一些场地特征调查项目的监测方案。同时随着 CO_2 的注入，项目的泄漏风险增加，因此，相应地提高了某些项目的监测频率。该阶段有以下几个要点：

①注入期监测内容是以背景监测为基础，其监测点位基本与背景监测相同，在条件允许的情况下，可以适当加密监测布点。

② CO_2 排放源调查，背景值监测期间进行区域 CO_2 排放源调查，并建立生态系统 CO_2 及已有的工业、农业 CO_2 源模型，在注入期期间，对于已经建立的模型，要根据场地情况，进行实时更新。

③井底压力温度和井底流体化学是指采用深井取样与监测技术，根据监测井井底的压力和流体化学变化，监测储层 CO_2 运移情况。

④大气与土壤气的监测，在背景值监测期间频率是每月 1 次，在注入期间，其频率设定为与背景值相同，但是在条件允许的情况下，可以适当提高监测频率，并加密监测点布置。

⑤地表水与浅层地下水的监测，在注入期间，可以适当提高监测频率。

⑥在注入停止之后的一定时间内，监测频率保持与注入期相同，随着时间的推移，可以根据储层 CO_2 晕分布模拟结果，以及前期的监测结果验证无泄漏的可能，适当降低监测频率和密度。

注入后阶段的监测目的与注入阶段的相同，这个阶段注入已经停止，井口堵塞，仪器和设备移除，并完成了场址修复，但仍需对 CO_2 泄漏和晕流行为进行监测。闭场阶段的持续监测是用来证明封存项目如预期一样安全执行的。一旦场址被证实是稳定的，就不再需要进行监测，除非一些突发泄漏事件、法律纠纷或其他原因导致需要封存项目的新信息。

（2）监测范围

监测范围的确定需要充分考虑到场区及其周边的 CO_2 排放源、气象、地层、以及 CO_2 晕可能的分布范围等条件，根据不同的监测类别确定不同的监测范围。监测范围是 CO_2 地质封存发生及影响的空中、地表和地下的三维立体空间，包括注入井、生产井、监测井、与周边其他井口，CO_2 可能泄漏的断层与裂隙，地表土壤、植被、浅层地下水等，大气、风向等气象，深部 CO_2 封存区域及逃逸区域等。监测频率和 CO_2 地质封存整个项目周期的风险相关，CO_2 注入阶段是监测频率最高的阶段。

表 6-10　封存项目各阶段监测目的

项目阶段	持续时间	可能的监测目的
注入前	3~5 年	开发地质模型
		进行环境影响评估
		开发系统行为的预测模型
		开发有效的修复策略
		建立未来场址性能对比的基线数据
注入	5~50 年	验证大规模封存
		验证存储的物质是否渗透回海洋或大气
		满足当地的健康、安全和环境性能标准
		证实预测模型及其精确度
		为利益相关者提供信心，特别是项目早期阶段
注入后	50~100 年	与注入期相同的原因
		提供系统将按预测结果发展的证据，使得场址可以废弃
闭场后	100~10000 年	除特殊情况无需监测

（3）监测方案原则

详细的监测方案包括：监测设备或技术，监测范围和监测频率，快速识别 CO_2 泄漏的位置与风险程度，并制定风险管理措施。

不同的监测目的所采用的监测技术也不尽相同。安全性是项目运行的基础条件，监测是验证项目是否安全运行的重要手段，而本底值的监测则是为后期的常规监测提供对比的基线数据。因此，在设定监测方案时，应该充分考虑到常规监测项目的实施。对监测对象和技术的选取，应该遵循有效性、灵敏性、经济性和可操作性的原则。监测范围的确定，则应该充分考虑到场区及其周边的 CO_2 排放源、气象、地层、以及 CO_2 晕流可能的分布范围等条件，根据不同的监测类别确定不同的监测范围。

（4）监测方案制定工具

英国地质调查局开发了监测选择工具 Monitoring Selection Tool（MST），帮助用户设计从 CO_2 地质封存场地特征描述到闭场的整个项目周期的监测方案。MST 根据监测目标进行监测技术的初步筛选，对每一种监测技术对应选定的监测目标给定一个数值分类，通过定义项目场景得到该技术的信任度，形成推荐的监测方案。

监测选择工具包含了 40 种监测技术，每种技术都包括了插图和适用性的完整描述。有一些还包含了技术应用案例研究的细节以及相关参考文献的引用。除了作为一种监测草案设计的帮助工具以外，它还是监测技术的一个丰富的参考源。

MST 工具的使用，首先要定义封存项目的基础场址特征，包括位置、储层深度和类型、注入速率和持续时间、封存场址的土地使用类型、监测阶段和监测目标。MST 将监测目标定义为 CO_2 晕、储层上覆盖层完整性、CO_2 在覆盖层的迁移（深度大于 25m）、出于监管和财政目的的 CO_2 注入量量化、存储效率和小尺度过程、预测模型校准、地表泄漏（深度小于 25m）及大气检测和测量、地震和地壳运动、井的完整性、公众信任共 10 个目标。每一种监测技术对应选定的监测目标给定一个数值，包括 0、1、2、3、4 五类：0 表示不适用，1 表示也许适用，2 表示很可能适用，3 表示肯定适用，4 表示强烈推荐。MST 能够为监测技术的选择提供依据和参考，但是不能作为监测的最终决策。

参考文献

[1] 纪龙 . 利用粉煤灰矿化封存二氧化碳的研究 [D]. 中国矿业大学 (北京), 2018.

[2]Miki Takahiro; Nagasaka Tetsuya; Hino Mitsutaka; Fixation of Carbon Dioxide by Steelmaking Slag. Materia Japan,2002. PAGES:775-778. DOI:10.2320/materia. 41.775.

[3] 孙洪志 , 宋名秀 , 阿不都拉江 · 那斯尔 , 等 . 一种 CO_2 的矿化封存新方法 [J]. 化学通报 , 2013,76(06): 549-553.

[4] 谢和平 , 王昱飞 , 鞠杨 , 等 . 地球自然钾长石矿化 CO_2 联产可溶性钾盐 [J]. 科学通报 , 2012,57(26): 2501-2506.

[5] 王小彬 , 闫湘 , 李秀英 , 等 . 磷石膏农用的环境安全风险 [J]. 中国农业科学 , 2019(02): 293-311.

[6] 叶学东 . 2017 年我国磷石膏利用现状、形势分析及措施 [J]. 硫酸工业 , 2018(08): 1-4.

[7] 崔文鹏 , 刘亚龙 , 卫巍 , 等 . 尾气二氧化碳直接矿化磷石膏理论与实践 [J]. 能源化工 , 2015,36(03): 53-56.

[8] 刘项 , 祁建伟 , 孙国超 . 利用低浓度 CO_2 矿化磷石膏制硫酸铵和碳酸钙技术 [J]. 磷肥与复肥 , 2015,30(04): 38-40.

[9]Sigurdur Reynir Gislason, DomenikWolff-Boenisch et al. Mineral sequestration of carbon dioxide in basalt: A pre-injection overview of the CarbFix project. International Journal of Greenhouse Gas Control Volume 4, Issue 3, May 2010: 537-545.

[10]Juerg M. Matter, Martin Stute, et al. Rapid carbon mineralization for permanent disposal of anthropogenic carbon dioxide emissions. Science ,10 Jun 2016: Vol. 352, Issue 6291: 1312-1314.

[11] 纪龙 . 利用粉煤灰矿化封存二氧化碳的研究 [D]. 中国矿业大学 (北京), 2018.

[12] 杨超 , 吕莉 , 梁斌 , 等 . 窑法磷酸磷矿还原渣矿化固定 CO_2[J]. 化工矿物与加工 , 2016,45(08): 17-22.

[13] 韩秀峰 . 烟道气中二氧化碳矿化利用研究 [J]. 鸡西大学学报 , 2015,15(08): 48-50.

[14] 谢和平，王昱飞，储伟，等．氯化镁矿化利用低浓度烟气 CO_2 联产碳酸镁 [J]. 科学通报，2014,59(19): 1797–1803.

[15]NETL. Best Pratice for Monitoring, Verification, and Accounting of CO_2 Stored in Deep Geologic Formations – 2012 Update[M]. Pittsburgh, PA, USA National Energy Technology Laboratory. 2012.

[16]IEAGHG. Monitoring Network [M]. 2015: http://www.ieaghg.org/networks/monitoring-network.

[17]YANG Y-M, DILMORE R, MANSOOR K, et al. Risk-based Monitoring Network Design for Geologic Carbon Storage Sites [J]. Energy Procedia, 2017, 114(Supplement C): 4345–56.

[18]JENKINS C, CHADWICK A, HOVORKA S D. The state of the art in monitoring and verification—Ten years on [J]. International Journal of Greenhouse Gas Control, 2015, 40(312–49).

[19] 李琦，刘桂臻．二氧化碳地质封存环境监测现状及建议 [J]. 地球科学进展，2013,18(06): 718–27.

[20] 吴秀章．中国二氧化碳捕集与地质封存首次规模化探索 [M]. 北京：科学出版社，2013.

[21] 张琪，崔永君，步学朋，等．CCS 监测技术发展现状分析 [J]. 神华科技，2011.9.

[22]CO_2CRC. Reviewing Best Practices and Standords for Geologic Storage and Monitoring of CO_2 Initial Compilation of Standords, Best Practices and Guidelines for CO_2 Storage and Monitoring. Avstralia, 2013.

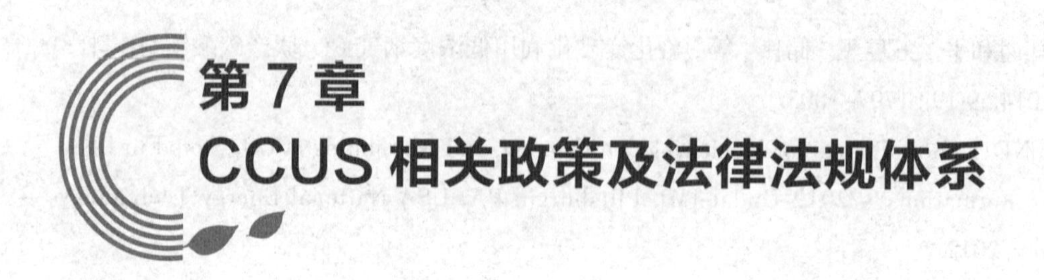

随着 CCUS 技术的发展，其在减少温室气体排放方面发挥的作用得到了越来越广泛的关注与认可。世界很多国家都在出台相关政策致力于促进研发、示范和推广 CCUS 技术，目前我国在此项技术的发展尚处于研发及示范阶段。政府出台的相关政策将对 CCUS 技术的发展和推广发挥至关重要的作用。因此，本章将对 CCUS 在国内的相关政策、国外的相关法律法规进行总结与分析，为我国 CCUS 的进一步发展提供参考。

7.1 国内气候政策促进 CCUS 技术发展

20 世纪 80 年代，气候变化首次作为国际性问题提出。越来越多的科学家及学者为证实气候变化现象的存在提出了相应的证据。国际上，早在 1988 年的联合国大会就审议了气候变化问题，同年联合国环境规划署（UNEP）和世界气象组织（WMO）联合成立了政府间气候变化专门委员会（IPCC），负责对气候变化有关的科学、技术和社会经济等问题进行研究。我国在应对气候变化方面的研究则相对发展较慢。

近些年，随着气候变化问题的日益凸显，我国也逐渐开始在应对气候变化领域部署一系列举措，如不断进行应对气候变化职能部门的转变体现着我国对这个问题的重视与管理上的深化；陆续在应对气候变化方面颁布相关政策则凸显着我国在应对气候变化方面的责任与使命感。同时，这些举措的不断实施，强化了全国范围内各个领域应对气候变化的意识和决心，为我国 CCUS 技术的发展奠基良好基础。

7.1.1 逐步深化国内气候变化治理

中国对气候变化的早期关注主要集中在科学问题研究与认识上，并由国家科学技术委员会领导。从 1990 年起，我国第一次成立与气候变化相关的单位：国家气候变化协调小组，它负责协调政府各部委在气候变化方面的工作，其成员包括国家气象局（负责管理该小组）、科技部、能源部、外交部和其他机构。1998 年，国家气候变化协调小组从国家气象局调入国家规划和发展委员会（国家发展改革委员会的前身），成为该机构的一部分。2007 年，国家气候变化协调小组被提升为应对气候变化的国家领导小组，也称“国家应对气候变化及节能减排工作领导小组（以下简称领导小组）”，作为国家应对气候变化和节能减排工作的议事调节机构，由国务院总理任组长，相关 20 个部门的部长为成员。2008 年，国家发展改革委员会设置了应对气候变化司，负责统筹协调和归口管理应对气候变化工作。2012 年在国家发改委下又成立了国家应对气候变化战略研究和国际合作中心（现属生态环境部），负责开展中国应对气候变化政策、法规、规划等方面的研究工作。2013 年根据工作需要将领导小组的成员单位由 20 个调整为 27 个，增加了国家税务局、国务院法制办公室等 7 个成员单位。与此同时，一些省份也建立了相应的气候变化领导小组，促进相应的应对气候变化工作开展。以上一系列职能部门的变化能够充分反映气候变化在我国正作为一个十分重要的问题受到国家日益增加的关注和重视。

目前，中国在气候变化的治理方面，呈现了“国家主导、地方联动、社会参与”的特点，在政策制定和执行机制上有“高层驱动、行政主导”的特色。我国已经初步建立了国家应对气候变化领导小组统一领导、国家发展改革委归口管理、有关部门分工负责、地方分级管理、全社会广泛参与的应对气候变化管理体制[2]。中国作为一个负责任的发展中国家，对气候变化问题给予了高度重视，成立了国家气候变化对策协调机构，并根据国家可持续发展战略的要求，采取了一系列与应对气候变化相关的政策和措施，致力于为减缓和适应气候变化做出积极的贡献。

7.1.2　积极推进气候变化国际合作

随着气候变化影响的日益增加，国际组织采取了一系列行动致力于呼吁各国应对气候变化问题。彼时的中国虽处于经济发展的关键时期，仍积极参与国际谈判，承担相应的责任。

1992 年，中国参加了建立联合国气候变化框架公约（UNFCCC）的全球谈判。在谈判中，我国提出：经济发展必须与环境保护相协调，保护环境是全人类的共同任务等观点，同时高度重视“共同但有区别的责任”（即所有国家都有责任采取行动防止气候变化，但责任因国家的发展水平而有所不同。此原则成为国际环境法一项重要的原则，为国际环境法的发展注入新的活力），认为国际环境合作应以尊重国家主权为基础、发达国家负有更大的责任，我国在保护国家主权和权力的情况下自愿承担相应责任。

1997 年，我国与其他 100 多个国家一起通过了《京都议定书》，其全称为《联合国气候变化框架公约的京都议定书》，是《联合国气候变化框架公约》（UNFCCC）的补充条款。该议定书对工业化国家实施了排放限制，但未对中国或其他发展中国家加以限制。1998 年 5 月我国正式签署并于 2002 年 8 月核准了该议定书。其中清洁发展机制作为《京都议定书》的重要内容，提供了一种灵活的履约机制，它允许其缔约方（即发达国家）与非缔约方（即发展中国家）进行项目级减排量抵消额的转让与获得，从而在发展中国家实施温室气体减排。在随后的几年里，我国开始积极参与清洁发展机制（CDM）项目，致力于为国际共同减排作出贡献。

2016 年，我国全国人民代表大会常务委员会批准中国加入《巴黎协定》，成为了第 23 个完成了批准协定的缔约方。《巴黎协定》是继 1992 年《联合国气候变化框架公约》、1997 年《京都议定书》之后，人类历史上第三个应对气候变化里程碑式的国际法律文件，它将形成 2020 年后的全球气候治理格局。

《联合国气候变化框架公约》《京都议定书》及《巴黎协定》均是为了将大气中的温室气体含量稳定在一个适当的水平，减缓气候变化并防止其对人类造成伤害的国际条约。随着全球气候治理体系逐渐确立，世界各国纷纷将低碳发展上升为国家战略，共同应对气候变化的挑战，我国对此极其重视并为之付出着实际行动。

7.1.3　气候政策呈阶段性发展

中国作为负责任的大国，除了在国际上积极参与国际条约、自愿承担责任外，在国内更加自觉重视应对气候变化问题，倡导经济发展必须与环境保护相协调的主张。到目前为止，我国已经制定并发布一系列的政策，致力于引导、推动各项减缓及适应气候变化问题的措施实施。

2001 年，全国人大九届四次会议通过了《国民经济和社会发展第十个五年计划纲要》。“十五计划”（2001–2005 年）是我国 21 世纪第一个五年计划，也是首次提到气候变化的计划。计划中虽未针对缓解气候变化作出目标性的规定，但肯定了我国在此之前致力于解决气候变化和其他全球环境问题的承诺，同时对生态建设、环保及可持续发展等问题作出了明确要求。

2006 年，第十一个五年计划（2006–2010 年）发布。计划期间，我国发布了第一次《中国气候变化国家评估报告》(2006 年)。第一份关于气候变化的白皮书——《中国应对气候变化的政策和行动》(2008 年)。2009 年提出了第一个碳排放目标——到 2020 年将碳强度降低 40%，比 2005 年的水平低 45%；2010 年选定 5 个省和 8 个直辖市作为第一批低碳发展试点。可以看出，在“十一五”期间气候变化已经成为我国领导人议程上的重要话题。

“十一五计划”是首次包括了有约束力的能源效率目标的计划，但 2008 年全球金融危机使我国经济遭受严重打击，经济刺激计划导致排放增加，减缓了整个经济的能源效率发展。另外，我国在该计划期间也发布了《中国应对气候变化国家方案》、《中国应对气候变化科技专项行动》(2007 年）等文件，但仍有研究表明 2006 年中国已经成为世界上最大的温室气体排放国。这就表明彼时的中国在应对气候变化方面面临着严峻的挑战。此后，我国政策制定者越来越关注如何更广泛地促进中国经济的创新能力，这一点在后续的政策中有所体现。

第十二个五年计划（2011–2015 年）包含了明确的气候变化目标。2011 年国务院发布《"十二五"控制温室气体排放工作方案》，该方案明确提出：到 2015 年，全国单位国内生产总值二氧化碳排放比 2010 年下降 17%，该目标在"十二五"结束时已经基本实现。同时该方案也提出要逐步形成碳排放权交易市场，这是缓解气候变化、降低温室气体排放的新举措。2013 年中国政府发布了第一个国家气候变化适应计划:《国家适应气候变化战略》，它标志着中国首次将适应气候变化提高到国家战略的高度，对提高国家适应气候变化综合能力意义重大。2014 年国家发改委发布了《国家应对气候变化规划（2014–2020 年）》，该计划确定了应对气候变化的主要原则、政策和目标。这些文件为我国更好地应对气候变化奠定基础，也为后续实现减排目标提供有力支撑。

随着党在十八大提出了生态文明建设理念，我国为此付出了很多实际行动。我国先后在 2014 年《中美气候变化联合声明》和 2015 年巴黎气候大会中提出了未来的减排目标。《中美气候变化联合声明》中，我国承诺在 2030 年左右实现二氧化碳排放的峰值，并尽最大努力尽早达到峰值。巴黎气候大会上，我国自主提交了应对气候变化国家减排贡献目标（INDC），不仅包括《联合声明》中的目标，还承诺：将于 2030 年左右使二氧化碳排放达到峰值并争取尽早实现；到 2030 年，单位国内生产总值二氧化碳排放比 2005 年水平降低 60%~65%；非化石燃料占一次能源消费的比例增加到 20% 左右；森林蓄积量比 2005 年增加 45 亿立方米左右。

"十三五"时期是我国落实《巴黎协定》，开展"自主贡献"的启动阶段，是我国未来环境减排的关键时期。2016 年发布的《十三五规划纲要》文件中着重强调了要有效控制电力、钢铁等重点行业的碳排放，推进工业、能源等重点领域低碳发展，推动建设全国统一的碳排放交易市场等内容。这表明了未来一段时间内我国在应对气候变化领域的关键和方向。

以上一系列政策的发布，从 2001 年第一次提及气候变化的"十五计划"到 2015 年巴黎气候大会上提交自主减排贡献方案（INDC），这些举措充分表明我国对气候变化积极应对的态度和主动承担的责任感，同时气候变化上升为国家战略也彰显着我国对应对气候变化和控制温室气体排放等一系列问题的高度重视。

7.1.4　CCUS 技术得到充分重视

控制温室气体排放是我国积极应对全球气候变化的重要任务，对于加快转变经济发展方式、促进经济社会可持续发展和推进新的产业革命具有重要意义。在我国所出台的相关政策文件中，碳捕集、利用和封存（CCUS）技术作为实现近零二氧化碳排放的关键技术被反复提及，得到了国家的充分重视。

图 7–1 是我国近年有关 CCUS 的政策数目的统计图。作图之前通过对我国已发布的

CCUS 相关政策进行梳理解读，将其分为 5 类，即政策规划类、科技规划类、能源技术类、工业规划类以及 CCUS 专类，形成了我国“十一五”以来有关 CCUS 政策数目的统计图（图 7-1）。有关 CCUS 技术的政策统计分类见表 7-1。

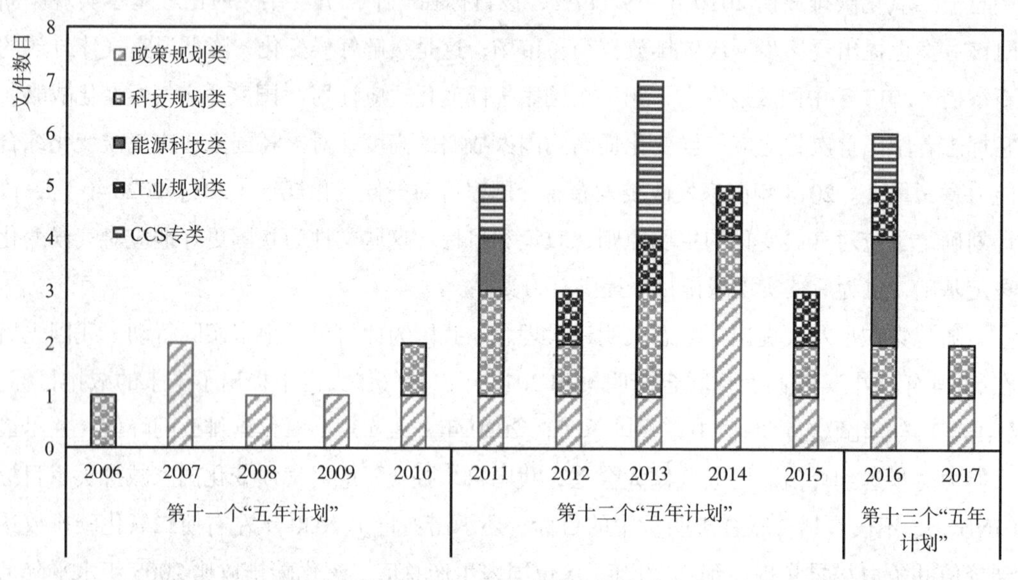

图 7-1　涉及 CCUS 技术的政策统计分类图

由上图可知：①总体上看，近年来与 CCUS 技术相关的政策数目在逐渐增多。这在很大程度上反映了我国对 CCUS 技术的重视程度在增加。②在所有统计的文件中，从 2007 年开始，每年都有相应的政策规划类文件提及到 CCUS 技术。这从根本上表明，我国已经非常重视 CCUS 技术的发展，并将其视为我国应对气候变化以及减排工作中的重要手段。③科技规划类文件是另外一类提及 CCUS 技术较多的文件，且 2010 年后每年都有相关文件。由此可以看出，CCUS 技术作为我国科技减缓气候变化的重要技术已经得到了我国科技领域普遍认可，成为了我国未来发展的关键减排技术。④由能源科技类及工业规划类文件的发布时间上看，近年我国在 CCUS 技术方面的发展逐渐深化，已经从政策铺垫逐渐过渡到技术应用推广层面。这表明我国已经开始重视 CCUS 技术的示范和推广，并在政策层面加大了支持力度。⑤近年来，对于 CCUS 技术的专门政策也开始陆续发布，这对规范 CCUS 技术在我国的进一步发展与应用推广有着很重要的意义。

综上，我们可以看出 CCUS 技术在我国得到了越来越广泛且深刻的重视。下面将从这些政策中就如何促进 CCUS 技术在我国的发展问题进行简单归纳。

（1）气候变化约束目标促进 CCUS 发展

在应对气候变化的过程中，我国提出了一系列目标来减缓气候变化，不断控制温室气体排放。2006 年，《中国应对气候变化国家方案》提出了到 2010 年单位国内生产总值能耗

表 7-1　有关 CCUS 技术的政策统计分类

类别	发布时间	文件名称
政策规划类	2007	《中国应对气候变化科技专项行动》
	2007	《中国应对气候变化国家方案》
	2011	《“十二五”控制温室气体排放工作方案》
	2014	《国家应对气候变化规划（2014–2020 年）》
	2014	《中美气候变化联合声明》
	2014	《2014–2015 年节能减排低碳发展行动方案》
	2008–2017	《中国应对气候变化的政策与行动》（10 个文件）
科技规划类	2006	《国家中长期科学和技术发展规划纲要（2006–2020 年）》
	2007	《中国应对气候变化科技专项行动》
	2010	《国务院关于加快培育和发展战略性新兴产业的决定》
	2011	《国家“十二五”科学和技术发展规划》
	2011	《国土资源“十二五”科学和技术发展规划》
	2012	《国家“十二五”应对气候变化科技发展专项规划》
	2013	《战略性新兴产业重点产品和服务指导目录》
	2013	《国家重大科技基础设施建设中长期规划（2012–2030）》
	2014	《国家重点推广的低碳技术目录》
	2015	《国家重点推广的低碳技术目录》（第二批）
	2016	《“十三五”国家科技创新规划》
	2017	《“十三五”应对气候变化科技创新专项规划》
能源科技类	2011	《国家能源科技“十二五”规划（2011–2015）》
	2016	《能源技术革命创新行动计划（2016–2030）》
	2016	《能源技术革命重点创新行动路线图 2017》
工业规划类	2012	《煤炭工业发展“十二五”规划》
	2013	《工业领域应对气候变化行动方案》
	2014	《国家能源局、环境保护部、工业和信息化部关于促进煤炭安全绿色开发和清洁高效利用的意见》
	2015	《煤炭清洁高效利用行动计划（2015–2020 年）》
	2016	《煤炭工业发展“十三五”规划》
CCUS 专类	2011	《中国碳捕集、利用与封存技术发展路线图研究》
	2013	《“十二五”国家碳捕集与封存科技发展专项规划》
	2013	《关于推动碳捕集、利用和封存试验示范的通知》
	2013	《关于加强碳捕集、利用和封存试验示范项目环境保护工作的通知》
	2016	《二氧化碳捕集、利用与封存环境风险评估技术指南（试行）》

比2005年下降20%左右的约束性指标；2011年,《“十二五”控制温室气体排放工作方案》提出要大幅度降低单位国内生产总值二氧化碳排放，到2015年全国单位国内生产总值二氧化碳排放比2010年下降17%；2009年也曾确定到2020年单位国内生产总值温室气体排放比2005年下降40%~45%的行动目标；2015年巴黎气候大会上，我国提交自主减排贡献目标（（I）NDC）中承诺：到2030年将单位国内生产总值二氧化碳排放降低2005年水平的60%~65%等目标。

一系列政策文件和气候变化目标的推进与实施，促进了新技术的发展来实现所制定的目标。而CCUS技术在控制温室气体排放方面将发挥着不可替代的作用。事实上，在《联合国气候变化框架公约》和《京都议定书》中，该技术就已经被视为一项有效的减排选择。因此，我国所设定的这一系列减排目标对CCUS技术的发展起到了重要的促进作用。

（2）控制温室气体排放

2008年，发改委发布的第一份关于气候变化的白皮书——《中国应对气候变化的政策和行动》(2008年)中就明确指出“中国已确定将重点研究的减缓温室气体排放技术，包括二氧化碳捕集、利用与封存技术”。在2011年底国务院印发的《“十二五”控制温室气体排放工作方案》以及2014年发改委发布《国家应对气候变化规划（2014–2020年）》等文件中也都指出了CCS/CCUS技术可以在在火电、煤化工、水泥和钢铁等行业的温室气体减排工作中发挥巨大作用，同时着重强调了：要积极开展碳捕集试验项目，建设二氧化碳捕集、驱油、封存一体化示范工程，探索二氧化碳资源化利用的途径、技术和方法，并对相关人才建设、资金保障和政策支持等方面做出安排。由此，可以看出CCS/CCUS技术在降低温室气体排放方面能发挥不可忽视的作用。

（3）加大技术研发力度

CCUS技术虽然是目前全球各国都较为关注的减排技术，但仍由于其技术本身的一些弱点，如较高的捕集能耗和成本、输运网络方面的研究相关较少以及长期环境和安全风险的不确定性等因素，一直在影响着该技术的推广和应用。我国CCUS技术的发展较国外缓慢，因此加大技术研发力度对我国CCUS技术的发展具有重要意义。

早在2008年我国就在《中国应对气候变化的政策与行动》中强调了要加强科技和人才支撑上的投入，研究具有自主知识产权的碳捕集、利用和封存的新技术、开展温室气体提高石油采收率的资源化利用及地下埋存、咸水层封存能力评价及安全性、新型高效吸附材料的制备筛选等研发工作。2014年《国家应对气候变化规划（2014–2020年）》中，又特别在加大技术研发力度一节中着重提出在能源领域研发二氧化碳捕集、利用和封存这一低碳技术。

（4）促进技术应用示范

技术应用示范不仅对CCUS技术的发展与推广有较大的推动作用，还有利于我国不断提高在 CCUS 技术研发和应用方面的能力。我国曾在《“十二五”控制温室气体排放工作方案》（2011 年）、《国家应对气候变化规划（2014–2020 年）》（2014 年）以及历年《中国应对气候变化的政策和行动》（2008–2017）等文件中都提出了“加快技术示范应用”的相关内容，如加快推进低碳技术产业化、低碳产业规模化发展，在钢铁、有色、石化、电力、煤炭、建材、轻工、装备、建筑、交通等领域组织开展低碳技术创新和产业化示范工程。

我国还在 2014 年颁布了《单位国内生产总值二氧化碳排放降低目标责任考评估办法》，致力于建立健全二氧化碳强度降低目标责任评价考核制度、强化政府责任并确保实现所定的减排目标。同时，还将“低碳试点示范建设情况”纳入考核指标。

加强节能减排、实现低碳发展，是生态文明建设的重要内容，也是促进经济提质增效升级的必由之路。如今我国面临应对气候变化的严峻挑战，控制温室气体排放刻不容缓。加大相关科学技术研发、加大减排技术的推广力度具有重要的现实意义。

7.2 我国 CCUS 技术政策的进一步发展

正如前面所述，CCUS 技术作为一项可以大规模实现低碳减排的技术，在控制温室气体排放方面发挥着不可替代的作用。我国目前正处在工业化、信息化、城镇化、市场化、国际化深入发展的重要时期。一方面，经济发展保持长期向好的趋势，必将为科技事业发展提供坚实保障。另一方面，突破能源资源环境瓶颈制约，解决发展不平衡、不协调和不可持续的问题，对科技创新提出更加迫切的需求。因此，在我国致力于进入绿色、清洁、低碳发展的新阶段的背景下，CCUS 技术有着良好的发展优势。

7.2.1 科技政策引导 CCUS 技术推广

为促进环境保护事业的创新发展，国务院于 2006 年第一次发布《国家中长期科学和技术发展规划纲要（2006–2020 年）》，旨在引领我国在应对气候变化和环境保护方面的技术创新，致力于依靠科技进步控制温室气体排放。我国所发布有关 CCUS 技术的政策中，对该项技术的政策关注经历了有浅入深、由表及里的过程。

（1）早期政策关注发展方向

早期，在《国家中长期科学和技术发展规划纲要（2006–2020 年）》中，我国为解决制约经济社会发展的重要瓶颈问题，就把发展能源、水资源和环境保护方面的技术放在了优先位置，并提出要大力发展煤炭清洁利用技术以降低环境污染，而碳捕集、利用与封存技术（CCUS）被《规划纲要》列为温室气体减排的前沿技术之一。随后，我国于 2007 年出台《中国应对气候变化科技专项行动》帮助落实《中长期科技规划纲要》确定的重点任务，其措施有：研发二氧化碳捕集、利用与封存关键技术和措施；制订二氧化碳捕集、利用与封存技术路线图；开展二氧化碳捕集、利用与封存能力建设、工程技术示范等，并再次将发展 CCUS 列入控制温室气体排放的重点领域。

“十二五”期间，我国在 CCUS 技术方面的政策不仅关注到 CCUS 是节能环保战略新兴产业的重要技术、支撑可持续发展并有效应对气候变化的技术，还关注到该项技术在燃煤清洁利用、二氧化碳驱油等方面的应用。如 2011 年《国家“十二五”科学和技术发展规划》中就提到在煤炭清洁高效利用方面要开发燃煤电站二氧化碳的捕集、利用和封存技术及污染物控制技术，有序建设煤制燃料升级示范工程等内容。同年，在《国家能源科技“十二五”规划（2011–2015 年）》中又明确指出：要开发加工重质、劣质原油和减少温室气体排放的炼油技术，实现炼油产品清洁化和功能化；将 CO_2 综合利用示范工程作为“十二五”规划期间的重点任务，致力于提高燃煤电厂的 CO_2 驱油采收率等内容。

国土资源部在 2011 年也发布了《国土资源“十二五”科学和技术发展规划》，该文件涉及了我国目前的地质碳汇研究和地质碳储技术储备等方面的内容，并强调要着力建立地质碳储技术方法体系。《国家“十二五”应对气候变化科技发展专项规划》也提出要着力研究与建立埋存地址鉴定、选址、地下二氧化碳流动监测与模拟、泄漏风险评估与处理、测量与监测等关键技术。地质封存是 CCUS 中关键步骤之一，其技术的发展对 CCUS 技术整体提升有着深刻意义。

另外，随着我国对 CCUS 技术认识的逐渐深刻，其在技术发展和应用推广缓慢的事实展现该项技术的一个劣势：应用成本极高，这也是造成该项技术至今无法广泛推广应用的主要原因之一。2012 年，我国在《国家“十二五”应对气候变化科技发展专项规划》中就曾涉及到应用 CCUS 技术的成本问题，《规划》中强调了在减缓气候变化方面要着力解决碳捕集、利用和封存等关键技术的成本降低和市场化应用问题。

2013 年发布的《国家重大科技基础设施建设中长期规划（2012–2030 年）》则是重点提出要在能源科学领域的化石能源方面探索预研 CCUS 的研究设施建设，为应对全球气候变化提供技术支撑。同时，协助《国家中长期科学和技术发展规划纲要（2006–2020 年）》和《中华人民共和国国民经济和社会发展第十二个五年规划纲要》等文件的落实。

（2）近年政策关注发展细节

近年来，我国对 CCUS 技术的关注日益增加，且更加注重 CCS 向 CCUS 的转变，政策内涉及的相关内容也更加详细。

在 2016 年国务院发布的《“十三五”国家科技创新规划》中，涉及 CCUS 的内容列示在“构建具有国际竞争力的现代产业技术体系”一章，这充分表明了我国对该项技术的认可和期许。其实，早在 2010 年我国就将 CCUS 技术列为战略性新兴产业。2017 年我国发布第二版《战略性新兴产业重点产品和服务指导目录》时，就在 7.2.7 小节将“控制温室气体排放技术装备：碳减排及碳转化利用技术装备、碳捕捉及碳封存技术及利用系统、非能源领域的温室气体排放控制技术装备”单独列示。另外，相比于 2014 年第一版《国家重点推广的低碳技术目录》，2017 年发布的第二版将对 CCUS 技术的投资额增加，对减排量的要求也大幅度提高。这些举措都可以说明我国对 CCUS 技术的重视日益增加。

2016 年，国家发改委、能源局发布了《能源技术革命创新行动计划（2016–2030 年）》。《计划》列举了包括“非常规油气和深层、深海油气开发技术创新”、“煤炭清洁高效利用技术创新”、“二氧化碳捕集、利用与封存技术创新”等 15 项重点任务，且对各项任务的描述和要求更加细致。涉及 CCUS 方面的内容比早期的文件更加广泛，如二氧化碳驱煤层气与封存技术、二氧化碳驱水利用与封存技术、研究二氧化碳安全可靠封存、检测及运输技术等内容。2017 年《“十三五”应对气候变化科技创新专项规划》中又进一步强调要在能源、电力、工业、建筑、交通、农业等重点行业进行全生命周期的减排技术的研发与示范应用，同时继续推广大规模、低成本 CCUS 技术与低碳减排技术的研发与应用示范。该规划中还将 CCUS 技术作为专栏提出，从捕集技术、管道输送技术、资源化利用技术、封存技术、技术集成等方面对 CCUS 技术的发展做出部署。

7.2.2　关键领域重点发展 CCUS 技术

2013 年我国发布《工业领域应对气候变化行动方案》着重突出了工业领域在应对气候变化时采用 CCUS 技术的重要意义。该方案提出：在改善工业温室气体排放方面，要加快推进 CCUS 一体化示范工程，鼓励重点行业推广应用低碳技术，其中包括石油与化工工业中的二氧化碳回收与利用技术、工业排放气高效利用技术等。除此之外，还提出要探索适合我国国情的碳捕集、利用与封存技术路线图，不断加强工业碳捕集、利用与封存能力建设等内容，为在工业领域继续推广 CCUS 技术起到促进作用。

煤炭工业是我国温室气体排放的重要来源，煤炭也是我国经济发展过程中消耗的主要能源。我国很多的气候变化政策中都提到过煤炭的清洁利用问题，也有不少的政策中提到过对其应用 CCUS 技术进行温室气体减排。《煤炭工业发展“十二五”规划》（2012 年）、《国家能源局、环境保护部、工业和信息化部关于促进煤炭安全绿色开发和清洁高效利用的意见》（2014 年）、《煤炭清洁高效利用行动计划（2015—2020 年）》（2015 年）等文件都提出了“为大力发展洁净煤技术，促进资源高效清洁利用，要积极开展二氧化碳捕集、利用和封存技术研究和示范工作；鼓励现代煤化工企业与石油企业及相关行业合作，开展驱油、微藻吸收、地质封存等示范项目”。这些规定推动着我国 CCUS 技术的进一步发展，示范项目的实施将为更大范围的碳减排积累经验。

7.2.3　相关政策强化 CCUS 技术执行

2013 年由科技部发布的《“十二五”国家碳捕集与封存科技发展专项规划》是到 2013 年为止唯一一个关于 CCUS 的专门政策，该文件指出：将“主要行业二氧化碳、甲烷等温室气体的排放控制与处置利用技术”列入环境领域优先主题，并在先进能源技术方向提出“开发高效、清洁和二氧化碳近零排放的化石能源开发利用技术”；围绕 CCUS 各环节的技术瓶颈和薄弱环节，统筹协调基础研究、技术研发、装备研制和集成示范部署，突破 CCUS 关键技术开发，有序推动全流程 CCUS 示范项目建设。

同年，发改委发布《关于推动碳捕集、利用和封存试验示范的通知》，《通知》中明示了以下几项主要任务：①结合碳捕集和封存各工艺环节实际情况开展相关试验示范项目；②开展碳捕集、利用和封存示范项目和基地建设；③探索建立相关政策激励机制；④加强碳捕集、利用和封存发展的战略研究和规划制定；⑤推动碳捕集、利用和封存相关标准规范的制定；⑥加强能力建设和国际合作。还强调了各地区、各部门应按照“十二五”规划纲要中应对气候变化工作的整体要求，围绕贯彻《“十二五”控制温室气体排放工作方案》关于推动碳捕集、利用和封存试验示范的相关工作任务，按照“立足国情、着眼长远、积极引导、有序推进”的思路，加强对碳捕集、利用和封存的试验示范的支持和引导，切实推动碳捕集、利用和封存的健康有序发展。

环境保护部也于 2013 年出台了《关于加强碳捕集、利用和封存试验示范项目环境保护工作的通知》，该文件从实施 CCUS 项目的环境保护角度作出了相关规定，如加强环境影响评价、积极推进环境影响监测、探索建立环境风险防控体系、推动环境标准规范制定、加强基础研究和技术示范以及加强能力建设和国际合作等内容。2016 年，环境保护部在次出台 CCUS 技术环境保护方面的文件——《二氧化碳捕集、利用与封存环境风险评估技术指南（试行）》，该指南以当前技术发展和应用状况为依据，规定了一般性的原则、内容以及框架性程序、方法和要求，可作为二氧化碳捕集、利用和封存环境风险评估工作的参考技术资料。这些为加强碳捕集、利用和封存试验示范项目环境保护工作作出了政策指引。

以上所涉及的与 CCUS 有关的政策及相关内容见表 7–2。

表 7–2　我国与 CCUS 有关的政策总结

发布单位	政策名称	主要内容
国务院	《国家中长期科学和技术发展规划纲要（2006–2020 年）》	在环境优先主题纳入“主要行业二氧化碳、甲烷等温室气体的排放控制与处置利用技术”，同时将“开发高效、清洁和二氧化碳近零排放的化石能源开发利用技术”列入先进能源技术范畴
科技部、国家发改委、外交部等 14 部委	《中国应对气候变化科技专项行动》	强调依靠科技进步控制温室气体排放，将“二氧化碳捕集、利用与封存技术”列为重点支持、集中攻关和示范的重点技术领域
国家发改委	《中国应对气候变化国家方案》	提出“大力开发二氧化碳捕获及利用、封存技术”
国务院	《中国应对气候变化的政策与行动》（2008 年）	指出“中国已确定将重点研究的减缓温室气体排放技术，包括二氧化碳捕集、利用与封存技术”。强调着力研究碳捕集、利用与封存技术

续表

发布单位	政策名称	主要内容
国务院	《国务院关于加快培育和发展战略性新兴产业的决定》	提出在节能环保产业加快资源利用关键共性技术的研发和产业化示范，推进煤炭清洁利用
科技部	《国家"十二五"科学和技术发展规划》	提出"发展二氧化碳捕集利用与封存等技术"
中国21世纪议程管理中心	《中国碳捕集、利用与封存（CCUS）技术》	提供了中国发展CCUS技术的基本原则和总体发展进展，重点分析其研发投入、试点示范项目和国际合作项目
国土资源部	《国土资源"十二五"科学和技术发展规划》	建立地质碳储技术方法体系
国家能源局	《国家能源科技"十二五"规划（2011–2015）》	将CO_2综合利用示范工程作为"十二五"规划期间的重点任务，强调"涉及CO_2的捕集、利用等技术的研究任务，有着提高燃煤电厂的CO_2驱油采收率等目的"
国务院	《"十二五"控制温室气体排放工作方案》	提出在火电、煤化工、水泥和钢铁行业中开展碳捕集试验项目，建设二氧化碳捕集、驱油、封存一体化示范工程，并对相关人才建设、资金保障和政策支持等方面做出安排
科技部、外交部、发改委等16部委	《国家"十二五"应对气候变化科技发展专项规划	将"二氧化碳捕集、利用与封存技术"列为重点支持、集中攻关和示范的重点技术领域
发改委	《煤炭工业发展"十二五"规划》	支持开展二氧化碳捕集、利用和封存技术研究和示范
工信部、发改委、科技部等4部委	《工业领域应对气候变化行动方案》	控制工业过程温室气体排放、加快低碳技术开发和推广应用、加快推进CCUS一体化示范工程
科技部	《"十二五"国家碳捕集与封存科技发展专项规划》	围绕CCUS各环节的技术瓶颈和薄弱环节，统筹协调基础研究、技术研发、装备研制和集成示范部署，突破CCUS关键技术开发，有序推动全流程CCUS示范项目建设
发改委	《战略性新兴产业重点产品和服务指导目录》	明确先进环保产业的重点产品包括碳减排及碳转化利用技术、碳捕捉及碳封存技术等减少或消除控制温室气体排放的技术
国家发展和改革委员会	《关于推动碳捕集、利用和封存试验示范的通知》	（1）结合碳捕集和封存各工艺环节实际情况开展相关试验示范项目；（2）开展碳捕集、利用和封存示范项目和基地建设；（3）探索建立相关政策激励机制；（4）加强碳捕集、利用和封存发展的战略研究和规划制定；（5）推动碳捕集、利用和封存相关标准规范的制定；（6）加强能力建设和国际合作
国务院	《国家重大科技基础设施建设中长期规划（2012–2030）》	在能源科学领域：探索预研二氧化碳捕获、利用和封存研究设施建设，为应对全球气候变化提供技术支撑
环境保护部	《关于加强碳捕集、利用和封存试验示范项目环境保护工作的通知》	加强碳捕集、利用和封存试验示范项目环境保护工作：（1）加强环境影响评价；（2）积极推进环境影响监测；（3）探索建立环境风险防控体系；（4）推动环境标准规范制定；（5）加强基础研究和技术示范；（6）加强能力建设和国际合作

续表

发布单位	政策名称	主要内容
国务院	《国家应对气候变化规划（2014–2020 年）》	在火电、化工、油气开采、水泥、钢铁等行业中实施碳捕集试验示范项目，在地质条件适合的地区，开展封存试验项目，实施二氧化碳捕集、驱油、封存一体化示范工程，积极探索二氧化碳资源化利用的途径、技术和方法
国家发展改革委员会	《国家重点推广的低碳技术目录》	2014/2017 两版均将“碳捕集、利用与封存类技术”列为重点发展的低碳技术目录
国务院	《2014–2015 年节能减排低碳发展行动方案》	在“强化技术支撑”方面：实施碳捕集、利用和封存示范工程
中国、美国	《中美气候变化联合声明（2014）》	推进碳捕集、利用和封存重大示范：经由中美两国主导的公私联营体在中国建立一个重大碳捕集新项目，以深入研究和监测利用工业排放二氧化碳进行碳封存，并就向深盐水层注入二氧化碳以获得淡水的提高采水率新试验项目进行合作
国家能源局、环境保护部、工业和信息化部	《国家能源局、环境保护部、工业和信息化部关于促进煤炭安全绿色开发和清洁高效利用的意见》	积极开展二氧化碳捕集、利用与封存技术研究和示范
国家能源局	《煤炭清洁高效利用行动计划（2015–2020 年）》	积极开展二氧化碳捕集、利用与封存技术研究和示范；鼓励现代煤化工企业与石油企业及相关行业合作，开展驱油、微藻吸收、地质封存等示范，为其他行业实施更大范围的碳减排积累经验
国家发改委	《国家重点推广的低碳技术目录》（第二批）	碳捕集利用与封存为 29 项国家重点推广的低碳技术之一
国家发改委	《中国应对气候变化的政策与行动 2015》	推进碳捕集、利用与封存试点示范
环境保护部	《二氧化碳捕集、利用与封存环境风险评估技术指南（试行）》	明确了二氧化碳捕集、利用与封存环境风险评估的流程，提出了环境风险防范措施和环境风险事件的应急措施，对于加强二氧化碳捕集、运输、利用和封存全过程中可能出现的各类环境风险的管理具有重要意义，是对中国建设项目环境风险评估技术法规的补充
国务院	《“十三五”国家科技创新规划》	在发展清洁高效能源技术方面强调发展煤炭清洁高效利用和新型节能技术，重点加强煤炭高效发电、煤炭清洁转化、燃煤二氧化碳捕集利用封存等技术。同时开展燃烧后二氧化碳捕集实现百万吨 / 年的规模化示范
国家能源局	《能源技术革命创新行动计划（2016–2030）》	列举了包括“非常规油气和深层、深海油气开发技术创新”、“煤炭清洁高效利用技术创新”、“二氧化碳捕集、利用与封存技术创新”等 15 项重点任务。旨在研究二氧化碳低能耗、大规模捕集技术，研究二氧化碳驱油利用与封存技术、二氧化碳驱煤层气与封存技术、二氧化碳驱水利用与封存技术等，也致力于研究二氧化碳安全可靠封存、检测及运输技术。要建设百万吨级二氧化碳捕集利用和封存系统示范工程，全流量的 CCUS 系统在电力、煤炭、化工、矿物加工等系统获得覆盖性、常规性应用，实现二氧化碳的可靠性封存、检测及长距离安全运输

续表

发布单位	政策名称	主要内容
国家能源局	《能源技术革命重点创新行动路线图 2017》	明确了《计划》15 项重点任务的具体创新目标、行动措施以及战略方向。强调了二氧化碳大规模低能耗捕集、资源化利用及二氧化碳可靠封存、检测及运输方面方面的技术攻关。同时对 2020、2030 的目标及 2050 的展望作出了规划
国家发改委、国家能源局	《煤炭工业发展“十三五”规划》	列出燃煤二氧化碳捕集、利用、封存等关键技术为煤炭科技发展的重点
国家发改委	《中国应对气候变化的政策与行动》(2016 年)	推进碳捕集、利用与封存（CCUS）试验示范
科技部、环境保护部、气象局	《“十三五”应对气候变化科技创新专项规划》	强调在能源、电力、工业、建筑、交通、农业等重点行业进行全生命周期的减排技术的研发与示范应用，继续推广大规模低成本碳捕集、利用与封存（CCUS）技术与低碳减排技术的研发与应用示范
国家发改委	《中国应对气候变化的政策与行动》(2017 年)	大型能源企业继续开展碳捕集、利用和封存技术研究和试点示范

7.3　CCUS 技术相关法律法规

7.3.1　国内外相关法律法规发展情况

CCUS 技术是国际上公认的实现二氧化碳近零排放的新技术，一个国家的法律法规支持对该技术在各国家内发展具有重要推动作用。通过立法，可使 CCUS 项目的审批制度、实施、监管与风险管理等方面都更加合理有序。

(1) 国内发展相状

近些年我国在 CCUS 科技方面取得了显著进步，在逐渐具备实施大规模 CCUS 项目示范的条件和能力同时，陆续开展了部分示范项目，但目前的示范部署仍滞后于我国计划的发展目标。我国曾发布一系列相关政策，如《关于推动碳捕集、利用和封存试验示范的通知》(2013 年)，为推动二氧化碳捕集、利用和捕集存储试验示范项目的发展奠定了政治基础，但目前国内 CCUS 有关的专门立法仍处于空白状况，确切来说，我国至今为止仍然没有出台任何一部 CCUS 的专门立法。

在我国现行的法律法规体系下，仅有一些为示范项目实施提供间接支持的法律法规，如在捕集阶段可起到作用的《危险化工产品安全管理措施》、《危险化学品安全管理条例》以及《车间空气中二氧化碳的卫生标准》等；在运输阶段可起到作用的《道路危险货物管理规定》等；《水污染防治法》和《海洋环境保护法》等法规也为碳封存过程提供着间接支持。但我国 CCUS 相关的法律法规及监管体系不完善的事实，已经成为了 CCUS 大规模示范的主要障碍之一。

（2）国外发展现状

与我国国内 CCUS 技术的相关法律法规发展情况相比，国外在这方面的发展相对较早且内容更加丰富。

在国际法领域，由于国际法律的复杂性，到目前为止仅有几部早期的国际性法规发布。这些国际性法规为 CCS/CCUS 技术的全球发展奠定了国际法规基础。早至 1972 年发布的《防止倾倒废弃物和其他物质污染海洋的公约》（即伦敦公约）及 1982 年《联合国海洋法公约》都涉及了对海洋环境保护的内容。《伦敦公约》制定时，地质封存并未纳入其规定范围，其所提及海洋环境仅限于海水水体，不包括海底底土，而其限定的倾倒也不包括废弃物的海底封存，在当时 CCS 技术也还未被完全公认为一项有益的减排技术。直到 1996 年通过的《伦敦议定书》取代《伦敦公约》后，该议定书才明确将海底地图及废弃物的海底封存纳入了规范范围，并于 2006 年伦敦协定书附件 I 将捕获的 CO_2 流列入允许引入海洋环境的废弃物名单。此项规定打开了 CCS 海洋封存的法律之门，为此后的大规模 CO_2 海底封存奠定基础。

另外两个重要的国际公约是 1992 年颁布的《联合国气候变化框架公约》（UNFCCC）及 1997 年的《京都议定书》。两部国际公约都已经将 CCS 视为了一项重要的减排技术，且都明确提到要“研究、开发并促进使用 CO_2 捕集技术，就开发与化石能源有关的捕获和存储气体技术展开合作”等内容，对 CCS 技术在国际上进一步发展有重要意义。除此之外，2010 年坎昆会议上《将地质形式的 CCS 作为 CDM 项目活动》的协议中将 CCS 纳入清洁发展机制项（CDM），这就明确了 CCS 技术将做为重要的减排技术而得到广泛重视。

与 CCS 相关的区域性公约比较重要的是北大西洋海洋环境保护公约（简称 OSPAR 公约）。OSPAR 公约虽然只是区域性公约，但其主要签署国都是欧洲重要工业国家，是一部明确规定允许 CO_2 海底封存的公约，在世界上影响较大。其内容主要针对海洋油气开采频繁的北海等地区。此公约要求各缔约国采取必要措施消除海洋污染，保护海洋环境免受人类活动的不利影响。例如，挪威北海的 Slepner 项目就是 CCS 最早的试验性项目之一。此公约除挪威外所有缔约方皆为欧盟成员国，因此这部公约获得了欧盟立法机制的实施保障，使其获得超越其他公约的实施效率。

从国家角度看，目前为止只有少数国家制定了比较全面的法律框架，来解决项目展开过程中出现的相关问题。欧盟、英国、美国、澳大利亚以及法国、德国等是一直在积极倡导 CCUS 立法以及实施制度化和规范化的国家和地区，他们都有针对 CCS 项目具体的法律法规。其中，欧盟发布了完全针对 CCUS 项目的相关法律法规，美国则将监管重心倾向于 CO_2 的地质封存环节，加拿大和英国通过修改现有能源或油气法案来满足 CCUS 项目发展的需要 [12]。而剩余大部分国家的全面法律框架尚处于开发之中，或是对 CCS 项目的管理仍缺乏着法律依据。接下来会详细叙述各个国家在 CCS 技术法律法规方面的发展情况。

7.3.2　国外 CCS/CCUS 相关法律法规梳理

本部分将 CCS/CCUS 立法方面发展较好的国家或地区内的相关立法进行总结，且主要总结其对该地区内部 CCS/CCUS 技术发展有较大促进意义的相关立法。

（1）欧盟

在 CCS 相关立法方面，欧盟是发展相对较好的地区，其在推进世界各国 CCS 技术相关立法和规范实施各项工作上起到了表率作用。《欧洲议会和理事会关于 CO_2 地质封存的指令（2009/31/EC）》是目前国际上最为详细的一部 CCS 立法，但在《欧洲议会和理事会关于 CO_2 地质封存的指令（2009/31/EC）》颁布之前，与 CCS 技术相关的立法较少，涉及的范围也相关较小。其中，《综合污染预防与控制指令（Directive/2003/87/EC）》（简称 IPPC 指令）是解决 CCS 捕集阶段问题的主要法律规范。该指令明确要控制污染物向空气、水和陆地排放，并为一些特殊的工业活动制定了许可制度，强调在捕集 CO_2 之前必须要取得 IPPC 许可证，并要求采用“最佳可行技术”（BAT）。而在环境评价及保护等方面，早期并没有完全针对 CCS 技术颁布的法律，仅有对于 CCS 项目而言适用而非强制性规定的相关法律条款。如《环境影响评价指令》（EIA）和《环境责任指令》（ELD），前者规定项目开发必须进行环境影响评估的强制性要求，后者则要求对即将发生和已经发生的环境损害都采取防止和救济措施。

2008 年欧盟 CCS 指令获得通过，又于 2009 年正式实行。欧盟正式开启了对 CCS 技术立法的重要阶段。

欧盟 CCS 指令，即《欧洲议会和理事会关于 CO_2 地质封存的指令（2009/31/EC）》，它的颁布在国际上有着重要影响。其立法宗旨在于为 CO_2 封存和捕捉问题建立具体的法律框架，其规范的地理范围包括欧盟各个成员国境内以及《联合国海洋法公约》规定下的专属经济区和大陆架范围。指令明文承认 CCS 的合法性地位并为发达国家减排确立了具体的减排目标和详细的时间表：以 1990 年为基准年，在 2020 年之前将温室气体的排放量降低 30%，到 2050 年要求降低 60%~80%，其内容不仅涉及 CO_2 的捕捉、运输、永久封存以及封存地点的建设等，还包括对 CCS 项目实施的委员会审查、检测、申报、泄漏补救、关闭和事故处理等方面作出的规定。指令要求其成员国家必须在 2011 年 6 月 25 日前将其转化为国内法。下面将详细介绍部分内容，便于表明该指令在国际 CCS 立法方面的重大意义。

在碳储存方面，指令首先对二氧化碳封存地点的勘探许可和选择制度作出了规定。指令指出欧盟各成员国在了解本国地理环境的前提下，原则上有选择二氧化碳封存地点的自主权利，欧盟理事会必须实现相关信息共享。在未得到二氧化碳勘探许可前，禁止欧盟各个成员国进行二氧化碳勘探。而选择二氧化碳封存地址时必须确保对人体、环境不造成影响和损害，确保二氧化碳不会发生泄漏。其次，指令还规定了二氧化碳的封存许可方面的内容。首先，各成员国必须确保封存点不用于别的商业目的。其次，欧盟理事会要求审查申请者关于二氧化碳封存许可的各项申请条件，如提交给欧盟各国当局的许可申请书必须包含封存地点的预期安全性、CO_2注入量及监测方案等内容，还要包括就封存技术的补救措施、后关闭计划做出的具体安排等，申请者在获得许可后再提交正式申请，由欧盟委员会作出审批。

在监管方面，指令严格要求各成员国必须确保二氧化碳封存技术设施的安全性，其中涵盖监管和监测二氧化碳泄露、流失、非常规运行下所造成的具体损失，如对饮用水、人口和生物环境的影响。欧盟理事会必须不断更新二氧化碳封存装置运作的中长期安全性报告以确保二氧化碳能够被永久封存。具体的监管内容主要包括以下几个方面：第一，被封存的CO_2不能污染任何水体，不能对人类健康带来任何风险。第二，地质封存必须取得相关许可。第三，禁止以废物处置为目的在封存的CO_2中添加其他废物或废气。第四，在信息披露上，必须将碳捕获与储存的相关信息向公众公开，但对涉及企业的商业秘密的信息不予公开。在封闭后责任规定方面，在实现许可封存目标的前提下，运营者可向监管机构申请关闭，但封存项目的关闭并不意味着责任的转移。责任转移与否主要依据CO_2是否满足被完全、永久地封存等条件来判断。这其中具体指当二氧化碳被彻底的封存起来或者经历了最短的20年的时间（自场地、介质的关闭到转移至少要有20年的观察期），相应的资金义务得到满足（需要为监管机构提供30年的检测费用支持），相关的设备已经被拆除，同时完成了相应的报告和通知义务，则对于运营者而言，相应的责任也得到转移。同时，CCS指令也指出：CCS技术按照IPCC的标准设定的情况下，假设选择适当的储存场地、介质、设计并进行管理，将有99%被储存的CO_2将会储存1000年以上，这明确了CCS技术对温室气体减排的巨大作用。但储存结束后如果出现差错，将会发生泄漏等严重问题，不仅对生态平衡造成威胁，而且会造成人类的健康安全隐患。

除了最为详细的《欧洲议会和理事会关于CO_2地质封存的指令（2009/31/EC）》外，还有很多其他涉及CCS的指令。如对CCS装置的要求（Directive 85/337/EC），对封存地、火电装机、相关能效的要求等。针对CCS各环节还有一系列详细的指令，包括：捕集系统安装要求和环境评估指令、水资源保护框架指令和废弃物指令等。另外，CCS指令还对很多先前的立法进行了修订。如修改《大型燃烧工厂指令》，其中规定了额定输电量超过300MW的电厂必须对其日后能否利用CCS技术进行评估，如果评估结果表明能够满足以下三个条件，就应当为安装二氧化碳捕集设备和压缩设备留出足够的空间：①有合适的封存地点；②从技术和经济角度来看，建设运输设施切实可行；③从技术和经济角度来看，安装二氧化碳捕集设备切实可行。

欧盟CCS指令的颁布不仅对欧盟范围内CCS技术的发展提供法律依据，更对世界上其他地区的CCS立法有重要的借鉴意义。

（2）英国

英国将CCS技术与可再生能源、核能并列，共同视为引领未来低碳能源的“三驾马车”，其中发展燃煤电厂的 CCS 技术作为一项重要的技术加以部署。2006 年英国颁布的《斯特恩报告》中预测了“到 2050 年，CCS 可为降低全球 CO_2 排放做出 20%的贡献，在不使用 CCS 技术的情况下要保持温室气体浓度稳定在 550×10^{-6}，将会增加 60%的成本”。这一论断基本上奠定了英国发展 CCS 的理论基础。

英国大规模对 CCS 技术进行相关立法，基本上是从 2008 年开始的。2008 年后一系列相关法规陆续发布，为英国实现“在 2020 年成为全球 CCS 行业领跑者”的愿望奠定基础。如 2008 年的《合理利用碳捕获与储存技术法规》就初步为 CCS 开发利用构建了法规政策与监管制度。同年，英国设定了“碳捕获便利机制”，其内容要求自 2009 年 4 月起电力消耗超过 300MW 的火力发电厂必须为以后要利用的碳捕获与储存技术设施留出足够空间。该文件为英国进一步 CCS 立法起到重要的推动作用。

从 2008 年开始，英国不断发布相关法律法规，对 CCS 技术的捕集环境标准、离岸封存的许可与监管以及推广等多个方面作出了规范。其中《污染物预防与控制法》及《有害物质规范条例》是对 CCS 捕集环节的环境标准进行规范的主要法规。《能源法 2008》则将 CO_2 封存作为单独一章进行规范，规定了在没有获得执照的情况下，任何人不得实施有关 CO_2 地质封存活动。这点为签发近海 CO_2 封存许可提供了法律依据。《能源法 2010》涉及了对 CCS 技术进行财政激励的相关内容。《能源法 2011》解决了因安装 CO_2 运输管道而强行征地的问题，也解决了为实施 CCS 示范项目而拆除近海基础设施的问题。《能源法 2013》设立了两个关键的规定用以推广 CCS 技术：①建立排放绩效标准（EPS）：要求新建的燃煤电厂必须配备 CCS 技术，否则不应该得到批准，且所有英国新建的化石燃料电厂年度排放量都要在排放限制内，这点加强了英国政策的强制性。②为开发 CCS 项目的运营商的排放限制责任提供三年免税。

2010 年发布的《CO_2 封存规章（执照等问题）》是特别针对 CCS 技术的封存许可的专门法案。其内容对 CCS 技术的封存许可的申请、认定以及项目封存后的监管和责任转移做了明确规定，该规章在英国 CCS 技术的法规体系中有着重要的地位。具体包括：实施 CCS 封存的执照（包括执照效力、执照申请、评估期限和执照内容）、封存许可（包括如何提交许可申请、许可的受理条件及程序、封存许可证记载内容）、登记公开、监管机构的职责（包括监管纠正、核查，调整及废除封存许可证，以及撤销许可证）、封存地点的关闭及关闭后（包括关闭后方案及关闭后责任）等，以供执照或封存许可申请人等被监管者、监管机构参照执行。

英国也在欧盟颁布 CCS 指令后，在欧盟的规定期限内对该指令进行了国内法的转化。如《二氧化碳封存许可终止条例》就采纳了欧盟 CCS 指令第十八条和第二十条，规定在责任转移给主管机关之前，运营人必须要履行规定的义务，并向主管机关提供足以承担责任转移后监管费用的经济担保。《二氧化碳封存基础设施使用条例》则针对欧盟 CCS 指令第二十一条和第二十二条规范的“第三方使用二氧化碳封存地点和运输网络”问题，规定应由指定机关审批是否允许第三人利用相关基础设施，并设置了第三人获批须要满足的条件；要求基础设施的所有人提供能够证明基础设施可用能力的信息，协助第三人安全利用这些基础设施；对于违反本条例规定的行为也制定了惩罚措施。

（3）德国

在 CCUS 法律法规方面，德国是欧盟成员国中发展相对较慢的国家，相关立法也较少。2009 年初在完成对欧盟 CCS 指令转化时，德国联邦政府起草了《联邦德国碳捕获与封存法草案》，其内容涉及了提高碳捕获与封存技术环境安全性、确保产业部门投资的积极以及平衡环境与经济利益方面等内容。但联邦议会考虑到技术成熟度、经费来源和公众接受度等因素暂时推迟了该项立法。同年年底才正式颁布实施《国家碳捕获与封存条例》，同时组织了以提高社会公众意识为目标的碳捕获与封存技术科普宣传活动，旨在促进国内对 CCS 技术的接受度。

2012 年的《关于二氧化碳捕集、运输和永久封存技术的示范与应用法》是德国在 CCS 立法方面的一大进展，该法颁布当天立即生效。法规内容涉及对 CCS 项目试验和示范等环节的具体规定，如在二氧化碳运输方面，规定二氧化碳运输管道的建造、运营和重大改造必须经过《管道法》中要求的“计划确定程序”才能取得许可。在封存方面则涉及了：封存地点勘探许可、封存设备安装和项目运营的计划确定程序、封存地点闭合和闭合后的照管义务等，还规定了封存地点的法律责任以及责任转移问题：项目运营人在封存地点闭合 40 年后可以将对封存地点承担的法律责任转移给主管机关。在示范项目方面，规定在德国每个示范项目每年封存的二氧化碳量不得超过 130 万吨，所有示范项目每年封存的二氧化碳总量不得超过 400 万吨，而且只有 2016 年 12 月 31 日前提出申请的项目才能获得批准。

（4）美国

美国目前只是通过修改、补充和完善现有的环境保护和污染控制法律法规体系来实现对 CCUS 项目的审批与监管，但相关立法内容也能够涵盖捕集、运输及封存整个过程。

为防止高温室气体排放带来的环境风险而进行的相关立法，适用于 CCS 技术捕集阶段。主要涉及《清洁空气法》《清洁水法》等。如《清洁空气法》规定了申请者需根据相关标准进行捕集许可申请，主要包括新建项目绩效标准、最低排放标准及控制排放最佳技术标准等，同时该法案还确定了温室气体专门的报告制度，规定了所有的使用化石燃料能源的经营者具有真实报告的义务，以便全方位的保证或者减少可能的风险。除此之外，如果任何工业活动或设备中存在雨水接触到污染物（包括含有热量或其他污染物的水）的可能，则必须达到《清洁水法》规定的污水处理标准和许可要求。为了控制空气中的二氧化碳浓度，2014 年颁布的《新污染源行为标准》对新建燃煤电厂和天然气发电厂的 CO_2 排放也进行了限制，这促进了二氧化碳捕集的应用。

在运输阶段，美国修改了《管道运输危险物质与二氧化碳》法令，该法令不仅对管道的相关标准进行了严格的规定，还明确了经营者的责任与义务。首先，该法令明确了管道本身的质量要求以及新建运输管道的地点选址要求，如选用的管道要符合一定的标准（比如承受压力要求、耐腐蚀性要求、材质要求、最大输送容量、尺寸和厚度要求等），并规定了最低标准，且不同地点要求不同，同时，运输 CO_2 的管道在进行实际输送前需要进行测试，测试合格的可以用来输送 CO_2 流。而在经营者责任方面规定：经营者要定期（每年）汇报、立即报告制度（发生事故时）；经营者负有维护管道完整性的义务，需监测管道微小的瑕疵，定期安排人员检查，以便及时发现泄露情况以采取补救措施；经营者负有保持资料信息完整性的义务，从刚开始的测试到正常运输再到停止使用管道的所有运输环节，都要确保有相应的数据匹配，这种档案要至少保存停止使用后的 10 年；经营者要求遵守美国职业安全与健康法以确保运输时工作人员的健康安全等内容。

在封存阶段，《清洁能源与安全法案》（ACES）中专门设置了一章来规范碳捕集与封存，为 CCS 技术的发展与商业化明确了方向。首先，法案要求 CCS 项目必须满足《清洁空气法》和《清洁水法》，对所有项目都必须进行风险评价。其次，法案对企业实施 CCS 技术的时间进行限制并逐渐实行强制性措施：对 2009~2015 年建成的电力工厂要求必须使用 CCS 技术，减排量要达到 50%。同时，要求针对地质存储问题进行立法，建立健康保护与责任承担机制，制定许可证申请、场地监测与定期汇报制度等。法案更进一步的细化安全储存的法律标准要求，更有利于 CCS 的安全实施。相比于《清洁能源与安全法案》，2010 年颁布的《安全碳存储技术行动条例》对 CCS 的规定更加具体，此项条例为安全实施 CCS 技术做了技术要求及监测义务，旨在保障 CCS 的安全实施。如规定：CCS 项目在实施时必须要遵守标准，而经营者要对存储过程进行检测和监控，并保持监测过程的持续性和获取数据的完整性，具体包括："驱油储存"下需按照温室气体强制性标准对排放进行分级，并提交年度 CO_2 排放数据。关于储存场地、介质的选择，要求不影响人类正常生活、生态平衡以及健康。同年的《CO_2 封存法案纳入法律条款的提议案（HB259）》则对 CCS 项目关闭后封存气体拥有权和责任转移问题进行了规定。

另外，美国在 2011 年修订了《安全饮水法》（SDWA），旨在保障饮用水免受污染。法律规定了灌注 CO_2 的井下储存必须要求具有 50 年的连续跟踪监测方可发放许可证，也是对地质储存首次采取许可证制度。而其项下的《地下注入控制计划》是针对地下灌注 CO_2 特别制定的，该法规将 CCS 技术实施的重要内容涵括进去，规定的标准明确且可操作性强，对地下饮用水源是很好的保障，也为 CCS 的实施特别是地质存储的实施规定了较为详细的要求。《计划》中要求：必须基于保护地下水质的原则向地下注入 CO_2，同时对实施灌注前的申请许可、灌注井地点的选择标准、井的建立要求、材质要求、事前的测试、事中的监测及报告制度、经营者的资金及责任承担，特别是停止注入后封存的条件等技术要求进行了严格的规定，还要求：经营者在停止注入行为后还要求监管 50 年时间，这种时间也是可以缩短或者延长的。另外，由于长期地质封存涉及 CO_2 的量更大、占用地质空间更广以及更高的环境风险等问题，美国环保署（EPA）于2011年针对长期的CO_2地质封存项目，设立了一种新的用于提高原油/气采收率的相关钻探钻井级别——第六类灌注井制度（VI类井），较以往使用的Ⅱ类井要求更加严格。第六类灌注井的设立为地下存储CO_2规定了具体的操作程序和执行标准，为确保地下饮用水安全做了有效防范。

（5）加拿大

CCS技术在加拿大国内一直保有较强的政治支持，该技术在促进加拿大经济发展的同时也是一种降低该国温室气体排放的重要手段。与其他大多数国家不同的是，加拿大各省对于自己省内的活动拥有独立的立法权，也因此加拿大各省有关CCS法律框架存在发展不平衡的现象，仅有少部分省份作出了支持和鼓励开展CCS的法律规定。对于加拿大主要的产油区，如阿尔伯塔省、萨斯喀彻温省以及东海岸的一些省份是很需要通过CCS技术降低温室气体排放以维持其油气领域竞争力的身份。

阿尔伯塔省是在CCS立法方面发展较好的省份。2008年，加拿大阿尔伯塔省制定了省“气候变化战略”，目标是2050年减排温室气体2亿吨，其中70%希望通过实施CCS项目达成。2009年11月初，该省就指导CCS项目的法律修正案进入立法程序，成为了全加第一个为CCS技术立法的省份。《碳捕集与封存法律修正案》是该省2010年颁布的法律。该修正案明确了CO_2的注入和永久封存权，确认用于封存CO_2的全部空隙空间的唯一所有权属于阿尔伯塔政府，并针对长期责任向政府转移问题建立了关闭确认机制，并设立了“闭合后照管基金”，为CCS项目运营提供经济支持，而享有二氧化碳注入权的权利人在注入作业期间须按要求缴纳基金费用。同时，该法规还确立CCS的合法地位以及相关的管理标准，旨在鼓励各方对其进行投资、保证CO_2能够被永久封存、消除公众对一些潜在问题（比如CO_2注入作业可能对地下水等资源造成影响）的担忧，增强公众对CCS项目安全的信心。另外，其他省份也有通过修订相关法律来促进CCS技术的应用与推广，如萨斯喀彻温省就修改了《油气保护法》以规范CCUS项目。

在修正案颁布不久后，该省又出台了《碳固权条例》。该条例对实施CO_2地质封存时如何取得孔隙空间使用权的程序进行了规定。要求必须取得评估许可证才有权对地下是否适合进行CO_2封存活动进行评估，也规定了详细的CO_2封存区租赁制度，授予承租人在租赁区域钻井、进行评估和试验以及向地质储层注入CO_2的权利，租赁期为15年。而闭合时符合规定条件的封存地点才能得到闭合证书，其中最重要的一项就是“封存的二氧化碳应处于稳定且可预测的状态，日后没有重大泄漏风险”。而加拿大的《环境保护法》会对地质封存项目的监测与报告进行规范。

（6）澳大利亚

澳大利亚在CCS技术相关立法方面的发展也相对较快，它不仅通过修订原有的油气法规来规范CCS项目的发展与应用，还为保障CCS技术的发展设立了专门的法律，它的离岸与陆上 CCS 活动的监管框架是全球范围内最发达的框架之一，主要涉及的是温室气体封存过程。

2005 年，澳大利亚各州都签署的一份指导性文件——《CO_2 捕获与封存法规指导原则》，该文件为 CCS 立法在全国建立了统一的标准。文件中规定了地质封存的进入权和物权、封闭后责任以及成立利益相关方小组等内容并提出了重要的监管原则，如必须保障公共利益，最小化对健康、安全和环境的影响，降低政府责任风险；实施 CCUS 项目要应用恰当的风险管理方法和科学手段；明晰权利和责任等 9 项。该指导原则为澳接下来的 CCS 立法奠定了基础。

在陆上封存方面，澳大利亚于 2006 年制订了世界上第一部针对碳封存与碳捕捉的法律——《温室气体地质封存法》，对碳捕捉与碳封存可能产生的风险规定了相应的责任归属和补偿制度，并于 2008 年进行了修订。而州的层面也有对地质封存方面的规定，如维多利亚州颁布的《温室气体地质封存法》（2008 年），该法为陆上 CO_2 注入和永久封存提供了监管依据，也为投资者和其他利益相关方明晰了权利界限，包括地质封存的权力。与该法案同时生效的还有与之配套的《温室气体地质封存条例》（2009 年），为执行法案提供了具体可依的规范。

同时，由于澳大利亚本身就是一个四面临海的国家，其联邦政府及各州在近海二氧化碳封存方面立法格外重视，已经制定了监管 CCS 离岸活动的次级立法，但这种监管仅限于离海岸基线 3 海里的澳大利亚的沿海水域或海域。如《海上石油与温室气体封存修正案》以及其项下陆续通过的一些实施细则、指导原则和解释性文件，就对近海温室气体封存及其安全和管理等方面的内容作出了详细规定。其中，《海上石油与温室气体封存环境监管条例》（2009 年）中要求以生态可持续发展的方式在近海进行与石油和温室气体有关的活动；《海上石油与温室气体封存安全条例》（2009 年）中将近海温室气体封存作业纳入了近海石油活动的安全条款；《海上石油与温室气体封存 – 温室气体注入与封存条例》（2011 年）对近海注入与封存活动细节进行了规范；《海上石油与温室气体封存 – 资源经营管理条例》（2011 年）则确定了资源经营管理的三个主要目标等行政规章，以落实法案的具体执行。在州的层面上也颁布了很多近海封存的法规。如 2010 年维多利亚州颁布的《海上石油与温室气体封存法》是首个在地方层面颁布的海上 CO_2 封存法。该法采用了《近海石油法》的大部分规定，针对近海石化权益重新制定了法律规范，并为近海温室气体封存地点的勘探和经营设计出新的法律制度。除此之外，还有《离岸石油和温室气体封存法案》、《离岸石油和温室气体封存法规》（2011 年）等法规也对维多利亚州内的近海温室气体封存作出了规定。

另外，对 CCS 技术实施时的环境影响方面也有相关法律进行规定。如早期的《环境影响法》（1978 年）虽然不专门针对 CCS 工程，但它对环境影响评价进行了通用性的规定：CCS 工程开始前需要向主管部门提交环境影响声明。《环境保护和生物多样性保护法》

（1997 年）则明确对 CCS 环境责任和保护生物多样性的责任进行规定。《二氧化碳捕集与封存指南》（2009 年）对 CCS 环境影响评价提出了相对具体可行的评价范围和措施等内，且主要集中在 CCS 技术下游封存风险控制方面。

本节所提到的主要发达国家中涉及见表 7–3。

表 7–3　主要发达国家中涉及 CCS 的主要立法总结

国家	法案名称	涉及的相关规定
欧盟	《综合污染预防与控制指令 2003/87/EC》（简称 IPPC 指令）	为一些特殊的工业活动制定了许可制度，规定在捕集二氧化碳之前，必须要取得 IPPC 许可证
	《环境影响评估指令》（EIA）	要求对捕集设备可能对环境造成的重大影响进行评估，参考评估结果，决定是否颁发 IPPC 许可
	《欧洲议会和理事会关于 CO_2 地质封存的指令（2009/31/EC）》	二氧化碳的捕捉、运输、永久封存以及封存地点的建设、安全及监管等作出规定
	《大型燃烧工厂指令》	要求对大型燃烧工厂能否实施 CCS 进行评估
英国	《斯特恩报告》	预测：到 2050 年，CCS 可为降低全球 CO_2 排放做出 20% 的贡献，而不使用 CCS 技术的情况下要保持温室气体浓度稳定在 550×10^{-6}，将会增加 60% 的成本
	《合理利用碳捕获与储存技术法规》	构建了 CCS 开发利用的法规政策与监管制度，设定了“碳捕获便利机制”
	《能源法 2008》	将 CO_2 封存作为单独一章进行规范
	《能源法 2010》	设定相应的财政激励及关于示范、同意以及使用 CCS 技术的条款
	《CO_2 封存规章（执照等问题）》	对具体执照的申请及封存全过程监管等问题进行了规范
	《2011 苏格兰二氧化碳封存许可条例》	建立了苏格兰 CCS 专项许可制度
	《能源法 2011》	解决了因安装二氧化碳运输管道而强行征地的问题，也解决了为实施 CCS 示范项目而拆除近海基础设施的问题。
	《能源法 2013》	设立两个关键的规定在影响 CCS 推广：①排放绩效标准（EPS）的建立；②为开发 CCS 项目的运营商的排放限制责任提供三年免税
德国	《二氧化碳封存法案》	碳捕集与封存技术测试，示范项目的初步建设，安全标准等
	《关于二氧化碳捕集、运输和永久封存技术的示范与应用法》（KSpG）	涉及捕集、管道运输以及封存等方面
	《联邦注入控制法》	要求对产生大量二氧化碳的工业装置进行改造
	《管道法》	规定二氧化碳运输项目申请的“计划确定程序”“计划批准程序”
美国	《清洁空气法》	确定了温室气体专门的报告制度
	《清洁能源与安全法案》（ACES）	专门设一章规范碳捕集与封存，以促进碳捕集与封存专案的发展与商业化
	《管道运输危险物质与二氧化碳》	强调管道运输的安全与风险防范问题，要求保障工作人员人身安全

续表

国家	法案名称	涉及的相关规定
美国	《安全碳存储技术行动条例》	规范了 CCS 项目的具体实施措施，包括碳储存场地、介质的选择，实施项目的技术要求和监管等方面
	《安全饮水法》(SDWA)	对地质储存首次采取的许可证制度、规定对地下灌注井采取监测和监控
	《地下注入控制计划》	对地下灌注的全流程进行了规定，特别对停止注入后封存条件的技术要求进行了严格规定
	《新污染源行为标准》	设定了新建燃煤电厂和天然气发电厂的 CO_2 排放限制
加拿大	《环境保护法》	针对地质封存项目的监测与报告进行规范
	《CO_2 地质封存适用土地条例》(CST)	对封存的地下空间使用审批与监管进行规范
	《碳固权条例》(阿尔伯塔省)	对实施二氧化碳地质封存时如何取得孔隙空间使用权的程序进行了规定
	《碳捕集与封存法律修正案》(阿尔伯塔省)	明确 CO_2 的注入和永久封存权，对项目关闭的责任转移以及资金支持作出规定，建立了相应的管理标准
澳大利亚	《CO_2 捕获与封存法规指导原则》	建立了全国统一的 CCS 立法标准
	《外海石油法修正案》	对碳运输与封存阶段的地质使用权、审核、风险识别与监测等作出规定。
	《海上石油与温室气体封存修正案》	建立了 CCUS 项目环境和安全监管的法律框架
	《二氧化碳捕集与封存指南》	对 CCS 环境影响评价提出了相对具体可行的评价范围、措施等
	《温室气体地质封存法》(维多利亚州)	为该地区陆上 CO_2 注入和永久封存提供了监管依据
	《温室气体地质封存条例》(维多利亚州)	为执行该州《温室气体地质封存法》提供具体可依的规范
	《海上石油与温室气体封存法》(维多利亚州)	采用了《近海石油法》的大部分规定，为近海温室气体封存地点的勘探和经营设计出新的法律制度

通过对我国近些年来应对气候变化政策、与 CCS 有关的政策以及国内外 CCS 相关法律法规进行梳理与分析得到如下结论：①近年来，我国越来越重视应对气候变化，且对 CCS 技术的政策关注日益增加，已经从对该技术的认可逐渐向技术研发、推广及应用示范层面变化。这表明我国已经跨越了初始认可 CCS 技术的阶段，正在我国温室气体减排方面推广和应用 CCS 技术，这对接下来我国温室气体减排有重要意义。②但在 CCS 立法方面，我国目前还没有针对 CCS 具体的相关法规，较国外相关立法进展有较大差异。目前国外已经有很多发达国家都有了完全针对 CCS 技术的立法，欧盟曾在 2009 年发布的 CCS 指令是目前国际上最为详细的一部 CCS 立法，近些年欧盟又对该法令进行了完善。同时，美国、澳大利亚、加拿大、英国以及德国对 CCS 技术关注也日益增加，为 CCS 规范发展制定了更加详细的立法。

参考文献

[1]Sandalow, D, Guide to Chinese climate policy[R]. Center on Global Energy Policy, 2018.

[2]《第三次气候变化国家评估报告》编委会 . 第三次气候变化国家评估报告 [R]. 科学出版社 , 2015.

[3] 祁悦 , 李俊峰 .《巴黎协定》将推动全球合作应对气候变化 [J]. 环境经济 , 2016(z4): 42–44

[4] 刘慧 , 樊杰 , Guillaume, 等 . 中国碳排放态势与绿色经济展望 [J]. 中国人口・资源与环境 , 2011,127(s1): 151–154.

[5] 周丽 , 张希良 , 金红光 . 推动中国 CCUS 技术的政策建议 [J]. 科技导报 , 2013,31(15): 11–11.

[6] 范英 , 朱磊 , 张晓兵 . 碳捕获和封存技术认知、政策现状与减排潜力分析 [J]. 气候变化研究进展 , 2010,06(5): 362–369.

[7] 陈诗一 . 应对气候变化 : 用市场政策促进二氧化碳减排 [M]. 北京 : 科学出版社 , 2014.

[8] 王涛 , 胡德胜 . 我国二氧化碳地质封存监管制度构建 [J]. 江西社会科学 , 2017(12): 182–190.

[9] 彭斯震 . 国内外碳捕集、利用与封存 (CCUS) 项目开展及相关政策发展 [J]. 低碳世界 , 2013(1): 18–21.

[10] 何璇 , 黄莹 , 廖翠萍 . 国外 CCS 政策法规体系的形成及对我国的启示 [J]. 新能源进展 , 2014(2): 157–163.

[11] 吕丽帆 . 碳捕获与封存法律问题研究 [D]. 甘肃政法学院 , 2016.

[12]The Global Status of CCS[R]. GCCSI, 2015.

[13] 王超 . 欧盟二氧化碳捕集和封存指令研究 [D]. 华北电力大学 , 2015.

[14] 张晓暄 . 二氧化碳捕集与封存的国际法律制度研究 [D]. 中国海洋大学 , 2013.

[15]European Commission, 2009.Directive 2009/31/EC of the European Parliament and of the Council of 23 April 2009 on the geological storage of carbon dioxide.

[16] 彭峰 . 法国碳捕捉与封存技术利用立法及实践 [J]. 现代法学 , 2016,38(3): 137–145.

[17] 王仲成 , 宋波 . 英国发展 CCS 战略及加强与中国合作的原因简析 [J]. 北京大学学报 : 自然科学版 , 2011,47(5): 953–959.

[18] 王学智 . 英国欲成全球 CCS 领跑者 [J]. 能源研究与利用 , 2012(3): 14–15.

[19] 吴金焱 . 英国碳捕集与封存的发展及对中国的启示 [J]. 中国煤炭 , 2016,42(6): 130–134.

[20]Storage of Carbon Dioxide(Licensing etc.) Regulations 2010[EB/OL]. http://www.legislation.gov.uk/uksi/2010/2221/contents/made.

[21]The Global Status of CCS[R]. GCCSI, 2014.

[22] 王志强 . 欧盟和德国碳捕获与封存技术发展现状及展望 [J]. 全球科技经济瞭望 , 2010,25(10): 15–26.

[23] 汤娟 . 碳捕捉与封存安全法律制度研究 [D]. 中国矿业大学 , 2014.

[24] 李丽红 , 杨博文 . 我国碳捕获与储存技术 (CCS) 二维监管法律制度研究 [J]. 科技管理研究 , 2016,36(23): 232–236.

[25] 蔡鑫 . 加拿大碳捕集与封存法律框架 [J]. 法制与社会 , 2017(34).

[26] 何金祥 . 加拿大 CCS 的发展与挑战 [J]. 国土资源情报 , 2011(6):41–45.

[27] 陈卓 . 国际碳捕捉与碳封存法律问题研究 [D]. 西北大学 , 2014.

[28] 王涛 , 胡德胜 . 我国二氧化碳地质封存监管制度构建 [J]. 江西社会科学 , 2017(12): 182–190.

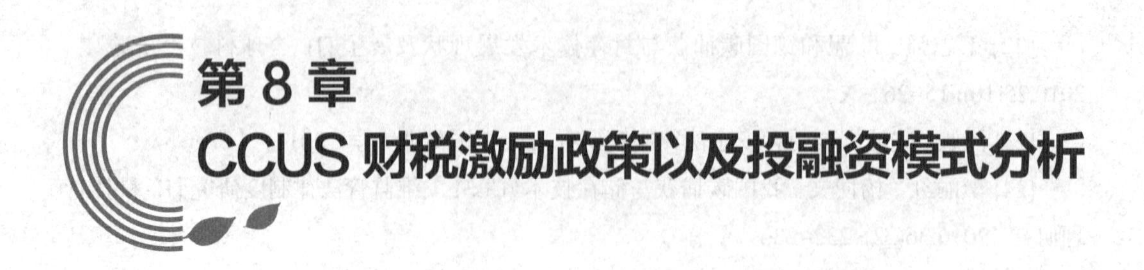

第8章 CCUS 财税激励政策以及投融资模式分析

碳捕集、利用与封存（CCUS）是一项有望实现化石能源大规模低碳利用的新兴技术，随着该项技术的研发和推广，其商业化发展成为国际社会、各国政府和相关企业所关注的焦点。但是现阶段 CCUS 技术的发展受到诸多不确定性因素的影响且存在较高的资金和技术风险，在中国当前的政策和市场环境下，投资者缺乏对 CCUS 技术的投资动力，制约了 CCUS 技术的商业化进程。由于低碳技术的发展都具有较强的政策导向，要促进 CCUS 技术的发展，还需要结合国际国内相关政策，拓宽融资渠道，探寻具有阶段适应性的商业发展模式。

现有的激励政策及市场机制对中国 CCUS 技术发展具有借鉴意义。本章基于国内外 CCUS 技术相关政策文献以及国际能源署（IEA）、全球碳捕集与封存研究院（GCCSI）等报告的内容，对现有 CCUS 技术的财政激励政策、市场机制和融资模式进行梳理和总结，并对适合 CCUS 技术阶段性发展的商业模式进行了探讨。

8.1 CCUS 财政政策

政府财政政策是促进低碳技术研发和推广的重要手段。政府税收、补贴和投资政策的制定和实施对 CCUS 技术发展有着不可或缺的作用。

8.1.1 CCUS 税收相关政策

税收是政府调节外部性的财政手段之一。在节能减排方面，政府运用的税收工具主要包括外部环境税的征收和对清洁能源技术使用企业的税收优惠。对于现阶段的碳密集型行业，征收外部环境税增加了当前技术水平下企业的生产成本，以此促使企业投资低碳技术，通过降低 CO_2 排放量减少税收支出，降低生产成本，增加企业竞争力；而对于目前的低碳技术使用企业，税收优惠可作为企业经济收入，形成经济激励。因此税收这一外部驱动能够形成对 CCUS 项目的长期作用力，推动 CCUS 技术发展。

（1）税费征收

征收外部环境税可作为国家为 CCS 等低碳技术融资的一种政府手段，对 CCUS 技术的发展产生直接影响的是碳税及相关环境税的征收。

碳税是碳定价的一种形式，即赋予 CO_2 以经济价值，对企业投资 CCUS 产生外部推动作用。碳税征收的起源较早，20 世纪 90 年代初，芬兰、瑞典、丹麦、荷兰四个北欧国家先后开征碳税，随后到 1999 年，意大利也开始征收碳税。在其后的六、七年里，世界其他国家和地区出现了大量关于碳税的讨论。丹麦、芬兰、荷兰等一些较早征收碳税的北欧国家，已经形成了完备的碳税制度。在较早征收碳税的国家中，挪威碳税对 CCUS 技术的发展具有直接推动作用。挪威于 1991 年引入碳税，对海上生产的碳氢化合物燃料征收的碳税价格为 51 美元 / 吨，高碳税水平促使挪威国家石油公司于 1996 年在北海投资实施了 Sleipner CCS 项目。虽然该项目注入设施的投资建设成本约为 1 亿美元，CO_2 注入的成本为 17 美元 / 吨，但是挪威国家石油公司每年都能免交大约 100 万吨 CO_2 的碳税。2008 年 4 月，挪威国家石油公司又启动了 Snøhvit CCS 项目，其 CO_2 储存地也在北海。此外，美国部分州、加拿大和澳大利亚等国家也制定并实施了碳税政策。加拿大联邦政府正在实施大范围碳税政策，从 2018 年开始实施全国统一的碳价格。澳大利亚于 2012 年开始征收碳税，随后 3 年实施了过渡性碳价机制，2015 年之后逐渐转变为温室气体总量控制和碳排放交易机制。

气候变化税是另一种具有代表性的税种，是英国气候变化计划的核心，该税于 2001 年正式生效，向电力、煤炭、天然气和液化石油气四类能源产品征税。英国的碳价格支持计划做为气候变化税的一个独立组成部分于 2011 年被制定成法律，向用于发电的所有化石燃料征税。为了鼓励在低碳发电领域的进一步投资，英国于 2013 年 4 月 1 日起引入最低碳价机制，该机制是英国电力市场改革的一种手段，提高了气候变化税中的碳价格，使企业负担的排放成本达到政策目标所需水平，维持发电行业碳排放成本的长期稳定性，从而加强对本国温室气体排放的管控力度，向低碳发电释放清晰的价格信号。2016–2020 年的最低碳价被设定为 18 英镑 / 吨，同时，英国将征收的气候变化税作为“碳排放信托基金”来源，投资开发 CCUS 低碳技术，鼓励和支持私营部门展开节能环保方面的合作，以此来推动英国低碳经济的发展。英国气候变化税的征收及返还机制对激励 CCUS 技术发展提供了重要参考。

（2）税收优惠

税收优惠是促进 CCS 技术投资的有效政策工具，与征税不同的是，税收优惠有助于抵消企业生产成本，还可为从事捕集活动的公司提供额外的 CO_2 收入。相较于国内，国外的税收优惠政策较多，例如气候变化税减免、碳税减免、CO_2 封存税收抵免和投资税收抵免政策。

对使用低碳技术的企业实行气候变化税减免是英国发展低碳技术的重要举措，采用 CCS 技术的企业只要达到一定能效或减排目标即可减免 80% 的气候变化税。英国气候变化税的征收及对低碳技术行业的税收优惠政策对 CCUS 等低碳技术的推广应用起到引导和支持作用。税收优惠能够鼓励企业投资，改善能效水平，降低温室气体排放。

在碳税减免方面，瑞典比较具有代表性。瑞典作为经济发达、城市化和工业化程度较高的国家之一，非常重视能源节约和环境保护，在应对气候变化方面一直走在世界的前列。瑞典政府于 1991 年引入碳税政策，2013 年瑞典碳税标准税率超过 136 美元 / 吨，但对企业应用 CCUS 技术封存的 CO_2 免征碳税，税收优惠为采用 CCUS 技术的企业带来巨大的利益驱动。因瑞典对低碳减排的高度重视，1990–2016 年瑞典的 CO_2 排放量平均每年递减 9%，比《京都协议书》的标准还低 7%。

CO_2 封存税收抵免政策的代表国家为美国。美国于 2008 年出台了促进 CCUS 技术应用的 45Q 税收法案，规定捕集并安全封存每吨 CO_2 可获得政府 20 美元的税收抵免，而捕集的 CO_2 用于 EOR 项目并将其安全封存可获得每吨 10 美元的税收抵免，但超过 75Mt 以后将不再享有该优惠政策。CO_2 捕集技术的高额成本和 CO_2 税收抵免的总量限制很大程度上限制了能源企业实施 CCUS 的积极性，45Q 法案成效并不显著。在“振兴煤炭”的政策背景下，2018 年 2 月美国对 2008 年通过的碳封存税收法案中促进碳捕集、利用及封存（CCUS）技术发展的有关条款进行了修订，大幅提高了对 CCUS 项目的税收抵免强度和支持范围。规定从电厂捕集并安全封存的 CO_2 可获得政府税收抵免，抵免额从 2018 年的 28 美元 / 吨逐渐上升到 2026 年的 50 美元 / 吨，2026 年之后将按照通货膨胀指数上升。将捕集的 CO_2 用于 EOR 项目并安全封存也可获得政府税收抵免，抵免额从 2018 年的 17 美元 / 吨逐渐上升到 2026 年的 35 美元 / 吨，2026 年之后同样按照通货膨胀指数增加抵免额度。美国的 45Q 政策降低了企业技术投资风险，提供了收益保障，在接下来一段时间内将吸引更多企业投资 CCUS 技术，该政策将加速该技术在美国的商业化应用进程。

投资税收抵免是指扣除一定比例的企业增量成本应纳税额，税收抵免水平越高，可以应用 CCUS 技术的工厂比例越大，该工具在降低 CCUS 产生的增量成本方面就越有效。在投资税收抵免方面，美国制定了相关政策，对 CCUS 技术的投资税收抵免于 2005 年引入《能源政策法案》，又于 2009 年引入《复苏与再投资法案》。《复苏与再投资法案》将基础工厂的气化和相关单位确定为符合投资税收抵免条件的项目，其中就包括 CCS 项目。基于符合条件的投资资本支出，为 CCUS 技术改造项目提供应付所得税抵免，减少了纳税义务并增加了项目现金流。美国发展 CCUS 技术时间较长，已经形成了相对完备的政策体系，支持力度在不断增大。

8.1.2 CCUS 补贴相关政策

补贴政策是国家协调经济运行的经济杠杆之一。CCUS 技术高昂的投资成本以及高资金风险都抑制了投资者的投资意愿。虽然税收政策能为 CCUS 技术投资提供非常重要的长期激励，但是在项目开展初期仅仅依靠碳税拉动 CCUS 的投资还远远不够。政府的财政补贴对 CCUS 行业的发展是必不可少的。对实施 CCUS 的企业进行补贴，能够增加现金流入，降低经营难度。

电价补贴可降低电力企业的生产成本，形成收入保障，降低经营难度，确保电力供给市场中清洁电力的份额。在电价补贴方面，英国差价合约（CFD）比较具有代表性。电力差价合约是英国首创的电价政策，是一个能够为符合条件的低碳发电开发商（包括装备 CCUS 的电厂）提供稳定收入来源的长期合同，每个合同都有一个固定的电价“执行价格”，保证发电厂可以在价格变动的电力市场中以固定的价格进行交易。此合约旨在推动电力部门的脱碳改革（包括通过 CCUS），是英国广泛的电力改革方案的一部分，它弥补了 CCUS 特定示范项目融资计划与纯粹由碳定价机制驱动的项目部署之间的差距。为 CCUS 技术在电力部门的应用做出了良好示范。

研发补贴能提高政企研发进度，促进 CCUS 技术的商业化利用。例如美国的 CCUS 技术研发，美国对 CCUS 技术的研发资金从 1997 年开始逐年增长，到 2017 年，美国能源部对 CCUS 技术研发资助已将近 20 年，应用于电力部门的 CCUS 一代捕集技术成本已从 100 美元 / 吨下降到了 60 美元 / 吨，为 CCUS 的经济可行性和商业化运作打下坚实的基础。总体来看，美国 CCUS 发展关注的是大型示范项目，且资助力度较大，在一代技术成本得到大幅度降低之后，美国的研发重点逐渐转移到第二代和转型技术的发展。此外，欧盟 2000–2006 年在低碳技术研发方面已拨款 20 亿欧元，并在 2007–2013 年再拨款 90 亿欧元。欧盟各成员国对 CCUS 技术研发程度也比较高，例如英国政府为 CCUS 技术的研发提供了 1.25 亿英镑。挪威投入数十亿挪威克朗建立蒙斯塔德碳捕集技术中心，并建立了中试规模的碳捕集研发平台。其中德国、荷兰分别对 CCUS 的捕获和地下储存技术进行成本和技术研发补贴。

中国也投入大量资金来发展 CCUS 技术。仅“十一五”期间，相关国家科技计划和科技专项针对 CCUS 基础研究与技术开发部署项目共约 20 项，总经费超过 10 亿元，其中公共财政支持约 2 亿元。“十二五”期间，针对全流程技术示范的投入力度明显加强，仅 2011 年，相关国家科技计划和科技专项已部署项目约 10 项，总经费超过 20 亿元，其中公共财政支持超过 4 亿元。“十三五”期间，国家重点研发计划“煤炭清洁高效利用和新型节能技术”重点专项在 CCUS 研究方向上，立项部署了 2 个基础研究类、9 个共性关键技术类项目，涵盖 CO_2 分离捕集、CO_2 封存利用、CO_2 转化利用等，参与单位百余家。中国政府和企业正进行大量的活动来探索 CCUS 的选择，目前的研发工作强调碳捕获技术，并越来越关注利用机会。中国正在努力追求低成本高效益的 CO_2 利用方式，并在化工和电力行业积极开展示范活动，逐步开展基础设施建设，降低技术风险和成本。

除上述补贴外，还存在其他形式的补贴，如美国的《清洁能源与安全法案》将政策与市场化激励政策相结合，给予新电厂以资金补贴，从 2014 年到 2017 年，2% 的碳排放交易额会被用来补贴电力企业安装碳捕集与封存技术，之后逐渐增加到 5%。政府对 CCUS

技术的补贴理论上能够降低企业的生产经营成本，但是因CCUS发展规模及发展阶段的限制，且应用CCUS技术的行业领域不尽相同，技术手段和技术成本有明显差异，制定普适性的CCUS补贴政策相对较难。相较于针对CCUS的补贴政策，各国对可再生能源和其他低碳清洁能源技术制定的补贴政策比较多，例如澳大利亚、巴西、日本等国家，都制定了针对可再生能源发电的电价政策。已经存在的风电、太阳能发电、生物质发电等低碳可再生能源的补贴政策可为CCUS相关补贴政策的制定提供重要参考。

8.1.3 政府投资拉动

CCUS技术是新兴减排技术，产业链各个环节关联程度高，并且能够应用CCUS技术的企业一般会对环境造成较大的外部性影响，CCUS技术发展需要政府投资的引领、示范和保障。引导私有投资加快开展全流程CCUS项目的示范，将推动CCUS技术商业化进程，私有投资的引入也将成为促进国内经济发展的手段。

（1）政府直接投资

政府投资是指政府对CCUS项目或相关活动开展进行的投资行为，资金来源主要依托政策或行动计划。美国、欧盟、英国、澳大利亚、加拿大等国家对CCUS项目投资力度较大。表8-1列举了这些国家主要的政策和内容。

表8-1 主要国家政府投资及内容

国家	政策或活动	主要内容
美国	清洁煤电计划	支持商业化规模的清洁煤生产技术的示范
	能源部直接投资	投资Kemper County等项目
	FutureGen计划	提供10亿美元经费来发展未来发电2.0项目
欧盟	第七“框架计划”	为CCUS和清洁煤电技术提供资金
	六大产业倡议	CCS倡议要求未来十年投资额达到130亿欧元，支持12个示范项目
	“NER300计划”	通过出售碳排放配额筹建可再生能源和CCS工厂
英国	清洁增长战略	在可再生能源和CCUS等领域投入超过25亿英镑的资金
澳大利亚	全球CCS协会	与其他国家和工业界合作，共同开发和商业化CCS
加拿大	政府直接投资	投入资金支持特定CCUS项目

美国对CCUS项目的投资主要集中于大型排放源。如表8-1所示，美国于2002年制定清洁煤电计划（CCPI），该计划的合作模式是公共－私人成本分担，旨在支持商业化规模的清洁煤生产技术的示范，该计划的资金来源依托《美国复苏与再投资法案》。2009年AEP Mountaineer项目、Southern Company's Plant Barry项目和Summit Power's Texas Clean Energy（TCEP）项目包含在CCPI中，美国能源部总计投资9.79亿美元。2010年9月开工的Kemper County项目，总建设成本预计约36亿美元，美国能源部对该项目的投资为

20.1 亿美元，该项目计划于 2014 年 5 月投入使用，但截至 2017 年 6 月，该项目仍未投入使用，费用已增至 75 亿美元。此项目在 7 年的筹备和几十亿美元的投资之后，于 2017 年 6 月被搁置，并转向仅燃烧天然气的发电厂。美国的 FutureGen 计划中的资金来源同样依托《美国复苏与再投资法案》。美国能源部 2010 年正式决定为未来发电（FutureGen）产业联盟提供 10 亿美元经费来发展未来发电 2.0 项目，项目总成本约 16.8 亿美元。“未来发电 2.0”项目合作各方将先进的富氧燃烧技术应用于伊利诺伊州 Meredosia 的 Ameren 公司 200MW 燃煤电厂。该项目的顺利开展可为未来商业担保提供性能和排放数据，为将来大规模商业计划提供运行和维护经验。2014 年，奥巴马政府在预算中要求对碳捕集项目实施 20 亿美元的税收减免，停止了对“未来发电 2.0 项目”的 10 亿美元投资。

欧盟在 CCUS 方面的投资增长迅速。在第五及第六“框架计划”推动 CCS 的活动经费总计 1.7 亿欧元。在第七“框架计划”中，CCS 与清洁煤技术的指定预算大约为 3.6 亿欧元。欧盟还提出了六大产业倡议（风能、太阳能、生物能源、智能电网、核裂变以及 CCS），其中 CCS 倡议要求未来十年投资额达到 130 亿欧元，支持 12 个示范项目。欧盟的“NER300 计划”是具有代表性得到融资手段，该计划是指欧盟境内的 3 亿碳排放预留配额通过出售，所得资金用于筹建 30 个以上的可再生能源生产设施和从大气中捕获 CO_2 的工厂，该计划被认为是欧盟范围内以商业规模展示环境安全碳捕集与封存的催化剂。如果项目所在成员国政府保证覆盖其余 50% 的成本。那该成员国可以申请 NER300 基金解决可再生或者 CCS 项目另外一半的资金需求。

英国一直重视清洁能源技术的发展，为了进一步推动清洁能源技术的应用比重，英国于 2016 年公布了清洁增长战略。该战略通过发展绿色金融，提高能效，发展低碳交通，淘汰煤电等近 50 项措施来实现减排目标。2017 年英国将 CCUS 技术纳入清洁增长战略，战略提出将在可再生能源和 CCUS 等领域投入超过 25 亿英镑的资金。并声明继续保持在碳捕集、利用和封存方面的国际领先地位，对企业进行脱碳并改善其业务，包括对企业的技术创新提供大量新投资。英国的清洁增长战略确保了经济增长向更加清洁的方向转变。

澳大利亚在能源转型过程中对 CCUS 技术的应用兴趣较大。在相关法律中，CCUS 被纳入整体石油、天然气产业中，成为其产业链的组成部分。在已有拨款和预算中，CCUS 相关投资达到数十亿美元。澳大利亚联邦政府重视 CCUS 技术的发展并重视国际合作，支持成立了全球 CCS 协会，致力于推动 CCUS 在世界范围内的发展。总部设在澳大利亚的新的全球 CCS 研究所与其他国家和工业界合作，共同开发 CCUS 技术并推进其商业化进程，以帮助减少全球 CO_2 排放。澳大利亚政府每年将向全球 CCS 研究所捐赠高达 1 亿澳元（8130 万美元）的资金。2016 年，澳大利亚政府宣布向进行 CCS 研究和发展的组织和项目投资约 2400 万澳元。

在加拿大，部分省份如阿尔伯塔、萨斯喀彻温、新斯科舍省是 CCS 发展的主导力量。与澳大利亚和美国等联邦国家一样，加拿大对 CCUS 的监管也涉及联邦法律与地方各省法规政策之间的复杂关系。加拿大目前开展的 CCS 项目有上百项，规模不等，主要集中在 CO_2 捕集与地质封存两个方面。加拿大政府和阿尔伯塔省政府分别投入 10 亿加元和 15 亿加元支持 3 个 CCS 项目。

中国 CCUS 研发及示范项目的资金主要来源于政府资助及国际合作。2011 年，政府计划对 CCUS 项目投资大于 5 万亿美元。在国际合作方面，英国提供了 10 亿英镑对中国的 CCUS 全流程示范项目进行资助；中欧、中英、中澳和中美等双边合作项目如煤炭利用近零排放项目（NZEC）、中澳二氧化碳地质封存项目（CAGS）、中欧碳捕集与封存监管活动支持项目（STRACO$_2$）、中美合作成立的中美清洁能源联合研究中心（CERC）等示范项目也已经开始进行 CCS 可行性研究。

政府对 CCUS 项目的投资，在一定程度上起引领行业发展的作用，但往往达不到预想中的效果，甚至有些项目因成本问题被迫中止。虽然政府的投资力度较大，但是仅仅依靠政府投资是不现实的。项目的成功不仅取决于其能够建成运行，更取决于其长期财务能力和项目本身的经济可行性以及其吸纳私人投资的能力。因此在政府投资之余，引领私人投资也是重中之重。

（2）投资引导

政府向 CCUS 技术投资者提供优惠贷款、建立专项基金是政府引导私人投资的有效形式，投资引导活动是 CCUS 技术发展过程中必不可少的措施。表 8-2 列举了美国、澳大利亚、欧盟、加拿大、日本的相关投资引导活动。

表 8-2　主要国家的投资引导活动

国家	政策名称或活动名称	主要内容
美国	《能源政策法》	为采用 CCUS 技术的先进煤炭系统提供 80 亿美元的贷款担保
	先进汽化项目税收信贷基金	为 CCUS 提供 3 亿美元信贷额度并成立 CCUS 信托基金
	可再生能源资源信托基金	提供资助来源并提供临时信贷担保
	能源部临时贷款担保	为 CCUS 项目提供临时优惠贷款
澳大利亚	《温室气体地质封存法》	制定了保险和“修复证券”制度
	联邦相关立法	允许 CCUS 获得与清洁能源融资下的其他清洁技术相同的优惠贷款
欧盟	欧洲能源复兴计划（EEPR）	用于支持波兰、德国、荷兰、西班牙、意大利和英国的 CCUS 示范项目
	“新加入者储备配额”（NER）	将 4 亿的排放配额专门用来为 2020 年后建立一个创新基金
加拿大	清洁能源基金	用于支持 CCUS 项目研究、开发与示范
	生态能源基金	拨款 1.4 亿美元用于 CCUS 项目
	阿尔伯塔省政府基金	用 20 亿 CCUS 基金支持了 4 个 CCUS 项目建设
日本	公共基金	设立基金发展 CCUS 示范项目

美国的《能源政策法》规定了包括清洁煤项目的创新清洁能源项目的贷款担保，特别是燃煤发电和采用 CCS 的工业气化，能源部为采用 CCS 技术的先进煤炭系统提供了 80 亿美元贷款担保。2009 年出台的“先进汽化项目税收信贷基金”，对碳捕捉与碳封存（CCS）的研发和示范提供了 3 亿美元的信贷额度，并成立了碳捕捉与碳封存（CCS）的信托基金，专门为 CCS 的规模化、商业化运行筹集资金。伊利诺斯州通过授权公共事业单位征税建立可再生能源资源信托基金为 CCS 建立了资助来源。2017 年在美国能源部提供的 20 亿美元临时贷款担保的支持下，Lake Charles Methanol 将把来自墨西哥湾沿岸地区炼油厂的石油焦转化为合成气，每年捕获 400 多万吨 CO_2。一系列优惠贷款和专项基金很大程度上促进了 CCUS 投资者的投资意愿。

澳大利亚的《温室气体地质封存法》创造性地制定了保险和“修复证券”制度，规定必须为碳捕捉与碳封存过程中的涉及到的行为进行投保，即必须持有“修复证券”，以防范 CCUS 项目隐含的泄露风险，为封存场所的修复或污染预防提供必要的资金保障。澳大利亚还将优惠贷款政策引入联邦政府立法，允许 CCUS 获得与清洁能源融资下其他清洁技术相同的优惠贷款，这是在政策平价的道路上获得的阶段性胜利，尽管在结果方面仍处于早期阶段。

欧盟对 CCUS 技术制定的欧洲能源复兴计划（EEPR）是一个 10 亿欧元的基金，该基金用于支持波兰、德国、荷兰、西班牙、意大利和英国的 CCUS 示范项目。欧盟的“新加入者储备配额”（NER）财政机制将 4 亿的排放配额专门用来在 2020 年后建立一个创新基金。而在 2020 年之前，则由“市场稳定储备”（MSR）为低碳创新项目投入 5000 万元的排放配额，作为对现有“NER300 计划”的补充。

加拿大 2009 年成立了清洁能源基金，将在五年内提供近 7.95 亿美元，用于支持 CCUS 项目研究、开发与示范，以加快加拿大在清洁能源技术领域领导地位的实现。政府从生态能源基金中拨款 1.4 亿美元用于 CCUS 项目，以促进 CCUS 技术进展。但是对单项 CCUS 项目的资助金额较小。阿尔伯塔省政府用 20 亿元 CCUS 基金支持了 4 个 CCUS 项目建设。

日本在许多研发项目的基础上，发展了 Tomakomai 炼油厂的综合 CCUS 示范项目，设立公共基金 500 亿日元。

8.2　CCUS 电力配额及标准

本小节主要对 CCUS 电力配额制度和电厂建设及性能标准进行梳理。电力配额制度规定了消费端的低碳电力消费比例，要求电网以一定比例消纳配备 CCUS 技术的电厂生产的电力。而电厂建设及性能标准则是从电力生产源头对 CO_2 排放量进行约束。建立 CCUS 电力配额制度和电厂建设与性能标准可形成对 CCUS 技术发展的强制驱动力。

8.2.1 电力配额制度

CCUS 技术应用于电力企业，发电成本高于普通电厂，高成本的电力市场竞争力较小，缺乏市场是制约电力行业发展 CCUS 的因素之一。电力强制配额明确规定了区域电力建设中低碳电力或零排放电力占有的最小份额，对能源效率提高、控制温室气体排放有重要作用。电网强制配电和政府采购为应用 CCUS 提供和保证了电力市场。其中电网配电要求电网确保一定比例电力是从应用 CCUS 技术的电厂购买，政府采购则是将应用 CCUS 技术生产的低排放或零排放电力作为政府采购的重要对象。表 8–3 列举了美国、英国和加拿大的电力消费配额制度内容。

表 8–3　主要国家及电力消费配额制度内容

国家	政策或行动	内容
美国	《清洁能源标准法案》	大型公共事业单位至少 24% 的电力是清洁能源技术生产的
	《清洁煤标准总则》	为靠近封存可行地点的燃煤电厂提供优先权，确保一定比例的电力是从 CCS 技术的电厂购买
英国	政府采购	将 CCS 作为政府采购的重要对象
加拿大	政府采购	采购 20% 的低排放或零排放生产电力给予政府设施使用

如表 8–3 所示，美国为促进 CCUS 技术在电力行业的应用，制定了强制性电力销售政策。例如 2012 年美国通过的《清洁能源标准法案》，该法案规定到 2015 年大型公共事业单位至少 24% 的电力是清洁能源技术生产的。从 2005 年开始，每年增加 3%，直至 2035 年达到 84%，法案中的清洁能源除包括可再生能源外还包括 CCUS 技术。再如美国《清洁煤标准总则》在伊利诺伊州的应用，该总则规定，电力机构需为使用伊利诺斯州煤矿的煤炭并靠近适宜封存地点的燃煤电厂提供优先权，电网必须确保一定比例电力是从应用 CCUS 技术的电厂购买[20]，该政策于 2015 年开始实施，到 2025 年，该州所有企业必须达到 25% 电力供应来自清洁煤的标准。此外，英国和加拿大对 CCUS 的电力采购做出规定。英国为了确保 CCUS 技术得以实施，《电力法》将 CCUS 作为政府采购的重要对象，以支持 CCUS 技术研发和大规模商业化。加拿大承诺采购 20% 的低排放或零排放生产电力给予政府设施使用。

相较于 CCUS 电力配额制度，很多国家对可再生能源电力配额做出了相关规定较多。如美国 20 世纪 90 年代的可再生能源配额制度的实施，截至目前，已经有 30 多个州制定并实施了符合各州情况的可再生能源配额制；澳大利亚于 2001 年开始实施可再生能源配额制度，在联邦设定的可再生能源目标下，各州和地区制定了相应的目标；英国于 2002 年开始实施的可再生能源义务政策并建立了配套的可再生能源证书交易市场。CCUS 电力配额及政府采购政策的缺失是当今 CCUS 技术在电力行业发展过程中的一大障碍。很多对低碳技术的约束没有映射到 CCUS 技术。为实现 CCUS 技术在电力行业的快速发展，电力市场需求也是政策制定者需要考虑的角度之一。

8.2.2　电厂性能及建设标准

为电厂设定排放性能及建设标准，能够加速 CCUS 等低碳技术在电力部门的应用。表 8-4 列举了在电厂排放性能和建设标准制定方面与 CCUS 相关的主要国家政策及内容。

表 8-4　电厂性能和建设标准方面主要国家政策及内容

标准类型	国家	部门或政策名称	主要内容
电厂性能标准	美国	《清洁煤组合标准法》	为新建燃煤电厂设定了排放性能标准，对电厂 CO_2 排放量进行约束
		“清洁电力计划”	为今后新建、改建和重建的电厂制定了排放性能标准
	英国	《气候变化法》	制定排放标准迫使常规电厂在未来 10 年采用 CCUS
		“碳排放绩效标准”	电厂排放超过界限时，要装备 CCUS
	加拿大	排放新规	要求凡是 2015 年 7 月 1 日之后运营的新建或者翻新的燃煤电站必须满足严苛的温室气体排放限制
电厂建设标准	美国	“清洁电力计划”	2013 年 9 月，美国环保部公布了未来新建发电厂碳排放标准的清洁电力计划，如果新建燃煤电厂未配备 CCUS 设备，将被禁止建设
	欧盟	“CO_2 封存指令”	对电厂的选址和技术选择做出了规定
	英国	《电力法》	在设计和建设 300MW 以上规模的发电厂时，必须进行捕集装置的预留
		英国商业、能源和工业战略部	从 2025 年 10 月 1 日起，除非采用碳捕集技术，否则燃煤发电厂将强制关闭
	加拿大	“Turning the Corner”计划	2010 年后新建的燃煤电厂和油砂矿到 2018 年必须采用 CCUS 技术

美国在奥巴马当政时期，注重对可再生能源和清洁能源的利用，对电力行业的温室气体减排给予了高度的重视。如表 8-4 所示，2009 年美国《清洁煤组合标准法》开始生效，为新建燃煤电厂设定了排放性能标准，规定 2009~2015 年实现捕集 50% 的碳排放；2016~2017 年达到 70%；2017 年后达到 90%。2013 年美国环境保护署还做出如下规定：要求各大燃煤电厂未来的碳排放量与当前相比降低 43%，否则必须采用 CCUS 设备。2014 年美国环境保护署出版了针对现有发电厂的清洁电力计划的最终规则，并为之后新建、改建和重建的电厂制定了排放性能标准。但是因为执政党的变动，美国的清洁电力计划于 2017 年终止，废除了对电厂的排放性能标准。虽然清洁电力计划被废除，但在煤炭革命背景下，美国大力支持清洁煤技术的发展并投入巨资用于 CCUS 技术，美国 45Q 法案的修订就是在此基础之上进行的。

英国2008年颁布的《气候变化法》提出要出台政策要求常规燃煤电厂在某一时间段（如2020年）之前均采用CCUS，并制定了排放标准迫使常规电厂在未来10年采用CCUS，使电力行业到2030年实现脱碳目标。除此之外，英国在2014年还将碳排放绩效标准纳入法律规定，要求碳排放达到450克CO_2/千瓦时，所有新建燃煤电厂必须安装CCUS。英国的碳排放绩效标准是英国电力市场改革的一部分。

加拿大于2015年实施了排放新规，要求凡是2015年7月1日之后运营的新建或者翻新的燃煤电站必须满足严苛的温室气体排放限制，燃煤电厂要和燃气电厂的排放水平相当。

表8–4中还罗列了一些国家对新建电厂配置CCS设备的规定。美国环保部2013年9月公布了未来新建发电厂碳排放标准的清洁电力计划，如果新建燃煤电厂未配备CCS设备，将被禁止建设。欧盟于2009年通过的CO_2封存指令草案，为CO_2的地质封存提供了法律框架的同时对电厂的选址和技术选择做出了规定。指令规定，发电厂的选址要利于CO_2的捕获，到2020年所有新建燃煤电厂将配备CCS设施；2025年这些电厂要捕获90%的CO_2排放量。2016年欧盟要求对于新建的300MW及其以上燃煤电站应进行以下评估：是否具有可行的CO_2储存地，CO_2的输送及加装CO_2捕集设施在技术和经济上是否具有可行性。英国2009年对《电力法》进行修订，规定在设计和建设300MW以上规模的发电厂时，必须进行捕集装置的预留，2018年，英国商业、能源和工业战略部表示，从2025年10月1日起，除非采用碳捕集技术，否则燃煤发电将强制关闭。挪威也有类似规定，在挪威任何新建天然气发电厂都必须配备CCUS设备。加拿大出台的“Turning the Corner”计划，要求2010年后新建的燃煤电厂和油砂矿到2018年必须采用CCUS技术。

8.3 CCUS融资来源及渠道分析

CCUS技术从企业角度讲，成本高昂，不确定因素较多，市场风险和技术风险较高，是投资风险大的资本密集型新兴低碳技术。从社会发展角度讲，CCUS技术能达到良好的环境效益和社会效益。但是为了实现CCUS环境、社会、经济的三重效益，扩展CCUS技术融资渠道是重中之重。CCUS技术的推广示范阶段需要政府支持，而未来中长期CCUS技术的推广则需要额外的资金激励机制。从现阶段来看，CCUS技术投融资问题一直没有得到很好的解决，而未来能否得到大规模发展的关键在于CCUS技术是否可以得到合理有效的资金投入。

8.3.1 可为CCUS技术融资的清洁能源技术融资来源

多数气候基金含有针对低碳技术融资支持的内容，但鲜有专门针对CCUS技术的基金项目。表8–5给出了目前在发展中国家推广清洁能源技术所创立的基金。

表 8-5　目前可为 CCUS 技术融资的现有发展中国家清洁能源技术融资来源

来源	类型	额度 / 美元
全球环境基金信托基金（GEF）	通过对生物多样性、气候变化有关项目的资本拨款帮助发展中国家完成其在 UNFCCC 的履约责任，目前已为 CCUS 项目拨款。	适用范围：300 万
气候变化特别基金（SCCF）	资助项目主要针对适应性、能力建设、技术转让、应对气候变化，由 GEF 运作	总担保金额：6000 万
最不发达国家基金（LDCF）	帮助最不发达国家执行国家适应行动项目（NAPAs），由 GEF 管理	总担保金额：22400 万
清洁能源融资伙伴基金（CECPF）	由亚洲开发银行组建并获得澳大利亚、日本、挪威、西班牙和瑞典的支持，通过资本拨款和贷款资助发展中国家清洁能源项目	总担保额度：602 万 2013 年的目标：20 亿 适用范围：1000 万
亚洲开发银行（ADB）CCUS 基金	作为 CECPE 的 CCUS 专用子基金，由澳大利亚筹集	CCUS 担保额度：2190 万 适用范围：100 万
全球 CCUS 学会（GCCUSI）	由澳大利亚政府建立与资助，为 CCUS 项目直接提供资本拨款，同时为 ADB 或克林顿气候倡议组织未来费用提供资金	平均年度支出：5000 万
清洁技术基金（CTF）	帮助发展中国家通过多边发展银行（MDB）资本拨款与贷款实现低碳发展转型。为低碳技术提供的融资规模逐步扩大并为新项目提供风险担保	总担保额度：43 亿 适用范围：2 亿
策略气候基金（SCF）	与 CTF 一道处于 UNFCCC 框架下，其为发展中国家实现新的方法提供完整的政策框架，CCUS 适用其资助范围	CIF 总额：20 亿
世界银行能力建设 CCUS 信托基金	资助 CCUS 的能力建设和知识共享，提供碳资产创造服务	总资本：800 万
碳伙伴工具（CPF）	因为 CDM 较高的交易成本，CPF 基于长研发周期项目的风险投资，基本要素为“干中学”方法	总资本：2 亿

从上表可以看出，一方面，每项资金的规模不大，与 CCUS 技术的建设成本相差较远，单项资金难以支持 CCUS 技术示范项目的前期成本；另一方面，目前在国际气候融资机制中还缺少专门针对 CCUS 技术融资的基金等融资平台与相关机制，对 CCUS 技术投资的拉动作用有限。

8.3.2　金融机构融资支持

金融机构参与低碳技术融资比较成功的是欧盟的欧洲投资银行（EIB），EIB 向低碳技术相关投资者提供低息贷款且在贷款的时间、利率、数量上具有较强的灵活性，在推动 CCUS 等低碳技术发展中发挥了重要的作用。EIB 于 2007 年推出 1 亿欧元后 2012 碳基金（post-2012 Carbon Fund），与西班牙官方贷款委员会（ICO）、德国复兴银行、北欧投资银行（NIB）三家欧洲国际金融机构合作为相关技术提供超过 5 年的融资项目，但这一资金不足以支持 CCUS 技术的大规模应用。同时，EIB 与中国合作，在中国气候变化贷款协议（CCCFL）框架下为中国进行 CCUS 示范项目提供 5 亿欧元贷款。全球环境基金（GEF）、绿色气候基金（GCF）和世界银行建立了 CCS 信托基金等来为 CCUS 的推广筹集资金；亚洲开发银行（ADB）拟筹集 50 亿美元资金用于 CCUS 的专项示范，2017 年 6 月，ADB 以赠款的方式提供 550 万美元绿色基金，支持中国示范项目的前期研究。同时亚洲发展银行（ADB）也在提供基金、风险规避产品方面起重要作用。ADB 专门设计 CCUS 低成本融资工具，采用 sub-LIBOR 利率，提供预先碳融资（碳基金）和对 IGCC 的特许贷款。

2016 年，石油和天然气气候倡议（OGCI），包括道达尔、荷兰皇家壳牌、BP、埃尼、雷普索尔、挪威国家石油公司、中国石油、Pemex 和 Reliance Industries，推出了气候投资基金，该基金将投资于减碳技术，也有助于增加天然气的使用。这些公司承诺将使用 10 亿美元的大部分资金来加速燃气发电厂 CCUS 技术部署。

这些金融机构和企业相关融资活动体现了金融界和企业界对 CCUS 技术重视程度在逐渐增加，CCUS 技术作为一种新兴的低碳技术正在受到越来越多的关注。但这些融资活动大多数不足以支持 CCUS 技术的大规模应用。

8.3.3 CCUS 市场化融资手段

（1）碳排放配额交易

碳排放配额交易机制是碳定价机制的一种，温室气体进行市场定价是市场化融资的一种措施。投资者通过发展低碳技术减排的 CO_2 可在市场中得到价值确认并获得一定的收益，进而有效激励低碳技术的投资行为。碳排放交易机制旨在通过设定温室气体排放上限来减少温室气体排放。

在推动碳排放交易方面，欧洲走在世界前列。欧盟碳排放交易系统（EU ETS）是世界上最大的多国、多部门温室气体排放交易体系。该交易体系于 2003 年通过欧盟指令引入，并于 2009 年经 EC 指令进行了修订。欧盟排放交易体系涵盖能源和工业部门的能源密集型设施，如发电、钢铁制造和矿物加工。2009 年讨论修订欧盟碳排放权交易机制并将 CCUS 纳入该机制中。欧洲委员会在 2012 年远景规划中提出了对 EU ETS 机制的修改，其中与 CCUS 技术相关的修正案有 3 项，解释了 CCUS 在该机制中的角色，规定了 CCUS 技术拍卖和免费配额分配，并制定了吸引新进入者来资助 CCUS 项目的策略。欧洲排放交易计划的结构性改革正在进行当中，改革的内容是确保制定一个合适的碳价格，来实现向低碳经济的转变。欧盟的碳交易系统为 CCUS 发展提供了长期的经济驱动力，为 CCUS 技术的商业化发展奠定了基础。欧洲的 CCS 旗舰项目将从欧盟排放交易体系中获得 3 亿吨的排放配额，用于支持 10~12 个商业化 CCUS 项目，并计划在 2013~2020 年共发放 140 亿吨的排放配额用于拍卖。

挪威的碳排放权交易于 2004 年 12 月 17 日第 99 号“投降减排税法”确定并于 2005 年通过温室气体排放交易许可。2007 年，该交易体系在与欧盟排放交易体系相关联时进行了修订。预计挪威实施的欧盟排放交易体系将覆盖挪威温室气体排放量的 35%~40%。挪威的碳税和自己的排放交易计划（NETS）在为 Sleipner 项目提供经济可行的商业规模碳储存方面的作用提供了一个先例，说明碳排放交易体制的良好发展会直接影响 CCUS 的可行性。

建设全国碳市场是利用市场化机制来控制和减少温室气体排放并推动绿色发展的重大制度创新实践。2011 年中国碳交易的试点开始运行，深圳、上海等 7 大排放交易所相继成立并投入运营。2017 年 12 月 19 日，《全国碳排放权交易市场建设方案（发电行业）》正式公布，标志着我国碳排放交易体系已完成总体设计并正式启动。电力行业是我国碳减排的重要行业，也是我国首批纳入全国碳排放交易体系的重点行业之一。从试点运行以来，碳市场在电力行业也取得了一些成绩，促进了发电侧的减排潜力，该减排潜力主要来自化石能源利用效率的提高，电源结构调整以及 CCUS 技术的实施。但是多数电力企业的碳交易尝试并不深入，碳交易市场无法对电力企业的生产经营、节能改造、发电成本等与经济效益直接挂钩的领域产生明显作用，也不能进一步影响集团公司的投资决策。中国现阶段的碳交易市场对企业投资 CCUS 技术的驱动能力有限。

美国、澳大利亚、英国、日本等国家也建立了碳市场，但是规模不同，发展完善程度不一致，交易机制也存在差异，CCUS 技术的发展受到排放额度分配、国家减排目标等因素的影响。碳市场对 CCUS 技术的影响具有不确定性，使其很难成为 CCUS 稳定的资金来源。

（2）清洁发展机制

清洁发展机制（CDM）是《京都议定书》中引入的灵活履约机制之一。允许缔约的发达国家与发展中国家进行碳排放权的转让与获得，发达国家可以以较低成本实现《京都议定书》下的减排目标。同时，还可以把技术、产品和清洁发展目标输入发展中国家。发展中国家通过这种合作，可以获得较好的技术、减排资金和投资，实现减排目标的同时促进经济发展与环境保护，实现可持续发展目标。

2010 年“坎昆世界气候大会”将碳捕集与封存技术纳入 CDM，为 CCUS 在世界范围内的发展提供资金支持。CCS 被纳入到 CDM 标志着进入了一个发达国家与发展中国家都把在全球推广 CCUS 作为一个主要的减排选择的新时代。其国际接受度的提高不仅有利于推动支持 CCUS 项目必要的制度安排的建立与完善，而且有利于增强其在应用方面的社会信心。在帮助发展中国家推广减排项目方面，CDM 确实是成功的，但是考虑到核证减排量价值下跌，仅靠 CDM 不可能使尚未达到商业运行要求的 CCUS 项目变得经济可行（更不用说在发展中国家早期的 CCUS 项目）。虽然在 CDM 机制下 CCUS 项目得到充分资助还需要一些时间，但是该机制被认为是后续融资的一项必要和重要的来源。

8.3.4　政府拨款资助

目前大多数国家对 CCUS 的资金支持是依托具体项目展开的。资助 CCUS 项目开展并加速 CCUS 技术的商业化利用。美国、英国、加拿大、澳大利亚等国家的资助力度较大，本小节主要对这些国家主要的资助行为做简单的梳理。

美国发展 CCUS 历史悠久，政府资助力度相对较大。2009 年 2 月份，《美国复苏与再投资法案》为 CCUS 项目拨款 34 亿美元，用于资助 CCUS 技术的商业化开发，其中 15.2 亿美元通过竞标方式投放于工业 CCUS 项目，如果被资助的这些项目没有取得进展，那么在该法案下得到的资助金将返还给美国财政部。

英国重视低碳经济发展，在 CCUS 发展方面也处于国际领先地位。2007 年，英国启动企业竞标示范计划，旨在选择符合资助条件的能源企业，资助其实施 CCUS 全流程示范。Longannet 是该计划的唯一候选项目。然而，在项目开展中企业要求政府再提供 5 亿英镑用于覆盖增加的项目成本，英国政府未批准并于 2011 年 10 月取消对该项目的资助。当时的 CCUS 技术研发主要集中于减少燃煤电厂的碳排放，而英国的电力行业发展重点逐渐转移到天然气发电，这也导致了企业竞标示范在 2011 年草草收场。2012 年英国能源与气候变化部宣布了新一轮的碳捕集与封存计划，重新启动了英国 CCS 商业化计划竞赛，利用 10 亿英镑的资金来支持 CCUS 项目设计、建造和运作。英国 Peterhead CCS 项目（IGCC 电厂进行 CCS 改造并将捕集的 CO_2 通过管道运输到海上枯竭气藏封存）和英国 White Rose CCS 项目（新建富氧燃烧燃煤电厂安装 CCUS 设备，并将捕集的 CO_2 通过管道运输进行咸水层封存）是入选英国 CCS 商业化计划竞赛的两个项目，最终获得 10 亿英镑的资助，英国白玫瑰 CCS 项目在 2014 年已经获得欧盟超过 4 亿美元的资金援助。2015 年，英国撤销了 CCS 商业化计划竞赛。

加拿大将 CCUS 技术视为国家增加石油产量以满足设计需求以及从石油生产过程中减少碳排放的有效途径。各省对 CCUS 的发展也投入大量资金，例如加拿大德克萨斯省在 2014 年投产运营的 Boundary Dam 项目，是全球首座能够捕集自身 CO_2 排放的大型商业燃煤电厂，Boundary Dam 工程的改装耗资 12.4 亿加元，联邦政府提供了约 2.4 亿美元的补助以减少技术和资本风险。

澳大利亚煤炭储量较大，非常重视 CCUS 技术的发展。CCS 旗舰项目是澳大利亚政府扩展的 51 亿澳元清洁能源计划的一部分，该项目意欲通过支持工业生产过程中 CO_2 排放的捕集和储存，促进 CCUS 技术的广泛传播。该项目专项拨款 19 亿美用于支持在 9 年内建设 2~4 个大型商业化规模 CCUS 项目。这笔资金也可用于产业链中各个环节的项目，如管道系统和储存场点的发展。澳大利亚政府为最终选定的 CCS 旗舰项目资助高达 1/3 的非商业化成本。政府资助对引导低碳技术投资有直接作用力。

8.4 CCUS 技术的融资特点及障碍

8.4.1 CCUS 技术融资特点

CCUS 的发展的资金需求量大，它的资金需求特点决定了其融资特点，通过对政策的梳理，可以发现政府投融资和企业、私人投资在 CCUS 产业发展中发挥着重要作用，为了吸引资金的投入，根据它的融资特点来设计融资体系显得尤为重要。CCUS 产业的融资具有以下特点：

CCUS 产业资金需求量大，融资压力大。CCUS 资金需求大，使得产业发展的融资缺口大。IEA 预计，2020 年前全球需要发展 100 个 CCUS 项目，所需除政府投资外的额外投资高达 540 亿美元。到 2050 年，全球开展的 CCUS 项目需达到 3400 个，将需要额外投资 2.5~3 万亿美元。中国和印度在 2010–2020 年间发展 CCUS 项目所需投入资金达 190 亿美金，长期来看，2010–2050 年则需要发展资金 1.17 万亿美元。

CCUS 产业的资金链长，融资关系复杂。CCUS 产业是一个复杂的过程，涉及 CO_2 的捕获、运输、封存、利用 4 个环节，涵盖电力、石油、运输、煤炭、化工、钢铁、食品等众多行业，具有较长的产业链，产业效应显著，产业内各行业间的相关性较强。庞大的产业集群具有巨大的资金需求，各环节资金关联度高，资金分配难度大，融资关系复杂。

CCUS 产业的融资期限长。由于 CCUS 的发展是一个长期的过程，政府和企业在资金、技术等方面的投资也必须保证持久性和稳定性。在长期稳定的投资中，通过乘数效应的作用，实现 CCUS 产业可持续的发展，最终促进向低碳经济转型。因此，稳定的投资来源是 CCUS 产业发展的前提。

CCUS 产业融资风险高，需政府扶持。CCUS 作为半公共品，其技术开发与应用是被动式的，企业在投资建设 CCUS 设备时面临较大市场风险。再加上碳捕集、运输、封存阶段所需高昂的投资成本，企业对其盈利能力产生质疑，抑制企业投资积极性。目前，我国 CCUS 项目资金主要源于国家科技计划、央企自筹款、国际合作项目资金，存在资金来源少、总量小、融资渠道窄的现象。

8.4.2　CCUS 技术融资障碍

（1）CCUS 技术风险高

封存环节的地质勘查是 CCUS 技术发展的高风险环节。中国幅员辽阔地质条件复杂，地质勘探工作进展不深入，没有获得足够的 CO_2 封存信息，目前企业不依托政府支持无法对地层结构、储存潜力、封存风险和检测方案等问题做全面评估，运营难度和风险较大。CCUS 是产业集合体，虽然捕集、运输和封存各个环节的技术已经存在，但封存环节的巨大不确定性将对 CCUS 的技术可行、经济可行和风险可控造成很大挑战。

（2）CCUS 技术缺乏政策指导、法律法规体系待健全

虽然 CCS 技术发展得到越来越多的关注，但是始终没有得到和其他可再生能源技术发展相同的政策待遇，存在政策不公。CCUS 项目各环节风险较大，对环境和人类健康都存在威胁，政府有必要制定一系列法律法规来降低 CCUS 项目的环境安全风险，明确职责分配。提出对 CCUS 项目的审核和监测方案，确定灾害发生时的应急措施后续处理方式。法律法规的欠缺加大了企业投资的财务风险，降低了企业投资积极性。

（3）缺乏激励措施

处于研发示范阶段的 CCUS 需要政府的财政支持，但是政府支持力度有限。目前存在的 CCUS 示范项目在现阶段不可能通过商业渠道给投资者带来收益，考虑到 CCUS 高昂的成本以及技术的不确定性，企业往往不具有独自承担投入 CCUS 研发和示范的风险的能力。研发示范阶段的融资和政府政策密切相关，所以政府政策激励不足成为企业开展 CCUS 研究和示范项目的重要障碍。

（4）产业链间缺乏协调合作机制

CCUS 产业链囊括了能源生产和消费的各个环节，甚至还关系到化工生产，在此基础上，各环节的利益关系需要得到协调和合理分配。在现有的市场和政策环境下，大型排放源企业之间存在明显的利益分配问题，如果该问题得不到合理解决，将导致企业的消极应对，产业链上任何一个环节的企业的消极对待，都将直接影响 CCUS 的发展进程。

8.5 CCUS 项目商业模式

CCUS 项目的大规模建设在国内缺乏经验，可以从国外示范项目中总结商业模式，同时需要着重考虑两点问题：首先，过高的成本制约了 CCUS 技术发展，在 CCUS 示范项目建设之初考虑商业模式的主要目的是通过积累经验以降低 CCUS 的技术成本甚至是提出 CCUS 的技术革新；其次，与其他的能源项目商业链不同，CCUS 项目形成的是企业与企业之间的贸易关系，通常受制于管道的垄断性因素，不具有市场优势的一方往往拥有较低的溢价能力，而传统的商业模式大多具有竞争性的特征，各方在市场中均不具有主导地位，因此在 CCUS 项目大规模开发的阶段，商业模式的主要意义在于形成合理的收益 - 风险分担机制，促进项目的健康发展。

8.5.1 国有企业模式

目前 CCUS 技术成本过高、政策激励不足，使得企业缺乏主动采用 CCUS 技术的积极性，而 CCUS 又具有产业链长、涉及行业广等问题，技术发展初期在多产业协作方面的困难较大。国有企业商业模式在上述情况下提出，在我国 CCUS 示范项目发展初期，需要投入一部分研发费用以促进 CCUS 技术的成熟化，小型私有企业不具有相应的研发条件及资金规模，因此可借助我国大型能源类国有企业的优势。国有企业模式针对 CCUS 技术推广期初的研发投入与高成本问题，同时这种垂直一体化的商业模式使得风险与利润在多部门间可以较为灵活地分担，并且各部门间的协调相较跨企业商业模式更容易实现。此商业模式具有较低的交易成本，可以很好地适应 CCUS 技术发展期初的条件。但这类商业模式对企业一体化程度要求较高，推广规模很大程度上依赖于满足此类条件的企业数量，因此推广前景有限，可作为 CCUS 技术初期的主要商业模式。

国有企业模式将捕集 – 运输 – 利用与封存作为一个整体来分析，可以体现这种模式在交易成本上的优势。国有企业控制全流程 CCUS，不存在跨企业的利益相关方，价格谈判为内部谈判，几乎可以忽略交易成本。在这种模式下，该国有企业将承担电厂改造成本、捕获设备成本投资及运营维护费用、运输管道的投资及运营维护的费用、EOR 模块建设及驱油运营维护费用和 CO_2 封存的投资及运营维护成本。项目全部资金来源于资本市场贷款，每年需偿还贷款。获得的收益为政府补贴、电网企业通过电价的补贴、碳市场中核证减排量的收入以及 EOR 驱油的收入。其风险来源于碳市场中碳价波动风险、燃料价格风险、油价风险及运输管道泄漏事故风险。

国有企业商业模式是根据位于沙特阿拉伯的 Uthmaniyah CO_2 EOR Demonstration Project 全流程项目提出的。该项目由沙特阿拉伯国家石油公司负责投资与运营，CO_2 来源于 NGL 的生产过程，分离方式较为简便，由于天然气凝析液在压力降低后变为液态，可获得较为纯净的 CO_2 气体，管道运输长度为 85km。该项目自 2015 年 7 月开始，预期运行 3~5 年，驱油环节的 CO_2 年注入量约为 80 万吨。由于沙特阿拉伯的资源条件较好，短期内不需要通过注入 CO_2 来驱油，因此该项目主要是示范作用，预期的运营时间也较短。

8.5.2　联合经营模式

随着国有企业模式的开展，通过技术研发与工程实践，我国 CCUS 技术成本已有了一定程度的下降。并且相关项目的成功实施和相应政策法规的完善也可以一定程度上激励不具有一体化要求的相关企业参与到 CCUS 项目实践中来。因此在国有企业模式成功实施后，可以开放特定的 CCUS 项目环节，允许相关企业以参股的方式成立联合经营企业共同经营 CCUS 项目。进一步通过专业化降低 CCUS 成本。尽管联合经营企业模式较国有企业模式具有更高的交易成本，但是由于对一体化程度的限制相对较小，这种商业模式具有更好的推广前景，并且可以通过专业化实现成本的下降。

在联合经营企业模式下，由捕获、运输及封存企业共同成立一家独立于电厂及油田的联合经营企业（电厂及油田企业可以以入股的形式参与经营）。该企业使用电厂厂用电捕获 CO_2，需要支付一定费用给电厂作为补偿。联合经营企业负责电厂改造成本、捕获设备成本投资及运营维护费用、运输管道的投资及运营维护的费用、CO_2 封存的投资及运营维护成本。基于长期购销协议，油田每年向联合企业购买一定量的 CO_2 用于驱油。该联合经营企业的收入为政府补贴、电网补贴、碳市场中核证减排量收入、将 CO_2 出售给油田的收入。基于不同的购销协议，可能存在油田每年购买 CO_2 量及价格的不确定性，因此，该联合经营企业将面临油价、燃料价格、碳市场中碳价、运输过程中的损耗及泄漏事故风险。油田在这种模式下收益包括购买 CO_2 用于驱油获得的驱油收益，同时由于参与该联合企业的经营，通过联合企业的利润分成也可以获得一定收益，油田的决策目标是将这两部分收益之和达到最大。

联合经营模式是基于位于加拿大阿尔伯达省的 Quest 项目的商业背景提出的，该项目从捕获、运输到封存由一家 AOSP 的联合经营企业负责，该企业由 3 家公司出资建立，分别为 Shell Canada Energy（占股 60%）、Chevron Canada Limited（占股 20%）以及 Marathon Oil Canada Corporation（占股 20%）。CO_2 来源于制氢过程，捕获方式为工业分离，捕获能力约为 100 万吨每年，大约可以减少制氢过程中三分之一的 CO_2 排放，该项目自 2015 年 11 月起投入运营。管道运输长度为 64km，管道中的 CO_2 纯度超过 99.2%，直接将 CO_2 用于咸水层封存。该项目总投资额 13.5 亿加元，资金主要来源于政府支持，阿尔伯达政府与加拿大政府分别出资 7.45 亿加元和 1.2 亿加元，这部分资金涵盖了项目设计、建设和 10 年运营期的所有费用，并且阿尔伯达省在碳减排量核算上给予了一定的政策支持。此外，挪威的 Snøhvit CCS 项目、巴西的 Petrobras Lula Oil Field CCUS 项目和阿尔及利亚的 In Salah CCS 项目也具有联合经营模式的特征。

8.5.3 CCUS 运营商模式

通过前期国有企业模式与联合经营企业模式的推广实践，CCUS 技术已积累了一定的项目实施经验，在相关政策条件下具有了一定的盈利空间。并且项目部署已经初具规模，具有了进一步开放产业链中各环节的条件。根据不同地区的资源条件，可以开展初步的源汇匹配工作，更高效地利用管道等设备，使得 CCUS 项目通过规模效应进一步降低成本。因此需要确保专业化的运营企业参与到 CCUS 项目的经营中来。CCUS 运营商模式可以适应这一时期的 CCUS 技术情况，但在这种商业模式下，由于涉及更多的跨企业利益相关方，其交易成本较国有企业模式和联合经营模式高。该模式下存在三个运营主体（电厂、CCUS 运营商和油田），即存在三个利益相关方，电厂不具有盈利目的，仅通过 CCUS 技术改造实现低碳发电目标。因此交易成本方面仅需要考虑两个环节。合同形式为 20 年的固定合同，油田可以决定从 CCUS 运营商处购买 CO_2 的量，价格由双方协商制定。如果 CCUS 运营商未将全部捕集的 CO_2 卖出，则需要输送至废弃的油气井进行封存，同时取得封存补贴。

CCUS 运营商模式是基于美国位于堪萨斯州的 Coffeyville Gasification Plant 项目背景提出的，该项目基于一个氨态氮肥化肥厂改造进行 CO_2 捕获工作。该化肥厂由 CVR 能源公司旗下的全资子公司运营。Chaparral Energy 从该化肥厂获得 CO_2 的捕获权，将 CO_2 捕获后通过管道运输到由 Chaparral Energy 经营的，位于俄克拉荷马州东北部的油田进行驱油。CO_2 来源于化肥生产过程中的副产物，捕获方式为工业分离，年捕获能力为 100 万吨 CO_2，管道运输的距离为 112km。在 2011 年的 3 月，Chaparral Energy 与该化肥生产厂签署并执行了一份长期的 CO_2 购销协议，Chaparral Energy 拥有压缩和脱水装置的运营权。考虑到油田方捕获 CO_2 不具有专业性，CCUS 运营商模式考虑由专业的公司负责捕获与运输，同时和油田形成长期的 CO_2 购销协议，通过 CO_2 出售价格与捕获成本的价差实现盈利。除此项目外，Great Plains Synfuel Plant and Weyburn–Midale Project 和 Enid Fertilizer CO_2–EOR Project 均不同程度上具有 CCUS 运营商模式的性质。

8.5.4 运输商模式

由于 CCUS 运营商主要通过 CO_2 销售获得利润，其盈利性将会造成较高的交易成本。基于这一条件，CO_2 独立运输商模式下的 CO_2 运输商仅承担 CO_2 运输工作，较 CCUS 运营商模式将承担更低的经营风险。同时随着 CCUS 技术进一步成熟，CCUS 项目实践的进一步推广，利用 CO_2 独立运输商模式的特点，源汇匹配工作将具有进一步开展的条件。届时，可以实现多捕获源对应多需求方的 CO_2 交易市场。CO_2 运输商模式存在三个运营主体（电厂、CO_2 运输商和油田），即存在三个利益相关方，则在全流程中需要考虑到谈判的交易成本。运输商在环节中仅起到运输作用（不具有捕获权），每个主体都需要达到盈亏平衡才能使得该商业模式得以进行。合同形式为固定合同，即合同期内交易价格不变，且油田需要全额购买电厂捕集的所有 CO_2，但可以根据油价决定将购买来的 CO_2 用于驱油获得驱油收益或是用于封存取得封存补贴。

CO_2 运输商模式是基于位于美国德克萨斯州的 Val Verde Natural Gas Plants 项目背景提出的，该项目从 1972 年开始进行 CO_2 捕获与驱油。年捕获能力为 130 万吨，捕获方式为燃烧前捕获，CO_2 来源于天然气田开采中混杂的 25%~50% 的 CO_2。该项目捕获阶段由 Sandridge Energy 和 Occidental Petroleum 两家公司共同完成，通过 Kinder Morgan 和 Petro Source Corporation 的管道将 CO_2 运输至 Kinder Morgan，Occidental Petroleum 和 Chevron 的油田用于驱油。CO_2 的运输过程分两段进行，第一段距离为 132km，是由 Petro Source Corporation 主要建设的管道，将各捕获装置中捕获的 CO_2 运输至德克萨斯州的 McCamey，再与 Canyon Reef Carriers（CRC）管道对接，第二段管道运输距离为 224km，CRC 管道主要由 Kinder Morgan 公司拥有，该公司是北美最大的中游公司和第三大能源公司，拥有管线长达 84000 英里，Kinder Morgan 在该项目中主要承担 CO_2 运输工作，同时在 Kelly–Snyder 油田承担一部分的驱油工作，其余的 CO_2 通过管道运输到 Occidental Petroleum 和 Chevron 运营的两个油田进行驱油。除此之外，还有美国怀俄明州的 Shute Creek 项目也类似于运输商的商业模式，由 EXXONMOBIL 公司负责捕获环节，包括其在内，有 3 家公司负责运输环节，有 5 个公司负责驱油与封存。

CCUS 商业模式设计旨在服务于 CCUS 技术的推广与 CCUS 技术的成本下降，因此针对不同技术成本阶段以及不同的推广条件、法律法规制度完善程度，需要提出相对应的 CCUS 商业模式。上文总结了四种商业模式，“国有企业模式”适应于技术发展初期高成本和高研发费用的情况。随着技术的推广应用，CCUS 技术的特定技术环节将开放，更多专业化企业加入，“联合经营企业模式”与该阶段的技术情况相适应，并可进一步降低技术成本。CCUS 项目初具规模，“CCUS 运营商模式”更为适用。最后，进一步开展源汇匹配工作，并通过“CO_2运输商模式”实现交易成本的降低。显然，这类商业模式的实现需要政府在其中扮演协调者和管理者的角色，其产业布局、发展规划以及相关扶持政策、碳定价策略都会影响 CCUS 产业的发展。

参考文献

[1] 曾汪涛 . 碳税征收的国际比较与经验借鉴 [J]. 经济研究 . 2009,(4): 68–71.

[2]GCCSI(Global Carbon Capture and Storage Institute), Policies and Legislation framing carbon capture storage. 2009.

[3]IEA(International Energy Agency), CCS Roadmap EDITION[R]. 2013.

[4] 苏蕾 , 梁铁男 , 汤杰 . 澳大利亚碳税制度及其启示 [J]. 资源开发与市场 , 2016,32(04): 464–467.

[5]GCCSI(Global Carbon Capture and Storage Institute), The Global Status of CCS:2012[R]. 2012.

[6]GCCSI(Global Carbon Capture and Storage Institute), The Global Status of CCS:2015[R]. 2015.

[7] 刘胜 . 低碳经济政策体系 : 英国的经验与启示 [J]. 社会科学研究 , 2013(06): 32–37.

[8] 王许 , 姚星 , 朱磊 . 基于低碳融资机制的 CCS 技术融资研究 [J]. 2018,28(4): 17:25.

[9] 吴智泉 , 唐宏芬 , 冯强 . 近零碳排放区示范工程概念及其路径研究 [J]. 中国经贸导刊 (理论版), 2017(35): 18–21.

[10]THE UNIVERSITY OF QUEENSLAND, Financial Incentives for the Acceleration of CCS projects[R]. 2016.

[11]GCCSI(Global Carbon Capture and Storage Institute), The Global Status of CCS: 2014[R]. 2014.

[12]GCCSI(Global Carbon Capture and Storage Institute), The Global Status of CCS: 2017[R]. 2017.

[13] 郭基伟 , 李琼慧 , 周原冰 .《2009 年美国清洁能源与安全法案》及对我国的启示 [J]. 能源技术经济 , 2010,22(01): 11–14.

[14] 范英 , 朱磊 , 张晓兵 . 碳捕获和封存技术认知、政策现状与减排潜力分析 [J]. 2010.

[15] 汪航 , 李小春 . CCUS 项目成本核算方法于融资 [M]. 北京 : 科学出版社 , 2018.

[16] 郭晓敏 , 蔡闻佳 . 全球碳捕捉、利用和封存技术的发展现状和相关政策 [J]. 研究与探讨 , 2013,35(3): 39:42

[17]Chinese Academy of Sciences,Institute of Engineering Thermophysics[R]. 2016.

[18] 何璇 , 黄莹 , 廖翠萍 . 国外 CCS 政策法规体系的形成及对我国的启示 [J]. 2014,2(2):

157:163.

[19] 史利沙，陈红 . CCS 技术发展现状及驱动政策评述——以中、美、英、澳为例 [J], 2015,(4): 60:64.

[20] 林卫斌，付亚楠 . 发达国家可再生能源发展机制比较 [J]. 开放导报，2018(03): 23–27.

[21] 黄莹，廖翠萍，赵黛青 . 中国碳捕集、利用与封存立法和监管体系研究 [J]. 2016,12(4): 348:354.

[22]GCCSI(Global Carbon Capture and Storage Institute), The Global Status of CCS: 2016[R]. 2016.

[23]European Commission.Communication from the commission to the European council and the European Parliament: an energy policy for Europe[R]. Brussels: EC, 2007.

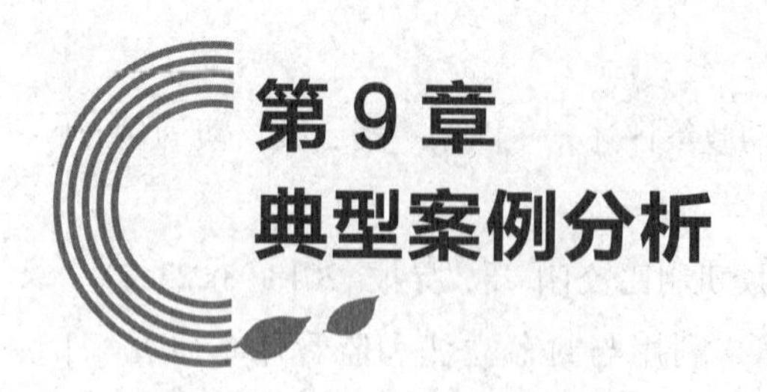

第9章 典型案例分析

9.1 胜利油田4万吨/年燃煤 CO_2 捕集与驱油封存全流程示范工程

9.1.1 工程背景

目前能实现大规模封存并利用 CO_2 的领域主要是将 CO_2 注入油藏提高原油采收率同时实现 CO_2 的地质封存，即CCS+EOR，不仅能够实现 CO_2 地质封存，而且提高原油采收率。

为了树立中国节能减排的积极形象，履行央企的社会责任和环保责任，占领国际CCUS工程技术制高点，结合胜利油田石油能源开发需求，在国家科技部的支持和管理下，自2007年起，胜利油田开展了燃煤电厂烟气 CO_2 捕集、输送与资源化利用技术研究，并于2010年应用自主开发的技术在胜利油田建成投产了集“捕集－注入－油藏－生产－采出气 CO_2 回收”一体化的4万吨/年燃煤电厂烟气 CO_2 捕集纯化与驱油封存示范工程，这是国内首个燃煤电厂烟气CCUS全流程示范工程，获得了国际广泛关注。

9.1.2 示范工程目标

本项目建成了4万吨/年燃煤电厂烟气二氧化碳捕集、输送与驱油封存全流程示范工程，包括 CO_2 捕集、输送、地质封存、驱油、采出液地面集输处理等工程内容，CO_2 捕集率≥85%，产品 CO_2 纯度≥99.5%，再生能耗≤2.7GJ/tCO_2；CO_2 驱示范区采收率提高5%以上，CO_2 动态封存率达到86%以上。（动态封存率指一段时间内 CO_2 总封存量与总注入量的比值）

9.1.3 示范工程项目概况

项目建成了4万吨/年燃煤电厂烟气二氧化碳捕集、输送与驱油封存全流程示范工程，包括 CO_2 捕集、输送、地质封存、驱油、采出液地面集输处理等工程内容，2010年工程整体投运，设计运行时间为20年。

9.1.4 选址及周边条件

排放源：胜利燃煤电厂。

捕集方法：有机胺化学吸收法。

输送方式：采用槽车输送，CO_2 纯度 99.5%，其中胜利电厂距驱油封存利用油区 80km。

沿线条件：输送路由在东营市与淄博市境内，沿线所经地区全部为3级地区。

封存场地的气候、社会、地理与地质条件：CO_2 封存场地位于淄博市高青县，地处华北平原坳陷区（Ⅰ级构造）、济阳坳陷区（Ⅱ级构造）的南部，为一大型沉积盆地的一部分。境内以新生界及其发育为特征，全被第四系黄土覆盖。属北温带季风大陆性气候，夏季多雨，冬春多旱。4条河流穿越其中，自西向东汇入渤海。

封存方式：低渗透油藏油区驱油封存。

9.1.5 示范工程工艺过程

采用化学吸收工艺将燃煤电厂烟气中低分压的 CO_2 捕集纯化出来，并进行压缩、干燥等处理后，通过管道或罐车等方式输送至 CO_2 驱油封存区块；通过 CO_2 注入系统将 CO_2 注入至地下，有效提高油田采收率的同时实现 CO_2 地下封存；通过采出气 CO_2 捕集系统将返回至地面的 CO_2 回收，并再次注入至地下，实现较高的 CO_2 封存率。CCUS 全流程工艺过程见图 9-1。

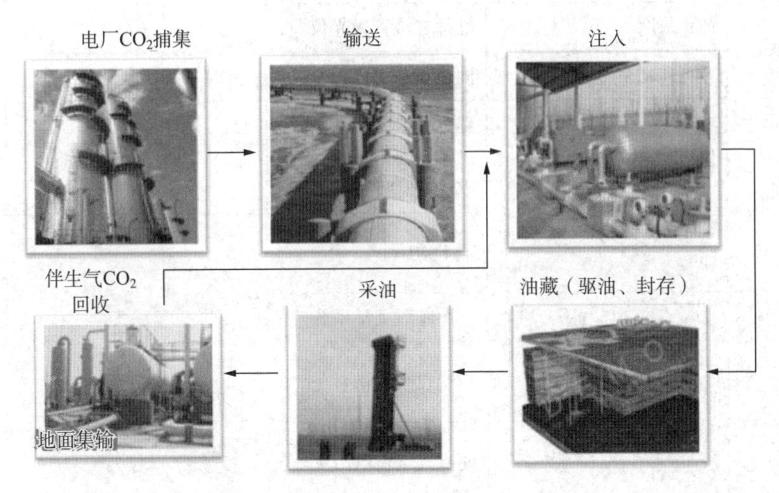

图 9-1 CCUS 全流程工艺过程

其中捕集纯化装置设计 CO_2 产量为 4 万吨/年，烟气 CO_2 捕集率 > 80%，产品纯度 99.5%。该装置采用化学吸收工艺，将胜利电厂烟气中的 CO_2 捕集、液化后输送至胜利油田低渗透油区用于 CO_2 驱三次采油。新开发的低分压有机胺复合吸收剂，其降解率下降 90% 以上，CO_2 吸收能力提高 30%，溶液对设备的腐蚀速率小于 0.1mm/年；新开发的"吸

收式热泵 +MVR 热泵”双热泵耦合低能耗工艺实现了解吸溶液热能梯级利用，相比常规 MEA 法，再生能耗降低 45%，操作费用降低 35%；同时创新形成了“碱洗 + 微旋流”烟气预处理技术，对进入捕集系统前的烟气进行预处理，减少后端溶剂损耗及维持系统水平衡；实现了低分压烟道气 CO_2 高效、经济、安全捕集。

9.1.6 监测方案

胜利油田 CO_2-EOR 监测方案是根据国内外现有 CO_2 地质封存项目监测技术和 MST 工具，结合胜利油田的自然地理情况、地质构造、水文地质条件以及地面设施、人口分布与道路交通等实际情况设计得出的具体的监测技术列表，详见表 9-1。监测内容包含了大气、地表变形、土壤气、水质、植被生态以及 CO_2 运移等方面，能够更好地认识封存的 CO_2 在地层中的行为，并考虑了地质封存 CO_2 泄漏后对环境造成的影响。

表 9-1 胜利油田 CO_2-EOR 的监测技术的筛选方案

监测类别	监测对象 / 技术	监测仪器 / 方法	监测频率		
			注入前（背景监测）	注入期	注入后
大气	气象：气温、湿度、风速、大气稳定度	涡度相关法	连续	连续	连续
	CO_2 通量	涡度相关法			
	CO_2 浓度	红外二极管激光仪			
	空气 13C 稳定同位素	同位素分析仪	每月	每月	每月
	CO_2 排放源调查	建立生态系统 CO_2 及已有的工业、农业 CO_2 源模型	一次	实时更新	实时更新
土壤气	土壤温度、基质势、含水量	地下传感器	每月	每月，有条件的话可提高	每月
	土壤表面 CO_2 通量	土壤呼吸测量系统			
	一定深度下土壤气 CO_2 浓度	土壤呼吸测量系统			
	其他土壤气体组分：N_2、CH_4、O_2	便携式气象色谱仪			
	土壤空气 13C 稳定同位素比例	同位素分析仪			
植被生态	植物群和动物群调查	样方调查	一次	每年	每年
	植被指数	机载光谱成像	每季	每季，有条件可提高至每月	每季，随时间可降低至每年

续表

监测类别		监测对象 / 技术	监测仪器 / 方法	监测频率		
				注入前（背景监测）	注入期	注入后
地表变形		垂直方向	电子数字水准仪	每季	每月	最初每月，可随时间降低频率至每年
		水平方向	高精度全站仪			
水质	地表水	（1）温度、pH 值、电导率、总矿化度（TDS）、总有机碳（TOC）、总无机碳（TIC）、碱度；（2）主要阴、阳离子；（3）气体组分；（4）碳 13 稳定同位素	（1）玻璃电极法、滴定法、燃烧氧化 - 非分散红外吸收法；（2）离子色谱法；（3）气象色谱法；（4）质谱法	每月	每月，有条件可适当提高频率	最初每月，可随时间降低
	浅层地下水					
	注入层					
		流体示踪	深井取样及分析系统，可用的示踪剂：SF6、SF5、Kr、PFTs、PFCs、YCD_4	一次	——	——
		CO_2 运移时移 VSP		每年	每年	每年
		3D 地震勘探		1~2 年	1~2 年	1~2 年，根据结果可适当降低
		水 - 岩 -CO_2 相互作用实验		一次	——	——
		井底压力温度		连续	连续	连续
		井底流体化学		连续	连续	连续

9.1.7　项目投资与运行效果

这是世界上首套燃煤电厂 CO_2 捕集与驱油联用的工业示范工程，CO_2 捕集工程总投资 4000 余万元，年减排 CO_2 4×10^4t，捕集运行成本小于 200 元 / t，运输成本约 1.0 元 /（t CO_2·km）。捕集的 CO_2 用于高 89–1 块提高采收率，动用石油地质储量 170×10^4t，CO_2 驱油实施区块阶段增油率为每注入 1tCO_2 可增产 0.21~0.26t 原油。截至目前，累注液态 CO_2 27×10^4t，累增油 5.7×10^4t，提高胜利油田 CO_2 驱先导试验区采收率 10% 以上，CO_2 动态封存率大于 86%，取得了良好的社会环境效益及经济效益。

9.1.8 技术水平与国内外影响

2012 年 4 月中国石化科技开发部对中石化胜利油田自主研发的“燃煤电厂烟气 CO_2 捕集、驱油与封存（CCUS）技术”组织了鉴定，结论为研究成果整体达到国际领先水平，该成果获 2012 年度中国石化集团科技进步一等奖。

2016 年 4 月中国石化科技开发部对中石化节能环保工程科技有限公司自主研发的“CCUS 全流程工程技术与工艺包”组织了鉴定，结论为研究成果整体达到国际先进水平，其中“吸收式热泵 +MVR 热泵”双热泵耦合达到国际领先水平，该成果获 2018 年度中国石化集团技术发明二等奖。

“胜利油田 4×10^4t/ 年燃煤 CO_2 捕集、输送与驱油封存全流程示范工程”获得了国内外的广泛关注。2012 年 10 月，中国工程院副院长谢克昌院士、黄其励院士、陈毓川院士、古德生院士、康玉柱院士、袁亮院士等院士团一行到胜利电厂 100t/ 天二氧化碳捕集纯化和驱油封存现场进行了参观考察；2012 年 12 月，国家环境保护部科技标准司副司长刘鸿志、山东省环保厅副厅长葛为砚带领考察团参观视察胜利电厂 100t/ 天二氧化碳捕集纯化示范装置（图 9–2）；2013 年 5 月，美国肯塔基大学应用能源研究中心与中国工程院刘炯天院士等一行参观考察 CO_2 捕集现场和驱油封存现场等；2014 年 3 年，科技部 21 世纪中心与专家团代表一行参观考察 CO_2 捕集工程和驱油封存现场等。人民日报、新华社、中央电视台、经济日报、科技日报、中国能源报等数十家国内主流媒体对中国石化 CCUS 技术及示范装置进行了报道。

图 9–2 胜利电厂 100t/ 天烟气二氧化碳捕纯化集装置全貌

9.2　其他 CCUS 典型案例分析

CCUS 项目的各种商业案例可能追求不同的目标、从技术示范到商业化机遇。然而，所有案例都会遇到类似的挑战，例如：额外的管理成本、增加的金融风险以及复杂的金融计划、脆弱的盈利模式、不确定的法律、法规与政策以及审批、建设运营流程。国外的典型案例有位于加拿大萨斯喀彻温省的边界大坝项目和位于欧洲荷兰鹿特丹的 ROAD 项目，前者不仅注重燃煤电厂燃烧后的捕集技术示范，而且结合了 CO_2 的产品销售用于邻近的加拿大韦本油田的石油开采，从而实现 CO_2 产品的商业价值；后者（荷兰的 ROAD 项目）更着重于示范燃煤电厂燃烧后的捕集技术以及 CO_2 的废弃油气田的地质封存，而轻视了 CO_2 的利用。由于多种原因，前者已经在 2014 年 10 月顺利进入运营状态，而后者仍在等待最终的投资决策。国内的典型案例则有正在建设中的延长一体化示范项目，该项目主要从陕西榆林煤化工行业捕集 CO_2，经提取纯化后注入延长石油部分油田进行驱油和封存。目前该项目已得到国际的广泛关注及多方的资金与技术支持，也被我国列为国家重点推广的低碳技术。

9.2.1　SaskPower 边界大坝 100×10^4t/ 年 CCUS 项目

加拿大萨斯喀彻温省电力集团 SaskPower 公司的“边界大坝”工程，是世界上第一批商业化规模的 CCUS 设施之一。作为同类别首个项目，其设计、建设和运行经验和教训可以应用于进一步降低类似 CCUS 项目的成本。其主要项目是对电厂 3 号机组的改装：由加拿大工程和建筑巨头 SNCLavalin 公司进行设计、设备采购和建设；由壳牌全球解决方案的全资子公司 Cansolv 提供碳捕集过程；由日立公司提供先进的蒸汽涡轮机。

由于萨斯喀彻温省低热值煤炭储量大，煤炭所占比重大，天然气资源少，而且电力企业为官方所有，萨斯喀彻温省电力一直利用当地价格低廉、资源丰富的煤炭支撑主要的电力负荷。环境压力意味着煤炭常规利用不可持续，碳捕集与封存技术在技术上可行，又有适合碳捕集利用与封存的地质条件，油田距离电厂近，CO_2 驱强化采油刺激石油生产，产生的收益增加碳捕集设施的经济回报和财政收入。因此，该政府批准实施全球第一个工业化电厂碳捕集利用与封存项目。

“边界大坝”电厂 3 号燃煤机组的发电能力为 139MW，改造后可生产清洁电力 110 兆瓦。该项目每年可以捕集约 100×10^4t CO_2 气体，占其 CO_2 排放总量的 90%。Cenovus 能源公司将收购这捕集的近 100×10^4t 的 CO_2 气体，并把这些压缩气体通过管道运输至 Weburn 油田注入地下深处用于油气行业提高原油采收率从而获得更多原油。未售出的气体则会转给 Williston Basin 的 Aquistore 研究项目用于开展地质封存示范项目。“边界大坝”工程的改装耗资 13 亿加元（约合 12 亿美元），这依赖于 2.4 亿美元的联邦政府补贴，同时 SaskPower 作为该省唯一的电力供应商希望监管机构能够同意，在未来的 3 年内将电价提升约 15.5%。

关键具有里程碑意义的事件包括：

2008 年 2 月：萨斯克彻温省宣布 SaskPower 将对边界大坝的 3 号生产机组进行翻新，包括碳捕集系统的应用。

2008 年 2 月：加拿大政府给该项目分配 2.4 亿加元资助。

2010 年 12 月：SaskPower 正式批准边界大坝 3 号生产机组的翻新。

2011 年 4 月：SaskPower 正式批准 3 号生产机组碳捕集系统的建设。

2012 年 12 月：SaskPower 和 Cenovus 宣布 Cenovus 将购买从 3 号生产机组捕集的将近 100 万吨的 CO_2 十年。

2013 年 12 月：碳捕集系统的竣工。

2014 年 6 月：电厂翻新完成。

2014 年 10 月：边界大坝集成碳捕集与封存示范项目开始运营。

该项目的成功有得益于以下几点因素：①政府的政策与资金支持，加拿大联邦政府不仅从项目的立项与研究阶段就提供各种科研经费的支持，而且在项目的建设阶段直接提供高达 2.4 亿加元的项目资本金；②加拿大有明确的法律法规以及许可审批，如 2011 年度，加拿大就发布了“减少燃煤发电 CO_2 排放条例”，明确要求所有现有的和新建的燃煤电厂达到相当于天然气联合循环的排放性能标准（375kg·CO_2/MW·h），而包含 CCUS 的电厂在 2025 年前将暂时不受此标准约束。这个条例给予 SaskPower 足够的动力发展 CCUS；③在建设过程中以及项目运营前，项目业主已经签署了明确的产品运输及销售合同，减少了商业投资的风险；④该项目不仅是个全流程的示范项目，更重要的是首个燃煤电厂捕集、管道输送结合 CO_2 驱油利用的示范项目，由于驱油利用，从而为项目提供了明确的利润来源，显著地改善了项目的财务状况，减少了项目的商业风险，从而保证了项目的顺利实施。

9.2.2 荷兰鹿特丹 ROAD 项目

ROAD 是荷兰语“鹿特丹捕集与封存示范项目”的首字母缩写。ROAD 项目是目前欧洲发展规划阶段最先进的项目之一。由于资金的缺乏，该项目一直没能做出最终投资决策。荷兰国家碳捕集与封存研发计划始于 2004 年，捕集试验工厂于 2008 年在德国意昂集团马斯弗拉克特（MPP2 项目）开业。荷兰在 2006 年时就开始讨论在鹿特丹建立较大规模的碳捕集与封存示范区和一个 CO_2 枢纽。

ROAD 项目包括将一个相当于 250MW 的燃烧后捕集与压缩单元改进为一个新建成的 1070MW 超临界电厂，该电厂位于 Zuid-Holland 的鹿特丹港口和工业区域的 Maasclakte 部分。原本预计于 2014 年末之前全面运行。改建的燃烧后捕集和压缩单元将从产生的烟气中每年捕集 110 万吨 CO_2。运输之前，CO_2 纯净度将超过 99%。捕集的 CO_2 经压缩、冷却、脱水和测量后，通过 41cm/16in 的地上管道从 CO_2 压缩机排出，跨越鹿特丹的 Yangtze 港运输 5km，然后 CO_2 将通过直径 1m 的北海海底管道，最终被运输至位于距离鹿特丹海岸将近 20km 的枯竭的油气田进行封存。

目前捕集电厂的详细工程规划正在进行中，已选定一些长期的龙头供应商，管道线路设计完成，电厂的通气管道（用于烟气和蒸汽）完成安装。封存设计完成，详细的 FEED 准备开始。ROAD 项目满足欧盟委员会 CCUS 指令的应用要求规定，已经取得了所有必备的许可证。但是，与计划相比，极低的 CO_2 价格造成了资金缺口，碳捕集与封存项目推迟开展以及对欧盟低碳能源政策信心的缺失也削弱了这个具有战略意义的示范项目。该项目的也因 1.3 亿欧元（1.78 亿美元）的资金缺口而变得不确定。关键项目具有里程碑意义的发展阶段包括：

2008 年 4 月：E.ON 开始在鹿特丹港口和工业区的 Maasvlakte 部分建设新的煤炭和生物质电厂。

2009 年 12 月：根据欧洲能源复兴计划（EEPR）欧盟委员会授予 1800 万欧元的用于资助 Maasvlakte CCUS 项目 C.V. 合资企业。

2010 年 5 月：荷兰政府宣布承诺提供 1500 万欧元在 2010~2020 年期间支持 ROAD 项目。

2010 年 9 月：完成捕集电厂的前端工程设计（FEED）研究。

2011 年 6 月：ROAD 项目向有关当局提供了一份环境影响评价和许可证申请。

2012 年 3 月：欧盟委员会采纳了 ROAD 项目草案封存许可。

2013 年 9 月：确定封存许可且不可撤销。

2014 年 5 月：最终状态区域划分规划出版，封存和运输许可待定。

相较于加拿大的边界大坝项目，该项目的迟迟不能获得最终投资决策，主要受几点因素影响：①较少的政府政策与资金支持，欧盟委员会和荷兰政府两级政府分两次一共才明确资助了 3500 万欧元，包括 FEED 研究的经费，远低于项目所需的资本金；②荷兰及欧盟尚没有明确的燃煤电厂的碳排放标准，而且，寄予希望的碳交易市场也因碳价格的持续走低不能发挥应有的作用；③不同于英国的 CCUS 示范项目具有明确的合同差价机制以保障配备 CCUS 的电厂生产的电力获得较高的入网价格，ROAD 项目在荷兰尚没有类似的机会，从而不能减少商业投资的风险；④该项目最终将 CO_2 封存于废弃的油气田，虽然能从碳交易市场获得一定的补贴，但所获得的收入以目前的碳交易市场的碳价格来计量，则显得微不足道。总之，ROAD 项目由于其显著的商业风险一直迟迟不能完成项目融资。

9.2.3　国华锦界电厂 15 万吨 / 年 CO_2 捕集与咸水层封存 CCS 项目

国家能源集团国华锦界电厂十万吨级燃烧后 CO_2 捕集和封存全流程示范工程，作为国内首个燃煤电厂燃烧后 CO_2 捕集 – 咸水层封存全流程示范项目，依托神华国华锦 600MW

亚临界燃煤机组，研究先进化学吸收法 CO_2 捕集工艺，建设 15 万吨 / 年 CO_2 捕集系统，并利用神华煤制油公司已建成的 CO_2 封存装置（位于内蒙古鄂尔多斯市）进行地质封存。该项目的成功实施有助于优化燃烧后 CO_2 捕集 – 咸水层封存全流程系统，掌握各项关键技术，真正实现燃煤电厂的“近零排放”。

该项目捕集的 CO_2 主要用于咸水层封存，封存场地位于内蒙古鄂尔多斯市伊金霍洛旗境内。封存场区已建设了神华 10 万吨 / 年 CCS 示范项目（图 9–3），这是中国目前第一个深部盐 / 咸水层的地质封存示范项目，该项目将神华煤直接液化厂排放的部分 CO_2 尾气，封存至神华煤直接液化厂西约 11km 处地下 2495m 的咸水层，从而减少二氧化碳的大气排放。已建的封存工程可以为即将建设的 15 万吨 / 年 CCS 项目的实施提供良好的封存场地和输出保障。

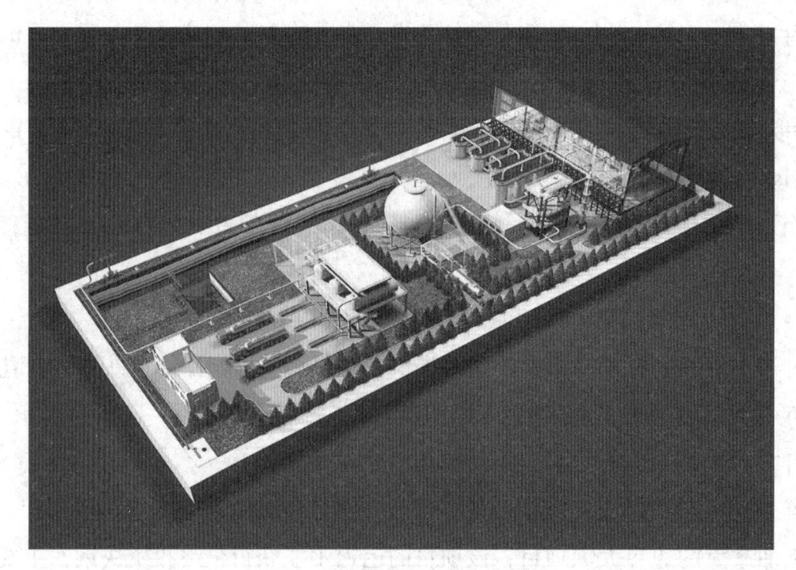

图 9–3　神华 10 万吨 / 年 CCS 示范项目示意图

（1）项目概况

项目名称：15 万吨 / 年燃烧后 CO_2 捕集和封存全流程示范项目

建设地址：陕西省神木市锦界工业园区

本工程新建 15 万吨 / 年 CO_2 捕集 – 运输 – 注入 – 封存的全流程示范工程，CO_2 捕集单元设计正常处理烟气量 100000Nm^3/h，装置在额定生产能力的 50%~110% 范围内平稳运行，装置设计最大负荷为正常的 110%。装置连续年操作时间 8000h。主要设计参数如下：

碳捕集方式：醇胺吸收法；

碳捕集处理烟气量：100000Nm^3/h（湿基，实际氧）；

碳捕集处理烟气温度：50℃；

碳捕集装置进口 CO_2 浓度：11.1vol%；

碳捕集装置设计效率：≥ 90%；

年 CO_2 捕集量：≥ 150000t；

装备可投运率：≥ 98%；

CO_2 产品质量：低温液态二氧化碳，压力在 2.1MPa，产品温度为 -25℃，符合工业级液体二氧化碳国家标准（GB/T 6052—2011）要求。

（2）厂址情况

本工程建设于神华国华锦界电厂 4 × 600MW 亚临界热电工程北侧。陕西国华锦界煤电一、二期工程位于陕西省神木县神府经济开发区锦界工业园区内。东南靠榆神铁路，西北为锦界大道，西南约 1.5km 为锦界火车站。厂址的东侧为 20×10^4t/ 年甲醇厂；厂址西侧为 2 × 15MW 热电厂。电厂东侧与甲醇厂之间为锦界煤矿工业场地。

锦界工业园区位于榆神矿区秃尾河东。开发区的规划控制范围西起秃尾河，东至马场梁，北起红石头沟，南至杨家沟，距神木县约 35km。

（3）工艺流程

CO_2 捕集工艺流程见图 9-4。因脱硫脱硝后的烟气中含有 SO_2、SO_3、HCl、HF 等强酸性物质，为了减少对后续设备和管线的腐蚀以及吸收剂的影响，设置水洗塔对烟气进行水洗；水洗后的烟气调节流量后由引风机送入吸收塔，其中一部分 CO_2 被溶剂吸收，尾气由吸收塔顶直接排放，其主要成分为 N_2。

吸收 CO_2 后的富液由塔底经泵送入贫富液换热器，回收热量后送入再生塔。解吸出的 CO_2 连同水蒸气分离除去水分后得到纯度 99.5%（干基）以上的产品 CO_2 气，送入后序工段使用。再生气中被冷凝分离出来的冷凝水，用泵送至再生塔。

富液从再生塔上部进入，通过汽提解吸部分 CO_2，然后进入煮沸器，使其中的 CO_2 进一步解吸。解吸 CO_2 后的贫液由再生塔底流出，经贫富液换热器换热后，用泵送至贫液器，冷却后进入吸收塔。溶剂往返循环构成连续吸收和解吸 CO_2 的工艺过程。

为了维持溶液清洁，约 10%~15% 的贫液经过旋流分离过滤；为处理系统的降解产物，设置胺回收加热器，需要时，将部分贫液送入胺回收加热器中，通过蒸汽加热再生回收。

复合胺液在装置运行过程中会消耗损失，设置地下槽、补液泵用于复合胺液的配制和补充。此外，捕集系统中设置溶液储槽，在设备检修时，可以将系统的复合胺液放置在储槽中进行存储，便于药剂循环利用。

（4）技术特点

项目采用新技术集成工艺，以复合胺吸收剂工艺为主工艺进行设计，同时考虑兼容有机相变吸收剂、离子液体捕集工艺；板式换热器设计新上全焊接式换热器；吸收塔预留塑料填料空间；解吸工艺并行设计超重力再生反应器。节能方面考虑级间冷却、分布式换热、分级流解吸、MVR 闪蒸等技术耦合，实现系统废热利用的最大化。

（5）项目目标

工程总目标为：采用新型吸收剂，并优化捕集工艺，实现 CO_2 捕集率＞ 90%，CO_2 纯度＞99%，再生能耗≤2.4GJ/tCO_2；CO_2运输费用≤1.0元/（t CO_2·km）；整体技术水平达到国际领先水平。

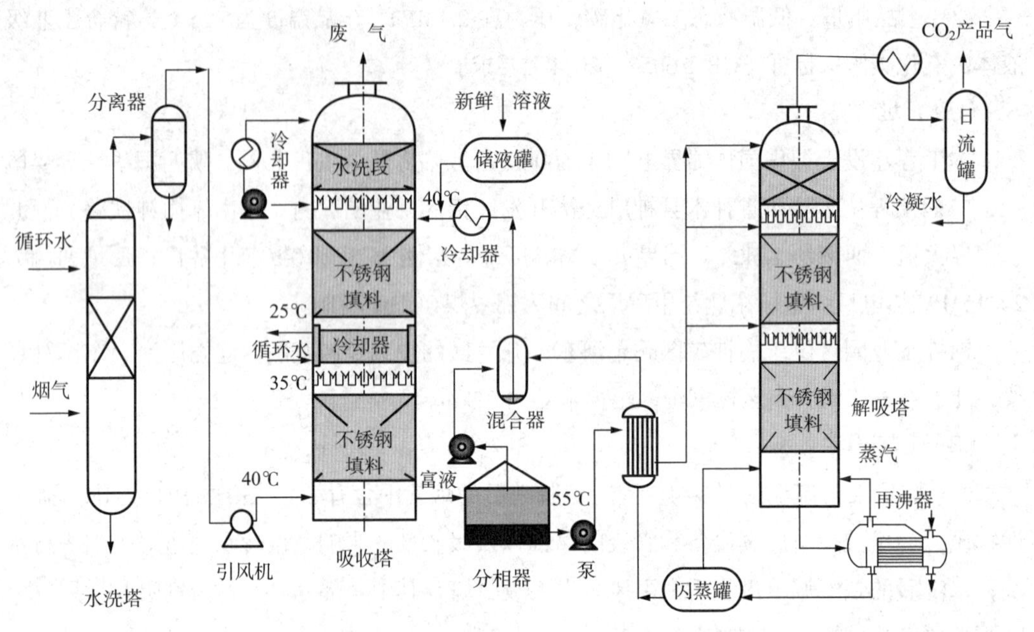

图9-4 国华锦界电厂15万吨/年CO_2捕集工艺流程

（6）国华锦界电厂CCS示范项目进度

国华锦界电厂CCS示范项目的开展实现得到了国家及国家能源公司的经费支持、技术支持以及政策支持：

① 2017年6月，中国国家科技部资助开展“低能耗CO_2吸收技术工业示范和验证”；

② 2017年12月，项目完成可行性研究审查；

③ 2018年6月，项目启动初步设计和施工图设计；

④ 2018年12月，项目完成初步设计审查；

⑤ 2019年6月，项目完成主要设备招标；

⑥ 2019年7月，项目完成现场施工招标；

⑦ 2021年5月，项目投产（预计）。

9.2.4 延长石油一体化CO_2捕集与驱油封存CCUS示范项目

（1）延长一体化CCUS示范项目背景

陕西省鄂尔多斯盆地年石油当量位居全国第一。同时，陕西省煤炭储量位居全国第一，煤炭产量位居全国第三。能源与化工行业产值为陕西省主要的GDP贡献。盆地内所有大型在建煤化工项目建成开工后，陕西省年CO_2排放量将增加1.8亿吨。大量CO_2排放将导致陕西省平均气温快速升高和气候变化。气候变化导致陕北黄土高原出现严重的干旱问题，对农作物产量造成严重影响，尤其会影响到该地区世界上最大的高品质苹果产区的苹果产量。陕西省粮食生产也将受到很大影响，一些地区已出现水库枯竭和缺乏饮用水的问题。

按照中国政府和陕西省政府的要求，2015 年的 CO_2 排放量要比 2005 年的排放量降低 35%。伴随着陕西省较高的 GDP 增长率，CO_2 排放量也在快速的增加。CCUS 技术是实现快速减排的一种重要手段。通过开展 CCUS 项目，将“碳捕集 – 提高油田采收率 – 碳封存 – 碳减排”融为一体，是延长石油实现温室气体减排和产业可持续发展的必然选择。

（2）延长石油一体化 CCUS 示范项目开展优势

延长石油一体化 CCUS 示范项目的顺利开展实现不是凭空造就的，该项目具备众多优势：

①延长石油拥有丰富的煤、油、气资源，通过综合利用，实现碳氢互补，把传统煤化工技术和油气化工技术创新结合，大幅度减少 CO_2 排放，提高了能源利用效率。图 9–5 为综合利用实现 CO_2 循环利用示意图。

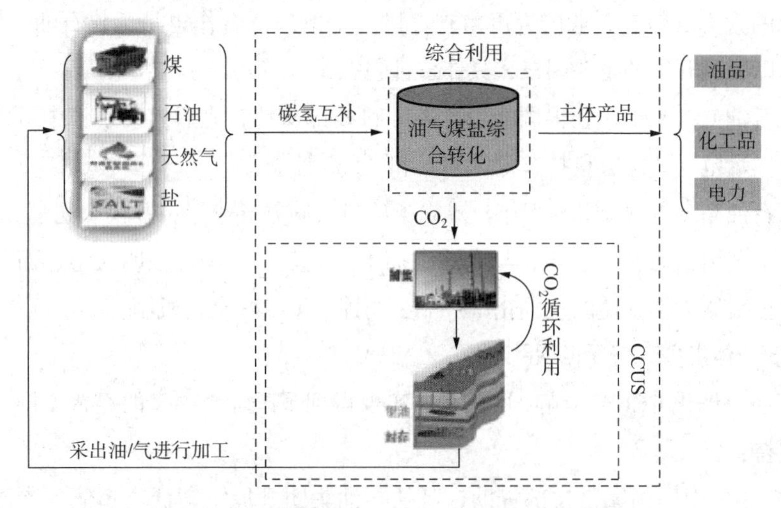

图 9–5　综合利用实现 CO_2 循环利用示意图

②延长石油煤化工产业排出的 CO_2 浓度高，捕集装置采用低温甲醇洗和胺吸收技术结合，具有投资少，成本和能耗低的优势，目前在建和运行的 CO_2 捕集装置每吨成本低于 100 元（相当于 18 美元）；油田和煤化工厂处于同一地域，CO_2 运输成本低。

③延长油田属于特低渗透油藏，油田采收率低，CO_2 驱油可提高采收率，保证油田长期稳产，且 EOR 效益可弥补 CCUS 的成本；陕北地区水资源匮乏，用 CO_2 驱油代替注水开发可节约大量水资源。

④大量油气井和页岩气井投产需要压裂；CO_2 压裂返排率高，用水量少，使初期产量大幅度提高。

⑤陕北斜坡地层稳定，构造简单，断层不发育，CO_2 封存安全可靠，是我国陆上实施 CO_2 地质封存最有利地区之一；有大量需要提高采收率的油藏和盐水层封存 CO_2，初步估算，盆地内油藏 CO_2 封存量达 5~10 亿吨，盐水层封存量达数百亿吨；延长油田可封存

CO_2 达 1.8 亿吨。地层压力、温度有利于 CO_2 保持超临界状态，实现永久封存。图 9-6 为陕北斜坡地层形成示意图。

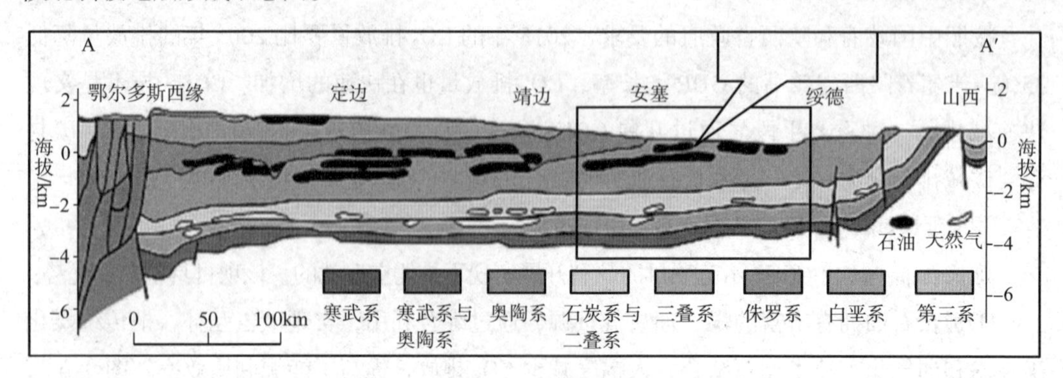

图 9-6　陕北斜坡地层形成示意图

⑥国家的大力支持，企业的高度重视，国际上的广泛合作也是延长石油一体化 CCUS 示范项目得以顺利开展的重要因素，具体事件包括：

a. 延长石油 CCUS 工作获得国家发改委和科技部支持，先后启动了“中 – 澳 CCUS 一体化国际合作示范”、“国家科技支撑计划”和“863 计划”。

b. 延长石油高度重视 CCUS 工作，成立了项目实施领导小组，并投入配套资金 3 亿元。

c. 加入中美清洁煤技术联盟，与全球碳捕集研究院、美国怀俄明大学、西弗吉尼亚大学、加拿大里贾纳大学、美国空气化工产品公司建立 CCUS 合作机制。

（3）延长一体化 CCUS 示范项目进展

延长石油一体化 CCUS 示范项目的开展实现得到了国际与国家的经费支持、技术支持以及政策支持：

① 2007 年，中国国家科技部资助，延长石油集团开展了“低（超低）渗透油藏气驱提高采收率技术研究（川口项目）”；

② 2011 年，中国国家科技部资助，延长石油集团开展了“陕北煤化工 CO_2 捕集、埋存与提高采收率技术示范”；

③ 2012 年，中国国家科技部资助，陕西延长石油集团与西北大学合作在靖边油田开展了 CCUS 示范项目；

④ 2012 年，中美清洁能源联盟资助了该项目；

⑤ 2013 年，澳大利亚碳捕集与封存研究院资助了该项目；

⑥ 2014 年，该项目被列为国家重点推广的低碳技术；

⑦ 2015 年 9 月 26 日，延长石油碳捕集利用封存项目纳入中美元首气候变化联合声明双边合作，关于 2014 年中美气候变化联合声明中所提的碳捕集、利用和封存项目，两国已选定由陕西延长石油集团运行的位于延安–榆林地区的项目场址；

⑧ 2016 年 6 月 2 日至 3 日，中美气候变化工作组第三届碳捕集、利用和封存研讨会

在西安举行，对加快推进中美合作建设陕西延长石油集团 100 万吨 CCUS 示范项目，标志着该项目国际化合作迈上新台阶；

⑨ 2017 年 5 月，延长石油集团、中国矿业大学（北京）、澳大利亚昆士兰大学三方决定合作开展的《中澳 CO_2 封存潜力动态评价试验研究》项目；

⑩ 2018 年 10 月 16 日上午，中澳 CO_2 利用与封存国际合作项目方案论证会在西安举行。自 2017 年 5 月以来，延长石油集团、中国矿业大学（北京）、澳大利亚昆士兰大学三方合作开展的《中澳 CO_2 封存潜力动态评价试验研究》项目获得重要进展，即将在鄂尔多斯盆地延长油田开展现场试验，不仅将开创碳捕集、利用与封存（CCUS）领域国内外技术合作的先河，也将为中、澳两国乃至全球 CO_2 封存和商业化利用产业发展做出贡献。

（4）延长一体化 CCUS 示范项目的矿场实践项目

经过多年科研攻关和实践，延长石油在碳减排、捕集与埋存工作已经取得实质性进展，并建设多个化工示范项目。

①靖边煤化工示范项目

针对煤碳多氢少和石油、天然气氢多碳少特征，通过碳氢互补，延长石油实施了全球首套油气煤综合利用示范项目。该项目总投资 269 亿元人民币，主要生产 60 万吨 / 年聚乙烯、60 万吨 / 年聚丙烯等产品，2014 年 7 月投产，实现年减排 435 万吨。

②榆林油煤共炼示范项目

在单一重油加氢裂化制油、煤炭加氢液化制油技术的基础上，延长石油合作开发了油煤共炼技术，以渣油、重稠油、煤焦油、中低阶煤等为原料，发挥煤与重油在反应中的协同效应，大幅提高资源转化效率，实现年减排 180 万吨。

③煤热解与气化一体化（CCSI）项目

延长石油自主开发了粉煤高能效、高收率快速热解制油与焦末制合成气一体化技术，即煤热解与气化一体化（CCSI）技术。目前小试和中试冷漠实验已经顺利完成，36 吨 / 天的 CCSI 技术中试装置目前正进行工程设计。图 9-7 为 CCSI 项目流程图。

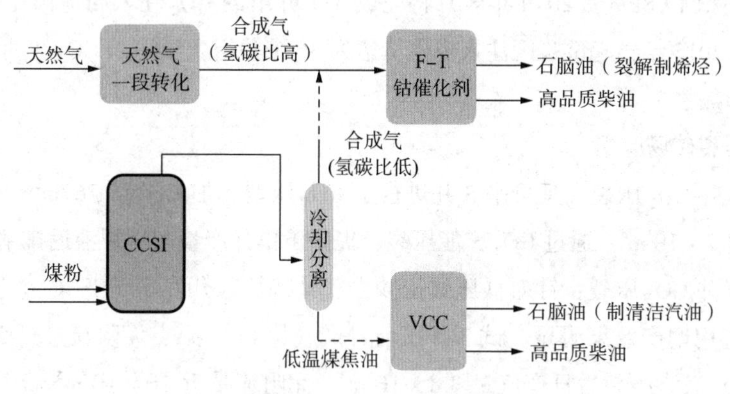

图 9-7　CCSI 项目流程图

④低成本煤化工 CO_2 捕集装置

a. 榆林煤化公司于 2012 年 11 月建成了 5 万吨 / 年的 CO_2 捕集装置；

b. 兴化新科气体公司利用先进的工艺技术及装备捕集提纯工业废气，生产 8 万吨 / 年食品级液态 CO_2；

c. 中煤榆林能化公司 2016 年启动建设 36 万吨 / 年的捕集装置，预计 2020 年建成投产。

⑤ CO_2–EOR 与埋存先导试验

a. 靖边 CO_2–EOR 与埋存先导试验区乔家洼于 2012 年 9 月 5 日运行，截至 2014 年 9 月，注入 5 个井组，累计注入 1.8 万吨液态 CO_2，考虑水驱递减累计增油 900t。2015 年底将新增 16 个注入井组，年注入 CO_2 规模 20 万吨，年封存 CO_2 达 2 万吨。图 9–8 为实验中水驱、CO_2 驱增油趋势图。

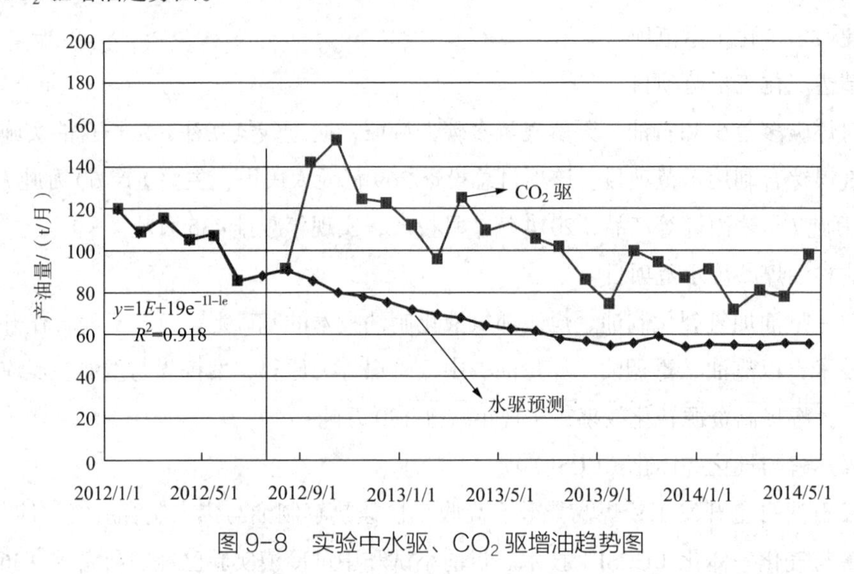

图 9–8 实验中水驱、CO_2 驱增油趋势图

b. 吴起 CO_2–EOR 与埋存先导试验区第二期在吴起油区开展 CO_2 混相驱提高采收率试验，试验区面积 14.8km^2。2014 年 8 月将完成 5 个井组的 CO_2 注入与地面注采集输工作，并开始注入。2015 年吴起试验区注入规模将达到 36 个井组，年注入 CO_2 达 30 万吨，年封存 18 万吨 CO_2。

⑥ CO_2 压裂矿场应用

a. 页岩气井 CO_2 压裂：延页平 3 井进行了 CO_2 压裂，加 CO_2 量 767m^3，加砂 728 m^3，压裂液量超过 2×10^4m^3。通过 CO_2 增能压裂，提高了单井产量和压裂液返排率；

b. 天然气井 CO_2 压裂：针对低压致密砂岩气藏特征，开发了 VES–CO_2 泡沫压裂工艺技术，现场应用增产效果明显。试 3 井压前日产气量 6400m^3、无阻流量为 2.15×10^4m^3，采用 VES–CO_2 泡沫压裂后日产气量 3.8×10^4m^3、无阻流量近 10×10^4m^3，产量提高 3 倍。图 9–9 为页岩气常规压裂与 CO_2 增能压裂的对比图。

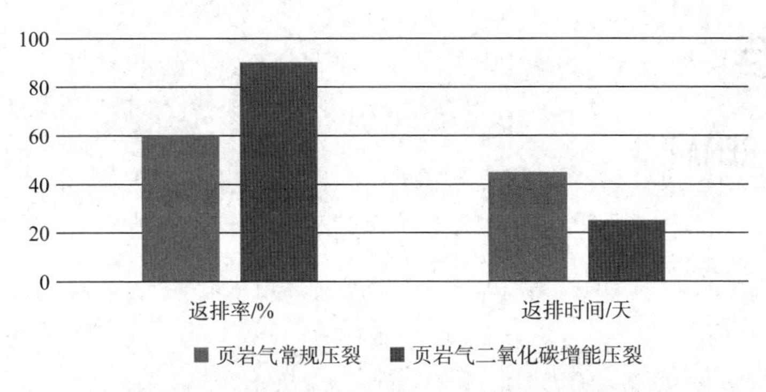

图9-9 页岩气常规压裂与CO_2增能压裂对比图

9.2.5 典型CCUS项目案例总结

通过调研上述几个项目，总结得出，在任何情况下，政府的直接或间接支持对初期行动的CCUS项目的商业与金融机构具有关键性的影响。并且，国家和省级政府拥有支持CCUS部署的明确的战略及政策是至关重要的，该战略不受到短政治周期以及不断变化的政策制定、法规要求及经费分配影响。由于大型CCUS项目具有较长的开发时间，其所需的融资的大小及复杂度，在相应的时期内保证所采用战略的一致性至关重要。对于我国，CCUS示范项目要能够顺利开展，同样需要首先获得政府的项目资本金的充分支持；其次，CCUS的发展需要国家清晰的CCUS战略定位以及明确的减排政策的保障，以减少长期政策的不确定性；最后，CO_2封存必须和驱油利用以及碳交易相结合，以保证CCUS的长期的可持续的获得一定的收入。

综合来看，CCUS目前面临商业模式的制约。与国外发达国家相比，我国CCUS技术研发进程起步较晚，但近年来发展迅速。在国家相关科技政策的引导下，一些国内高校、研究院所、企业等已经围绕CO_2封存、利用和埋存开展了许多具体的研究和示范工作，在部分技术领域，技术水平、示范规模及运行效果甚至已经走在世界前列。在全流程CCUS技术整合与示范方面，部分国内企业也已开始行动，一些工业级试验和示范正在开展。中国正在积极开展CCUS项目示范的同时，还面临着制定项目示范指南，完善法律法规、创新融资投资模式、规范项目审批等多重任务。

结束语

CONCLUDING REMARKS

为进一步推动我国碳减排、利用与封存技术的发展，提出以下几点建议：

（1）**增强国家层面上对 CCUS 技术发展的政策指导和宏观协调，引导资源的有效配置**

近年来，国际能源署（IEA）、碳收集领导人论坛（CSLF）、全球 CCUS 研究院（GCCSI）等国际机构或国际合作平台，以及美国、加拿大、澳大利亚、英国等国家发布了多个全球或国家层面的 CCUS 技术发展路线。一方面明确未来 CCUS 技术发展重点和关键环节，引导资源有效配置；另一方面从系统层面安排部署重大项目计划，确保资源的有效使用。而我国目前还缺少国家层面针对 CCUS 技术的系统性技术政策，鉴于此，我国也应适时发布 CCUS 技术发展规划（或路线图），明确我国发展 CCUS 技术的定位、目标、重点研究方向和重点任务。

（2）**加快推进跨行业的 CCUS 技术合作平台建设，促进行业间技术集成**

为推动 CCUS 技术的发展，无论是欧盟的 CCUS 旗舰计划（Flagship Program），美国的未来发电计划（FutureGen），还是澳大利亚的 ZeroGen 计划，均建立了包括电企、油企、研究机构在内的跨行业合作平台，比如欧盟的零排放技术合作联盟（Zero Emission Platform，ZEP）、美国区域 CCUS 伙伴计划等，在技术研发、经验共享等方面取得了良好的效果。CCUS 技术的发展需要原属于不同行业技术间的系统集成和优化，并开展跨行业的全流程示范，而我国目前尚缺少行业间合作平台，示范项目往往侧重于单个技术环节。因此，中国也应尽早推动建立类似的合作平台，集不同行业的技术优势开拓合作共赢的局面。

（3）**加强对 CCUS 技术示范与应用“支撑环境”的研究和能力建设**

作为一项系统型技术，CCUS 涉及众多非技术环节。一方面，封存场地选址、CO_2 监测和长期安全管理等均需要全面细致的技术标准和相应的管理规范；另一方面，相关管理和审批涉及多个部门，有关 CO_2 的长期监测及安全管理等也均属新鲜“事物”，健全的法律法规体系是顺利开展 CCUS 的有利条件。此外，公众了解和接受也是开展 CO_2 封存的前提条件。中国现阶段研发与示范工作均专注于“硬技术”，对于 CCUS 技术未来应用的软环境建设明显缺失。尽管我国目前阶段对 CCUS 技术的定位仅为战略性技术储备，但这些“软”

技术方面的工作也必须及早开展。

（4）利用好国际社会 CCS 项目融资工具

目前国际社会很多 CCS 项目融资“工具”，如多边开发性金融机构、专注于 CCS 的能力建设项目、现有的全球气候融资基金和双边或者多边的合作等，可以为 CCS 项目提供资金捐赠和优惠贷款。这些融资工具中，部分适用于近期，另外部分适用于中期。目前可以选择的近期融资工具包括：

①现有的专注于 CCS 的基金和项目

目前，有一系列专注于 CCS 项目的基金和项目，这些基金和项目主要关注于能力建设和投资前活动（如技术经济分析、FEED 研究、可能的地质研究），其中主要的基金和项目包括：亚洲开发银行（ADB）的碳捕集和封存（CCS）信托基金、碳捕集领导人论坛（CSLF）的能力建设项目、全球 CCS 研究院（GCCSI）的能力建设项目和直接项目支持、世界银行集团的能力建设信托基金。

②清洁技术基金（CTF）

清洁技术基金（CTF）建立的宗旨是向具有长期减排潜力的低碳技术的示范、部署和转移提供捐赠和借贷。CTF 的融资通过不同的多边开发性金融机构，包括作为 CTF 委托人之一的世界银行。CTF 的八个主要捐赠人的目标是筹集 40 亿美金。

CCS 目前并不符合 CTF 的融资要求。根据 CTF 的规则和投资标准指南，CTF 将不支持处于研究阶段的技术，而集中于支持可以商业化的新型低碳技术的部署。而 CCS 被认为仍然处于商业化前期阶段。而目前 CDM 将 CCS 作为可行的低排放技术纳入，这也有助于 CCS 被 CTF 接受。

③全球环境基金（GEF）

全球环境基金（GEF）是独立的金融机构，它为联合国不同协议提供融资机制，为与环境相关的项目提供捐赠，包括一个特别的气候变化信托基金。这个基金的主要目标是促进创新性低碳技术的示范、部署和转移。CCS 开始被列为符合条件的技术，现在已经不在名单中。但是这也并不意味着 CCS 已经被排除在 GEF 支持之外，一些国家仍然有可能通过 GEF 获得对 CCS 的资金支持。

④双边或者多边的项目支持

双边和多边安排（尤其是政府间的直接安排）被广泛用于全球的气候变化项目。这些类型的项目符合涉及国家的共同利益，不像某些基金需要通过竞争性的过程获得，因而具有一定的优势。如中国 – 澳大利亚间的中澳 CO_2 地质封存项目是一个好的典型。

（5）政府财政补贴或税收减免

目前，已开展的 CCUS 示范项目融资主要靠银行贷款和企业自筹。以 100 万吨 / 年燃煤电厂 CO_2 捕集与驱油封存工程为例，根据企业内部对该项目进行的经济性评价，总投资将高达 20 亿元。在当前油价长期较低迷的国际形势下，企业面临着较大的经济压力。从技术发展和鼓励创新的角度来说，政府给予一定的税收减免或财政补贴是十分必要的。

政府补贴对于已建的 CCUS 项目也是一个很好的选择，国际上已有范例。在发电环节、驱油环节、封存环节都可以进行不同形式的补贴。我国可以参照国内已经实施的脱硫电价补贴，对 CCS 电厂进行脱碳电价补贴，可以对 CCUS 的采油环节针对增采的石油进行一部分补贴，可以对封存环节的 CO_2 封存量进行一定额度的补贴。虽然，我国目前尚未实施碳税，但可从其他方面进行一定的税收减免，例如“增值税、企业所得税、资源税、石油特别收益金”，以便为 CCS 相关企业减轻负担的同时鼓励更多的企业进行 CCUS 项目的研发和示范，推动整个行业的发展。

（6）加快建立全国性碳排放权交易市场

碳市场的建立和运行将对 CCUS 企业带来额外的收益，也符合国家减排温室气体的初衷。2017 年底我国发布了《全国碳排放权交易市场建设方案（发电行业）》，启动了国家碳排放交易体系。此后，针对我国 2016 年、2017 年的碳排放数据报告、核算、核查工作一直在持续推进。其中，发电行业成为率先启动碳排放权交易市场的突破口。

下一步建议加快碳市场建设，完成相关法规制度，加快推动碳排放权交易管理暂行条例的出台，推动相关基础设施建设，进一步做好重点排放单位碳排放报告、核查和配额管理工作，进一步强化能力建设。逐步扩大参与碳市场的行业范围、交易主体范围，增加相应的碳交易品种，从而带动 CCUS 技术的发展和 CCUS 工程的建设。

致谢

ACKNOWLEDGEMENT

2008 年，笔者首次进入碳捕集与封存这个领域，开始了 CO_2 吸收剂与捕集技术的开发；2010 年 6 月有幸参加了美国前副总统阿尔·戈尔组织发起的气候现实领导人项目在北京的培训，更加坚定了从事碳减排技术开发与推广的决心。参加工作 10 余年来，笔者先后参与开发了低能耗烟气 CO_2 捕集技术、CO_2 管道输送技术、CO_2 驱采出气回收回注技术、CO_2 驱环境监测技术以及 CO_2 萃取、CO_2 驱替苦咸水、酸气注入技术等，并致力于 CO_2 捕集、利用与封存技术的推广应用。

本书的成稿笔者要特别一路给予支持和帮助的人。感谢张建教授级高工，在工作中给了很多指导和鼓励，他的创新性思维一直引领我们废气治理与 CCUS 技术开发团队的前行。感谢我的导师兼引路人李清方教授级高工，他教导了我们科学的研究方法和丰富的工程实践经验。

感谢导师杨向平教授、朱全民教授，杨教授虽故去，但高风亮节、诲人不倦的精神将永存；朱教授治学严谨、学识渊博，将是我们一直学习的榜样。

感谢我所在的废气治理团队和项目团队，感谢中国石油大学（华东）– 中石化节能环保工程科技有限公司联合实验室团队，感谢中国矿业大学（北京）可持续发展与能源政策研究中心团队，因为你们的努力和贡献，使得碳捕集、利用与封存技术得到快速发展，成果得到转化，为本书的成稿积累了丰富的素材。最后还要感谢我的家人与朋友，谢谢你们每天的支持与鼓励。